高职高专系列教材

润滑剂生产与应用

张远欣　王晓路　主编

中国石化出版社

内 容 提 要

本书较系统地阐述了润滑剂的分类、组成、应用,较详尽地介绍了润滑油基础油的物理加工以及加氢生产原理、工艺流程、典型设备及影响过程主要因素分析,并对润滑油的调和、包装、储存、环保、再生等方面的知识进行了简单的介绍。比较完整地展示了润滑剂的生产过程及应用知识。

本书可作为高职高专或成人教育炼油技术专业教材使用,也可供从事润滑油生产的技术人员或润滑剂管理、销售人员参考。

图书在版编目(CIP)数据

润滑剂生产及应用 / 张远欣,王晓路主编.
—北京:中国石化出版社,2012.5(2021.1 重印)
高职高专系列教材
ISBN 978-7-5114-1569-1

Ⅰ.①润… Ⅱ.①张… ②王… Ⅲ.①润滑剂-高等
职业教育-教材 Ⅳ.①TE626.3

中国版本图书馆 CIP 数据核字(2012)第 096462 号

中国石化出版社出版发行
地址:北京市朝阳区吉市口路 9 号
邮编:100020 电话:(010)59964500
发行部电话:(010)59964526
http://www.sinopec-press.com
E-mail:press@sinopec.com
北京柏力行彩印有限公司印刷
全国各地新华书店经销
*
787×1092 毫米 16 开本 19 印张 477 千字
2021 年 1 月第 1 版 第 3 次印刷
定价:42.00 元

润滑剂主要包括润滑油和润滑脂，是石油产品中品种牌号最多、质量要求最严、更新换代最快的产品。在炼油厂中润滑剂的生产指的是基础油的生产，与其他炼油过程相比，其工艺流程长、生产技术复杂。

本书参照"润滑油脂生产工"国家职业资格标准，由兰州石化职业技术学院、承德石油高等专科学校两所国家级高职高专示范院校与中国石油兰州石化公司炼油厂有关人员共同编写，吸纳了众多生产一线技术资料以及最新的国家、国际标准，是工学结合、校企合作的结晶。兰州石化职业技术学院副教授杨兴锴、张远欣编写第一章、第三章和第五章，张远欣和中国石油兰州石化公司炼油厂厂长王晓路编写第二章、第四章、第七章和第八章，承德石油高等专科学校副教授程忠玲编写第六章及附录。最后由杨兴锴审稿并提出审稿意见，在此基础上，由张远欣完成最后修订。

本书前 3 章较系统地介绍了润滑剂的基本知识以及主要润滑剂品种的分类和应用，第四章~第六章较详细地介绍了润滑油基础油的生产过程，第七章、第八章简要介绍了润滑油的调和、包装、储存、环保、再生等方面的知识。基础油生产以及润滑剂的分类和应用是本书阐述的重点。

在编写过程中我们参阅了大量的科技文献与参考资料，在此对文献的作者表示感谢并致敬，所列参考文献若有遗漏之处，敬请谅解。

由于编者知识结构的限制，书中定有不少缺点或错误，希望使用者批评指正，以便再版时改正。

编　者

目 录

第一章　润滑剂基本知识

第一节　概　述

一、润滑的意义

在日常生活中，路上奔跑的汽车可能因为一个轴承的缺油烧损而要损失上千元的修理费用；在隆隆的钢铁生产流水线上，可能因为一个关键轴承的烧损迫使整个流水线停产，因而导致几十万、几百万的经济损失。这些都是摩擦带来的严重后果，相互接触的物体有相对运动时就会产生摩擦，摩擦所导致的磨损，是机械设备失效的主要原因之一，机械产品的易损零件大部分是由于磨损超过限度而报废和更换的，日本统计的 700 例设备故障中，因摩擦造成的有 253 例，占 36%以上，我国统计因摩擦发生的故障达 55%~60%。

机械运转时由于摩擦而使部分机械能转化为无法利用的热能，大大降低了能量利用的效率，有人估算，世界能源的 1/3~1/2 是以不同形式消耗在克服机件的摩擦上。

根据美国、英国、德国等国家的统计，在摩擦、磨损有关方面的花费大约占国民经济增长值的 2~7 个百分点。我国目前的平均生产水平还比较粗放，如果按 5 个百分点计算，2010 年中国国内生产总值为 397983 亿元，5 个百分点就约 2 万亿元。

如果能够尽力减少摩擦消耗，便可节省大量能源。如果能控制和减少磨损，既能减少设备维修次数和费用，又能节省制造零件及其所需材料的费用。

润滑的目的就是为了最大限度地减少摩擦阻力，降低机械磨损，节省动力能源和延长机械设备的使用寿命，发挥机械的最高效率。合理润滑可以挽回摩擦、磨损引起损失的 1/3，达到节能降耗从而提高企业生产效率和综合经济效益的目的。从"润滑中索取财富"已引起世界各国的极大关注。

二、产生摩擦的原因

两个相互接触的物体，在发生相对运动时就会产生摩擦。两个相互接触又发生运动的部件叫摩擦副。产生摩擦的原因有二：

第一，物体表面是不平滑的，其凸起部分阻挡相互的运动，产生机械啮合。任何实际上存在的表面都不是绝对平滑的，一般都留有加工的痕迹，即使经过精密的加工（如研磨），其表面也只是相对光滑些。也就是说绝对光滑的表面实际是不存在的，表面上有许多微小的凸起，叫微凸体，同时也有一些凹坑，凸起和凹坑布满了整个表面，故其表面是不平滑的，见图 1-1 所示。一般用表面粗糙度表示表面光滑程度。

表面粗糙度是指加工表面具有的较小间距和微小峰谷不平度。其两波峰或两波谷之间的距离（波距）很小（在 1mm 以下），用肉眼难以区别，因此它属于微观几何形状误差。表面粗糙度越小，则表面越光滑。表面粗糙度的大小，对机械零件的使用性能有很大的影响，主要表现在以下几个方面：

峰 峰 峰

图 1-1 金属表面放大图

① 表面粗糙度影响零件的耐磨性。表面越粗糙，配合表面间的有效接触面积越小，压强越大，磨损就越快。

② 表面粗糙度影响配合性质的稳定性。对间隙配合来说，表面越粗糙，就越易磨损，使工作过程中间隙逐渐增大；对过盈配合来说，由于装配时将微观凸峰挤平，减小了实际有效过盈，降低了联结强度。

③ 表面粗糙度影响零件的疲劳强度。粗糙零件的表面存在较大的波谷，它们像尖角缺口和裂纹一样，对应力集中很敏感，从而影响零件的疲劳强度。

④ 表面粗糙度影响零件的抗腐蚀性。粗糙的表面易使腐蚀性气体或液体通过表面的微观凹谷渗入到金属内层，造成表面腐蚀。

⑤ 表面粗糙度影响零件的密封性。粗糙的表面之间无法严密地贴合，气体或液体通过接触面间的缝隙渗漏。

⑥ 表面粗糙度影响零件的接触刚度。接触刚度是零件结合面在外力作用下，抵抗接触变形的能力。机件的刚度在很大程度上取决于各零件之间的接触刚度。

⑦ 影响零件的测量精度。零件被测表面和测量工具测量面的表面粗糙度都会直接影响测量的精度，尤其是在精密测量时。

第二，相互接触部分分子间的引力也导致摩擦产生。实践表明摩擦力不一定随表面粗糙度降低而减小，有时反而会增大，这是因为表面越光滑，相互接触的部分越多，分子间引力产生的摩擦阻力也越大。

这两种因素同时存在，对一般表面前者是主要的，对光滑的表面后者是主要的。

三、摩擦产生的现象

金属表面发生相对运动时，其凸起的部分发生碰撞会消耗一部分机械能并转化为热能，使机件表面温度升高，严重时甚至使金属熔化而烧结。同时，在碰撞过程中凸起部分会被撕裂，或因疲劳而碎裂，坚硬的部分还可将较软的部分刻伤，这些都会使机件损毁，即磨损。所以，除了皮带传动、摩擦轮等部件外，一般的机械部件都要求减小摩擦和磨损，以保证机械正常、高效地运转。因此，摩擦主要产生以下三种不良现象：

① 消耗动力。

② 摩擦发热，即机械能转化为热能。

③ 磨损。

四、润滑的作用

为了不使两金属表面直接接触并发生摩擦，克服由于摩擦而出现的三种不理想现象，一般考虑在两金属面之间加入一些介质(润滑剂)，在金属表面加入润滑剂起到如下作用：

① 润滑，克服由于摩擦产生的三种现象。

② 冷却，将机械能转化的热能带走或冷却。

③ 冲洗，将磨损产生的金属碎屑或其他固体杂质冲洗带走。

④ 密封，防泄漏、防尘、防窜气。

⑤ 保护，防锈、防尘。

⑥ 减震，起缓冲作用。

⑦ 动能传递，液压系统和遥控马达及摩擦无级变速等。

五、摩擦和润滑的类型

用润滑剂的液体层或润滑剂中的某些分子形成的表面膜将摩擦副表面全部或部分地隔开，这一过程称润滑。根据加入介质的类型、金属面接触的部位、机械面承载负荷及金属面和介质运动规律，会产生不同类型的摩擦和润滑。

1. 干摩擦

在摩擦副两接触的金属面之间不加入任何介质，两金属面直接接触。干摩擦的摩擦系数较高，其数值在 0.2~0.3 以上。这时，摩擦现象也较为严重。

2. 液体摩擦（润滑）

在摩擦副两金属面之间保持一层一定厚度的液体层隔开两工作表面，以液体摩擦代替干摩擦。最理想的润滑是液体润滑。这样的液体叫润滑油，液体摩擦系数较小，在 0.001~0.005 之间。

3. 流体动力润滑

在运动部件之间形成液体润滑层将摩擦副表面隔开叫流体动力润滑，也是最理想的润滑。一般而言形成流体动力润滑是有条件的，当两个相互平行的表面发生相对运动时，并没有相应的垂直于表面的力足以使摩擦副被隔开。但是在两个面不平行时，液体从较宽的一端流向窄缝，则产生垂直于表面的力。如颈轴承就是一例，见图 1-2 所示。当轴承静止时，轴上的负荷使它紧紧地贴在轴承的下部，此时轴和轴承之间并没有液体层形成，当轴开始转动，轴沿着轴瓦向上移动。当轴转动起来以后，它带动油以相同的方向移动，这样油就从较宽的缝隙挤入较窄的缝隙，形成油楔力。当油楔力达到轴承的负荷时轴被升起，这时轴与轴承之间形成液体层，其厚度一般大于 $1\mu m$，这种润滑叫流体动力润滑。油楔力的大小与液体的黏度和轴承的转速有关，黏度越大，转速越快，油楔力也越大。

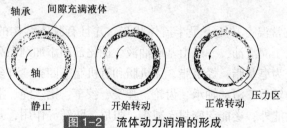

图 1-2　流体动力润滑的形成

4. 弹性流体动力润滑

流体动力润滑是靠油楔力建立起的油膜将摩擦副表面隔开，这只有在轻负荷下才是可能的。还有一种情况，由于摩擦副的变形和黏度随压力增大而增大，形成弹性流体润滑。即在集中接触的摩擦副中接触处于点接触或线接触状态，此时物体单位面积上承受很大压力，其负荷高达几百至几千兆帕，这样使受压部分发生弹性变形。例如滚球、滚柱和齿轮等都属于

3

这种情况。而形成弹性流体动力润滑的另一个因素是润滑油的黏度在高压下随压力增高而增大，变得十分黏稠甚至成膏状物，不易被挤出，从而使摩擦副之间保持连续的油膜层而得到润滑，这种情况属弹性流体动力润滑。

5. 边界润滑

流体润滑和弹性流体润滑不总是能够实现的，例如，在运动速度低，负荷太大或表面粗糙度太大时，都会造成微凸体的直接接触，其结果是摩擦增大，磨损严重，在油中加入某些极性分子可以在金属表面上形成牢固的吸附层，它一般只有一两个分子或几个分子厚，它们牢固地在金属表面上形成吸附膜。由这层吸附膜提供的润滑叫边界润滑。这些极性化合物（添加剂）即所谓的"油性剂"，它们是长链的醇胺和脂肪酸等。这些化合物的极性基通过物理或化学吸附方式被吸附在金属表面上，它的长链中的次甲基横向吸附，构成牢固的边界膜。当摩擦副运动时这层吸附膜代替（或部分地代替）了金属的直接接触，减轻了摩擦和磨损。但这种添加剂的温度范围较低，温度高时它们将要脱附。

6. 极压润滑

在负荷较大、温度较高的条件下油性剂将因脱附而失效。这时达到了所谓的极压状态，此时必须加入一种极压添加剂，达到防止磨损的效果。极性添加剂是一些反应活性较强的有机化合物，含有硫、磷、氮等活性元素，这些元素能与金属反应形成一些化合物，如硫化亚铁、磷酸铁等，对金属表面起保护作用。

六、润滑剂

根据润滑剂在常温常压下的物理状态可将其分为固体润滑剂、半固体润滑剂、液体润滑剂和气体润滑剂，通常用量较大的是液体润滑剂和半固体润滑剂。

1. 固体润滑剂

固体润滑剂利用具有特殊润滑性能的固体润滑剂代替润滑油和润滑脂隔离摩擦接触表面，形成良好的固体润滑膜，以达到减少摩擦、降低磨损的良好润滑作用。

可将固体润滑剂根据其组成分为有机物、无机物、金属氧化物及软金属四类。有机固体润滑剂主要有聚四氟乙烯、聚酰胺（尼龙）、聚乙烯、聚酰亚胺等；无机固体润滑剂主要包括石墨、氮化硼等；金属氧化物固体润滑剂有硫化钼、氟化钙等；软金属固体润滑剂有铅、银、金、锡等。

2. 半固体润滑剂

半固体润滑剂是在常温、常压下呈半流体状态，并且有胶体结构的润滑材料，称为润滑脂。润滑脂的用量仅次于润滑油，一般由基础油液、稠化剂和添加剂在高温下混合而成。主要品种按稠化剂的组成分为皂基脂、烃基脂、无机脂和有机脂等四类。许多摩擦副的润滑离不开润滑脂，如大部分滚动轴承、滑动轴承、齿轮、弹簧、绞车、钢丝绳、滑板等。润滑脂除了具有抗摩、减磨和润滑性能外，还能起密封、减震、阻尼、防锈等作用，其润滑系统简单、维护管理容易，可节省操作费用。缺点是流动性小、散热性差，高温下易产生相变、分解等。

3. 液体润滑剂

液体润滑剂是用量最大、品种最多的润滑剂，包括润滑油和水基液等。

润滑油是一种不挥发的油状润滑剂，由基础油和添加剂调和而成。基础油是润滑油的主要成分，决定着润滑油的基本性质，添加剂则可弥补和改善基础油性能方面的不足，赋予某些新的性能，是润滑油的重要组成部分。

按来源润滑油可分为动植物油、石油润滑油和合成润滑油三大类，石油润滑油的用量占总用量的 97% 以上，因此润滑油常指石油润滑油。

石油润滑油有较宽的黏度范围，对不同的负荷、速度和温度条件下工作的摩擦副和运动部件提供了较宽的选择余地，而且资源丰富，多数是价廉产品，容易获得。特别是在其中还可以添加一定量的添加剂，改善其物理化学性质，赋予润滑油新的特殊性能，或加强其原来具有的某种性能，满足更高要求。

合成润滑油包括多种不同类型、不同化学结构和不同性能的化合物，多使用在比较苛刻的工况下，如极高温、极低温、高真空、重载荷、高速、具有腐蚀性或辐射的环境等。

动植物油脂常用于难燃液压介质、蜗轮蜗杆油、螺纹加工油等。其主要特点是油性好，生物降解性好，可满足环境保护要求。缺点是氧化安定性、热稳定性和低温性能不理想。

水基液多半用于金属加工液及难燃性液压介质，常用的水基液有水、乳化液（油包水或水包油型）、水-乙二醇以及其他化学合成液或半合成液。

从用途角度来看，润滑油主要包括车用油、工业油及其他特种油三大类。工业油和特种油的规格变化相对较慢，其供货商也比较稳定；而车用油升级换代快，代表着润滑油的发展水平，车用润滑油是各润滑油厂家竞争的焦点。

4. 气体润滑剂

气体润滑是近几十年发展的新技术，适用于某些超精密仪器和超高速的场合，例如医用牙钻、精密磨床主轴、航海用的惯性导航陀螺、大型天文望远镜的转动支承等。气体润滑采用空气、氢、氧、氮、一氧化碳、氦、水蒸气等作为润滑剂，可使摩擦表面被高压气体分隔开。气体润滑的最大优点是摩擦系数极小，几乎接近于零，因此轴承稳定性很高；在高速精密轴承中可获得高刚度，且没有密封与污染问题；气体的黏度不受温度的影响，可以用在比润滑油和润滑脂更高或更低的温度下，可在 -200~2000℃ 范围内润滑滑动轴承。

其缺点是必须有气源，由外部供给干净、干燥的气体；对支承元件制造精度及材质有较高要求且动态稳定性较差。因此，气体润滑剂在使用前必须进行严格的精制处理。

综上所述，可将润滑剂进行简单分类。见图 1-3 所示。

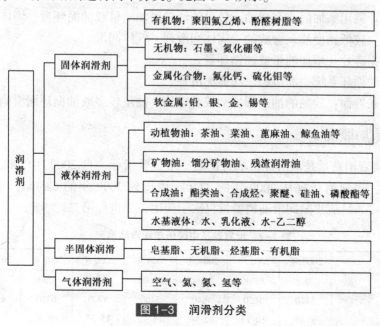

图 1-3 润滑剂分类

5. 四类润滑剂的比较

以轴承所用润滑剂为例，表1-1列出四类润滑剂性能比较。

表1-1　四类润滑剂性能比较

性　能	固体润滑剂	半固体润滑剂	液体润滑剂	气体润滑剂
流体动力润滑性能	无	一般	优	良
边界润滑性能	良→优	良→优	差→优	差
冷却性能	无	差	优	一般
低摩擦	差	一般	一般→良	优
易于加入轴承	差	一般	良	良
保持在轴承中的能力	很好	良	差	很好
密封能力	一般→良	很好	差	很好
防大气腐蚀	差→一般	良→优	一般→优	差
温度范围	很好	良	一般→优	优
蒸发性	低	通常低	高→低	很高
闪火性	通常低	通常低	很高→很低	决定于气体类型
相容性	优	一般	高→一般	通常良
润滑剂价格	相当高	相当高	低→高	通常很低
轴承设计复杂性	低→高	相当低	相当低	很高
寿命决定于	磨损	衰败	衰败和污染	气体供给能力

6. 润滑剂选用

选择润滑剂类型主要考虑速度和负荷两个因素，除此之外还应考虑使用温度、环境及寿命等。

① 负荷大：选用较黏的油、极压油、润滑脂、固体润滑剂。

② 速度高(可能造成温度太高)：增加润滑油量或油循环量，选用黏度较小的油、气体润滑。

③ 温度高：采用添加剂或合成油、较黏的油、增加油量或油循环量、固体润滑剂。

④ 温度低：较低黏度油、合成油、固体润滑剂、气体润滑。

⑤ 太多磨损碎片：增加油量或油循环量。

⑥ 污染：油循环系统、润滑脂、固体润滑剂。

⑦ 需要较长寿命：较黏的油、添加剂或合成油、油量较多或油循环润滑脂。

七、润滑油市场概况

润滑油的表观消费量是润滑油市场特征的一个重要指标，自2000年以来，我国润滑油需求持续增长，表观消费量从2000年的3340kt增长到2009年的6350kt，年均增速约为5.5%，见表1-2。目前我国润滑油消费量仅次于美国，为世界第二。

表1-2　世界以及中国历年润滑油消费

项　目	2000年	2002年	2004年	2006年	2008年	2009年	2010年	2011年
世界消费总量/kt	37800	35700	36100	38600	38500	32000		
中国消费量/kt	3340	3620	4640	5460	5900	6350	6800	7100
中国所占比例/%	8.85	10.15	12.86	14.15	15.32	19.06		

人均润滑油消费量是润滑油市场特征的另一重要指标，从人均润滑油消费量可以看出一个国家或地区的润滑油消费能力、质量水平和发展潜力。人均润滑油消费量较高的国家或地区均为经济发达地区，而人均润滑油消费量较低的国家或地区具有较大的市场发展潜力。近年我国人均润滑油消费量约3.9kg/a，印度约1kg/a，巴西约7kg/a，俄罗斯约11kg/a。

在我国的润滑油消费结构中，车用油(内燃机油、车用齿轮油和自动传动液)占据半壁江山。摩托车行业、钢铁、水泥加工企业也都是润滑油消费大户，合成橡胶生产和加工过程中需要润滑油作为原料和助剂。车用润滑油又分为汽油机油和柴油机油，摩托车所用的润滑油称为摩托车油，其他行业用的润滑油归为工业用油、工艺用油，包括工业齿轮油、液压油、电器用油等。2007年这四大类润滑油的消费情况见图1-4所示。

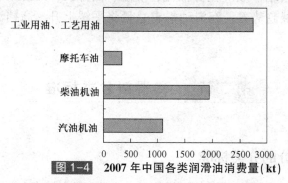

图1-4　2007年中国各类润滑油消费量(kt)

润滑油市场是我国最早开放的市场之一，经过多年的整合，市场在逐步走向成熟，目前形成了三分天下的格局：一是中国石油和中国石化润滑油企业，以其资源、技术和品牌优势占据中国润滑油市场近40%~60%的市场份额；二是以壳牌、埃克森美孚为代表的跨国润滑油企业，占据大约20%~30%的市场份额，但跨国润滑油企业占据了高端市场约80%的份额；三是以统一、莱克、龙蟠等为代表的其他地方民营润滑油企业，以灵活的经营机制和较强的地方品牌意识在市场上形成了不可小视的竞争能力。除了统一石化以进口基础油为主要原料以分割高端市场，产量330kt仅次于中国石化和中国石油外，大多数民营润滑油企业接收中小型炼油厂的原料，处于低端市场。据不完全统计，目前中国润滑油市场上润滑油品牌多达4000多个，其中绝大多数产品由规模较小的生产厂商提供。

八、润滑剂生产及应用特点

本书讲述的润滑剂只包括润滑油和润滑脂，在整个石油产品中的分量不足1.5%，但其品种、牌号非常繁多，每种油品都有着不同的应用场合和严格的质量标准，因此，润滑油品属精细化工产品。润滑油的生产无论从加工过程、品质控制、储运包装上，都比燃料油品复杂得多。

润滑剂是石油加工过程中工艺流程最长、生产技术最复杂、品种牌号最多、质量要求最严格、更新换代最快的产品。所谓工艺流程长，是指润滑油生产必须具备基础油、添加剂和评定测试手段等基本条件。基础油分为5类，其中第Ⅰ类基础油的生产过程要经过原油蒸馏、溶剂脱沥青、溶剂精制、溶剂脱蜡和补充精制几道工序，添加剂也有十余类，复合剂种类就更多了；所谓生产技术复杂，是指每一种润滑剂的开发生产都要经过配方筛选、模拟评定、台架试验、行车试验或工业试用，各类基础油和各种添加剂的生产技术都非常复杂，至于内燃机油的马达评定试验更是极其繁杂；所谓品种牌号多，是指国际标准化协会(ISO)将润滑剂按应用场合分为19类，而仅内燃机油按不同质量等级、黏度级别、单级油、多级油、通用油排列组合起来，品种多达近百个；所谓质量要求严，是指润滑油除达到质量标准外，还必须通过相应的台架试验和行车试验，通过台架试验和行车试验的润滑油配方，包括基础油和添加剂的种类与比例是不能随意改变的；所谓更新换代快，是指新质量标准的润滑油涌现的速度越来越快，比如柴油机油已由 CA 级发展到 CJ 级，汽油机油已由 SA 级发展到 SM 级，大约 4~5 年就出现一个新的质量等级。

燃料经济性和发动机功率的不断提高，将促使润滑油不断升级换代，环境友好的要求将推动润滑油更加清洁。顺应世界潮流，节能、低排放、无污染、长寿命将成为润滑油发展的方向。从发展趋势看，润滑油需求总量将平缓上升，高档润滑油增长速度将会逐步加快。

第二节　润滑剂分类标准

一、按应用场合划分的分类标准

1987 年，我国颁布了《石油产品及润滑剂的总分类》国家标准(GB 498—87)，根据石油产品的主要特征对石油产品进行分类，其类别名称分为燃料、溶剂和化工原料、润滑剂和有关产品、蜡、沥青、石油焦等六大类。其类别名称的代号取自反映各类产品主要特征的英文名称的第一个字母，见表 1-3。

表 1-3　石油产品的总分类

类别代号	类别名称	类别代号	类别名称
F	燃料	W	蜡
S	溶剂和化工原料	B	沥青
L	润滑剂和有关产品	C	焦

润滑剂按应用场合划分的分类标准有国际标准、国家标准、行业标准等。

1987 年，我国第一次制定润滑剂国家标准 GB/T 7631.1—1987，按应用场合将润滑剂分为 19 个组，2008 年，全国石油产品和润滑剂标准化技术委员会对这一标准进行第一次修订，形成新的国家标准 GB/T 7631.1—2008，并于 2008 年 12 月 1 日颁布实施。在 GB/T 7631.1—2008 中，L 类的润滑剂、工业用油和有关产品分类见表 1-4。

表 1-4　我国润滑剂、工业用油和有关产品分组

分组号	名称或应用场合	分组号	名称或应用场合	分组号	名称或应用场合
E	内燃机油	N	绝缘液体	F	主轴、轴承和有关离合器
H	液压系统	U	热处理	M	金属加工
C	齿轮油	Q	热传导液	R	暂时保护防腐蚀
D	压缩机	T	汽轮机	P	气动工具
A	全损耗系统	G	导轨	X	润滑脂

二、黏度等级分类

1. 工业液体润滑剂 ISO 黏度分类

该类标准制定的基础是黏度等级，目的是提出系列明确的运动黏度等级，使润滑剂供应者、使用者和设备设计者根据特定应用条件下所要求的运动黏度，在确定或选择合适的工业液体润滑剂时有一个一致的和共同的基准。

与按应用场合划分的分类标准一样，按黏度划分的分类标准有国际标准、国家标准、行业标准等。

ISO(国际标准化组织)是由各国标准化团体(ISO 成员)组成的世界性联合会。制定国际标准工作通常由 ISO 的技术委员会承担。技术委员会采纳的国际标准化草案提交各成员投票表决时，至少取得 75% 参加成员表决同意后，才能作为国际标准发布。

工业液体润滑剂 ISO 黏度分类的现用标准是 ISO 3448—1992，该标准由美国试验与材料协会(ASTM)、美国润滑工程师协会(ASLE)、英国标准协会(BSI)和联邦德国标准委员会(DIN)共同制定，具有权威性、通用性。我国的国家标准 GB/T 3141—1994 沿用 ISO 3448—1992，见表 1-5。

表 1-5　工业润滑油 ISO 黏度分类(GB/T 314—1994)

ISO 黏度等级	中间点运动黏度(40℃)/(mm^2/s)	运动黏度范围(40℃)/(mm^2/s)		ISO 黏度等级	中间点运动黏度(40℃)/(mm^2/s)	运动黏度范围(40℃)/(mm^2/s)	
		最小	最大			最小	最大
2	2.2	1.98	2.42	100	100	90.0	110
3	3.2	2.88	3.52	150	150	135	165
5	4.6	4.14	5.06	220	220	198	242
7	6.8	6.12	7.48	320	320	288	352
10	10	9.00	11.0	460	460	414	506
15	15	13.5	16.5	680	680	612	748
22	22	19.8	24.2	1000	1000	900	1100
32	32	28.8	35.2	1500	1500	1350	1650
46	46	41.4	50.6	2200	2200	1980	2420
68	68	61.2	74.8	3200	3200	2880	3520

注：对于某些 40℃ 运动黏度等级大于 3200 的产品，如某些含高聚合物或沥青的润滑剂，可以参照本分类表中的黏度等级设计，只要把运动黏度测定温度由 40℃ 改为 100℃，并在黏度等级后加后缀符号"H"即可。如黏度等级为 15H，则表示该黏度等级是采用 100℃ 运动黏度确定的，它在 100℃ 时的运动黏度范围应为 13.5~16.5mm^2/s。

润滑剂的生产者今后应逐步调整产品的黏度使每个产品能符合本分类规定的黏度等级，而用油者为了合理用油和减少所用油品数，更应使用符合本黏度分类的润滑剂，本标准也是机械和设备制造者或零件供应者在设计时和在推荐润滑剂黏度时的重要依据。

2. 车辆油 SAE 分类

美国汽车工程师协会(SAE)在许多年前已制定了关于内燃机油的黏度分类标准(SAE J300)和车辆齿轮润滑剂的黏度分类标准(SAE J306)，目前全世界许多国家正在采用。我国内燃机油黏度分类国家标准为 GB/T 14906—1994，见表 3-1。这是参照采用美国汽车工程师协会 SAE J300—1987《发动机油黏度分类》制定的。随着内燃机油质量标准的要求不断提高，SAE J300 的标准更新很快，如 1999 版、2002 版、2007 版、2009 版新标准。表 1-6 所列即为 SAE J300 发动机油黏度级别。

表 1-6　SAE J300—2009 内燃机油黏度级别

SAE 黏度级数	最高低温黏度		100℃ 运动黏度/(mm²/s)		最高边界泵送温度/℃
	mPa·s	温度/℃	最小	最大	
0W	6200	−35	3.8	—	—
5W	6600	−30	3.8	—	—
10W	7000	−25	4.1	—	—
15W	7000	−20	5.6	—	—
20W	9500	−15	5.6	—	—
25W	13000	−10	9.3	—	—
20	—	—	5.6	<9.3	2.6
30	—	—	9.3	<12.5	2.9
40	—	—	12.5	<16.3	3.5(0W-40、5W-40、10W-40)
40	—	—	12.5	<16.3	3.7(15W-40、20W-40、25W-40、40)
50	—	—	16.3	<21.9	3.7
60	—	—	21.9	<26.1	3.7

第三节　润滑油的理化指标与使用性能

　　润滑油要起到润滑作用，必须具备两种性能，一种是油性，首先润滑油要与金属表面结合形成一层牢靠的润滑油分子层。即润滑油要与金属表面有较强的亲和力。另一种是黏性，这样润滑油才能保持一定厚度液体层将金属面完全隔开。除此之外，根据润滑油的组成性能、工作环境、所起的作用等使润滑油还要具备其他更广泛的性能。润滑油是一种技术密集型产品，是复杂的碳氢化合物的混合物，而其真正使用性能又是复杂的物理或化学变化过程的综合效应。润滑油的基本性能包括一般理化指标、使用性能和模拟台架试验。

一、理化指标

　　润滑油、润滑脂可用相同或近似的理化指标对其性能进行描述或规范，润滑油、润滑脂主要涉及的理化指标如下。

　　1. 外观(色度)

　　油品的颜色往往可以反映其精制程度和稳定性。对于基础油来说，一般精制程度越高，氧化物和硫化物脱除得越干净，颜色也就越浅。但是，即使精制的条件相同，不同来源和基属的原油所生产的基础油，其颜色和透明度也可能是不相同的。对于新的成品润滑油，由于添加剂的使用，颜色作为判断基础油精制程度高低的指标已失去了它原来的意义。

　　2. 密度

　　密度是润滑油最简单、最常用的物理性能指标。润滑油的密度随其组成中含碳、氧、硫的数量增加而增大，因而在同样黏度或同样相对分子质量的情况下，含芳烃多、含胶质和沥青质多的润滑油密度最大，含环烷烃多的居中，含烷烃多的最小。

3. 黏度

表征油品的流变性能，是油品的主要质量指标。黏度过大，会造成启动困难，消耗动力；黏度过小，会降低油膜支撑能力，增加磨损。黏度表示方法有运动黏度和动力黏度两种。

动力黏度：表征多级油在低温、高剪切速率条件下的内摩擦力，以 CCS 测定仪来测量，单位为 mPa·s，习惯称之为油品的低温动力黏度，可作为预示发动机在低温条件下能否顺利启动的黏度指标。

运动黏度：动力黏度与在同温下该液体的密度之比即为运动黏度，单位为 mm^2/s。

4. 黏度指数

黏度指数表示油品黏度随温度变化的程度。黏度指数越高，表示油品黏度受温度的影响越小，其黏温性能越好，反之越差。

5. 边界泵送温度

表征油品泵送性好坏的指标，预测能维持正常泵送的最低温度。

6. 凝点、倾点、成沟点

凝点是指在规定的冷却条件下油品停止流动的最高温度。油品的凝固和纯化合物的凝固有很大的不同。油品并没有明确的凝固温度，所谓"凝固"只是作为整体来看失去了流动性，并不是所有的组分都变成了固体。润滑油的凝点是表示润滑油低温流动性的一个重要质量指标，对于生产、运输和使用都有重要意义。凝点高的润滑油不能在低温下使用，相反，在气温较高的地区则没有必要使用凝点低的润滑油。因为润滑油的凝点越低，其生产成本越高，造成不必要的浪费。一般说来，润滑油的凝点应比使用环境的最低温度低 5~7℃。特别还要提及的是，在选用低温的润滑油时，应结合油品的凝点、低温黏度及黏温特性全面考虑。因为低凝点的油品，其低温黏度和黏温特性亦有可能不符合要求。

倾点也是油品低温流动性的指标，与凝点无原则的差别，只是测定方法稍有不同。同一油品的倾点一般高于凝点 2~3℃，但也有例外。

成沟点是以油料冷却至极低温度，令油料几乎呈半固体状态后，以一定宽度之刀片，在油中垂直刮过，使成一条沟形，此沟形之底面在 10s 内仍未被两侧油料淹住的最高温度即为成沟点，单位℃或℉。

成沟点为测定油料在齿轮箱内使用，油面被齿轮刮过时，再恢复新油面的最低温度。通常凝点越低的油料，其成沟点亦越低。

7. 酸值

表征油中酸性物质的总和。酸值表明油品被氧化的程度，以此值可判断油中含酸性物质的含量，是使用中的油品氧化变质的指标之一。对新油来说，则表明油品精制深度，单位 mgKOH/g。

8. 总碱值

表征油中碱性物质的总和。表明油中有效成分的一个指标，说明新油中清净分散剂的大致添加量，也可说明在用油剩余清净分散能力。若总碱值等于或接近于零时，说明油中添加剂已耗尽。

9. 闪点

闪点是表示油品蒸发性的一项指标。油品的馏分越轻，蒸发性越大，其闪点也越低。反之，油品的馏分越重，蒸发性越小，其闪点也越高。同时，闪点又是表示石油产品着火危险性的指标。油品的危险等级是根据闪点划分的，闪点在45℃以下为易燃品，45℃以上为可燃品，在油品的储运过程中严禁将油品加热到它的闪点温度。在黏度相同的情况下，闪点越高越好。因此，用户在选用润滑油时应根据使用温度和润滑油的工作条件进行选择。一般认为，闪点比使用温度高20~30℃即可安全使用。

10. 水分

水分是指润滑油中含水量的百分数，通常用质量分数表示。润滑油中水分的存在，会破坏润滑油形成的油膜，使润滑效果变差，加速有机酸对金属的腐蚀作用，锈蚀设备，使油品容易产生沉渣。总之，润滑油中水分越少越好。

11. 机械杂质

机械杂质是指存在于润滑油中不溶于汽油、乙醇和苯等溶剂的沉淀物或胶状悬浮物。这些杂质大部分是砂石和铁屑之类，以及由添加剂带来的一些难溶于溶剂的有机金属盐。通常，润滑油基础油的机械杂质都控制在0.005%以下(机械杂质在0.005%以下被认为是无杂质)。

12. 灰分和硫酸灰分

灰分是指在规定条件下，灼烧油品后剩下的不燃烧物质。灰分的组成一般认为是一些金属元素及其盐类。灰分对不同的油品具有不同的概念，对基础油或不加添加剂的油品来说，灰分可用于判断油品的精制深度。对于加有金属盐类添加剂的油品(新油)，灰分就成为定量控制添加剂加入量的手段。

国外采用硫酸灰分代替灰分，其测定方法：在油样燃烧后灼烧灰化之前加入少量浓硫酸，使添加剂的金属元素转化为硫酸盐。

13. 残炭

油品在规定的实验条件下，受热蒸发和燃烧后形成的焦黑色残留物称为残炭。残炭是润滑油基础油的重要质量指标，是为判断润滑油的性质和精制深度而规定的项目。润滑油基础油中残炭的多少，不仅与其化学组成有关，而且也与油品的精制深度有关，润滑油中形成残炭的主要物质是油中的胶质、沥青质及多环芳烃。这些物质在空气不足的条件下，受强热分解、缩合而形成残炭。油品的精制深度越深，其残炭值越小。一般认为，基础油的残炭值越小越好。现在许多油品都含有金属、硫、磷、氮元素的添加剂，它们的残炭值很高，因此含添加剂的润滑油残炭值已失去本来意义。

机械杂质、水分、灰分和残炭都是油品纯洁性的质量指标，反映了润滑油基础油精制的程度。

14. 击穿电压和击穿场强

这是评定电气用油绝缘性能的两个指标。击穿电压是电容器的极限电压，超过这个电压，电容器内的介质将被击穿。通常，电力设备的绝缘强度用击穿电压表示，而绝缘材料的绝缘强度则用击穿场强来表示。击穿场强是指在规定的试验条件下，发生击穿的电压除以施加电压的两电极之间的距离。

通过同一个试验后，用两种方式表示油品绝缘性能的大小。数值越大，绝缘越好。主要用于判断油品是否受到水分和杂质的污染。

15. 介质损失角

作为电介质的电气用油在电场作用下，引起的部分电流损失，叫做介质损失。如果没有介质损失，施加于介质上的电压与通过介质的电流间的相角将准确地等于90°。实际上由于存在介质损失，电压与电流间的相角不等于90°。90°与实际相角之差叫介质损失角。这个项目是用来判断电气用油的极性物质(如胶质和酸类)含量和受潮程度。

二、使用性能

除了上述一般理化指标之外，润滑油品在使用过程中还应具有某些特定的性能。对质量要求高，或是专用性强的油品，其使用性能就越突出。润滑油、润滑脂常用的使用性能如下。

1. 氧化安定性

氧化安定性说明润滑油的抗老化性能，一些使用寿命较长的工业润滑油都有此项指标要求，因而成为这些种类油品要求的一个特殊性能。测定油品氧化安定性的方法有很多，基本上都是一定量的油品在有空气(或氧气)及金属催化剂的存在下，在一定温度下氧化一定时间，然后测定油品的酸值、黏度变化及沉淀物的生成情况。一切润滑油都依其化学组成和所处外界条件的不同，而具有不同的自动氧化倾向，随使用过程而发生氧化作用，因而逐渐生成一些醛、酮、酸类和胶质、沥青质等物质，氧化安定性则是抑制上述不利于油品使用的物质生成的性能。

2. 热安定性

热安定性表示油品的耐高温能力，也就是润滑油对热分解的抵抗能力。一些高质量的抗磨液压油、压缩机油等都提出了热安定性的要求。油品的热安定性主要取决于基础油的组成，很多分解温度较低的添加剂往往对油品的热安定性有不利影响。

3. 剪切安定性(抗剪切性)

润滑油在通过泵、阀的间隙及小孔或齿轮轮齿啮合部位、活塞与汽缸壁的摩擦部位时，都受到强烈的剪切作用，这时油中的高分子物质就会发生裂解，生成相对分子质量较低的物质，从而导致油品的黏度降低。油品的抵抗剪切作用是使黏度保持稳定的性能，称为剪切安定性(抗剪切性)。一般不含高分子添加剂(如增黏剂)的油品，其抗剪切性都比较好，而含高分子添加剂的油品，其抗剪切性就比较差。

4. 防锈性

所谓防锈性是指润滑油品阻止与其接触的金属部件生锈的能力。评定防锈性的方法有很多，在工业润滑油规格中最常见的方法是 GB/T 11143 加抑制剂矿物油在水存在下防锈性能试验法，该方法与 ASTM D665 方法等效。

GB/T 11143 方法概要：将一支一端呈圆锥形的标准钢棒浸入 300mL 试油与 30mL(A)蒸馏水或(B)合成海水混合液中，在 60℃ 和以 100r/min 搅拌的条件下，经过 24h 后将钢棒取出，用石油醚冲洗、晾干，并立即在正常光线下用目测评定试棒的锈蚀程度。锈蚀程度分如下几级：

无锈：钢棒上没有锈斑。

轻微锈蚀：钢棒上锈点不多于 6 个点，每个点的直径等于或小于 1mm。

中等锈蚀：锈蚀点超过 6 点，但小于试验钢棒表面积的 5%。

严重锈蚀：生锈面积大于 5%。

水和氧的存在是生锈不可缺少的条件。汽车齿轮中，由于空气中湿气在齿轮箱中冷凝而有水存在，工业润滑装置如齿轮装置、液压系统和涡轮装置等由于使用环境的关系，也不可避免地有水浸入。其次，油中酸性物质的存在也会促进锈蚀，为提高油品的防锈性能，常常加入一些极性有机物，即防锈剂。

5. 防腐蚀性

金属表面受周围介质的化学或电化学的作用而被破坏称为金属的腐蚀。润滑油的各类烃本身对金属是没有腐蚀作用的，引起油品对金属腐蚀的主要物质是油中的活性硫化物（如单质硫、硫醇、硫化氢和二硫化物等）和低分子有机酸类，以及基础油中的一些无机酸和碱等。这些腐蚀性物质有可能是基础油和添加剂生产过程中所残留的，也有可能源于油品的氧化产物或油品储运和使用过程中的污染。

常用的润滑油品腐蚀试验方法有以下几种。

（1）GB/T 5096 石油产品铜片腐蚀试验

这是目前工业润滑油最主要的腐蚀性测定法，本方法与 ASTM D130—83 方法等效。

试验方法概要：把一块已磨光好的铜片浸没在一定量的试样中，并按产品标准要求加热到指定的温度，保持一定的时间。待试验周期结束时，取出铜片，洗涤后与标准色板进行比较，确定腐蚀级别。工业润滑油常用的试验条件为 100℃（或 120℃），3h。

（2）SH/T 1095 润滑油腐蚀试验方法

本方法用于试验润滑油对金属片的腐蚀性，除非另行规定，金属片材料为铜或钢。其试验原理与 GB/T 5096 方法基本相同，其主要的差别在于试验结果只根据试片的颜色变化判断合格或不合格，试验金属片不限于铜片。

（3）GB/T 391—88 发动机润滑油腐蚀度测定法

测定内燃机油对轴瓦（铅铜合金等）的腐蚀度。该方法是模拟黏附在金属片表面上的热润滑油薄膜与周围空气中氧定期接触时，所引起的金属腐蚀现象。

试验方法概要：铅片浸没在 140℃ 的试油中 50h 后，依金属片的质量变化确定油的腐蚀程度，以 g/cm^3 表示。

（4）航空润滑油对金属腐蚀的测定方法

GJB 497—88 航空润滑油铅腐蚀度测定方法是在（163±1）℃ 的温度、铜催化剂存在条件下，1h 后测定铅片单位面积的质量变化。

高温航空润滑油还要求按 GJB 496—88 进行试验，将铜片和银片分别浸入试样中，置于 232℃ 下 50h 后，测定其质量损失。

航空发动机油对金属的腐蚀性，除了进行上述腐蚀试验外，还要结合氧化试验，测定润滑油在强氧化条件对铅、铜、镁、铝、银等金属的腐蚀性能。

（5）汽车制动液对金属的腐蚀性

除了应按 GB/T 5096 进行 100℃、3h 的铜腐蚀试验外，还须进行叠片腐蚀试验，用马口铁、10 号钢、LY12 铝、HT200 铸铁、H62 黄铜、T2 紫铜等六种金属试片，按一定顺序联接在一起，在 100℃ 下试验 120h，试验结束后测定试片的重量变化。

6. 抗乳化性

乳化是一种液体在另一种液体中紧密分散形成乳状液的现象，它是两种液体的混合而非相互溶解。

抗乳化则是从乳状物质中把两种液体分离开的过程。润滑油的抗乳化性是指油品遇水不乳化，或乳化后经过静置，油-水能迅速分离的性能。

两种液体能否形成稳定的乳状液取决于两种液体之间的界面张力。由于界面张力的存在，分散相总是倾向于缩小两种液体之间的接触面积以降低系统的表面能，即分散相总是倾向于由小液滴合并成大液滴以减少液滴的总面积，乳化状态也就随之而被破坏。界面张力越大，这一倾向就越强烈，也就越不易形成稳定的乳状液。润滑油与水之间的界面张力随润滑油的组成不同而不同。深度精制的基础油以及某些成品油与水之间的界面张力相当大，因此，不会生成稳定的乳状液。但是如果润滑油基础油的精制深度不够，其抗乳化性也就较差，尤其是当润滑油中含有一些表面活性物质时，如清净分散剂、油性剂、极压剂、胶质、沥青质及尘土粒等，它们都是一些亲油剂和亲水基物质，容易被吸附在油水表面上，使油品与水之间的界面张力降低，形成稳定的乳状液。因此在选用这些添加剂时必须对其性能作用作全面的考虑，以取得最佳的综合平衡。

用于循环系统中的工业润滑油，如液压油、齿轮油、汽轮机油、轴承油等，在使用中不可避免地和冷却水或蒸汽甚至乳化液等接触，要求这些油品在油箱中能迅速进行油-水分离（按油箱容量，一般要求6~30min分离），从油箱底部排出混入的水分，便于油品的循环使用，并保持良好的润滑。通常润滑油在60℃左右、有空气存在并与水混合搅拌的情况下，不仅易发生氧化和乳化而降低润滑性能，而且还会生成可溶性油泥，受热作用则生成不溶性油泥，并剧烈增加流体黏度，造成润滑系统堵塞、发生机械故障。因此，一定要处理好基础油的精制深度和所用添加剂与其抗乳化剂的关系，在调和、使用、保管和储运过程中亦要避免杂质的混入和污染，否则若形成了乳化液，则不仅会降低润滑性能，损坏机件，而且易形成油泥。另外，随着时间的增长，油品的氧化、酸性的增加、杂质的混入都会使抗乳化性能变差，用户必须及时处理或者更换。

目前被广泛采用的抗乳化性测定方法有两个。一是油和合成液抗乳化性能测定法（GB/T 7305—87），适用于测定油、合成液与水分离的能力。二是润滑油抗乳化性测定法（GB/T 8022—87），用于测定中、高黏度润滑油与水互相分离的能力，该方法对易受水污染和可能遇到泵送及循环湍流而产生油包水型乳化液的润滑油抗乳化性能的测定具有指导意义。汽轮机油的抗乳化能力通常按SH/T 34009—87方法进行，将20mL试样在90℃左右与水蒸气乳化，然后把乳化液置于约94℃的水浴中，测定分离出20mL油所需的时间。这个方法完全模拟汽轮机油的工作条件，是测定汽轮机油抗乳化性的专用方法。

7. 抗泡沫特性

泡沫特性指油品生成泡沫的倾向及泡沫的稳定性。润滑油在实际使用中，由于受到振荡、搅动等作用，使空气进入润滑油中，以致形成气泡。

润滑油产生泡沫具有以下危害：

① 大量而稳定的泡沫，会使体积增大，易使油品从油箱中溢出。

② 增大润滑油的压缩性，使油压降低。如液压油是靠静压力传递功的，油中一旦产生泡沫，就会使系统中的油压降低，从而破坏系统传递功的作用。

③ 增大润滑油与空气接触面积，加速油品的老化。这个问题对空压机油来说，尤为严重。

④ 带有气泡的润滑油被压缩时，气泡一旦在高压下破裂，产生的能量会对金属表面产生冲击，使金属表面产生穴蚀。有些内燃机油的轴瓦就出现这种穴蚀现象。

内燃机油和循环用油（如液压油、压缩机油等）要求评定油品生成泡沫的倾向性（mL）和泡沫稳定性（mL）。

润滑油容易受到配方中的活性物质如清净剂、极压添加剂和腐蚀抑制剂的影响，这些添加剂大大地增加了油的起泡倾向。润滑油的泡沫稳定性随黏度和表面张力而变化，泡沫的稳定性与油的黏度成反比，同时随着温度的上升，泡沫的稳定性下降，黏度较小的油形成大而容易消失的气泡，高黏度油中产生分散而稳定的小气泡。为了消除润滑油中的泡沫，通常在润滑油中加入表面张力小的消泡剂，如甲基硅油和非硅消泡剂等。

在我国，润滑油的泡沫特性可按 GB/T 12579—90 润滑油泡沫特性测定标准方法进行试验，先恒温至规定温度，再向装有试油的量筒中通过一定流量和压力的空气，记下通气 5min 后产生的泡沫体积(mL)和停气静止 10min 后泡沫的体积(mL)。泡沫越少，润滑油的抗(消)泡性越好。美国和日本分别用 ASTM D892、JIS K2518 标准方法评定。

8. 油性

油性是指润滑油不能形成液体润滑时的抗磨能力，即处于边界润滑或半液体润滑时的润滑能力。油性的大小取决于润滑油本身的润滑性(滑动性)、形成油膜的强度(黏附性)以及工作环境的温度。如果润滑油的滑动性好、工作温度低、黏附能力强，则润滑油的油性好。构成润滑油油性的机理：润滑油中的极性分子(如脂肪酸)，在静电吸引力的作用下，分子中的极性端吸附在金属表面并按照垂直方向定向排列，分子的另一端构成滑动面，形成了油膜。油膜有薄有厚，构成了边界油膜或半液体润滑。齿轮油的润滑属于边界润滑或半液体润滑，要求润滑油具有良好的油性。

9. 极压抗磨性

极压抗磨性是衡量润滑油在苛刻工况条件下防止或减轻摩擦副磨损的润滑能力指标。评价油品极压抗磨性最为普遍的是四球试验机，其次为梯姆肯试验机和 FZG 齿轮试验机等。

10. 橡胶适应性

所有润滑系统(特别是航空发动机润滑系统)和液压系统中，差不多所有的密封件和衬垫都是合成橡胶或天然橡胶制成的，因此要求润滑油和橡胶要有较好的适应性，避免引起橡胶密封件变形。一般说来，烷烃对橡胶的溶胀或收缩作用不大，而芳烃则能使橡胶溶胀，含硫元素较多的油品则易使橡胶收缩。此外，许多合成润滑油对普通橡胶有较大的溶胀或收缩性，使用时应选用特种橡胶(如硅橡胶、氟橡胶)作密封件。

液压油规格中所用的测定方法是 SH/T 0305—92，通过测定石油产品密封适应性指数表示石油产品和丁腈橡胶密封材料的适应性，用体积膨胀百分数表示。方法概述：用量规测定橡胶圈的内径，然后将橡胶圈浸在 100℃ 的试样中 24h，在 1h 内将橡胶圈冷却后，用量规测量内径的变化。

合成航空润滑油与橡胶的相容性试验方法(SH/T 0436—92)，是将规定的丁腈标准橡胶 BD-L、BD-G 及氟标准橡胶 BF 等标准试片，浸泡在一定温度的合成润滑油中，在规定的时间后测定橡胶试片浸泡前后的性能变化(体积变化、拉伸应力应变性能变化和硬度变化)。

汽车制动液的橡胶相容性能是制动液的一项重要指标，GB 12981—91 合成制动液规格中规定了制动液与橡胶皮碗适应性检验方法，将标准橡胶件(汽车制动系统用分泵皮碗)浸入制动液中，在规定温度(70℃和120℃)下保持 70h，对皮碗的外观、根部直径增值、硬度下降值等进行测定。

三、润滑油的模拟台架试验

润滑油在评定了它们的使用性能之后，还要进行某些模拟台架试验，包括一些发动机试验，通过之后方能投入使用。

具有极压抗磨性能的油品都要评定其极压抗磨性能。常用的试验机有梯姆肯环块试验机、FZG 齿轮试验机、法莱克斯试验机、滚子疲劳试验机等，它们都用于评定油品的耐极压负荷的能力或抗磨损性能。

评价油品极压性能应用最为普遍的试验机是四球机，它可以评定油品的最大无卡咬负荷、烧结负荷、长期磨损及综合磨损指数。这些指标可以在一定程度上反映油品的极压抗磨性能，但是，它与实际使用性能在许多情况下均无很好的关联性。只是由于此方法简单易行，仍被广泛采用。

在高档的车辆齿轮油标准中，要求进行一系列齿轮台架的评定，包括低速高扭矩、高速低扭矩齿轮试验；带冲击负荷的齿轮试验；减速箱锈蚀试验及油品热氧化安定性的齿轮试验。

评定内燃机油有很多单缸台架试验方法，如皮特 W−1、AV−1、AV−B 和莱别克 L−38 单缸及国产 1105、1135 单缸，可以用来评定各档次内燃机油。目前 API 内燃机油质量分类规格标准中，规定柴油机油用 Caterpillar、Mack、Cummins、单缸及 GM 多缸进行评定；汽油机油则进行 MS 程序ⅡD(锈蚀、抗磨损)、ⅢE(高温氧化)、VE(低温油泥)等试验。这些台架试验投资很大，每次试验费用很高，对试验条件如环境控制、燃料标准等都有严格要求，不是一般试验室都能具备评定条件的，只能在全国集中设置几个评定点，来评定这些油品。

由于各类油品的特性不一，使用部位又千差万别，因此必须根据每一类油品的实际情况，制定出反映油品内在质量水平的规格标准，使生产的每一类油品都符合所要求的质量指标，这样才能满足设备实际使用要求。

第四节　润滑油的主要性能与化学组成的关系

现代矿物润滑油基本都是矿物基础油与化学合成功能添加剂的组合，其使用性能在一定程度上已不取决于石油烃类的天然特性，许多使用特性由不同配方的添加剂赋予，但基本的、共同的一些性能则是由基础油提供的，诸如黏温性能、挥发度、热安定性、氧化安定性、色度、流动性以及对添加剂的感受性等。润滑油生产工艺对润滑油性能的作用范围，也在于基础油的上述性能。因此，研讨润滑油的化学组成，对于确定润滑油的生产工艺结构，优化各生产过程的操作，都具有重大的指导意义。

一、润滑油的化学成分

润滑油是石油的高沸点、高相对分子质量烃类和非烃类的混合物，烃类包括烷烃、环烷烃、芳烃、环烷芳烃，非烃类有含氧、含氮、含硫有机化合物和胶质、沥青质等。

馏分型润滑油的原料是减压侧线馏分，其烃类碳数分布约为 $C_{20} \sim C_{40}$，沸点范围约为 $350 \sim 535℃$，平均相对分子质量(简称分子量)约为 $300 \sim 500$。残渣润滑油的原料是减压渣油，其烃类碳数、沸点范围更高，分子量也更大。

由于润滑油中烃类结构极其复杂，异构体数量极其繁多，以致到目前为止，还无法对单体烃进行分离和研究，只能以馏分或以烃族组成进行分离、剖析、检测，了解它们的存在对润滑油物理、化学性质的影响，了解它们在各加工过程中的物理、化学行为。

1. 石油润滑油馏分中的烃类

烷基-环烷烃：在石油润滑油馏分中，环状烃(包括环烷烃和芳香烃)含量最多，其中又以环烷烃占优势；在润滑油产品中，环烷烃含量更多，一般在60%以上。

在润滑油馏分中，环烷烃主要是两个环和三个环的，且环上的碳原子数多数是五碳和六碳的。随着润滑油馏分沸点的升高，环烷烃上的烷基侧链与环数均增加，且烷基侧链碳原子数增加比环数增加更为显著。

芳香烃：润滑油馏分中的芳香烃有两种类型：一种是烷基芳香烃(芳香环上有一个至几个侧链)；另一种是环烷基芳香烃(分子含有环烷环和芳香环的混合烃)。

润滑油馏分中各类芳香烃的总环数一般为2~4环。随着馏分沸点的升高，不论是轻芳香烃或是中、重芳香烃，其环数和烷基侧链的碳原子数均增加，但侧链中碳原子数增加更为显著，环数增加主要是环烷环数增加。在高沸点馏分中，呈现出环烷基芳香烃类型的结构。由此可以判断，芳香烃的沸点升高，是由于环数的增加和侧链的增加而引起的，其中以链的增长和链的数量增加为主。

在润滑油馏分中，芳香环上的侧链要比环烷环上的侧链短，而且随着环数增加，侧链长度要降低。

蜡烃：C_{16}以上的正构烷烃在常温下是固体(正十六烷的熔点为18.1℃)。由于润滑油馏分的最低沸点一般都大于350℃，所以，润滑油馏分中所含的正构烷烃，碳数均在20以上，最低熔点在40℃左右，在常温下均为固体。有些异构烷烃、环烷烃、芳香烃在常温下也是固体。

这些固体烃在石油馏分中呈溶解状态，但如果温度降低，则其溶解度也降低，当降到一定温度后，就会有一部分结晶析出，这种从石油馏分中分离出来的固体烃称为蜡。根据蜡的结晶形态不同，蜡又分为石蜡(片状结晶)和地蜡(针状结晶)两种。

石蜡通常在柴油和润滑油馏分中分离出来，而地蜡通常从减压渣油中分离出来。在高沸点的重润滑油馏分中，往往同时含有石蜡和地蜡。

石蜡的成分主要是正构烷烃，润滑油馏分中的大部分正构烷烃都集中在石蜡中。在商品石蜡中，正构烷烃含量超过90%，其余部分为异构烷烃和少量环烷烃。

地蜡的成分是很复杂的，各类烃都有，但以环状烃为主，正构烷烃和异构烷烃含量并不高。

蜡存在于石油润滑油馏分中，严重地影响到油品的低温流动性，因此，在润滑油加工时必需把蜡脱除掉。石蜡除了制造蜡烛、火柴、蜡纸等外，还可作为其他化工原料。用石蜡氧化制得的脂肪酸或醇是制取肥皂和洗涤剂的原料；用石蜡裂解制得的α-烯烃可作为生产合成润滑油的原料。

2. 润滑油馏分中的非烃类

烃类是构成润滑油的主体成分，非烃成分在润滑油中的含量一般情况下占很少比例。润滑油馏分中的非烃类物质有硫、氮、氧化合物以及胶状物质，它们的含量一般都随馏分沸点的升高而增加，而且绝大部分是集中在减压渣油中。

非烃化合物的存在对润滑油馏分的加工以及产品使用性质有很大的影响，通常都要在加工中除去。

二、润滑油的化学组成与使用性能的关系

要生产出合乎使用要求的润滑油，必须研究润滑油原料中各种烃类对润滑油使用性能的

影响，以便在润滑油加工过程中保留或添加有利的组分，除去或改变不利的组分。润滑油的使用性能要求有很多，下面讨论润滑油最主要的五个性能与化学组成的关系。

1. 黏度、黏温性能与油品组成的关系

（1）黏度与油品组成的关系

黏度是润滑油最基本最重要的性质。机械运动摩擦面的润滑，首先靠润滑油有一定合适范围的黏度，类型和动力负荷不同的机械要求不同的黏度范围。润滑油的黏度与其沸点、平均分子量及化学组成有直接的关系。用同一种原油制得的不同沸点范围的润滑油馏分，它们的黏度不同，黏度随馏分的沸点范围上升而增加。

不同原油同一沸点范围的润滑油馏分，黏度并不相同。在同一馏分中，烷烃的黏度最低，从 C_{20} 到 C_{25} 的烷烃，其50℃时的黏度只有 $10\sim12mm^2/s$。烷烃中，异构烷烃的黏度比正构烷烃略高。烷烃的黏度随其分子量的增大而增高；异构烷烃的黏度随其侧链的分支增多而增加。

环状化合物的黏度比烷烃大。当碳原子数相同时，随着分子中环数的增加，黏度增加得很快。

同一结构的环状烃中，单环和双环的环烷烃的黏度比相应的芳香烃高，但三环以及更多环的环烷烃的黏度则比相应的芳香烃低；环烷基芳香烃的黏度比相应的芳香烃高，环状烃的黏度随其侧链长度的增加或侧链数目的增加而增高。在润滑油加工过程中，由于烷烃的黏度最低，尤其是正构烷烃，所以，经过脱蜡以后的润滑油馏分的黏度有所升高，这是因为具有低黏度的烷烃脱蜡后含量大大减少的缘故。经过精制以后，润滑油的黏度就有所降低，这是由于具有高黏度的多环烃和胶质等非烃类被除去含量减少的结果。

（2）黏温性能与油品组成的关系

润滑油品黏度随温度变化的程度，常用黏度指数或两个不同固定温度下的黏度比（如：v_{50}/v_{100}）表示。

正构烷烃的黏度指数随分子量增大而增加。碳原子数相同时，异构烷烃的侧链愈长、愈多，并愈接近主链中央，则黏度指数愈小。

环状烃随其环数增多，黏度指数下降。如环状烃有侧链，其侧链数目及分支增多，以及环状基向中央移动，则其黏度指数减小。如环状烃的侧链上无分支，则其黏度指数随侧链情况不同而变化的规律与正构烷烃相同。环数、侧链上碳原子数及其结构相同时，环烷烃的黏度指数大于芳香烃。

当碳原子数相同时，正构烷烃黏度指数最大，其次为异构烷烃，再其次为环烷烃，最小为芳香烃。在分子中环数增加和侧链长度减小，其黏度指数显著下降，润滑油中的胶状物质的黏温特性更差。

综上所述，烷烃和环烷烃是润滑油优良黏温性能的主要贡献者，芳烃具有较高的黏度和较差的黏度指数，胶质更是如此。结合润滑油的黏度和黏温特性这两方面来看，少环长侧链的环状烃是润滑油的理想组分。正构烷烃的黏温特性虽好，但是它的低温流动性却很差，因此并不属于理想组分。

（3）生产上对应的措施

根据以上的论述，要生产黏度范围适当、黏温特性好的润滑油，在生产过程中应采取如下措施：

① 通过原油蒸馏切取不同黏度范围的馏分油，如常压五线，减压一线~减压四线及减

压渣油。

② 通过脱沥青尽可能除去胶状、沥青状物质，以降低润滑油黏度，改善其黏温性质。

③ 通过精制除去具有短侧链的多环环状烃，保留长侧链的单环或双环环状烃，维持润滑油合适的黏度及黏温性能。

2. 低温流动性能与烃类组成的关系

（1）低温流动性能与烃类组成的关系

评价润滑油低温流动性的指标之一是凝点，凝点是油品使用温度的极限。

引起润滑油凝固的原因有两个：构造凝固和黏温凝固。

构造凝固是由润滑油中的固体烃引起的。固体烃在常温或高于常温时在润滑油中呈溶解状态，但在低温时能形成固体结晶，晶体通过分子引力连接起来，形成结晶网，结晶网将油品包住，使油品失去流动性。

黏温凝固是润滑油中的高黏度烃类和胶状物质引起的。高黏度烃类和胶状物质在低温时黏度更大，致使润滑油丧失流动性。

润滑油还能正常供油的最低温度称为低温流动极限温度，它比润滑油的凝点高。

不同用途的润滑油应具有不同的性能要求；但要求润滑油在使用温度下具有流动性，却是任何一种润滑油必须具备的一个使用性能，只不过对保持流动能力的温度界限要求不同罢了。

不同类别及不同分子量的烃类，其低温流动性相差很大。

在碳原子数相同时，正构烷烃的凝点最高，其次为环状烃，异构烷烃最小。

正构烷烃的凝点随分子量的增加而增高；异构烷烃变化规律则不定，碳原子数相同的异构烷烃，侧链位置愈接近主链中央及侧链数目愈多，凝点愈低。也可以说异构化程度越大，凝点越低。

环状烃的环数增多，其凝点增高；有侧链的环状烃的凝点随侧链的结构不同而不同，其变化规律与正构烷烃和异构烷烃相似。侧链的分支愈靠近环的烃类，其凝点愈低。

（2）生产上对应的措施

① 通过脱沥青和精制方法将润滑油中多环短侧链的环状烃及胶状物质除去，以防形成黏温凝固。

② 通过脱蜡或改变蜡结构，降低蜡在润滑油中的含量，以避免形成构造凝固。

3. 溶解能力与化学组成的关系

润滑油的溶解能力是指润滑油对添加剂和氧化产物的溶解能力。润滑油对各种不同添加剂的溶解能力强，添加剂能均匀地溶解在油中，可充分发挥添加剂的作用。润滑油对氧化产物的溶解能力好，则可充分发挥润滑油的清洗作用。

溶解能力通常以苯胺点（相等体积的石油产品和苯胺相互溶解时的最低温度）来表征，苯胺点在130℃以下较好，超过150℃时溶解度变差，因此，若润滑油使用大量的添加剂时，应事先测定润滑油的苯胺点。

润滑油的苯胺点与烃类组成关系十分密切。

碳数相同时，烃类的苯胺点顺序：烷烃>环烷烃>芳烃。随着分子量的增大，同系物的苯胺点逐步升高。

因此在油严重氧化时，环烷基油的天然溶解作用在一定程度上有助于发挥清净剂的作用。

由加氢处理工艺获得的润滑油基础油，由于烷烃和环烷烃含量高达 95%~98%，苯胺点较高，溶解能力较差，这是加氢处理油的一个缺点。将石蜡基溶剂精制基础油与加氢处理油调配使用则可实现优势互补，当润滑油生产厂用石蜡基原油通过溶剂精制、溶剂脱蜡、补充精制生产基础油，同时用非石蜡基劣质原油通过加氢处理和催化脱蜡生产加氢基础油，可能获得最佳工艺匹配和最佳基础油匹配。

4. 氧化倾向与油品化学组成的关系

随着工业机械和内燃机技术水准的不断进步，对润滑油的氧化安定性提出了日益苛刻的要求。随着节能、环保法规的日益严格，要求润滑油有较长的使用寿命或换油期。这些现实都要求现代润滑油具有优异的抗氧化稳定性能，它是润滑油基础油及商品润滑油最重要的性能之一，也是润滑油精制最重要的目标之一。

（1）润滑油氧化的原因

① 润滑油自身具有氧化倾向。存在于润滑油中的一切烃类对氧的作用都不是惰性的。存在于润滑油中的非烃类，除某些硫化物外，被氧化变质的倾向更大，更不安定。润滑油在储存和使用过程中都不可避免与空气中的氧气接触，于是彼此间发生氧化反应，通常称自动氧化。

② 某些金属对油品氧化有催化作用。润滑油在使用过程中与许多金属接触，如铜、铁、铅、锡、铝等金属，这些金属表面或其有机酸盐都能对润滑油品的氧化起催化作用。

③ 温度提高也可加速氧化反应速度。

（2）烃类氧化产物的影响

润滑油氧化后的产物：有机酸、羟基酸、酚、醇、醛、酮、酯、胶质、沥青质等。低分子有机酸能腐蚀金属，高分子有机酸在低温和有氧及水存在时，也能腐蚀金属，羟基酸还能进一步缩合成漆状和焦状沉积物，沉积于机件上可把零件牢固地粘在一起，胶质、沥青质是各种氧化产物深度氧化、缩合的结果，它又可以进一步缩合为含氢更少的沥青质，这些物质是油中沉淀的主要来源。醛、酮、酯易生成缩合物使油的黏度稍有增加。

（3）氧化倾向与油品化学组成的关系

① 在相同的实验条件下，各种单体烃类中，以芳香烃的抗氧化安定性最好，尤其是无侧链的单环芳香烃最不易氧化；环烷烃的抗氧化安定性比芳香烃要差得多，环烷-芳香烃的抗氧化安定性介于环烷烃及芳香烃之间，而烷烃的抗氧化安定性最差。

不同的烃类氧化产物不同。润滑油的组成中，烷烃、环烷烃氧化的主要产物是醇、醛、酸等，固体产物很少，因此这类烃的氧化产物对润滑油的突出影响是酸值增大，芳香烃随其结构不同而使其氧化产物有所区别，短侧链芳香烃与多环芳香烃经氧化、缩合，最终生成胶质、沥青质及半油焦质等，环烷-芳香烃氧化后生成大量的酸、羟基酸、胶质及沉淀物等。

② 石油中的胶质、沥青质是含有氧、硫、氮元素结构十分复杂的稠环化合物。胶质在被加热时，与空气相遇，极易氧化而缩聚成沥青质。胶质的着色力很强，微量级胶质的存在即可使润滑油呈黄褐色到暗褐色。胶质对热是很不稳定的，在热加工和催化加工过程中通过极复杂的化学转化最终形成气体和焦炭，对加工过程产生很坏的影响。原油的润滑油馏分中胶质随馏分沸点的升高而增多，它们在润滑油馏分中的含量高达 4%~10%，不同原油的润滑油馏分，胶质含量不同。胶质绝大部分存在于原油的蒸馏残渣油中，渣油中胶质含量高达20%左右。

研究证明，润滑油中的胶质有延缓氧化的作用，是天然的抗氧化剂，深度精制过的润滑油往往比未精制的油更容易被氧化。如向精制过的凡士林中加入从各种石油馏分中分离出来的胶质时，凡士林的抗氧化性在刚开始加入1%~3%胶质时，随加入胶质量的增加而显著提高，以后不再有改善。抗氧剂抑制润滑油氧化的能力比具有天然抗氧化性的胶质要强得多，对于抗氧剂的感受性来说，良好精制的油比精制不完全的油好，加上胶质的热稳定性很差，产生焦炭，会对内燃机涨圈的工作性能产生不良影响，在空气压缩机中，会导致爆炸等，胶质仍被视为润滑油的非理想成分，应加以脱除，尤其在制备优质基础油生产高档润滑油时，更应充分加以脱除。

③ 润滑油中的烯烃，与存在于其中的胶质一样，能剧烈地起氧化作用。在原油蒸馏过程中，由于操作不当分解产生的烯烃会进入润滑油，国内外溶剂法生产的润滑油基础油，都有相当可观的碘值呈现，只有深度加氢处理的基础油，碘值很小。仔细地进行蒸馏操作可减少烯烃的产生，硫酸洗涤也可有效地脱除烯烃。

④ 某些多环短侧链的芳香烃和硫化物是应予保留的润滑油天然抗氧化剂。在润滑油中的某些芳烃，如烷基萘、三甲苯和菲等，具有抗氧化作用；某些非活性高分子含硫多环化合物，如苯并噻吩型有机硫化合物等，也具有天然抗氧剂的作用，它们都应作为理想成分加以保留。由此，产生了基础油的"最佳芳香性"的概念，并认为基础油精制深浅的界限可以用"最佳芳香性"来界定。纯矿物油型的润滑油，如变压器油、导热油之类，其最佳芳烃范围较高，达10%~20%；其次是需外加抗氧剂的发动机油、齿轮油、液压油之类；再次是汽轮机油、轴承油、旋转式压缩机油之类，最佳芳烃范围更低一些。

综上所述，为减少润滑油氧化后生成胶质、沥青质等沉积物，希望其组成为环数少、侧链长的芳香烃和环烷烃，但这些烃类氧化的结果使酸值增加很多，因此，经过一定程度精制后的润滑油，常需加入少量的抗氧化添加剂来提高油品的抗氧化安定性能。由于多环短侧链的芳香烃与胶质具有一定的抗氧化作用，因此，在精制过程中，根据情况还需要保存一部分多环短侧链的芳香烃和胶质，起天然的抗氧化作用。在油品中非活性高分子含硫多环化合物也具有较强的天然抗氧化作用。

润滑油的氧化性能，除与它的化学组成有关外，还与外界使用条件有关。例如，温度在94℃以上才能明显表现氧化作用，在125℃以上可激烈氧化生成漆膜和焦炭。润滑油的氧化作用也随空气压力增大而增强，润滑油在高压纯氧的作用下，氧化反应异常激烈甚至爆炸，故在氧气瓶和氧气压缩机上绝对不能使用润滑油。除此以外，氧化性能还与润滑油和氧气的接触表面积、某些金属(如铜、铅、锰、铁等)的催化作用有关。

5. 残炭值与烃类结构的关系

生成焦炭的主要物质是沥青质、胶质、多环短侧链的环状烃。在芳香烃中，以多环芳香烃的残炭值最大，而环烷烃生成的焦炭很少，烷烃则不生成焦炭。

经研究表明：润滑油在使用过程中，生成的积炭量逐渐增多，是由于某些烃类被深度氧化而生成胶质、沥青质，这些胶质、沥青质再进一步缩合而生成焦炭的缘故。可见，积炭的生成不仅与润滑油的热安定性有关，而且也与润滑油的抗氧化安定性有关。

多环短侧链的环状烃及胶质多集中于重质油馏分中，尤其是残渣油中，因此，重质润滑油馏分要比轻质润滑油馏分的残炭值高。为了降低润滑油的残炭值，必须从润滑油馏分中除去多环短侧链的环状烃(特别是多环短侧链的芳香烃)与胶质和沥青质。

综合上述，从润滑油的化学组成与使用性能的关系可以看出，要得到品质好的润滑油，在精制时，必须将大部分的胶质、沥青质、多环短侧链的环状烃以及硫、氮、氧化合物(统称为润滑油的非理想组分)除去，而保留少环长侧链的烃类(统称为润滑油的理想组分)。为改善润滑油的凝点，还要进行脱蜡。

三、润滑油生产过程

现代矿物润滑油的生产过程，概括起来说，由润滑油原料生产、基础油加工、成品润滑油调和包装三大部分组成。

1. 润滑油原料生产

矿物润滑油原料制备过程的工艺结构比较固定，一般是由常压渣油通过减压蒸馏来切取轻重不同的减压窄馏分和减压渣油，为达到馏分清晰分割的目的，大多采用湿式减压蒸馏工艺。减压渣油是制取高黏度润滑油的原料，在其加工前必须进行原料的预处理，以除去渣油中的沥青质，这就是丙烷脱沥青工艺。

即减压蒸馏制备馏分润滑油料，丙烷脱沥青制备残渣润滑油料。

2. 基础油加工

基础油加工主要是将影响润滑油使用性能的非理想组分除去或转化。传统矿物油基础油加工主要包括精制、脱蜡、补充精制等过程。

从原油中取得的润滑油料，包括馏分润滑油料及脱沥青油，含有非理想组分和一些对油品的使用性能有害的物质，如胶状物质、多环短侧链的芳香烃、环烷酸类以及某些含 S、N 的化合物。这些物质的存在会使油品的黏温特性降低，抗氧化安定性变差，氧化后容易产生沉积物和酸性物质，引起油品乳化和锈蚀，堵塞油路和腐蚀设备构件，还会使油品的颜色很快变深。

润滑油精制的目的是除去润滑油中的非理想组分，提高油品的黏温性能，降低油品的残炭、酸值，改善油品的颜色、气味，提高油品的抗氧化安定性及对添加剂的感受性能。

润滑油精制可分为溶剂精制和加氢处理。溶剂精制是物理过程，利用选择性溶剂将非理想组分萃取分离，改善基础油的黏温性能。加氢处理工艺是化学转化过程，在催化剂及氢的作用下，通过选择性加氢裂化反应，将非理想组分转化为理想组分，提高基础油的黏度指数。

润滑油脱蜡的目的是把原料中的蜡脱除，保证润滑油良好的低温流动性。利用一些溶剂对润滑油馏分中的蜡和油具有选择性溶解的能力，可得到脱蜡油和脱油蜡，这就是溶剂脱蜡工艺。

在具有高度选择性的催化剂作用下的加氢脱蜡工艺能使正构烷烃异构为异构烷烃，或将大分子烷烃选择性裂化变为低分子烃，而油品中其他烃类不发生变化，从而达到降凝的作用。

润滑油补充精制的目的是去掉微量杂质、溶剂，改善油品的颜色、安定性及提高油品对抗氧化添加剂的感受性，可以分为白土补充精制和加氢补充精制两种。

综上所述，可通过物理方法除去油料中的不理想组分，也可通过化学反应过程将不理想组分转化为理想组分。生产工艺结构往往因原油基属的不同和生产工艺本身的不同特性而有很大的差异。总地来说，可归结为三条工艺路线，一是物理加工路线，其工艺结构通常是俗称老三套工艺的"溶剂精制-溶剂脱蜡-白土补充精制"；二是化学加工路线，其工艺结构是"加氢裂化(加氢处理)-加氢脱蜡-加氢补充精制"的全加氢路线；三是物理-化学联合加工路线，其工艺结构可以是"溶剂预精制-加氢裂化(加氢处理)-溶剂脱蜡"，也可以是"加氢裂化(加氢处理)-溶剂脱蜡-高压加氢补充精制",以及目前最普遍采用的"溶剂精制-溶剂脱蜡-中低压加氢补充精制"等混合的工艺结构。第一条路线也可称为溶剂法,第二条路线亦可称为加氢法,第三条路线则可称为联合法或混合法。当今世界范围内三条加工路线共存,且以第一、第三条路线为主;第二条路线在某些工业发达国家将得到进一步发展。

3. 成品润滑油的调和与包装

炼油厂生产的基础油品种有限,不同基础油调和能满足各种具体润滑油对黏度及黏温性能的要求,其他某些特定性能可通过加入相应添加剂得到改善。因此,润滑油的调和分为两类:一类是基础油的调和,即两种或两种以上不同黏度的基础油调和,例如,HVI-100 与 HVI-200 调和生产黏度符合 HVI-150 的中性油;另一类是基础油与添加剂的调和,以改善油品使用性能,生产合乎规格的不同档次、不同牌号的各类润滑油成品。

随着时代的发展,润滑油品呈现出日益高档化的发展趋势,润滑油包装设计也向着高档化、精细化的方向发展,简洁化、时尚化、人性化、特色化的包装有利于提高企业知名度,增加企业货架展示力,更重要的是起到扩大销售的作用。

目前市场常见的润滑油包装,按包装形态分,可分为内包装和外包装,内包装为铁桶及塑料桶包装,外包装为瓦楞纸箱包装。内包装按使用的包装材料分,主要可分为铁桶(马口铁)和塑料包装(塑料桶、塑料软包装)两大类;按包装容积分,可分为小包装、中包装和大包装,小包装为 10L 以下塑料桶、铁桶及其他软包装,中包装为 10~20L 塑料桶及铁桶,大包装一般为 200L 铁桶。随着塑料桶包装在中国市场主导地位的逐步形成,塑料桶包装设计尤其 4L 小包装设计,已成为评判包装设计水平的重要标志。

为了能满足各类现代机械对润滑油提出的日益苛刻的各项性能要求,在开发和生产润滑油时,还必须进行严格的配方筛选、性能测试、台架评定,甚至野外使用试验或现场使用试验。

第五节 润滑脂的组成、分类与性能

一、润滑脂的组成与使用要求

润滑脂是由一种(或几种)稠化剂和一种(或几种)润滑液体所组成的具有可塑性胶体结构的固体或半固体的润滑剂,为了改善某些性能,还需要加入各种添加剂。润滑脂用于一般润滑油容易流失的摩擦表面,以及需要长期工作而又无法定期加油和换油的摩擦部位。润滑脂由 3 部分组成:液体润滑剂(又称为基础油),约占润滑脂总量的 70%~90%;稠化剂,约占 10%~20%;添加剂约占 0~5%。润滑脂中所用添加剂与润滑油中所用的基本相同,但要注意选择那些不破坏润滑脂胶体结构的添加剂。其中还可加入石墨或二硫化钼一类固体粉末,来提高其减摩和耐磨耐压的性能。

作为润滑脂主要组分的稠化剂是脂肪酸金属皂,如脂肪酸钠、钙、铝、锌、铅、钡、锂、锶等金属皂类。这些皂是在润滑脂制造釜中、在润滑油存在下,由脂肪酸和金属氢氧化物进行皂化反应而制得的,其中脂肪酸原料通常为 $C_{14} \sim C_{18}$ 酸的动物脂肪和植物油脂。非皂基稠化剂主要有无机稠化剂和有机稠化剂两类。具有代表性的无机稠化剂有表面处理的膨润土和高纯度的二氧化硅;有机稠化剂如芳基脲、阴丹士林和酞菁铜。

润滑脂属于固-液胶体分散体系，固态稠化剂以纤维状结构的形式形成分散相，分散到液态润滑油中。细微的纤维通过彼此间的吸附力搭成庞大的网络结构，包裹住全部液体润滑剂，如同一块海绵体浸满了液体一样，基础油在网中，在润滑部件静止时处于半固体状态。然而，当润滑部件产生负载时，金属皂的纤维网状结构就被破坏了，使润滑脂变成流体起润滑作用。不在被润滑部件上的润滑脂保持半固体状态，并作为严密的密封剂。当润滑部件停止运动时，液态的润滑脂又凝结成固态并恢复其网状结构。

根据润滑脂特有的结构特点，润滑脂的使用要求主要如下：

① 硬度(锥入度)的变化小。

② 良好的耐热性和防水性。

③ 良好的氧化稳定性。

④ 油分离性小。

⑤ 良好的可泵性。

⑥ 高负载能力及耐磨性。

润滑脂金属皂纤维形成的网状结构如图 1-5 所示。

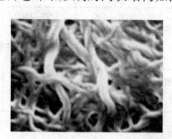

金属皂　润滑油

图 1-5　润滑脂结构

二、润滑脂的特点

与润滑油相比润滑脂较突出的优缺点如下。

1. 优点

① 由于润滑脂不会轻易散落或流出来，所以润滑脂可长时间不需要重新补给。

例如，密封轴承在更换轴承之前不需要再补给润滑脂，即使润滑时间间隔比较长，也可以将它作为自动润滑系统使用。

② 润滑脂自身可用于密封，防止水和灰尘进入，很容易在润滑部位形成密封结构。

③ 因为润滑脂工作温度范围较大，所以使用一种类型的润滑脂就可以满足相对大范围的温度条件。

④ 它能够给低速旋转、高载荷、冲击负载的滑动部件提供良好的润滑。

⑤ 在长时间运转的润滑部件上仍然具有油膜，防锈和防腐效果好。

2. 缺点

① 润滑脂处理有点困难，如加注、更换和清洗。

② 一旦水、灰尘或其他异物混到润滑脂中，很难将它们从润滑脂中清除。

③ 润滑脂流动性差，散热性不好，不利于带走润滑部件在工作时产生的热量。

④ 润滑脂不能用于特别快速的旋转设备。

⑤ 润滑脂黏滞性强，起动力矩大，动力能源消耗大。

三、润滑脂的分类

1. 按组成分类

润滑脂是将增稠剂(金属皂或非金属皂)加到矿物油或合成油中做成固体或半固体状态的，润滑脂的命名或以其增稠剂所基于的皂类来命名，如锂皂润滑脂、钠皂润滑脂等，或以其基础油来命名，如硅润滑脂、二酯润滑脂等，有时按用途或形状命名如杯状润滑脂、纤维状润滑脂等。润滑脂的类型和特性见表1-7。

表1-7 润滑脂的类型和特性

项目	钙皂脂	钠皂脂	铝皂脂	锂皂脂		无皂润滑脂
				矿物油	合成油	
普通名称	杯状润滑脂(杯脂)	纤维状润滑脂	铝皂润滑脂	锂皂润滑脂(全能润滑脂)	高和低温润滑脂	耐热润滑脂
外观	像黄油	像纤维	半固体	像黄油	像黄油	像黄油
滴点/℃	85	160 或更高	85	175 或更高	200 或更高	250 或更高
工作温度范围/℃	−10~70	−10~125	−10~80	−20~120	−50~180	−10~200
特性	抗水性好 成本低	耐热性好 成本低	黏度好	良好的抗水性、耐热性和稳定性		
应用	普通平轴承 水泵轴承	普通或耐高温滚动轴承	车底盘敞式齿轮	全能	高或低温滚动轴承	超高温轴承

2. 按应用的条件分类

我国等效采用国际标准 ISO 6743/9—1987《润滑剂、工业润滑油和有关产品(L类)的分类第9部分：X组(润滑脂)》制定 GB 7631.8—1990 润滑脂国家标准。

3. 润滑脂代号

GB/T 7631.8—1990 把每一种润滑脂用一组(5 个)大写字母和一组数字组成的代号来表示，每个字母及其在该构成中的书写顺序都有其特定的含义。

各字母、数字必须采用表1-8所列的书写顺序，润滑脂标记中各字母含义见表1-9。

表1-8 润滑脂标记的字母顺序

L	X(字母1)	字母2	字母3	字母4	字母5	稠度等级
润滑剂类	润滑脂组别	最低温度	最高温度	水污染(抗水性、防锈性)	极压性	稠度号

表1-9 润滑脂标记中各字母含义

字母序号	1(组别)	2(最低的操作温度/℃)				3(最高的操作温度/℃)						
代号	X	A	B	C	D	E	A	B	C	D	E	F	G
含义	润滑脂	0	−20	−30	−40	<−40	60	90	120	140	160	180	>180

	4(抗水性能和防锈水平)									5	
档号	A	B	C	D	E	F	G	H	I	A	B
环境条件①	L	L	L	M	M	M	H	H		非极压	极压
防锈性能②	L	M	H	L	M	H	L	M	H		

① L表示干燥环境，M表示静态潮湿环境，H表示水洗。

② L表示不防锈，M表示淡水存在下的防锈性，H表示盐水存在下的防锈性。

润滑脂的稠度分为 9 个等级：000、00、0、1、2、3、4、5、6。各个等级的锥入度范围见表 1-10(GB7631.1 附录 A)。

表 1-10　润滑脂稠度等级(GB 7631.1 附录 A)

稠度等级	工作锥入度/(1/10mm)	稠度等级	工作锥入度/(1/10mm)	稠度等级	工作锥入度/(1/10mm)
000	445~475	1	310~340	4	175~205
00	400~430	2	265~295	5	130~160
0	355~385	3	220~250	6	85~115

注：工作锥入度是指试样在润滑脂工作器中经过 60 次往复工作后测定的锥入度。测定工作锥入度有两重意义：表示润滑脂的流动性；按工作锥入度范围来划分润滑脂的牌号。

例如，某润滑脂的工业分类代号为 L-XBDGB0 表明该润滑脂使用在下述操作条件下：最低操作温度：-20℃；最高操作温度：140℃；环境条件：经受水洗防锈性，不需要防腐；负荷条件：高负荷；稠度等级：0[60 次工作锥入度 355~385(1/10mm)]。

四、润滑脂的性能指标及试验方法

通过不同的试验，可以测定润滑脂的不同技术指标，这些技术指标可以在一定程度上预示润滑脂的实际工作性能，因此这些技术指标也成为润滑脂选用的重要参考。润滑脂的主要技术指标如下。

1. 锥入度

锥入度是在规定重量、时间和温度的条件下，标准锥体利用自重刺入润滑脂样品的深度，单位为 1/10mm；锥入度反映润滑脂的软硬程度，是设备润滑选择润滑脂的重要指标之一。

2. 滴点

滴点是指润滑脂从固态变成液态的温度点，单位℃；是用以反映润滑脂高温使用性能的指标之一，但是滴点并不能单独决定润滑脂的使用温度，不同种类基础油的抗氧化能力的差异、稠化剂类型对基础油的氧化催化作用和抗氧化添加剂的选择，也是润滑脂使用温度的决定因素。

3. 低温相似黏度和低温转矩

低温相似黏度：是润滑脂剪切应力和用泊肃叶方程计算的剪速之比，单位为 Pa·s，用以反映润滑脂低温流动性能，是选择低温润滑脂要参考的重要指标。相同温度下，黏度数值越小则低温性能越好。

低温转矩：低温转矩是指低温条件下，装填润滑脂的标准开式 204 滚珠轴承在 1r/min 转速下转动时为阻滞轴承外环所需要的力矩，测量得到的力矩有启动力矩和转动力矩两种，单位 N·m，用以反应润滑脂低温状态下的工作能力。同理，力矩越小，润滑脂的低温性能越佳。

4. 润滑脂的常温压力分油和高温钢网分油

常温压力分油：常温下润滑脂在一定压力和时间析出基础油量的多少，单位:%，用以反映润滑脂常温条件下的胶体安定性能。

高温钢网分油：在高温条件下，其自重将润滑脂中的基础油压出量的多少，单位:%，用以反映润滑脂高温条件下的胶体安定性能。

有研究表明，润滑脂胶体安定性差，可以导致润滑脂在运转过程中分油流失，从而影响轴承的运转寿命。

5. 延长工作锥入度

延长工作锥入度是指润滑脂在工作器中经过 10 万次剪切之后的锥入度测定值，单位 1/10mm；一般情况下润滑脂经剪切会变稀。其与 60 次工作锥入度的差值反映润滑脂的剪切安定性。

有研究证明，剪切安定性差的润滑脂在高速长期运转轴承中的流失严重，会影响到润滑脂的使用寿命。

6. 润滑脂四球机试验

四球机试验原理：将试验头下方的三个标准钢球固定作为承重部件，并将润滑脂填充在承重球固定杯内、上方的标准钢球通过传动装置施加负荷，在设定的温度、转速和负荷下进行运转，通过钢球的运转状态来确定润滑脂的润滑、极压性能。

最大无卡咬负荷 P_B：在一定温度、转速下，钢球在润滑状态下不发生卡咬的最大负荷，此指标测量值越高，说明润滑脂润滑性能越好。

烧结负荷 P_D：在一定温度、转速下逐级增大负荷，当上方钢球和下方钢球因负荷过重而发生高温烧结，设备不得不停止运转的负荷即烧结负荷，烧结负荷越高，说明润滑脂的极压润滑性能越好。

磨迹 d：在一定温度、转速、负荷和运转时间下，承重钢球表面因摩擦导致磨损斑痕直径的大小即磨迹，磨迹越小，说明润滑脂的抗磨损能力、润滑性越好。

7. 抗氧化性

润滑脂在储存和使用过程中抵抗空气(氧气)的作用而保持其性质不发生永久性变化的性能，叫氧化安定性。润滑脂氧化的结果导致酸性物质的产生，对金属产生腐蚀。常用氧化实验方法有氧弹法，即 SH/T 0325。它是将一定量的润滑脂装入充有氧压的氧弹中，在 99℃ 温度下经受氧化，在规定的时间后(一般为 100h)由相应的氧气压力降来确定润滑脂的氧化安定性。

8. 防腐蚀性能

腐蚀性试验是检查润滑脂对金属是否产生腐蚀的指标。抗腐蚀性能对防护性润滑脂尤为重要。测定润滑脂腐蚀性能常用的方法有 GB/T 7326 铜片腐蚀试验法，GB/T 0331 润滑脂腐蚀试验法(T3 铜片、45# 钢片)。它们都是将试验金属片插入润滑脂中，在规定的时间、温度后取出金属片，观察金属片颜色的变化，并与标准色板比较，判断润滑脂的腐蚀级别或合格与否。

9. 防锈性能

防锈性能是用来评价润滑脂在有水或水蒸气的条件下对轴承的防护性。对于在潮湿环境中使用的润滑脂有重要的意义。常用的方法有 GB/T 5218 轴承静态防锈试验：将润滑脂装入轴承，并将轴承置于 52℃，相对湿度 100% 的烘箱中，48h 后观察轴承是否有腐蚀点，以判断润滑脂的防锈性能级别。近年来又引进国外常用的动态防锈试验即 Emcor 试验法：将轴承装脂后一半浸入蒸馏水或海水中，运转 8h，停 16h，连续 7 天后观察轴承的锈蚀情况，以确定润滑脂的防锈性能级别。这种方法比静态防锈试验条件更苛刻，用于评价对抗水、抗海水要求严格的润滑脂。

10. 防蒸发性能

润滑脂蒸发试验：一定时间温度下，润滑脂蒸发损失量用质量分数表示，润滑脂蒸发是衡量润滑脂高温性能的重要参数，润滑脂在使用过程中因为蒸发变干，会导致润滑失效，直至设备损坏。

11. 抗水性能

抗水淋试验：在一定温度下，以一定的水流量直接冲刷装有润滑脂的运转中的轴承，考察一定时间后润滑脂被冲掉的量，用质量分数表示。抗水性能对露天使用润滑脂的运行设备非常重要。

12. 使用寿命

润滑脂高温轴承寿命试验：通过直接测定在一定温度、转速和负荷下，装填测试润滑脂的标准轴承的实际运转寿命来评价润滑脂的性能，轴承寿命是润滑脂综合性能的体现。

本章习题

一、填空题

1. 经过脱蜡以后的润滑油馏分的黏度有所_____，黏度指数有所_____。

2. 经过精制以后，润滑油的黏度有所_____，黏度指数有所_____。

3. _____和_____是润滑油优良黏温性能的主要贡献者，_____具有较高的黏度和较差的黏度指数，_____更是如此。

4. 正构烷烃的黏温特性虽好，但是它的_____却很差，因而并不属于理想组分。

5. 将正构烷烃转化为异构烷烃而降低润滑油凝点的工艺是_____。

6. 使多环环烷烃加氢裂化和使多环芳烃加氢饱和的工艺是_____。

7. 溶解能力通常以_____来表征，该指标在 130℃ 以下较好，超过 150℃ 时溶解度变差。

8. 苯胺点越高，溶解能力越_____。

9. 润滑油的溶解能力是指对_____和_____的溶解能力。

10. 积炭的生成不仅与润滑油的热安定性有关，而且也与润滑油的_____有关。

11. 为了降低润滑油的残炭值，必须从润滑油馏分中除去_____(特别是多环短侧链的芳香烃)与胶质和沥青质。

12. 润滑脂的低温相似黏度越_____则低温性能越好。

13. 润滑脂低温流动性能用_____表示，润滑脂低温状态下的工作能力用_____表示。单位分别为_____和_____。

14. 评定润滑脂的润滑、极压性能需要做_____试验。

15. 最大无卡咬负荷越_____，说明润滑脂润滑性能越好。烧结负荷越_____，说明润滑脂的极压润滑性能越好。磨迹越_____，说明润滑脂的抗磨损能力、润滑性越好。

16. 润滑脂在储存和使用过程中抵抗空气(氧气)的作用而保持其性质不发生永久性变化的性能，叫_____。

17. 防锈性能是用来评价润滑脂在有_____或水蒸汽的条件下对轴承的防护性。

二、单选题

1. 当碳原子数相同时，烃类黏度指数的顺序为(   )。

A. 正构烷烃>芳香烃>环烷烃>异构烷烃

B. 正构烷烃>异构烷烃>环烷烃>芳香烃

C. 芳香烃>环烷烃>正构烷烃>异构烷烃

D. 芳香烃>异构烷烃>环烷烃>正构烷烃

2. 以天然石油为原料制取黏温性能优异的润滑油基础油时，较好的原料是(　　)。

A. 石蜡基原油　　　B. 中间基原油　　　C. 环烷基原油　　　D. 芳香基原油

3. 以天然石油为原料制取低温流动性能优异的润滑油基础油时，较好的原料是(　　)。

A. 石蜡基原油　　　B. 中间基原油　　　C. 环烷基原油　　　D. 芳香基原油

4. 在碳原子数相同时，烃类凝点的顺序为(　　)。

A. 正构烷烃>环状烃>异构烷烃　　　　　B. 正构烷烃>异构烷烃>环状烃

C. 环状烃>正构烷烃>异构烷烃　　　　　D. 异构烷烃>环状烃>正构烷烃

5. 润滑油的苯胺点与烃类组成关系为(　　)。

A. 环烷烃>芳烃>烷烃　　　　　　　　　B. 芳烃>烷烃>环烷烃

C. 烷烃>环烷烃>芳烃　　　　　　　　　D. 烷烃>芳烃>环烷烃

6. 在相同的实验条件下，各种单体烃类的抗氧化安定性顺序为(　　)。

A. 环烷烃>芳烃>烷烃　　　　　　　　　B. 芳烃>环烷烃>烷烃

C. 烷烃>环烷烃>芳烃　　　　　　　　　D. 烷烃>芳烃>环烷烃

7. 反映润滑脂软硬程度的指标是(　　)。

A. 锥入度　　　　　B. 滴点　　　　　　C. 软化点　　　　　D. 凝点

8. 反映润滑脂的剪切安定性的指标是(　　)。

A. 10 万次剪切之后的锥入度

B. 60 次工作锥入度

C. 10 万次剪切之后的锥入度与 60 次工作锥入度的差值

D. 高温钢网分油

9. 下列关于润滑油的总碱值说法有错的是(　　)。

A. 说明在用油剩余清净分散能力

B. 等于或接近于零时，说明油中添加剂已耗尽

C. 对新油来说，则表明油品精制深度

D. 说明新油中清净分散剂的大致添加量

10. 下列哪个不是表示润滑油纯洁性的指标(　　)。

A. 酸值　　　　　　B. 机械杂质　　　　C. 水分　　　　　　D. 灰分

三、判断题

1. 要求润滑油在使用温度下具有流动性，是任何一种润滑油必须具备的一个使用性能，为保证润滑油的低温流动性，必须将润滑油中的蜡组分脱除干净。(　　)

2. 深度精制的润滑油与精制不完全的油相比不易氧化。(　　)

3. 润滑油中的某些胶质有延缓氧化的作用，因此从抗氧化角度来讲，胶质也是润滑油的有益组分。(　　)

4. 在氧气瓶和氧气压缩机上使用的润滑油应加入较多的抗氧剂。(　　)

5. 润滑油的机械杂质是指不溶于润滑油中的沉淀物或胶状悬浮物。(　　)

第二章 基础油与添加剂

润滑油一般由基础油和添加剂两部分组成。基础油是润滑油的主要成分，决定着润滑油的基本性质，添加剂则可弥补和改善基础油某些性能方面的不足，赋予某些新的性能，是润滑油的重要组成部分。

以往的大型润滑油厂一般采取在炼油厂集中生产基础油，在调和厂生产商品润滑油的生产经营策略。现在很多润滑油厂往往是从炼油厂购进基础油，从少数专门的添加剂经销商处购进添加剂，利用特定的配方调和成符合要求的商品润滑油。要调和出合格的润滑油必须对基础油和添加剂的分类、规格等有详细的了解。

第一节 矿物润滑油基础油

润滑油由基础油和添加剂构成，其中基础油一方面起润滑、冷却、清洗、密封、减震等作用，另一方面用作添加剂的载体。理想基础油应具备如下性能：①适当的黏度和良好的黏温性能；②低的蒸发损失；③优良的低温流动性；④良好的氧化安定性；⑤对氧化产物及添加剂适宜的溶解能力；⑥好的抗乳化性及空气释放值。

润滑油的主要使用性质取决于基础油的质量，而润滑油基础油的化学组成对其使用性能有着相当大的影响，因此基础油的分类以及各类基础油的标准应有统一的规定。

润滑油基础油主要分矿物基础油和合成基础油两大类，矿物基础油占97%左右。

一、矿物基础油分类

矿物润滑油基础油分为中性油和光亮油两种，以减压馏分油为原料加工生成的基础油叫中性油，以减压渣油为原料加工生成的高黏度基础油叫光亮油。中性油黏度等级以37.8℃（100°F）的赛氏黏度（秒）表示，标以100N、150N、500N等；光亮油以98.9℃（210°F）赛氏黏度（秒）表示，如150BS、120BS等。

国外各大石油公司过去曾经根据原油的性质和加工工艺把基础油分为石蜡基基础油、中间基基础油、环烷基基础油等。我国于20世纪70年代起，制定出上述三种中性油标准。中性油代号分别以SN、ZN和DN表示，光亮油代号分别以BS、ZNZ、DNZ表示。例如，75SN、100SN、150SN、200SN、350SN、500SN、650SN和150BS。我国SN油的黏度以40℃的运动黏度，BS则以100℃运动黏度划分。这些中性油的规格标准曾在国内实行了一段时期，对于润滑油总体生产技术起到了促进和提高作用。

我国旧的基础油分类及代号见表2-1。

表2-1　我国旧的基础油分类及代号

基础油类别	低硫石蜡基	低硫中间基	环烷基
馏分油	SN	ZN	DN
残渣油	BS	ZNZ	DNZ

1. 质量等级分类

20世纪80年代以来，以发动机油的发展为先导，润滑油趋向低黏度、多级化、通用化，对基础油的黏度指数提出了更高的要求，早期的基础油分类方法已不能适应这一变化趋势。因此，国外各大石油公司目前一般根据黏度指数的大小分类，占主导地位的应该是API制定的Ⅰ类到Ⅴ类国际通用标准，见表2-2，该标准首次对基础油的饱和烃含量及硫含量提出了明确要求。

表2-2　API基础油分类要求

类　别	饱和烃/%	硫/%	黏度指数
Ⅰ类	<90	>0.03	80~120
Ⅱ类	≥90	≤0.03	80~120
Ⅲ类	≥90	≤0.03	≥120
Ⅳ类	聚α-烯烃(全合成)		
Ⅴ类	不包括在Ⅰ、Ⅱ、Ⅲ内或Ⅳ类中的其他基础油		

Ⅰ类基础油通常是由传统的"老三套"工艺生产制得，从生产工艺来看，Ⅰ类基础油的生产过程基本以物理过程为主，不改变烃类结构，生产的基础油质量取决于原料中理想组分的含量和性质。因此，该类基础油在性能上受到限制。

Ⅱ类基础油是通过组合工艺(溶剂工艺和加氢工艺结合)制得，工艺主要以化学过程为主，不受原料限制，可以改变原来的烃类结构。因而Ⅱ类基础油杂质少(芳烃含量小于10%)，饱和烃含量高，热安定性和抗氧化性好，低温和烟炱(烟凝积成的黑灰)分散性能均优于Ⅰ类基础油。

Ⅲ类基础油是用全加氢工艺制得，与Ⅱ类基础油相比，属高黏度指数的加氢基础油，又称作非常规基础油。Ⅲ类基础油在性能上远远超过Ⅰ类基础油和Ⅱ类基础油，尤其是具有很高的黏度指数和很低的挥发性。某些Ⅲ类油的性能可与聚α-烯烃(PAO)相媲美，其价格却比合成油便宜得多。

Ⅳ类基础油指的是聚α-烯烃(PAO)合成油。常用的生产方法有石蜡分解法和乙烯聚合法。PAO依聚合度不同可分为低聚合度、中聚合度、高聚合度，分别用来调制不同的油品。这类基础油与矿物油相比，无S、P和金属，由于不含蜡，所以倾点极低，通常在-40℃以下，黏度指数一般超过140，但PAO边界润滑性差。另外，由于它本身的极性小，对极性添加剂的溶解能力差，且对橡胶密封件有一定的收缩性，但这些问题都可通过添加一定量的酯类得以克服。

除Ⅰ~Ⅳ类基础油之外的其他合成油(合成烃类、酯类、硅油等)、植物油、再生基础油等统称Ⅴ类基础油。

21世纪对润滑油基础油的技术要求主要有：热氧化安定性好、低挥发性、高黏度指数、低硫/无硫、低黏度、环境友好。传统的"老三套"工艺生产的Ⅰ类润滑油基础油已不能满足未来润滑油的这种要求，加氢法生产的Ⅱ或Ⅲ类基础油将成为市场主流。

我国润滑油基础油标准建立于1983年，为适应调制高档润滑油的需要，1995年对原标准进行了修订，执行润滑油基础油分类方法和规格标准SHR 001—95，详见表2-3。

表 2-3　我国润滑油基础油行业标准（SHR001—95）

类　型		超高 VI $VI \geqslant 140$	很高 VI $VI = 120 \sim 140$	高 VI $VI = 90 \sim 120$	中 VI $VI = 40 \sim 90$	低 VI $VI \leqslant 40$
通用基础油		UHVI	VHVI	HVI	MVI	LVI
专用基础油	低凝	UHVIW	VHVIW	HVIW	MVIW	—
	深度精制	UHVIS	VHVIS	HVIS	MVIS	—

这种分类方法与国际上的分类有着本质上的区别。该标准按黏度指数把基础油分为低黏度指数（LVI）、中黏度指数（MVI）、高黏度指数（HVI）、很高黏度指数（VHVI）、超高黏度指数（UHVI）基础油 5 档。按使用范围，把基础油分为通用基础油和专用基础油。专用基础油又分为适用于多级发动机油、低温液压油和液力传动液等产品的低凝基础油（代号后加 W）和适用于汽轮机油、极压工业齿轮油等产品的深度精制基础油（代号后加 S）。其中 HVI油和 $VI>80$ 的 MVI 油都属于国际分类的 I 类基础油；而 $VI<80$ 的 MVI 基础油和 LVI 基础油根本不入类；VHVI、UHVI 按国际分类为 II 类和 III 类基础油，但在硫含量和饱和烃方面都没有明确的规定。

表 2-4 列出我国矿物润滑油基础油的分类、用途及牌号。

表 2-4　我国矿物润滑油基础油的分类、用途及黏度牌号

名　　称	分类	其他要求及用途	黏度牌号
超高黏度指数	UHVI	用于配制对热氧化安定性、低温起动性、引擎沉积物清净分散性能要求很高的润滑油	
很高黏度指数	VHVI		
高黏度指数	HVI	用于配制黏温性能要求较高的润滑油	HVI-75、HVI-100、HVI-150、HVI-200、HVI-350、HVI-500、HIV-650； HVI-120BS、HVI-150BS 光亮油
	HVIS	深度精制，有优良的氧化安定性、抗乳化性和一定的蒸发损失指标。适用于调配高档汽轮机油、极压工业齿轮油	
	HVIW	深度脱蜡，较低凝点、较低的蒸发损失和良好的氧化安定性。适用于调配高档内燃机油、低温液压油、液力传动液等	
中黏度指数	MVI	适用于配制黏温性能要求不高的润滑油	MVI-60、MVI-75、MVI-100、MVI-150、MVI-200、MVI-300、MVI-500、MVI-600、MVI-750、MVI-900、MVI-90BS、MVI-125/140BS、MVI-200/220BS 光亮油
	MVIS	深度精制，中黏度指数，低凝点低挥发性中性油。较好的氧化安定性、抗乳化性和蒸发损失。适用于调配内燃机油、低温液压油等	
	MVIW	深度脱蜡，中黏度指数，低凝点低挥发性中性油，有较好的氧化安定性、抗乳化性和蒸发损失。适用于调配汽轮机油	
低黏度指数	LVI	未规定最低黏度指数。适用于配制变压器油、冷冻机油等低凝点润滑油	LVI-60、LVI-75、LVI-100、LVI-150、LVI-200、LVI-300、LVI-500、LVI-750、LVI-900、LVI-1200 LVI-90BS、LVI-230/250BS 光亮油

2009 年，我国对润滑油基础油分类方法和规格标准进行了重新修订，将中国石油天然气集团公司的 Q/SY 44.1—2002（2007）《润滑油基础油通用基础油第 1 部分：溶剂精制基础油》和 Q/SY 44.2—2002（2007）《润滑油基础油通用基础油第 2 部分：加氢基础油》进行修订

并合为一个新的企业标准(Q/SY 44—2009)。本标准对通用润滑油基础油黏度等级牌号的划分进行了统一,将原标准中的十余个品种按饱和烃含量和黏度指数的高低修订为三类共七个品种(见表2-5),其中Ⅰ类分为MVI、HVI、HVIS、HVIW四个品种;Ⅱ类分为HVIH、HVIP两个品种;Ⅲ类只设VHVI一个品种。新标准适用于石油馏分经溶剂精制、白土补充精制或加氢补充精制工艺生产出的基础油及经加氢(包括全加氢或混合加氢及异构脱蜡等)工艺生产的基础油。

表2-5　通用润滑油基础油的分类(Q/SY 44—2009)

项　目	Ⅰ		Ⅱ		Ⅲ
	MVI	HVI、HVIS、HVIW	HVIH	HVIP	VHVI
饱和烃/%	<90	<90	≥90	≥90	≥90
黏度指数 *VI*	80≤*VI*<95	95≤*VI*<120	80≤*VI*<110	110≤*VI*<120	≥120

注:代号说明:
"*VI*"表示"黏度指数";
"MVI"表示"中黏度指数Ⅰ类基础油";
"HVI"表示"高黏度指数Ⅰ类基础油";
"HVIS"表示"高黏度指数深度精制Ⅰ类基础油";
"HVIW"表示"高黏度指数低凝Ⅰ类基础油";
"HVIH"表示"高黏度指数加氢Ⅱ类基础油";
"HVIP"表示"高黏度指数优质加氢Ⅱ类基础油";
"VHVI"表示"很高黏度指数加氢Ⅲ类基础油";
"BS"表示光亮油。

2. 黏度等级分类

本标准中Ⅰ类基础油黏度等级牌号按赛氏通用黏度来划分,其数值为某黏度等级基础油运动黏度所对应的赛氏通用黏度整数的近似值。黏度等级以40℃赛氏通用黏度(秒s)表示的牌号有150、200、300、400、500、600、650、750;黏度等级以100℃赛氏通用黏度(秒s)表示的牌号有90BS、120BS、150BS。本标准中Ⅱ类、Ⅲ类基础油黏度等级以100℃运动黏度中心值来表示。具体黏度牌号见表2-6。

表2-6　通用润滑油基础油黏度牌号

Ⅰ类基础油黏度牌号											
黏度等级	150	200	300	400	500	600	650	750	90BS	120BS	150BS
运动黏度 (40℃)/(mm²/s)	28.0~ 34.0	35.0~ 42.0	50.0~ 62.0	74.0~ 90.0	90.0~ 110	110~ 120	120~ 135	135~ 160	—		
运动黏度 (100℃)/(mm²/s)	—								17.0~ 22.0	22.0~ 28.0	28.0~ 34.0
Ⅱ、Ⅲ类基础油黏度牌号											
黏度等级	2	4	5	6	8	10	12	14	16	20	26	30
运动黏度 (100℃)/(mm²/s)	1.50~ 2.50	3.50~ 4.50	4.50~ 5.50	5.50~ 6.50	7.50~ 9.00	9.00~ 11.0	11.0~ 13.0	13.0~ 15.0	15.0~ 17.0	17.0~ 22.0	22.0~ 28.0	28.0~ 34.0

二、矿物基础油技术标准要求

七个品种基础油的技术要求见附录2。

1. Ⅰ类润滑油基础油

MVI 基础油的技术要求见附表2-1。

HVI 基础油的技术要求见附表2-2。

HVIS 基础油的技术要求见附表2-3。

HVIW 基础油的技术要求见附表2-4。

2. Ⅱ类润滑油基础油

HVIH 基础油的技术要求见附表2-5。

HVIP 基础油的技术要求见表附表2-6。

3. Ⅲ类润滑油基础油

Ⅲ类润滑油基础油的技术要求见表附表2-7。

三、矿物基础油加工方案选择

1. 石蜡基原油或中间基原油物理法生产润滑油基础油

当以石蜡基原油或中间基原油生产基础油时，典型的工艺结构和流程如图2-1所示，图中还列出了副产物综合利用的情况。

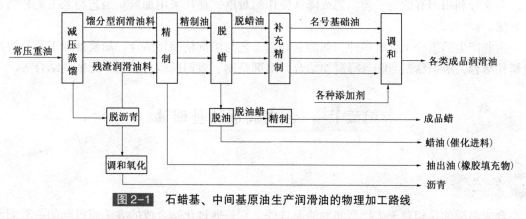

图2-1 石蜡基、中间基原油生产润滑油的物理加工路线

2. 环烷基原油物理法生产润滑油基础油

当以环烷基原油加工制造润滑油时，由于原油中不含石蜡或石蜡极少，并且往往用来生产专用、特种润滑油，因而生产过程的工艺结构和总流程简化了，如图2-2所示。

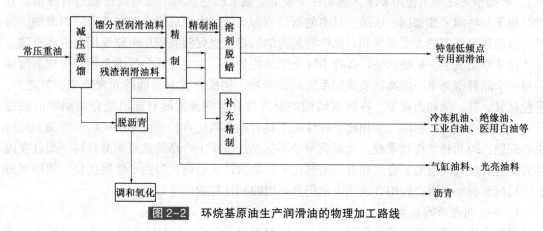

图2-2 环烷基原油生产润滑油的物理加工路线

石蜡基原油世界各地均有开采。但环烷基原油主要产区分布在委内瑞拉、墨西哥湾、美国得克萨斯州西部、加利福尼亚州、阿肯色州。我国环烷基原油开采量很少，主要分布在大港油田、克拉玛依油田。所以环烷基加工厂较少。

3. 全氢工艺生产润滑油基础油

当原料较差、产品要求较高、环境要求较高且有加氢条件时，新建的装置往往采用全加氢流程。如图2-3所示。

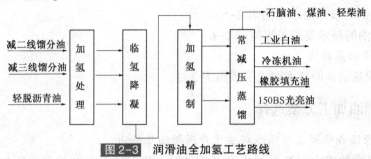

图 2-3 润滑油全加氢工艺路线

4. 加氢与物理法结合的工艺

为充分利用旧有的老三套工艺或降低操作的难度，往往采用加氢新工艺与老工艺相结合的方法。

由此产生的组合工艺有多种，如加氢处理工艺与溶剂精制相结合，加氢处理工艺与溶剂脱蜡相结合，溶剂精制与临氢降凝相结合，溶剂精制、溶剂脱蜡与加氢补充精制结合等。

第二节 合成润滑油基础油

一、概述

合成润滑油是相对于矿物型润滑油而言的，它是通过化学合成的方法而得到的一类润滑油。合成润滑油的发展同矿物型润滑油（简称矿物油）的发展是密切相关的。首先，在某些苛刻的条件下（如低温、高温、高负荷、高转速、高真空、强辐射、强氧化介质以及长寿命等），矿物油无法满足使用要求，譬如在军事上、航天航空领域上需要高性能的合成油。其次是由于某些国家如德国、法国、日本的石油资源短缺，也促成研究和制造合成润滑油。另外，目前环保意识的大大增强和对高性能润滑油的要求也促使我们尽可能使用合成润滑油。

在化学组成上，矿物油是以各种不同化学结构的烃类为主要成分的混合物。合成润滑油的每一个品种都是单一的纯物质或同系物的混合物。构成合成润滑油的元素除碳、氢之外，还包括氧、硅、磷和卤素等。在碳氢结构中引入含有这些元素的官能团是合成润滑油的特征。合成润滑油与矿物润滑油相比，在性能上具有一系列优点，可以解决矿物润滑油不能解决的问题，因此日益得到重视。合成润滑油不但是许多军工产品的重要润滑材料，而且在民用方面也有很大的潜力。合成润滑油虽然比矿物润滑油价格高，但由于性能优良、使用寿命长、机械磨损小，因此使用合成润滑油仍然可以收到良好的经济效益。

1. 合成润滑油的分类

根据合成润滑油基础油的化学结构，美国材料试验学会（ASTM）特设委员会制定了一个合成润滑油基础油的试行分类法,将合成润滑油基础油分为六大类。

(1)合成烃类

合成烃润滑油在组成上与矿物油相似,并能与之任意比例互溶。包括烯烃聚合物(如乙烯聚合物、丙烯聚合物)、聚丁烯(如聚异丁烯)、高碳烯烃聚合物(如聚α-烯烃)、石蜡氯化合成油、加氢裂化油、芳烃与烯烃的缩合物。

(2)聚醚油类

包括脂肪族聚醚、全氟烷基聚醚、聚硫醚、聚苯醚。调整聚醚分子中的环氧烷比例,可得到水溶性和油溶性不同溶解度的聚醚。

(3)酯类

酯类油是综合性能较好,开发应用最早的一类合成润滑油。包括双酯和复酯、新戊基多元醇酯、含氟酯类、碳酸酯。

(4)磷酸酯类

磷酸酯分为正磷酸酯和亚磷酸酯两类,其中正磷酸酯又分为伯、仲、叔磷酸酯,适于做合成油使用的主要是叔磷酸酯。

(5)硅油类

包括硅酮油(聚硅氧烷)、硅酸酯类、硅烃类(如烷基硅)。

(6)卤化烃类

包括含氯烃类(如氯化联苯、氯化石蜡)、脂肪族氟碳和氟氯碳(如三氟氯乙烯)。

制备合成润滑油的原料主要来自石油、煤、油页岩和天然气,例如,制备合成烃润滑油和聚醚所需的乙烯、丙烯、异丁烯、苯和环氧乙烷、环氧丙烷等都可以从石油中得到。磷酸酯、硅油、硅酸酯和氟油还需要矿石或非金属矿为原料。制备酯类所需的脂肪酸和二元酸也可从动植物油中获得。

2. 合成润滑油的性能特点

矿物润滑油是目前最常用的润滑油,由于它来源广、价格便宜,并能满足大多数机械设备的润滑要求,因此今后较长时间内仍将继续使用矿物润滑油。

但矿物油产品有明显的不足:首先矿物油的低温性能差,尤其是高黏度润滑油的倾点一般都在-10℃以上,在寒区冬季野外操作很难启动。其次,矿物油在120℃下就开始迅速氧化,加入各种添加剂后可以在150℃下长期使用,但在更高温度下使用寿命很短,且容易生成积炭。矿物油的黏度指数一般都在90~110,加氢油可提高到120~130,再高的黏度指数矿物油就难以达到了。矿物油遇火会燃烧,抗辐射性差,相对密度不大于1。随着科学技术的进步,尤其是国防军工和高技术产业的发展,矿物油的性能不能满足需要。合成润滑油与矿物油相比具有一系列优点,可以弥补矿物油的上述不足。归纳起来,合成润滑油具有以下特性。

(1)具有优良的耐高温性能

合成润滑油一般比矿物油热安定性好、热分解温度高、闪点及自燃点高、对添加剂的感受性好,加入一定抗氧化添加剂后,其氧化安定性好,使用温度高。因此,合成油比矿物油具有更为优良的耐高温性能。表2-7列出了各类合成油的耐高温性能及低温性能、黏温性能,从各类合成油的热分解温度和整体极限工作温度范围可以看出,对黏度相近的油品来说，合成油比矿物油的使用温度要高。

表 2-7　各类合成油的耐高温性能及低温性能、黏温性能

类　别	热分解温度/℃	长期工作温度/℃	短期工作温度/℃	黏度指数/℃	凝点/℃
矿物油	250~340	93~121	135~149	50~130	-45~-6
聚 α-烯烃油	338	177~232	316~343	80~150	-60~-20
双酯	283	175	200~220	110~190	<-80~-40
多元醇酯	316	177~190	218~232	60~190	<-80~-15
聚醚	279	163~177	204~218	90~280	-65~5
磷酸酯	194~421	93~177	135~232	30~60	<-50~-15
硅油	388	218~274	316~343	100~500	<-90~10
硅酸酯	340~450	191~218	260~288	100~300	<-60
聚苯醚	454	316~371	427~482	-100~10	-15~20
全氟碳化合物	—	288~343	399~454	-240~10	<-60~16
聚全氟烷基醚		232~260	288~343	23~355	-77~-40

（2）具有好的低温性能及黏温性能

大多数合成润滑油比矿物油黏度指数高，黏度随温度的变化小。在高温黏度相同时，大多数合成润滑油比矿物油的凝点低、低温黏度小，这就保证了合成润滑油可在较低的温度下使用。从表 2-7 中各类合成润滑油的黏度指数及凝点的范围可以看出，聚 α-烯烃油、双酯、多元醇酯、硅油、硅酸酯、聚醚和聚全氟烷基醚都比矿物油的黏度指数高，倾点低，因此它们都具有低温性能及黏温性能好的特点，同时它们的高温性能也比矿物油好，所以它们比矿物油的使用温度范围要宽。

（3）具有低的挥发损失

一般合成油与相同黏度的矿物油相比挥发性要低。这是因为合成油大多数是一种单一的化合物，其沸点范围较窄，而矿物油是一段馏分油，在一定蒸发温度下，其轻馏分易挥发。

油品的挥发性是油品在使用过程中的一项重要性能。在使用过程中，由于温度高，挥发性大的油品不但耗油量增加需要经常补油，而且由于轻组分的挥发会使油品变黏，造成油品基本性能发生变化，因而影响油品的使用寿命。合成油与同黏度的矿物油相比在高温下挥发损失要小得多。用矿物油调制的 SAE 40 内燃机油比用合成油调制的 SAE 20 内燃机油的挥发损失大一倍以上。

（4）某些合成油具有难燃性

矿物润滑油遇火会燃烧。在许多靠近热源的部位，常常由于矿物油的泄漏着火造成重大事故。目前还没有找到靠加入添加剂的办法来改善矿物油的着火性能。而某些合成油却具有优良的难燃性能。例如，磷酸酯虽然本身闪点并不高，但是由于没有易燃和维持燃烧的分解产物，因此不会造成延续燃烧。芳基磷酸酯在 700℃ 以上遇明火会发生燃烧，但它不传播火焰，一旦火源切断，燃烧立即停止。所以磷酸酯其本身具有难燃性。聚醚是水-乙二醇难燃液的重要组分，主要用来增加黏度。聚醚和乙二醇都能燃烧，但水-乙二醇难燃液中含 40%~60% 的水，在着火情况下，由于水大量蒸发，水蒸气隔绝了空气，从而达到阻止燃烧的目的。全氟碳润滑油在空气中根本不燃烧，而全氟烷基醚油甚至于在氧气中亦不能燃烧。表 2-8 列出了合成油的难燃性能。

表 2-8 合成油的难燃性能

油品类别	闪点/℃	燃点/℃	自燃点/℃	热歧管着火温度/℃	纵火剂点火温度/℃
矿物汽轮机油	200	240	<360	<510	燃
芳基磷酸酯	240	340	650	>700	不燃
聚全氟甲乙醚	>500	>500	>700	>930	不燃
水-乙二醇难燃液	—	—	—	>700	不燃

合成油的难燃性能对航空、冶金和发电等工业部门具有极重要的使用价值。

(5) 其他特殊性能

除了上述共有的特性外，某些合成润滑油还具有矿物润滑油不可能具有的特殊性能。例如：

① 含氟润滑油具有优良的化学稳定性。含氟润滑油，包括全氟碳化合物、氟氯油、氟溴油和聚全氟烷基醚等，都具有极好的化学稳定性，这是矿物油及其他合成油所不及的。在100℃以下全氟碳油、氟氯碳油与全氟聚醚油分别与氟气、氯气、68%硝酸、98%硫酸、浓盐酸、王水、铬酸洗液、高锰酸钾和30%的过氧化氢溶液不起作用。在100℃下，全氟碳油与全氟聚醚油用20%的氢氧化钾溶液处理后可长期与偏二甲肼接触不发生反应。氟油与火箭用的液体燃料及氧化剂，如煤油馏分、烃类燃料和偏二甲肼、二乙基三胺、过氧化氢、红色发烟硝酸及液氧等不起反应。但氟油可与融化的金属钠发生猛烈反应。全氟聚醚油与金属卤化物——路易斯酸如 $AlCl_3$、SbF_3、CoF_3 接触，在100℃以上会发生分解。

② 聚苯及聚苯醚具有抗辐射性能。在强辐射条件下，润滑油会释放出气体，同时油品的黏度增大，最后会形成胶冻。一般来说，每年 10^4 J/kg 的吸收剂量对润滑剂的影响很小，到 $10^5 \sim 10^6$ J/kg 就能分出润滑油抗辐射性能的优劣。矿物油能耐 $10^6 \sim 10^7$ J/(kg·a) 的剂量。酯类油、聚 α-烯烃油与矿物油的耐辐射性能相近，硅油、磷酸酯则低于矿物油，只能耐 10^5 J/(kg·a) 的剂量。如果需要耐 10^7 J/(kg·a) 以上的吸收剂量的润滑油，就需要含苯基的合成油，例如烷基化芳烃、聚苯或聚苯醚。聚苯醚的抗辐射性能最好，可耐 10^9 J/(kg·a) 的吸收剂量。

③ 酯类及聚醚合成油具有生物降解功能。21世纪人类对环境保护的呼声日益高涨，使得人们严重关注润滑油对环境造成的污染。润滑油的应用涉及国民经济各个部门，对工业和经济的发展起着重要的作用，但润滑油在使用过程中不可避免地发生泄漏、溢出或不适当的排放而流失到环境中。据报道，美国废润滑油中约有32%原封不动地排放到环境中，德国某处渗透到土壤中的链锯油高达5000t。矿物润滑油是不可生物降解的，因此对环境造成了严重的污染。目前发达工业化国家都日益要求使用可生物降解的润滑油，例如，欧洲可生物降解润滑油的用量已占润滑油总用量的10%。各大石油公司也相继开发可生物降解的润滑油及添加剂。用做生物降解的基础油有三种：植物油、合成酯和聚乙二醇。

④ 高密度。矿物油的相对密度小于1。某些合成润滑油具有较大的相对密度，能满足一些特殊用途的要求，如用于导航的陀螺液、仪表隔离液等。相对密度高于1的合成润滑油见表 2-9。

表 2-9　几种润滑油的相对密度

润滑油名称	相对密度	润滑油名称	相对密度	润滑油名称	相对密度
矿物油	0.8~0.9	甲苯基硅油	1.0~1.1	聚全氟烷基醚	1.8~1.9
多元醇酯	0.9~1.0	甲基氯苯基硅油	1.2~1.4	全氟碳、氟氯油	>2.0
磷酸酯	0.9~1.2	氟硅油	1.4	氟溴油	2.4

综合以上情况，表 2-10 列出了各类合成润滑油与矿物润滑油的主要性能对比。从表中可以看出聚 α-烯烃油与有机酯类油均具有优良的综合性能，因此是两种最有发展前途的合成润滑油品种。

表 2-10　各类合成润滑油与矿物润滑油的主要性能对比

油类型	黏温性	低温性	热安定性	氧化安定性	水解安定性	抗燃性	耐负荷性	挥发性	抗辐射性	相对密度	储存性	价格
矿物油	良	良	中	中	优	低	良	中	高	低	良	低
超精制矿油	优	良	良	良	优	低	良	低	高	低	良	中
合成烃	良	良	良	良	优	低	良	低	高	低	良	中
酯类油	良	良	良	良	良	低	良	低	高	低	良	中
聚醚	良	良	中	中	良	低	良	低	高	低	良	中
磷酸酯	中	差	良	良	中	高	良	低	低	高	良	高
硅酸酯	优	优	良	中	差	低	中	低	低	中	中	高
硅油	优	优	良	中	优	低	差	低	低	中	良	高
氟碳油	中	中	良	良	中	高	差	低	高	高	良	高
全氟醚	中	良	良	优	良	高	中	低	高	高	良	高

3. 合成润滑油的现状与发展

合成润滑剂是在 20 世纪 30 年代中期发展起来的。首先是美国人和德国人先后制备了合成烃润滑油，以解决润滑剂的短缺。在第二次世界大战中德国为了维持战争，克服严冬低温的困难，首先发展了酯类合成润滑油的生产，解决了坦克和牵引车在低温下的启动，并开始用于活塞式和喷气式飞机发动机的润滑。德国还开始了包括聚合、氯化烃脱氢、烯烃与芳烃缩合的合成烃生产。1942 年德国合成油的生产量达到 6.7×10^4 t，其中50.7%用于航空。

在 1935 年左右，美国研究了有机硅聚合物制备方法，并于 1944 年用直接合成法生产硅油。在此期间美国和德国都研究了用环氧乙烷和环氧丙烷生产聚醚合成油，著名的"Ucon"润滑剂就是美国联合碳化合物公司生产的单烷基聚醚润滑剂。50~60 年代，由于商业和军用飞机的涡轮喷气式发动机的发展，对航空润滑油提出了耐高温、低温的苛刻要求，一般矿物润滑油已不能满足，于是加速了酯类合成油的发展。1952 年美军首次提出了酯类航空润滑油的军用规格 MIL-L-7808。到 50 年代末，美国酯类航空润滑油的年产量达到 7400t。然而，对于用于更现代化飞机的高功率发动机来说要求使用高温性能更好的润滑油，于是又发展了多元醇酯类航空润滑油。到 60 年代末，美国酯类航空润滑油

的年产量达到 $2.7 \times 10^4 t$。

在 1949 年至 1953 年间，壳牌公司研究了有机磷化合物作为合成润滑油和液压油的可能性，找到了芳基磷酸酯可作为难燃液压液，先用于民用飞机，后用于工业液压设备和海军舰船上。为了研制原子弹，在"二战"中美国发展了氟油，用于六氟化铀气体扩散的润滑。随后前苏联亦开展了氟油的研究工作。到 60 年代，氟油的制备技术一直处于绝密状态。

在 70 年代以前，由于合成润滑油的产量小、价格高，主要在军工部门应用。进入 70 年代后，由于能源危机和汽车等民用工业的技术进步，出现了一些特殊润滑问题，使合成润滑油找到了更广阔的应用场合，逐步得到更广泛的应用，特别是在汽车上使用获得节能效果和经济效益，促使合成润滑油的产量得到了较快的增长。20 世纪 80 年代末，全世界合成润滑油的总产量达到 $13.6 \times 10^4 t/a$，20 世纪末，超过了 $50 \times 10^4 t/a$。合成润滑油需求量的迅速增长主要有以下几方面的原因：首先是高科技的发展对润滑剂的要求更苛刻。机械设备的体积缩小、负荷增加、精密度提高、使用寿命延长、要求润滑油用量少，同时能耐高温和低温、重负荷、长寿命。例如，高级轿车用的 5W/50SG 汽油机油，只有全合成油才能达到指标要求。其次，由于资源短缺，普遍要求节能。合成润滑油可利用动植物油及其他化工原料制备，扩大了原料来源。而且合成润滑油用量少、蒸发量小，补加量少，且寿命长，最终可减少用量，达到了节约能源的目的。再一方面，新世纪对环境保护的要求更高、更全面。矿物油不能生物降解，而酯类合成油、低分子的聚 α-烯烃油及聚乙二醇都有很好的生物降解性能，可以满足新世纪的环保要求。今后，在各类合成润滑油中增长较快的是聚 α-烯烃油和酯类合成油。

我国的合成润滑剂工业起步于 20 世纪 50 年代，1949 年生产聚烯烃润滑油 18t。50 年代末期开发硅油和氟油的生产工艺，并建立了工业生产装置，为我国第一颗原子弹爆炸和第一枚人造卫星上天提供了润滑剂产品。60 年代初开始研究酯类合成油，研制成酯类航空润滑油、精密仪表油和高温润滑脂，并供应航空工业部门正式使用。70 年代初，为配合引进的大型喷气客机和轧钢设备配套用油，发展了磷酸酯航空液压油和工业难燃液压油。同时还研究和生产了全氟聚醚产品。70 年代中期研究出了聚醚产品。同时对蜡裂解和合成烃加氢工艺进行了系统研究。80 年代以来，对合成润滑剂的生产工艺进行不断改进，在优化生产条件，降低原材料消耗，开发新品种和扩展产品市场等方面都取得了显著进展。据不完全统计，到目前为止，我国共有 15 个单位研究和生产合成润滑剂。已研制和生产的合成润滑油有聚 α-烯烃油、酯类油、聚醚、硅油、氟油、磷酸酯等各类品种，发展了一百多种合成润滑油脂产品。中国石化集团公司重庆高级润滑油公司所属一坪化工厂是中国研究和生产合成润滑油脂的重要基地，多年来，为中国国防军工和尖端科技提供了许多重要的润滑油产品，满足了军工和民用工业不断发展的需要。

合成润滑油的应用领域是很广的，可以说，凡使用矿物油的部位均可以使用合成油代替。此外，由于合成油具有许多矿物油所不及的特殊性能，因此有些部位只能使用合成润滑油。随着科学技术的发展，合成润滑油的应用领域和生产量将不断扩大，使用合成润滑油的经济和社会效益将更加显著。表 2-11 列出了合成润滑油的应用领域。

表 2-11　合成润滑油的应用领域

应用领域	用途	合成润滑油类型
汽车工业	发动机润滑油	聚烯烃、酯类油
	二冲程发动机油	聚丁烯
	汽车齿轮油	聚烯烃、酯类油、聚醚
	汽车自动传动液	聚烯烃、酯类油
	中心液压油	聚烯烃、酯类油
	制动液	聚醚
一般工业	燃气轮机润滑油	酯类油
	齿轮和轴承润滑油	聚烯烃、酯类油、聚醚
	冷冻机油	酯类油、聚醚
	压缩机油	聚烯烃、酯类油、聚醚
	难燃液压液	磷酸酯、聚醚
	导热和电气用油	烷基苯、聚烯烃、硅油
	金属加工液	聚醚、酯类油
国防军事工业	润滑脂	聚烯烃、酯类油、硅油、氟油
	航空喷气发动机油	聚烯烃、酯类油
	活塞式发动机油	聚烯烃、酯类油
	航空及导弹液压油	聚烯烃、酯类油、磷酸酯、硅酸酯
	耐辐射、抗化学润滑剂	烷基苯、聚苯醚、氟油

二、合成润滑油的生产

1. 酯类油的生产

酯类油是由有机酸与醇在催化剂作用下酯化脱水而获得的。根据反应产物的酯基含量，基础油可分为双酯、多元醇酯和复酯。双酯是以二元酸与一元醇或二元醇与一元酸反应的产物。多元醇酯为分子中羟基数大于2的多元醇与饱和直链脂肪酸反应的产物。复酯是由二元酸和二元醇酯化成长链分子，端基再用一元酸或一元醇酯化而得到的高黏度基础油。

制备酯类油最可取的方法是直接酯化法，即使醇与酸直接酯化，如季戊四醇与 C_7 酸的酯化反应如下：

$$
\underset{\overset{|}{CH_2OH}}{\overset{CH_2OH}{HOCH_2-C-CH_2OH}} + 4CH_3(CH_2)_5CO_2H
$$

$$
\rightleftharpoons \underset{\overset{|}{CH_2O_2C(CH_2)_5CH_3}}{\overset{CH_2O_2C(CH_2)_5CH_3}{CH_3(CH_2)_3CO_2CH_3-C-CH_2O_2C(OH_2)_5CH_3}} + 4H_2O
$$

通常酯化反应为可逆反应。生产中为保证反应在较短时间内、较低的能耗下完成，常采取在催化剂存在下加热，反应物中一组分原料过量和及时除去反应生成水等手段。为使酯化反应完全，原料配比中常使沸点较低的原料组分加入量比理论计算量多 5%~10%。一般对酯类油而言，生产能力的意义并不大，因为酯类油都是用反应釜分批生产，要扩大生产能力是比较容易的。

由酯化反应得到的粗酯，经过滤、洗涤、蒸馏等工序即可得到合格的基础油。

酯类油具有的优点：①良好的黏温性能；②倾点低，低温流动性好；③使用温度高，加抗氧剂后其氧化稳定性和热稳定性优于矿物油；④能与矿物油及其他多数合成油混溶；⑤良好的抗磨损、抗擦伤及耐摩擦特性；⑥挥发性低；⑦无毒，可生物降解，价格中等。

任何润滑油都既有优点也有缺点，酯类油也不例外，酯类油的缺点：①多数酯类油只能得到低黏度级别；②与密封材料兼容性不良，只能与少数丁腈橡胶、氟橡胶、聚四氟乙烯和甲基硅橡胶相容；③与多数涂料不相容；④水解稳定性较差；⑤防腐性能中等。

酯类油主要用于航空润滑油，还可用于汽车润滑油、工业润滑油和金属加工液等领域。

2. 聚 α-烯烃油(PAO)的生产

PAO 是由 α-烯烃(主要是 $C_8 \sim C_{10}$ 烯烃)在催化剂作用下聚合而得的比较规则的长链烷烃。PAO 在各类合成油中是一类综合性能比较优良的品种。与其他类型合成油相比，原料来源丰富，生产工艺简单，价格又相对便宜，因此得到广泛重视。

我国自 20 世纪 70 年代以来对石蜡裂解制 α-烯烃的工艺和性能做了系统研究，于 1970 年在抚顺石油一厂建成投产了 $6 \times 10^4 t/a$ 的软蜡裂解装置，经不断的技术革新改造，至 1990 年已试制了 12 类 64 个润滑油品种。我国蜡裂解合成润滑油生产厂家还有燕山石化公司化工三厂(产能为 $1.2 \times 10^4 t/a$)，兰州炼油化工总厂[产能为 $(0.2 \sim 0.9) \times 10^4 t/a$]、太原日化厂(产能为 $0.1 \times 10^4 t/a$)。

与我国不同，目前国外制取 α-烯烃几乎都采用乙烯齐聚法，石蜡裂解法几乎被淘汰，这是由于石蜡裂解得到的产物中组分复杂，分解得到的产品纯度差，难以满足作为共聚单体的要求，用此产品合成的表面活性剂色泽深、气味大，在市场上也不受欢迎。

制取 PAO 的 α-烯烃主要是 C_8 和 C_{10} 的 α-烯烃的三聚体、四聚体。尤其是 C_{10} 烯烃的三聚体、四聚体，其性能最佳。

表 2-12 列出了 PAO 的性能和主要用途。

表 2-12　PAO 的性能和主要用途

性　能	主　要　用　途
高温性好(175~200℃)	燃气轮机油、高温航空润滑油、高温润滑脂基础油
低温性好(-60~-40℃)	寒区及严寒区用内燃机油、齿轮油、液压油、冷冻机油
黏度高，抗剪切性好	齿轮油、高黏度航空润滑油、自动传动液
黏度指数高	液压油、数控机床用油
结焦少	空气压缩机油、长寿命润滑油
电气性能好	变压器油、绝缘油、高压开关油
无色无毒	食品和纺织机械用白油、塑料聚合溶剂
对皮肤浸润性好	化妆及护肤用品
高闪点和高燃点	难燃液压油组分

3. 聚丁烯合成油的生产

聚丁烯是以异丁烯为主和少量正丁烯共聚而成的液体。聚丁烯与低分子聚异丁烯有所区别，其应用也不同。聚丁烯是以混合丁烯为原料，是异丁烯和正丁烯的共聚物(分子量较低)，是一种黏稠液体，主要作为合成润滑油使用。而低分子聚异丁烯是由高纯度异丁烯为原料，结构上是异丁烯的均聚物，其分子量比聚丁烯高。含丁烯的 C_4 馏分的来源可以是炼油加工的热裂解、催化裂化或轻度裂化的气体；也可以是从石脑油裂解生产乙烯和丙烯时，从 C_4 馏分中抽出丁二烯后的混合丁烯；再一个来源是异丁烷或丁烷脱氢气中分离出的异丁烷—异丁烯或丁烷—丁烯馏分等。目前世界上大部分聚丁烯的生产工艺都是采用美国的 Cosden 石油公司和 Amoco 石油公司的制备方法。

聚丁烯油广泛用作二冲程发动机油、电绝缘油、润滑冷却液和生产低密度聚乙烯的超高压压缩机汽缸油，其产量约占全部合成润滑油用量的 3% 左右。二冲程发动机在轻型汽车和摩托车中占有重要位置。由于二冲程发动机的排气会造成污染，而且二冲程发动机排出的可见烟比四冲程发动机更黑，使用聚丁烯油或含聚丁烯的发动机油可以减少可见烟。含聚丁烯油的烟度随聚丁烯含量的增加而减少。

4. 聚醚类合成油的生产

聚醚是以环氧乙烷(EO)、环氧丙烷(PO)、环氧丁烷(BO)或四氢呋喃(THF)等为原料，开环均聚或共聚的线型聚合物。

聚醚是由链起始剂与环氧化物在催化剂的存在下反应而成的。最常用的催化剂为碱性催化剂，主要有氢氧化钠、氢氧化钾和叔胺等。

这种环氧化物的加聚反应是强放热反应，反应温度通常为 80~150℃，反应压力为 120~900kPa。由于聚醚的氧化稳定性差，所以这种加聚反应最好在氮气中进行。

环氧乙烷与环氧丙烷共聚醚的反应式为：

$$Y(OH)_x + n \underset{\underset{O}{\diagdown}}{\overset{\overset{CH_3}{|}}{CH}}-CH_2 + m \underset{\underset{O}{\diagdown}}{CH_2}-CH_2 \longrightarrow Y[\ (\ \overset{\overset{CH_3}{|}}{CH}CH_2O\ )_n(CH_2CH_2O)_mH]_x$$

式中，$Y(OH)_x$ 为链起始剂；x 为活性羟基数。

为了保证反应顺利进行，通常须严格控制反应物中的水含量与醛含量。聚醚的生产过程示意流程如图 2-4 所示。

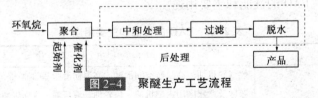

图 2-4　聚醚生产工艺流程

环氧烷的聚合工艺有间歇法和连续法两种。间歇法工艺成熟，易于操作，但处理量小；连续法工艺条件要求苛刻，处理量大。间歇法可按加料方式分连续滴加式和循环式两种。循环式间歇聚合工艺物料混合好，反应速度较快，设备生产能力大，温度较易控制，产品质量较好。连续式有管式反应器与多塔串联两种，均适合大规模生产。聚合得到的聚醚粗品经过后处理(中和、过滤、蒸馏)得到合格产品。

聚醚润滑油有三类：水溶性聚醚、水不溶性聚醚、油溶性聚醚。在聚醚分子中引入环氧乙烷，而且它的比率越大，产品就越像聚乙二醇，可溶于水。聚醚具有良好的润滑性能，高闪点和高黏度指数，低挥发和低倾点，对金属和橡胶的作用很小，能在高温下使用，所生成的氧化产物完全溶解在所剩的液体中，或完全挥发掉，设备中不留下沉积物。尤其是选择不同的共聚单体得到性能各异的产品，以满足不同的使用要求。目前，聚醚可以用作高温润滑油、齿轮油、压缩机油、抗燃液压油、制动液、金属加工液以及特种润滑脂基础油，是合成润滑剂家族中应用最广，产量最大的一种。

5. 硅油

（1）硅油结构

硅油有时被译为硅酮油，它是聚有机硅氧烷中的一部分，其分子主链是由硅原子和氧原子交替连接而形成的骨架。硅油的分子结构可以是直链，如(a)式所示，也可以是带支链的，如(b)式所示。

$$(a)\quad R\!-\!\underset{\underset{R}{|}}{\overset{\overset{R}{|}}{Si}}\!-\!O\!\left[\!Si\!-\!O\!\right]_{n}\!\underset{\underset{R}{|}}{\overset{\overset{R}{|}}{Si}}\!-\!R$$

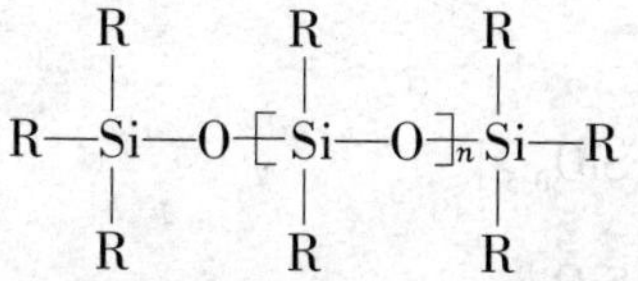

$$(b)\quad R\!-\!\underset{\underset{R}{|}}{\overset{\overset{R}{|}}{Si}}\!-\!O\!\left[\!Si\!-\!O\!\right]_{m}\!\left[\!Si\!-\!O\!\right]_{m}\!\underset{\underset{R}{|}}{\overset{\overset{R}{|}}{Si}}\!-\!R$$

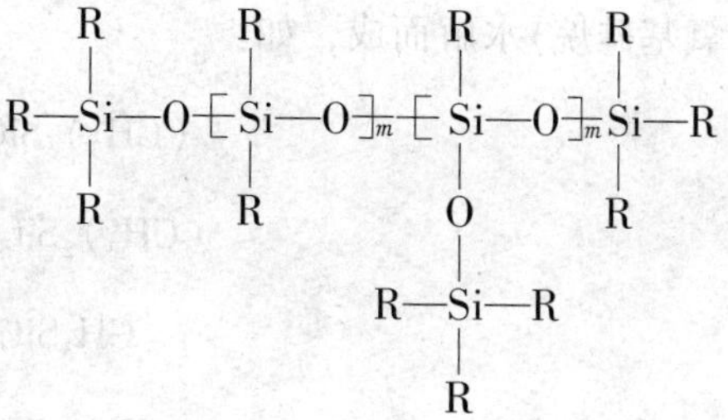

式中，R 为有机基团，n、m 为链节数。当 R 都为甲基时，便形成常用的甲基硅油(有时也称为二甲基硅油)，当 R 都为乙基时，便形成乙基硅油，其结构式分别为：

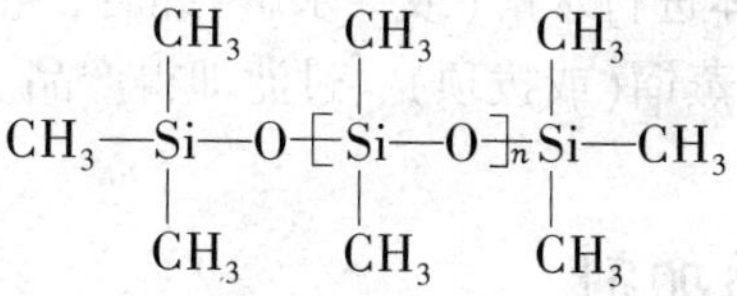

甲基硅油

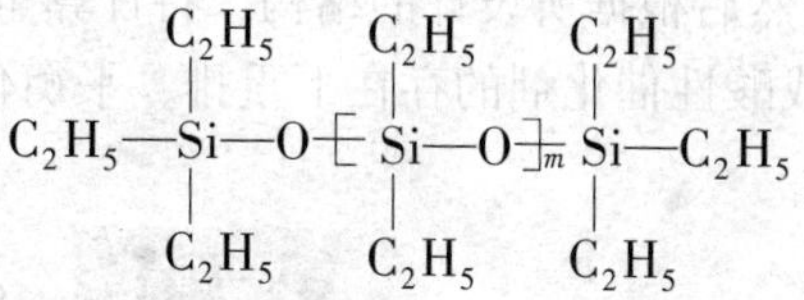

乙基硅油

当 R 为甲基、苯基时，就形成了另一类常用的甲基苯基硅油。根据所用苯基的不同，这类硅油有时又分为甲基苯基硅油和二苯基硅油，其结构式分别如下：

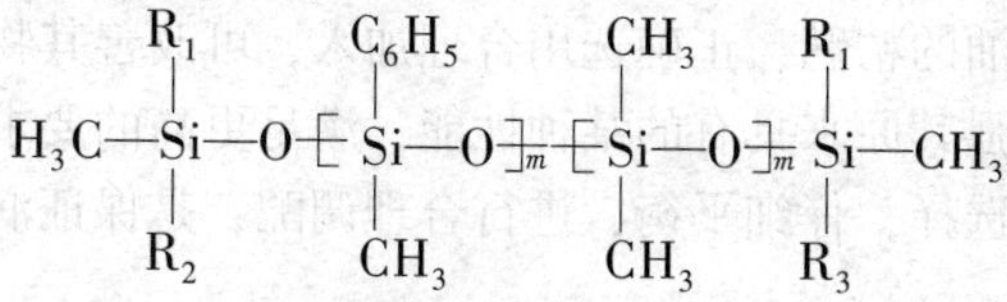

甲基苯基硅油

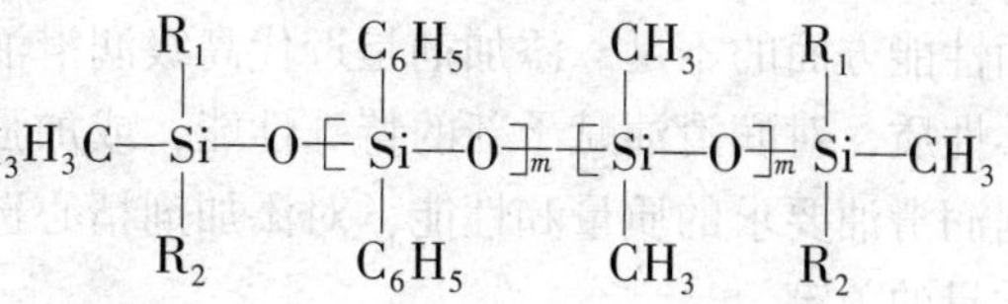

二苯基硅油

式中，R_1、R_2 可以为苯基或甲基。

当部分 R 为甲基或氯苯基时，便形成甲基氯苯基硅油，当部分 R 为三氟丙基时，便形成氟硅油，其结构式分别为：

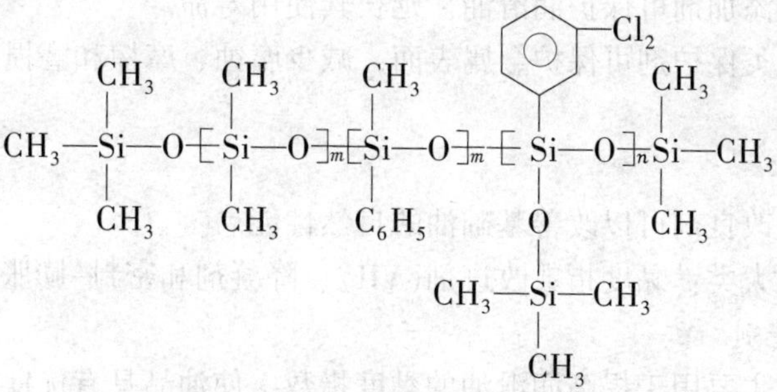

($x=1\sim5$)甲基氯苯基硅油

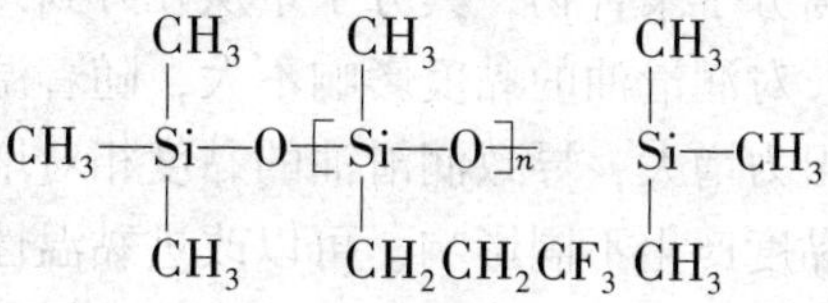

氟硅油

（2）硅油生产

从上面的结构式我们可以看出，硅油是由不同结构、不同官能度的各种基本链节组成的，如$(CH_3)_3SiO_{1/2}$、$(CH_3)_2SiO$、$(C_6H_5)_2SiO$、$CH_3C_6H_5SiO$、$(C_2H_5)_2SiO$、CH_3SiO、$CH_3SiO_{1.5}$、$CH_3(CF_3CH_2CH_2)SiO$、$(C_6H_5)SiO_{1.5}$、…，这些链节不能单独存在，通常是以低聚物如$[(CH_3)_2Si]O_3$或高聚物的形式组成单元结构。每一链节都可由相应的单体(氯硅烷或烷氧基硅烷)水解而成，如：

$$(CH_3)_3SiCl \xrightarrow{H_2O} [(CH_3)_3SiO_{0.5}]$$

$$(CH_3)_2SiCl_2 \xrightarrow{H_2O} [(CH_3)_2SiO]$$

$$CH_3SiCl_3 \xrightarrow{H_2O} [(CH_3)SiO_{1.5}]$$

$$(C_6H_5)_2SiCl_3 \xrightarrow{H_2O} [(C_6H_5)_2SiO]$$

从以上可以看出，要生产特定结构的硅油，首先必须要有所需要的单体(氯硅烷或烷氧基硅烷)，然后根据所设计的结构，将计算量的所需单体进行水解(或共水解)缩合，再在碱性催化剂或酸性催化剂的存在下重排、平衡化，最后经蒸馏(或拔顶)、过滤即得产品。

第三节　润滑油添加剂

单纯靠基础油本身不能满足越来越苛刻的机械设备使用要求，添加剂可弥补和改善基础油性能方面的不足。添加剂是近代高级润滑油的精髓，正确选用合理加入，可改善其物理化学性质，对润滑油赋予新的特殊性能，或加强其原来具有的某种性能，满足更高的要求。根据润滑油要求的质量和性能，对添加剂精心选择，仔细平衡，进行合理调配，是保证润滑油质量的关键。

添加剂在润滑油中所占比例较小，最大一般不超过30%，部分工业用油中小于1%。

根据不同的用途，添加剂可分为三大类(尽管一些添加剂具备多种功能)。

改良剂：此类添加剂可调整基础油的特性，使其更适合使用。

油保护剂：此类添加剂可保护润滑油，延长其使用寿命。

表面保护剂：此类保护剂可保护金属表面，减少腐蚀、摩擦和磨损。

一、改良剂

在润滑油中添加改良剂可以改善基础油的自然性能。

改良剂可分为三大类：黏度指数改进剂(VII)、降凝剂和密封-膨胀控制剂。

1. 黏度指数改进剂

黏度指数改进剂主要用于提高润滑油的黏度指数，使油品具有优良的黏温性能。黏度指数改进剂都是油溶性的链状高分子聚合物，其分子量从几万到几百万。当其溶解在润滑油中时，在低温时以丝卷状存在，对润滑油的黏度影响不大，随着温度的升高，丝卷伸张，有效容积增大，对润滑油的流动阻力增大，导致润滑油的黏度相对增大。基于不同温度下黏度指数改进剂具有不同形态并对黏度产生不同影响，可以改进黏温性能，可同时满足多黏度级别要求。除了提高黏度指数外，黏度指数改进剂还具有降低燃料消耗，维持低油耗和改善低温启动性的作用。

黏度指数改进剂主要用于调制多级内燃机油，其次用于调制低温性能好的液压油、液力传动油等。在石油产品添加剂中黏度指数改进剂的产量仅次于清净分散剂位居第二位。

我国的黏度指数改进剂主要有聚乙烯基正丁基醚、聚甲基丙烯酸酯、聚异丁烯、乙丙共聚物等。

黏度指数改进剂的统一符号为："T6XX"。

黏度指数改进剂开始于20世纪30年代，VII受到人们重视的原因是：

① 改善油品的黏温性能。用VII配制的内燃机油、齿轮油和液压油，具有良好的低温启动性和高温润滑性，可同时满足多黏度级别的要求，四季通用。

② 省油。与单级油相比多级油能降低润滑油和燃料油的消耗。

③ 降低磨损。多级油比单级油显著降低了机械的磨损，多级油的黏度随温度变化的幅度比单级油小，在高温时仍保持足够的黏度，保证了运动部件的润滑，从而减少了磨损；在低温时黏度又比单级油小，使启动容易，从而节省了动力。与同黏度级别的单级油比（如10W/30与30比），能节省燃料油2%~3%。

④ 简化了油品，可实现油品的通用化。如万能通用的拖拉机油可同时作为拖拉机的发动机油、齿轮油、传动油和刹车油，四合一。

⑤ 合理利用资源。利用VII可使低黏度的油变为高黏度的油，相对增加了重质油产量，更合理利用了资源。

2. 降凝剂

油品温度下降到一定程度后，就会失去流动性，降凝剂的作用主要是降低油品的凝点，保证油品在低温下能够流动。降凝剂是一种化学合成的聚合或缩合产品，分子中一般含有极性基团和与石蜡烃结构相似的烷基链，通过石蜡结晶表面的吸附或与其形成共晶的作用，改变蜡结晶的形状和尺寸，防止蜡晶粒间黏结形成三维网状结构，使其生成均匀松散的晶粒，从而保持油品在低温下的流动性。降凝剂广泛用于各类润滑油中，主要种类有：聚α-烯烃、烷基萘、聚甲基丙烯酸酯。

3. 密封-膨胀控制剂

密封-膨胀控制剂可防止润滑油从垫圈和密封圈处渗漏。

这种改良剂由有机酯制成，在紧配合的情况下只出现很轻微的密封膨胀。

工作原理：将此添加剂注入密封圈中，可使橡胶结构略微膨胀并有利于防止润滑油渗漏。

二、油保护剂

在润滑油内添加油保护剂可防止润滑油发生不良变化。

油保护剂包括抗氧抗腐剂、金属减活剂、抗泡剂、乳化剂与抗乳化剂等。

1. 抗氧抗腐剂

由于润滑油在使用中不可避免要与金属接触，受光、热和氧的作用而产生氧化。一般烃与空气接触产生氧化称为自动氧化，包括一系列的游离基连锁反应。油品的氧化速率不仅取决于润滑油的类型，也与油品所经受的温度、氧的浓度和催化剂的存在有关。

润滑油在常温下的氧化是很慢的，温度在94℃（200 ℉）以下时和在正常大气压下氧化是不明显的。当温度超过94℃（200 ℉）时，氧化速率变得比较明显，一般温度的影响是每升高10℃（18 ℉）时，氧化速率增加一倍。温度越高，润滑油的氧化就越剧烈。

润滑油的氧化是由溶解于油中的氧引起的，氧的浓度越大，氧化作用也增大，氧化速度取决于氧向油中扩散的速度。一般对矿物油，如变压器油的储存常采用氮气封存的办法，目的就是减少氧的浓度。

金属尤其是 Cu、Fe、Co 金属离子，将分解过氧化物：

$$ROOH+M^{2+}\longrightarrow RO\cdot+M^{3+}+OH^-, \quad ROOH+M^{3+}\longrightarrow ROO\cdot+M^{2+}+H^+$$

金属离子 M^{2+}、M^{3+} 溶于油中加速了过氧化物的分解，从而加速了氧化反应的进行。同时 ROOH 进一步分解和氧化，生成酮、醇、酸，最后进行聚合反应，最终成为漆膜、油泥。无论什么样的氧化产物，一般都是有害的。油泥黏附在金属表面，可能引起运动部件的黏结或磨损、堵塞滤网和油管线，降低循环油量，氧化生成的酸将腐蚀金属。氧化也与油品黏度增加有关，而且氧化产物本身也有催化效应作用，进一步加速氧化。

从反应历程可以看出，有两种手段可以控制氧化，一是防止生成氧化物，即当过氧化物一旦形成，就加以破坏，终止链的继续发展或终止游离基的发展。所以阻止生成氧化物的直接办法是加入对氧化物有很强亲和力的添加剂——过氧化物分解剂和链终止剂。另外一种手段是研究与油品接触的金属，中和它的催化效应。按抗氧剂的作用机理，把抗氧剂分为游离基终止剂、过氧化物分解剂、金属减活剂三种。

酚、胺型抗氧剂是游离基终止剂。这种抗氧剂能够同传递的连锁载体反应，使其变成不活泼的物质，起到终止氧化反应的作用。

有机硫化物及其络合物（ZDDP 等）作为润滑油过氧化物分解剂，具有分解 ROOH 的能力，1mol 有机硫能分解数 10mol 的 ROOH，有机硫还具有耐高温性。

金属减活剂可在金属表面形成惰性保护膜，减少由热金属表面引起的氧化催化反应，见图 2-5。

金属减活化膜────→
金属表面────→

图 2-5　金属减活剂

氧化过程是复杂的，它们随温度的变化而变化，为了提高油品的氧化安定性，将不同类型的抗氧剂复合使用有明显的增效作用。因此，抗氧剂一般两种以上并用比单一使用效果好。例如不同类别或不同品种的抗氧剂复合使用时，抗氧化能力显著提高，能起到相辅相成的作用。

目前使用的抗氧剂类型、代表性化合物及应用见表 2-13。

表 2-13　润滑油抗氧剂类型

官能团分类	代表性化合物	作用机理	作用功能分类
酚型	2, 6-二叔丁基对甲酚	游离基终止剂	抗氧剂
	4, 4-亚甲基双(2, 6-二叔丁基酚)	游离基终止剂	抗氧剂
芳胺型	N-苯基-α-萘胺，二烷基二苯胺	游离基终止剂	抗氧剂
酚胺型	2, 6-二叔丁基-α-二甲氨基对甲酚	游离基终止剂	抗氧剂
ZDDP	二烷基二硫代磷酸锌	过氧化物分解剂	抗氧抗腐剂
ZDTC	二烷基二硫代氨基甲酸锌	过氧化物分解剂	抗氧抗腐剂
杂环型	2, 5-二(烷基二硫代)噻二唑	金属减活剂	抗氧抗腐剂

在石油产品添加剂中，抗氧抗腐剂的产量仅次于清净分散剂和黏度指数改进剂而位居第三位，主要用于内燃机油，其次用于齿轮油、液压油等工业润滑油，可以抑制油品氧化，最主要种类是二烷基二硫代磷酸锌盐（ZDDP）。

2. 抗泡剂

（1）油品发泡的原因

① 油品使用了各种添加剂，特别是一些具有表面活性的添加剂。

② 油品本身被氧化变质。

③ 油品急速吸入空气并循环。

④ 油温上升和压力下降而释放出空气。

⑤ 含有空气的润滑油的高速搅拌等。

（2）油品发泡的危害性

① 油泵的效率下降，能耗增加，性能变差。

② 破坏润滑油的正常润滑状态，加快机械磨损。

③ 润滑油与空气的接触面积增大，促进润滑油的氧化变质。

④ 含泡润滑油的溢出。

⑤ 润滑油的冷却能力下降等。

（3）抗泡方法

① 物理抗泡法，如用升温和降温破泡，升温使润滑油黏度降低，油膜变薄使泡容易破裂，降温使油膜表面弹性降低，强度下降，使泡膜变得不稳定。

② 机械抗泡法，如用急剧的压力变化、离心分离溶液和泡沫、超声波以及过滤等方法。

③ 化学抗泡法，如添加与发泡物质发生化学反应或溶解发泡物质的化学品以及加抗泡剂等，通常在油品中加入抗泡剂效果最好、方法简单，因此被国内外广泛采用。

（4）抗泡剂的抗泡机理

抗泡剂的作用机理较为复杂，说法不一，具有代表性的观点有降低部分表面张力、扩张和渗透三种观点。

① 降低部分表面张力，这种观点认为抗泡剂的表面张力比发泡液小，当抗泡剂与泡膜接触后，使泡膜的表面张力局部降低而其余部分保持不变，泡膜张力较强部分牵引着张力较弱部分，从而使泡膜破裂。

② 扩张，这种观点认为抗泡剂小滴 D 浸入泡膜内使之成为膜的一部分，然后在膜上扩张，随着抗泡剂的扩张，抗泡剂最初进入部分开始变薄，最后导致破裂，如图 2-6 所示。

③ 渗透，这种观点认为抗泡剂的作用是增加气泡壁对空气的渗透性，从而加速泡沫的合并，减少了泡膜壁的强度和弹性，达到破泡的目的。

总的说来，抗泡剂通过破坏气泡的表面张力来消除泡沫。

（5）抗泡剂的品种

作为抗泡剂的物质应不能溶于润滑油且能均匀地分散在润滑油中，表面张力比润滑油要小。主要种类：甲基硅油、非硅抗泡剂和复合抗泡剂。

① 二甲基硅油：硅油是一种无臭、无味的有机液

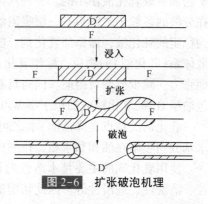

图 2-6 扩张破泡机理

体，作为润滑油的主要抗泡剂已有五十多年的历史。二甲基硅油之所以作为抗泡剂，是因为它有下列性质：表面张力比润滑油低，因此能促使发泡剂脱附，但它本身形成的表面膜强度较差；在润滑油中溶解度小，但又有一定的亲油性；化学性质不活泼，不易和润滑油发生反应；用量少，效果好；挥发性小、闪点高、凝点低和具有良好的抗氧化与抗高温性能等。

二甲基硅油广泛用于各类润滑油，一般使用黏度（25℃）为 100~10000mm²/s 的硅油做抗泡剂，加入量在 1~100μg/g 之间。高黏度的润滑油用低黏度的硅油为好；对轻质油品用高黏度的硅油，高黏度的硅油在高、低黏度的润滑油中均有效。还应指出的是，低黏度硅油抗泡性好，但因溶解度大而缺乏抗泡持续性；高黏度硅油抗泡性差，但持续性好。因此必要时，可将高低两种黏度的硅油混合使用。但硅油在应用中存在着局限性，首先对调和技术十分敏感，加入的方法不同，其抗泡效果和消泡持续性差异很大；其次是在酸性介质中不稳定。

② 非硅抗泡剂：为了克服硅油这些缺点，从而发展了非硅抗泡剂。非硅抗泡剂多是一些聚合物，用得较多的是丙烯酸酯或甲基丙烯酸酯的均聚物或共聚物。实际是丙烯酸乙酯、丙烯酸 2-乙基己酯和乙烯基正丁基醚几个单体的无规共聚物，国内 80 年代以后也开发了两种非硅抗泡剂（T911、T912），经过实际应用证明了非硅抗泡剂具有对各种调和技术不敏感、在酸性介质中高效、对空气释放值的影响比硅油小和长期储存后抗泡性不下降、稳定性好等优点。

硅油与各种添加剂配伍性较好，相比之下，非硅抗泡剂的不足之处是对有些添加剂（T109、T601 和 T705）比较敏感。

③ 复合抗泡剂：由于硅油和非硅型抗泡剂都有各自的优点及缺点，单独使用很难对所有油品都能达到满意的效果。对于内燃机油、齿轮油，不同的公司使用不同来源的基础油和特种功能添加剂，引起油品的发泡程度也不同，若采用单一的抗泡剂很难达到预期的效果。又如液压油、汽轮机油和通用机床用油等有时因基础油的精制深度不够，或因加入多种添加剂，加入单一的抗泡剂较难使油品的空气释放值和抗泡效果达到满意的结果。为了解决这个问题，从而发展了复合抗泡剂。复合抗泡剂就是为平衡这两类抗泡剂的优缺点而研制的。

国内上海炼油厂研究所研制出 1 号、2 号和 3 号复合抗泡剂。1 号复合抗泡剂（T921）主要用于对空气释放值要求高的抗磨液压油中；2 号复合抗泡剂（T922）主要用于用了合成磺酸盐的内燃机油和严重发泡的齿轮油中；3 号复合抗泡剂（T923）主要用于含有大量清净剂、分散剂而发泡严重的船用油品中，具有高效抗泡效果。

3. 乳化剂与抗乳化剂

切削油、磨削油、拉拔油、轧制油等的金属加工液及含水系的抗燃液压油，都是用水和矿物油制成乳化液使用的。一种液体在另一种不溶性液体中被分散成细小粒子称之为乳化。在分散的各粒子之间包有一层吸附的薄膜，可防止粒子的凝集，形成稳定的乳化液。为了得到稳定的乳化液，需添加乳化剂。能使两种以上互不相溶的液体（如水和油）形成稳定的分散体系（乳化液）的物质，称作乳化剂。乳化剂吸附于油与水的界面，可以大幅度减少其界面张力，减少界面自由能，同时具有静电排斥力和立体保护作用，防止粒子间接触，形成水包油型 O/W 乳化液或油包水型 W/O 乳化液。

乳化剂的特点是降低油-水之间的界面张力，在界面上，表面活性剂分子的亲油基和亲水基分别吸附在油相和水相，排列成界面膜，防止乳化粒子结合，促使乳化液稳定。

使用乳化剂的主要是水溶性的切削油，在切削油中不仅要求乳化性，而且还要求防锈性、清洗性、润滑性等。因此切削油用矿物油作基础油，复合少量的阴离子及非离子表面活性剂作乳化剂外，还配有乳化助剂、防锈剂、稳定剂、防腐剂、水等。轧制油中，为了稳定乳化液，粒径要尽量小，由于离水展着性（乳液中的油分迅速覆盖工模具与金属表面的性能）差使润滑性下降，因此通过乳化剂控制粒径是极重要的。

另一方面，在许多情况下，润滑油会受到水的污染，形成乳状液，因而降低了油品的润滑性，将损坏机械和缩短油品的寿命。油品中加入抗乳化剂，可以加速油水分离，防止乳化液的形成。

与乳化剂相反，破乳剂可增加油水界面的张力，使得稳定的乳化液成为热力学上不稳定的状态，破坏了乳化液。抗乳化剂大都是水包油（O/W）型表面活性剂，吸附在油-水界面上，改变界面的张力，或吸附在乳化剂上破坏乳化剂亲水-亲油平衡，使乳化液从油包水（W/O）型转变成水包油（O/W）型，在转相过程中油水便实现了分离。

破乳剂用于工业齿轮油、液压油、汽轮机油、发动机油等油品，以防止乳化，也用于切削油和轧制油等废乳化液的处理。

油品的抗乳化性能是工业润滑油的一个重要性能之一。如工业齿轮油除要求良好的极压抗磨、抗氧和防锈性能外，还要求良好的抗乳化性，因为工业齿轮油遇水的机会多，抗乳化性差，油品乳化降低了润滑性和流动性，引起机械的腐蚀和磨损，甚至引起齿轮的损坏事故；汽轮机油经常与水蒸气接触，冷凝水常进入油中，要求汽轮机油具有良好的分水能力；抗磨液压油的抗乳化性也是重要性能之一，含锌液压油中有 ZDDP，故抗乳化性差，因此，抗磨液压油的抗乳化性是经常遇到的难题之一。

三、表面保护剂

在润滑油中添加表面保护剂可使润滑油增加新的性能特性。

表面保护剂可分为：极压抗磨剂、防锈剂、清净剂、分散剂、油性剂和摩擦改进剂等。

1. 油性剂和极压抗磨剂

油性剂是通过范德华力或化学键力在摩擦副的金属表面上形成牢固的定向吸附膜，防止金属直接接触，从而减少摩擦系数，减少磨损的。但在金属表面承受极高负荷，大面积金属表面直接接触，伴随产生大量热，油性膜被破坏，不能起到保护金属表面的作用时，使用一种能与金属起化学反应生成化学反应膜的添加剂，可以防止金属表面擦伤，这种添加剂称为极压抗磨剂。由于有的添加剂既有油性又有极压抗磨性，因此有时很难准确区分它属于哪一种。

凡能使润滑油膜强度增加，摩擦系数减少，提高抗磨损能力，降低运动部件之间的摩擦和磨损的添加剂都叫油性剂。

油性剂是由烃基和极性基团两部分组成的有机化合物，其中烃基链中至少有 10 个以上碳原子，因此有很好的亲油性，易溶于润滑油中。

油性剂中含有硫、氧、氮、磷等极性原子或有—OH、—COOH、—NH$_2$、—CONH$_2$、（RO）$_2$POOH 等基团，这些极性基团都有较强的表面活性和对金属表面的吸附能力，因此能牢固地定向吸附在金属表面上，形成类似缓冲垫的保护膜，防止金属表面直接接触，减少摩擦和磨损。根据油性剂中极性基团性质的不同，油性剂在金属表面可发生物理吸附和化学吸附。物理吸附主要靠分子间的范德华引力，吸引力较小，因此只有在温度较低、负荷较小的情况下，物理吸附膜才起保护作用，而在高温高负荷下会脱附而失去作用。化学吸附时，油性剂和金属表面靠化学键结合，吸附力较大，因此在较高温度下仍能起保护膜作用。含有醇羟基或硫醇等弱极性基团的油性剂主要发生物理吸附，而含有羧基等强极性基团的油性剂

（如脂肪酸）在金属表面生成全属皂可发生化学吸附，因此抗磨性好。

常用的油性剂有高级脂肪酸、高级脂肪醇、磷酸酯以及含氮有机化合物等。

极压抗磨剂是在高温高压的边界润滑状态下能与金属表面形成高熔点化学反应膜的添加剂，是油性剂失效条件下能起润滑作用的添加剂。其作用原理是在摩擦与高温下极压抗磨剂发生分解并与金属反应生成剪切应力和熔点都比纯金属低的化合物，从而防止接触表面咬合和焊接，使金属表面得到有效保护。

由于生成的化学反应膜比吸附膜强度大很多，因此可在高温高压条件下起到润滑作用。极压抗磨剂可分为有机硫化物、有机磷化物、氯化物和有机金属盐几大类。

含硫极压抗磨剂作用原理：含硫极压抗磨剂能在金属表面形成吸附膜，减少金属表面间摩擦。如以二硫化物为例，随着负荷的增加，摩擦升温，在摩擦点油膜即将破坏的瞬间，二硫化物中的S—S键断裂使有机硫化物与金属反应形成硫醇铁覆盖膜起到抗磨作用。当负荷进一步提高时，硫醇的C—S键断裂，使硫和金属铁反应生成硫化铁无机固体膜起极压作用，硫化铁熔点高达700℃，因此在高温下可起极压作用。

硫化物的油膜强度较低，因此含有硫化物的润滑油往往在破裂时才发挥其极压作用，主要适用于高速、冲击载荷的情况。

含磷极压抗磨剂作用原理：磷酸酯极压抗磨剂是应用较早的抗磨剂，在边界润滑条件下磷酸酯首先吸附在金属表面，然后水解成酸性磷酸酯，它可以与金属形成有机金属磷酸盐保护膜。在极压摩擦下，它进一步分解形成无机的亚磷酸铁膜，起到极压抗磨作用。

二烷基二硫代磷酸锌（ZDDP）是最常用的含磷极压抗磨剂，它是通过将正丁醇与异辛醇等脂肪醇与P_2S_5反应生成硫磷酸，再加氧化锌皂化、脱水得到的。

含磷极压抗磨剂具有良好的抗磨抗擦伤性能，尤其适用于低速高载荷的条件下使用。

含氯极压抗磨剂是极压抗磨剂中较早的一种，目前已较少使用。氯化石蜡是用得最多的含氯极压抗磨剂，在极压条件下，它首先发生分解，分子中的C—Cl键断裂，并在金属表面形成氯化铁膜。这种膜具有类似石墨和二硫化钼的层状结构，剪切强度小，摩擦系数小，但熔点较低，所以一般适合在300~350℃的低温下工作，为防止氯化铁水解降低润滑性能和腐蚀金属，应在无水条件下工作。

2. 防锈剂

防锈剂的作用是在金属表面形成牢固的吸附膜，以抑制氧和水对金属表面的锈蚀。防锈剂有两种用途：一是在内燃机油、汽轮机油、液压油、齿轮油中增强防锈性而使用防锈剂，二是作为金属制品保管、封存、运输、维修防锈油的添加剂。

防锈剂多是一些极性物质，其分子结构的特点：一端是极性很强的基团，具有亲水性质；另一端是非极性的烷基，具有疏水性质。当含有防锈剂的油品与金属接触时，防锈剂分子中的极性基团对金属表面有很强的吸附力，在金属表面形成紧密的单分子或多分子保护层，阻止腐蚀介质与金属接触，故起到防锈作用，见图2-7。防锈剂还对水及一些腐蚀性物质有增溶作用，将其增溶于胶束中，起到分散或减活作用，从而消除腐蚀性物质对金属的侵蚀。当然，碱性防锈剂

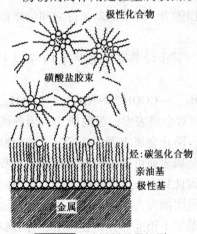

图 2-7　防锈剂用用机型

对酸性物质还有中和作用，使金属不受酸的侵蚀。如果防锈剂在金属表面由于极性分子的偶极与金属表面发生静电吸引则形成物理吸附，如果吸附的分子能够与金属起化学作用，则形成化学吸附，还有一些情况是借助于配价键结合，可认为是介于物理和化学之间的吸附。

常用的防锈剂按结构分为磺酸盐、羧酸及羧酸衍生物、酯类、有机磷酸及盐类和有机胺及杂环化合物。

3. 清净分散剂

清净分散剂是润滑油添加剂中的大类，用量占润滑油添加剂的一半左右。清净分散剂包括金属清净剂(有灰)和无灰分散剂两大类。主要用于内燃机油中保持发动机清洁。金属清净剂在高温运转条件下能吸附在金属表面形成保护膜，防止油氧化变质，抑制沉积物生成，使发动机内部保持清洁；无灰分散剂则在较低的运转温度下使生成的不溶于润滑油的油泥或其他细小颗粒物质很好地分散在油中，不形成沉淀物，保持发动机内部清洁。从而起到延长机械寿命、控制油耗的作用。

清净分散剂的成分是油溶性表面活性剂，是由可溶于油的非极性烃基(亲油基)和极性基(亲水基)组成的两亲结构的物质，而且具有较强的亲油性。金属清净剂分子结构中含有金属离子，而无灰分散剂的极性基是含氧或氮的基团。表面活性剂除了有降低溶液表面张力的作用之外，还有分散、乳化、增溶、洗涤、发泡、润湿、渗透等多种功能。润滑油中的清净分散剂主要发挥分散、增溶、洗涤的功能，并且由于清净分散剂几乎都有碱性，因此还具有中和酸性物质的功能。一般清净分散剂具有如下作用。

（1）清净分散作用

把固体以极小微粒分散到液体中形成悬浮体的作用叫分散作用。表面活性剂有促进固体分散形成稳定悬浊液的作用。悬浮在油中的微小固体颗粒有非油溶性的烟灰、积炭、胶质等，而且它们具有很大的比表面积，处于不稳定状态。当表面活性剂的极性基通过物理吸附、氢键结合、形成离子键等形式吸附在固体颗粒表面，而亲油基一端伸向油中将固体颗粒包围，并且定向排列形成一层亲油的分子膜时，使固体颗粒与油之间的界面张力降低，并且由于形成的分子膜有空间阻碍作用或静电斥力作用而减少固体颗粒间的相互吸引力，从而防止固体颗粒相互聚集而沉积到金属表面，这是清净分散剂最基本的功能。清净剂分散作用示意图见图 2-8。

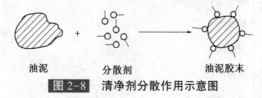

油泥　　　　分散剂　　　　油泥胶末

图 2-8　清净剂分散作用示意图

（2）增溶作用

当油溶性表面活性剂在油中浓度较大时，主要以胶束状态存在，胶束是由几十个表面活性剂分子以极性基向内、亲油基向外的方式定向排列组成的分子聚集体。当油中生成不溶于油的水、有机酸等液体时，胶束通过其极性基与液体珠滴相互作用而把这些液体珠滴包围在胶束内部，大大降低了它们与油之间的界面张力，在清净分散剂作用下，这些本来在油中不能溶解的物质，变得能够溶解，从而降低了这些化合物的活性，防止其进一步氧化缩合后聚集成积炭、漆膜等有害沉积物或腐蚀机件表面。

（3）洗涤作用

表面活性剂的洗涤作用是一个复杂的过程，是由润湿、乳化、分散、增溶多种功能共同作用的结果，可以使金属表面的污垢脱离金属表面并被稳定分散到油中，在金属表面形成定向排列的表面活性剂膜屏障，又可有效防止油中的污垢再沉积到金属表面。因此清净分散剂在发挥洗涤去污作用的同时，也有保护金属，防止腐蚀生锈的作用。

（4）中和作用

清洁分散剂中含有金属氧化物、氢氧化物或碳酸盐等碱性物质，因此有中和含硫重油燃料燃烧过程中产生的二氧化硫、硫酸以及润滑油氧化生成的酸性氧化产物或酸性胶质的作用，防止机件腐蚀，缓解油品的进一步氧化。

清净分散剂的典型代表有石油磺酸盐、烷基酚盐、水杨酸盐、丁二酰亚胺、丁二酸酯和聚合物。前三种称有灰清净分散剂，后三种称无灰清净分散剂。

四、国内润滑油添加剂分组

1. 单一添加剂

根据 SH/T 0389—92《石油添加剂的分类》，润滑油单一添加剂见表 2-14，分为 10 大类，国内外每一大类单剂的主要商品牌号均多达几十上百种，例如，在 2004 年 T1 组的清净分散剂即有 107 种商品，T4 组的油性剂和摩擦改进剂有 87 种。随着新润滑剂品种的不断涌现，添加剂的种类还会日渐增加。

表 2-14　国内润滑油单一添加剂

组　号	组　别	代　号
1	清净剂和分散剂	T1××
2	抗氧防腐剂	T2××
3	极压抗磨剂	T3××
4	油性剂和摩擦改进剂	T4××
5	抗氧剂和金属减活剂	T5××
6	黏度指数改进剂	T6××
7	防锈剂	T7××
8	降凝剂	T8××
9	抗破沫剂	T9××
10	抗乳化剂	T10××

2. 复合添加剂

复合添加剂是指几种单剂以一定比例混合，并能满足一定质量等级的添加剂混合物，在发达国家，中高档油品几乎全部采用复合添加剂。复合添加剂是根据使用对象工况条件不同，选择添加剂品种和数量，使油品发挥出最佳使用效果并达到最佳平衡。

根据 SH/T 0389—92《石油添加剂的分类》，润滑油复合添加剂见表 2-15。

表 2-15 国内润滑油复合添加剂

组　号	组　别	代　号
30	汽油机油复合剂	T30××
31	柴油机油复合剂	T31××
32	通用汽车发动机油复合剂	T32××
33	二冲程汽油机油复合剂	T33××
34	铁路机车油复合剂	T34××
35	船用发动机油复合剂	T35××
40	工业齿轮油复合剂	T40××
41	车辆齿轮油复合剂	T41××
42	通用齿轮油复合剂	T42××
50	液压油复合剂	T50××
60	工业润滑油复合剂	T60××
70	防锈油复合剂	T70××
80	其他类润滑油添加剂	T80××

(1) 汽油机油复合剂

可以说现在任何一类内燃机油中都加有四种以上的添加剂，而汽油机油加入的功能添加剂有清净剂、分散剂、抗氧抗腐剂、油性剂等，特别要求低温分散及抗磨性能要好，解决低温油泥和凸轮挺杆的磨损问题。一般清净剂用磺酸钙、磺酸镁和硫化烷基酚钙；分散剂用单丁二酰亚胺(氮含量2%左右)、高分子量丁二酰亚胺；抗氧抗腐剂用仲醇或伯仲醇、二烷基二硫代磷酸锌、二烷基氨基甲酸锌，以及二烷基二苯胺、烷基酚和有机铜化合物等辅助抗氧剂；为了节能还要加酯类、硫磷酸钼和二烷基氨基甲酸钼等摩擦改进剂。不管美国还是欧洲的汽油机油，质量等级每升级一次，相应的复合剂都在原有的基础上得到改进，或是调整了配方或是用了新的添加剂来适应评定要求，如 SJ 级汽油机油的高温氧化和低温油泥用程序ⅢE 和 VE，而 SL 级汽油机油则要用程序ⅢF 和程序 VG 来评定，后者的条件更苛刻，在复合剂中就需要更好(或更多)的抗氧剂和分散剂来满足。因此要开发一个配方的费用是相当高的。

(2) 柴油机油复合剂

柴油机与汽油机不同，柴油机是压燃式，而汽油机是点燃式。两者有所差异，一是柴油机的烟灰多，容易在顶环槽内和活塞环区形成沉积；二是柴油中含硫量比汽油多，燃烧后生成酸导致环和缸套的腐蚀磨损；三是柴油机压缩比比汽油机高得多，热效率高，热负荷大，汽缸区的温度高，高温易促使润滑油氧化变质；压缩比高带来的其他问题是 NO_x 高，柴油不易燃烧完全，容易产生颗粒物(PM)。因此，柴油机不能用通常的三效转换器来降低 NO_x，因为柴油机尾气中无过剩氧的还原环境，PM 又容易把催化剂堵塞，影响催化剂的使用寿命。从以上三个特点可看出，要求柴油机油应具有良好的高温清净性、酸中和性能、热氧化安定性以及其他性能。汽油机油和柴油机油虽然用的功能添加剂都是清净剂、分散剂和抗氧抗腐剂等，由于解决问题的侧重点不同，因此在复合剂中加入的比例也就有所差异。汽油机低温油泥比较突出，故加入的分散剂比例比柴油机的大，相反柴油机的高温清净及抗氧问题突出，在柴油机油复合配方中加入清净剂的比例比汽油机油大，特别是负荷大的 CD 级或以上的柴油机油复合剂中还要加一些硫化烷基酚盐来解决高温抗氧问题，其分散剂要用热稳定性好的双丁二酰亚胺或多丁二酰亚胺和高分子量丁二酰亚胺，ZDDP 也要用热稳定性更好的长链二烷基二硫代磷酸锌，而汽油机油要用仲醇基的 ZDDP。

（3）通用汽车发动机油复合剂

西方国家的汽车运输车队一般是由汽油机和柴油机两种汽车组成的混合车队。如果分别用汽油机油和柴油机油两种润滑油来满足要求，往往会出现错用油的现象而造成事故，通用油就是为了适应这种情况而产生的，它的出现既简化了发动机油品种，方便用户，又解决了错用油的问题。美国的混合车队通用油约占 80% 以上，西欧的柴油机油全部采用通用油。

通用油的润滑性能要同时满足汽油机油和柴油机油的性能，因汽油机油着重要求有好的低温油泥分散性和低灰分，柴油机油则着重要求有好的高温清净性和酸中和能力，要兼顾这两方面的要求，通用油的复合配方组分之间就要进行精心的选择和平衡。一般在 CC/SD 级以下的通用油的复合剂中多采用分散剂、磺酸盐和 ZDDP 三组分进行复合配制就能满足其性能要求（不少公司 CC 级油中也加入硫化烷基酚盐）；而在配制 CD/SE 级以上水平的复合配方时其复合剂的组分就复杂得多了，分散剂中可能有两种以上的复合，清净剂中除磺酸盐（其中包括磺酸钙及磺酸镁盐复合）外，还要加热稳定性好的清净剂，如烷基水杨酸盐或硫化烷基酚盐，在抗氧抗腐剂中的 ZDDP，除伯醇基外还有仲醇基及长链烷基醇等抗磨及热稳性好的 ZDDP 之间的复合。总之其复合剂中的添加剂是复杂的，在经济上，通用油的添加剂用量比非通用油要多一些，成本也高一些，这是其缺点；但通用油的换油期比非通用油要长，润滑油油耗也低，二者相抵销，用通用油在经济上仍然是合理的。

我国在发展汽油机油和柴油机油复合剂的同时，也发展了通用油复合剂。根据我国车辆情况，已经开发出 SC/CC、SD/CC、SE/CC、SF/CC、SF/CD 等汽/柴油机油通用油复合剂。

五、合成油用添加剂

我国合成润滑油用添加剂几乎是与合成润滑油同时发展起来的。

合成润滑油的特点之一是极性较强，矿油则是非极性的，而基础油的极性影响添加剂的溶解度。如几乎不溶于矿油的硫氮杂蒽，却溶于酯类油和聚醚中。由于各类合成润滑油的化学结构差异很大，因而不同的合成润滑油对添加剂的溶解度和感受性也不尽相同。

合成润滑油的另一特点是使用温度范围宽，因此要求合成润滑油使用的添加剂也必须在较宽的温度范围内能发挥作用，特别是在较高（>200℃）温度下，某些在矿油中表现较好的添加剂，用于高温合成润滑油中，往往效果不佳。因此合成润滑油用添加剂往往与矿油用添加剂不同。

合成润滑油中使用最多的添加剂是抗氧化添加剂、抗腐蚀添加剂和极压抗磨添加剂。此外，还有防锈剂和抗泡剂。

合成润滑油用的主要抗氧化添加剂是各种芳香胺的烷基化衍生物、二芳胺的甲醛缩合物、烷基化的双酚衍生物以及某些杂环化合物等，其中最重要的是芳香胺的烷基化衍生物。

合成润滑油用的主要抗腐蚀添加剂包括各种苯并三氮唑的衍生物、氨基三氮唑的衍生物、氨基胍的衍生物、多羟基蒽醌等。最重要的抗腐蚀添加剂是苯并三氮唑的衍生物，常用的有苯并三氮唑、烷基苯并三氮唑、双苯并三氮唑等。

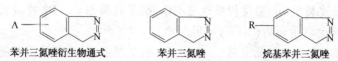

苯并三氮唑衍生物通式　　　　苯并三氮唑　　　　烷基苯并三氮唑

合成润滑油用极压抗磨剂也是含有 S、P、N、B 等元素的强极性化合物。代表性的有机磷化物有磷酸三甲苯酯、烷基磷酰胺酯、酸性磷酸酯及其胺盐，有机硫化合物有硫化烯烃、巯基苯并噻唑；硼化合物有碱金属硼酸盐、硼酸酯等。

此外，合成润滑油用添加剂还包括一些多效添加剂，如二烷基二硫代噻二氮唑是抗铜腐蚀剂和极压抗磨剂，二烷基二硫代氨基甲酸金属(Mo、Sb、Zn、Pb)盐兼有抗氧化、抗腐蚀和极压抗磨剂的作用。

本章习题

一、填空题

1. 矿物润滑油基础油分为_____和_____两种，前者以_____为原料加工生成，后者以_____为原料加工生成高黏度基础油。

2. I 类基础油通常是由_____生产制得，II 类基础油是通过_____制得，III 类基础油是用_____制得，IV 类基础油指的是_____，其他合成油(合成烃类、酯类、硅油等)、植物油、再生基础油等统称_____类基础油。

3. 1995 年我国润滑油基础油分类方法 SHR001—95 中将基础油分为____类，2009 年我国润滑油基础油分类方法 Q/SY44—2009 中将基础油分为____类。API 基础油分类方法将基础油分为____类。

4. 合成润滑油基础油分为_____、_____、_____、_____、_____、和_____六大类。

5. 含氟润滑油具有优良的_____，聚苯及聚苯醚具有_____，酯类及聚醚合成油具有_____。

6. 六种合成润滑油基础油中，_____与_____具有优良的综合性能，是两种最有发展前途的合成润滑油品种。_____是合成润滑剂家族中应用最广，产量最大的一种。

7. 聚丁烯是以混合丁烯为原料，是_____和_____的共聚物，低分子聚异丁烯是_____的均聚物，其分子量比聚丁烯_____。

8. 在石油产品添加剂中，产量位居第一的是_____，第二是_____，第三是_____。

9. 抗泡剂通过破坏气泡的_____来消除泡沫。

10. 抗泡剂的表面张力比润滑油_____。

二、选择题

1. 润滑油的主要使用性质取决于(　　)的质量。

A. 原油基属　　　　B. 基础油　　　　C. 添加剂　　　　D. 评定方法

2. (　　)是近代高级润滑油的精髓，正确选用合理加入，可改善其物理化学性质，对润滑油赋予新的特殊性能，或加强其原来具有的某种性能，满足更高的要求。

A. 合成油　　　　　B. 基础油　　　　　C. 添加剂　　　　D. 配方

3. 二烷基二硫代磷酸锌盐(ZDDP)属于(　　)。

A. 密封-膨胀控制剂　B. 黏度指数改进剂C. 抗氧抗腐剂　　D. 降凝剂

4. 硅油通常作为润滑油的(　　)使用。

A. 密封-膨胀控制剂　B. 抗泡剂　　　　C. 抗氧抗腐剂　　D. 降凝剂

5. 极压抗磨剂能在边界润滑状态下形成(　　)。

A. 物理吸附膜　　　B. 化学吸附膜　　C. 化学反应膜　　D. 静电吸附膜

第三章 润滑油应用

第一节 内燃机油

内燃机润滑油简称内燃机油，亦称马达油、发动机油和曲轴箱油。内燃机油以石油或合成油为原料，经加工精制并使用各种添加剂调制而成。

内燃机油广泛用于汽车、内燃机车、摩托车、施工机具、船舶等移动式与其他固定式发动机中，是润滑油中用量最多的一类，约占润滑油总量的50%左右。

汽车内燃机油是内燃机油中需求量最大的产品，是润滑油产品的重中之重，也是国内外更新换代最快、产量最大、在润滑油行业中举足轻重的产品。

一、内燃机油的工作过程及使用要求

1. 内燃机油的工作过程

现代内燃机都有一套润滑系统，它是由油箱、油泵、粗滤器、精滤器及油管等组成。汽油机的润滑系统如图3-1所示。

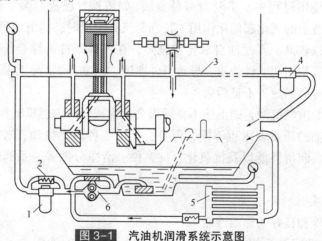

图 3-1 汽油机润滑系统示意图

1—粗滤器；2—单向阀；3—总管；4—精滤器；5—润滑油散热器；6—齿轮泵

汽油机润滑油装在发动机下面的油箱中，曲轴和其他运动机件靠齿轮泵供油，油泵6把润滑油从油箱中抽出，通过油管送到粗滤器1，进入润滑油通过总管3，打到曲轴的润滑孔道内，然后进入曲轴与轴承之间的缝隙，减少曲轴与轴承之间的摩擦，通常打入的润滑油量较大，目的是将摩擦热带走。

活塞环与汽缸壁之间的润滑，主要是飞溅润滑方式，利用曲柄搅动机油，把机油油滴甩到发动机各部位进行润滑。润滑油除起润滑作用外，也对汽缸壁和活塞环起密封作用。由于活塞的往复运动，总有一部分润滑油进入汽缸被烧掉。同时，使用时间较长的润滑油会变

质，因此，常要将润滑油过滤除去杂质，并要补充新的润滑油。为保持一定的油温，润滑油常在散热器中被冷却。

2．内燃机的工作特点

（1）温度高、温差大

内燃机的温度直接受燃料燃烧和摩擦所产生的热量的影响。内燃机运行时各工作区的温度都较高，如活塞顶部、汽缸盖和汽缸壁的温度大约在250~300℃之间；活塞头的环部可达205~270℃以上，这些部位的润滑油处于高温，并经常呈薄膜状态，所以容易燃烧或发生热裂化、氧化变质。主轴承、曲轴箱油温约在85~95℃之间，虽然温度较低，但与空气广泛接触也容易氧化变质。另外，在冬季条件下的冷启动温度较低，有的地区可低至-50℃，当冷启动时，润滑油温接近环境温度，各摩擦表面极易发生干摩擦或半液体摩擦。

（2）运动速度快

内燃机曲轴转速多在1500~4800r/min。活塞的平均线速达8~10m/s，在摩擦表面形成润滑油膜十分困难。再加上润滑油被燃料稀释，使汽缸壁与活塞之间经常处于边界润滑状态，严重时会导致摩擦表面的黏结和烧结现象。

（3）负荷重

现代内燃机功率大，单体体积的重量轻，因而运动部件的摩擦表面负荷较大，有些部位处于极压润滑状态，也会导致摩擦表面发生黏结和烧结等故障。

（4）受环境因素的影响大

润滑油在循环使用过程中，不断与多种金属（如铸铁、巴氏合金、铜铅合金等）接触，这些金属可能对润滑油的氧化起催化作用，特别是飞溅润滑时，润滑油呈雾状，与空气接触面较大。而且温度也较高，润滑油自氧化较剧烈，在各种条件的综合作用下，将会生成漆膜、积炭及油泥等沉积物和酸性物质，导致机件腐蚀、活塞环黏结、摩擦副磨损加剧、燃料消耗增加，发动机寿命缩短等不良后果。

如果使用优质的内燃机油，则上述不良后果会大为减轻。内燃机的种类、机型和使用条件不同，对内燃机油的质量要求也不同，但是，无论哪种内燃机油，对它的黏度、黏温性能、低温流动性能、润滑性能以及抗氧化、抗腐蚀、清净分散等一系列的性能都应有一定要求。

3．内燃机油主要性能要求

（1）适当的黏度和良好的黏温性能

如果汽车内燃机润滑油的黏度过低，就不能形成良好的油膜来保证润滑，而且密封性也差，会造成磨损加大和功率下降。但黏度过大则流动性能差，进入机件摩擦面所需时间长，会使机件磨损加大，清洗和冷却效果变差。因此应根据工作温度及负荷选择合适黏度的润滑油。由于汽车内燃机油要在很宽的温度范围（-40~300℃）内工作，并有足够的黏度保证润滑，因此要求润滑油有良好的黏温特性，而对通用型多级润滑油的黏温性能要求更高，一般都是在低黏度矿物油中加入黏度指数改进剂来改善润滑油的黏温特性。

内燃机油的黏度分为运动黏度、低温动力黏度、低温泵送黏度和高温高剪切黏度，分别模拟了油品在高温、低温、高剪切、低剪切速率下的流动性能。

（2）较强的抗氧化能力和良好的清净分散性

润滑油发生氧化会在发动机内生成含炭沉积物。含炭沉积物根据发动机中各区域的温度和工作条件的不同分为积炭、漆膜、油泥三类。积炭是热的不良导体，厚度有时可达几毫米，当燃烧室壁和活塞顶被积炭充满时，燃烧产生的热不能及时导出，导致部件温度升高，会造成燃油的早燃、爆燃而破坏发动机的正常工作。

内燃机油应具有良好的清净分散作用。使氧化产物在油中处于悬浮分散状态，不致堵塞油路、滤清器及聚结在发动机的高温部位继续氧化而生成漆膜、积炭，导致活塞环黏结、磨损加剧，直至发动机停止运转。为此，内燃机油中都加有金属清净剂和无灰分散剂，以提高其清净分散性能。

（3）良好的油性和极压性

汽车内燃机的滑动轴承承受着很大的负荷，因此在高负荷和极压条件下，汽车内燃机油必须有良好的油性和极压性，才能保证正常使用。通常内燃机油中都加有油性剂或极压抗磨添加剂。

（4）良好的防腐蚀性能

现代内燃机的主轴承和曲轴轴承均使用机械强度较高的耐磨合金，如铜铅、镉银、锡青铜或铅青铜等合金，由于油品含有的或在氧化过程中及燃料燃烧过程中生成的酸性物质，对这些合金有很强的腐蚀作用，为此要求在油品中添加抗氧抗腐剂以阻止氧化的进行，并能中和已经形成的有机酸和无机酸。

（5）良好的抗泡沫性

由于在油底壳中曲轴的强烈搅动和进行飞溅润滑的结果，汽车发动机润滑油很容易产生泡沫，而汽车发动机润滑油中使用的添加剂大多数是极性物质，它们也使油容易产生泡沫，为此，汽车发动机润滑油中要加入抗泡剂。

二、内燃机油的分类

1. 按黏度分类

（1）内燃机油黏度等级分类

我国采用国际上通用的美国汽车工程师协会（SAE）黏度分级法进行内燃机油的黏度分类，现行的内燃机油黏度分类国家标准是根据 SAE J300—1987 制定的 GB/T 14906—1994，见表 3-1。表中有两组黏度级数，一组后附字母 W，适用于冬季，另一组未附，适用于夏季。前者规定了冬季油的最高低温黏度、最高边界泵送温度和 100℃时的最低黏度，W 前的数字越小，油品在低温下的使用性能越好。后者规定了夏季油 100℃时的黏度范围，数值越大，油品在高温下的使用性能越好。

表 3-1　SAE J300 内燃机油黏度级别（GB/T 14906—1994）

SAE 黏度级数	最高低温黏度		最高边界泵送温度/℃	100℃运动黏度/（mm²/s）	
	mPa·s	温度/℃		最小	最大
0W	3250	−30	−35	3.8	—
5W	3500	−25	−30	3.8	—
10W	3500	−20	−25	4.1	—

SAE 黏度级数	最高低温黏度		最高边界泵送温度/℃	100℃运动黏度/(mm²/s)	
	mPa·s	温度/℃		最小	最大
15W	3500	−15	−20	5.6	—
20W	4500	−10	−15	5.6	—
25W	6000	−5	−10	9.3	—
20	—	—	—	5.6	9.3
30	—	—	—	9.3	12.5
40	—	—	—	12.5	16.3
50	—	—	—	16.3	21.9

随着内燃机油质量标准要求的不断提高，SAE J300 标准更新很快，SAE J300—2009 发动机油黏度级别见表1-6。

为了克服单级油的地区限制和季节限制这一缺点，最大限度地节约能源，SAE 设计了一种适用于较宽地区范围和不受季节限制的多级油。多级油能同时满足多个黏度等级的要求。多级内燃机油是一种黏温性能好、工作温度宽、节能效果明显的润滑油。多级内燃机油的级号用带 W 和不带 W 的两个级号组成，共分12 个级号，见表3-2。它们的低温黏度和边界泵送温度符合寒区和冬季 W 级要求，而100℃黏度则在夏用油的范围。如 10W/30 不仅能满足 10W 级的要求，在寒区和冬季使用，也能满足 30 级的要求，在非寒区和夏季使用，另外还能满足 10W 至 30 间其他等级的要求。所以说多级油是一种节能型润滑油。试验资料表明，使用 10W/30 油比使用 30 油节约燃油 5%～10%。

表3-2　SAE 多级内燃机油黏度分级

SAE 黏度等级	5W/10	5W/20	5W/30	5W/40	5W/50	10W/20
SAE 黏度等级	10W/30	10W/40	10W/50	20W/30	20W/40	20W/50

多级内燃机油与单级内燃机油主要区别在黏温特性，多级内燃机油黏度指数一般大于130，而单级内燃机油黏度指数一般为 75～100。单级油仅适应于夏季或冬季，多级油适应于冬、夏两季。

（2）内燃机油黏度等级选择

选择汽油机油黏度等级的主要依据是发动机的使用环境温度。黏度是内燃机油牌号划分的重要依据，也是重要的使用性能指标。

选择适宜的黏度等级，就是要求在高温下油品黏度不能太小，以保证发动机在运转时的润滑与密封，而在低温下，油品黏度不能太大，以保证发动机低温启动性良好。可参考表3-3选择内燃机油黏度等级。

表3-3　我国不同黏度牌号内燃机油适用温度范围

原黏度牌号	新黏度牌号	使用温度范围
严寒区合成 8# 稠化汽油机油	5W/20	气温在−45～−30℃地区使用（严寒冬季）
严寒区合成 14# 稠化汽油机油	5W/30	
6D 汽油机油	10W	气温在−35～−10℃地区使用（寒区冬季）
寒区 8# 稠化机油	10W/40	

原黏度牌号	新黏度牌号	使用温度范围
11#稠化柴油机油	10W/30	气温在-35℃以上地区可全年使用
14#稠化柴油机油	10W/40	
14#稠化汽油机油	10W/40	
6#汽油机油	20	气温在-15~5℃地区使用
8#柴油机油	20	
10#汽油机油	30	气温在-10℃以上地区使用
11#汽油机油	30	
14#柴油机油	40	夏季磨损较大的发动机使用
15#汽油机油	40	
18#、20#柴油机油	50	供要求高黏度润滑油的柴油机(钻井机等)使用

2. 按质量分类

API(美国石油学会)、SAE(美国汽车工程师协会)和 ASTM(美国测试与材料学会)共同提出内燃机油性能及使用分类的系列标准,确定了内燃机油的详细分类和代号。每一个品种由两个大写英文字母及数字组成的代号表示。该代号的第一个字母"S"代表汽油机油,"C"代表柴油机油,"EG"代表二冲程汽油机油,"Z"代表船用柴油机油,第二个字母或第二个字母及数字相结合代表质量等级(见表3-4)。

表 3-4 内燃机油质量等级分类

内燃机油	质量等级分类	内燃机油	质量等级分类
汽油机油	SA、SB、SC、SD、SE、SF…	二冲程汽油机油	EGB、EGC、EGD…
柴油机油	CQ、CB、CC、CD…	船用柴油机油	ZA、ZB、ZC、ZD…

内燃机油按质量分类的方法和标准还有 AECA 标准(适应欧洲发动机的使用要求)、JASO 标准(日本内燃机油分类标准),以及一些汽车制造公司制定的规格。

(1) 美国石油学会(API)汽油发动机润滑油质量等级(见表3-5)

表 3-5 API 汽油机油质量等级与适用对象、油品性能

等级	适用对象	油品性能
SA	用于老式、缓和条件下的发动机	纯矿物油,不含添加剂
SB	用于低负荷汽油机(1930年)	第一个含添加剂的机油,具有一定的抗氧化和防腐能力
SC	满足1967年及更早期的车型对汽油机油的要求	具有抗高、低温沉积物、抗腐、防锈和防腐能力
SD	满足1971年及更早期的车型对汽油机油的要求	具有抗高、低温沉积物、抗腐、防锈和防腐能力
SE	满足1979年及更早期的车型对汽油机油的要求	更好地防止高温氧化和高温沉积物,以及防腐和防锈能力
SF	满足1988年及更早期的车型对汽油机油的要求	性能较 SE 为佳,同时改进了抗磨性

等 级	适 用 对 象	油 品 性 能
SG	满足 1993 年及更早期的车型对汽油机油的要求	抑制发动机沉积、机油氧化，减少发动机磨损，降低低温油泥的生成
SH	满足 1996 年及更早期的车型对汽油机油的要求	测试通过程序较 SG 严格，挥发性低，过滤性更佳
SJ	满足 2001 年及更早期的车型对汽油机油的要求	在 SH 的基础上增加台架测试和模拟试验，并改善挥发性
SL	2001 年 7 月认可，满足 2005 年及更早期的车型对汽油机油的要求	更好的高温抗氧化性能、抗磨损性能，较好的控制高温沉积物能力，更低的润滑油耗油量，节能效果更佳，加强对汽车排放部分的保护，磷含量≤0.1%
SM	适用于目前在用的所有汽油机的润滑要求，2004 年 7 月认可	磷含量<0.08%，硫含量<0.5%，高温沉积物<35～45，增加 API SEGUENCE Ⅲ 和 SEGUENCE ⅢG 台架试验，增加 ASTN D4951 标准
EC		节能型

(2) 美国石油学会(API)柴油发动机润滑油质量等级(见表 3-6)

表 3-6　API 柴油机油质量等级与适用对象、油品性能

等 级	适 用 对 象	油 品 性 能
CA	轻负荷，(1940～1949)	与高质量燃料一并使用，具有防腐蚀性能
CB	中负荷，(1950～1960)	与质量较差的燃料一并使用，具有防腐、减少沉积物功能
CC	中至重负荷，1961 年生产的柴油机	用于轻负荷的涡轮增压柴油机，防止高温或低温沉积，防止锈蚀和腐蚀
CD	1955 年出现，适用于自然吸气和涡轮增压发动机	用于重负荷的涡轮增压柴油机，有效减小磨损及防止沉积物生成
CD-Ⅱ	1987 年出现，适用于重负荷二冲程柴油发动机	用于二冲程发动机，有效控制磨损和沉积物
CE	1987 年出现，适用于高速自然吸气、涡轮增压四冲程柴油发动机，可替代 CC、CD	用于高速、高负荷的涡轮增压发动机
CF	1994 年出现，用于非直喷柴油机，可使用含硫燃料(含硫量大于 0.5%)的发动机，可替代 CD	适用于各类发动机，尤其是间接喷油柴油发动机
CF-2	(二冲程)1994 年机型，用于重负荷	适用于重负荷二冲程发动机。有效防止磨损、粘环及沉积物生成
CF-4	1990 年出现，适用于高速自然吸气、涡轮增压四冲程柴油发动机，可替代 CD、CE	适用于公路重型卡车发动机和工程机械发动机，有效降低油耗及沉积物的生成
CG-4	1995 年出现，适用于高速、四冲程及使用低硫燃料(含硫量小于 0.5%)的发动机，可替代 CD、CE、CF-4	适用于重负荷公路卡车发动机及工地设备发动机(仅用于低硫柴油)

等 级	适 用 对 象	油 品 性 能
CH-4	1998 年出现，高速四冲程发动机使用，满足美国 1998 排放法规，可使用含硫燃料(含硫量大于 0.5%)，可替代 CD、CE、CF-4 和 CG-4	允许燃料油的硫含量高达 0.5%，改善烟灰承受能力，用于低排放发动机，较低活塞积炭，较低汽缸/活塞环磨损
CI-4	2002 年出现，高速四冲程带废气再循环装置的发动机使用，满足美国 2004 排放法规，可替代 CD、CE、CF-4、CG-4 和 CH-4	可以满足带"低温废气再循环(EGR)"系统的发动机对润滑油的要求
CI-4$^+$	用于 2004 年机型	改良油烟抑制能力和提高使用中油品稳定性，主要是为了适用最近的低排放引擎
CJ-4	用于 2006 年机型	在 CI-4$^+$ 基础上主要性能的升级，排放控制系统耐久性，对气门组的额外保护性，活塞积炭控制和烟度控制性能，改善了机油的消耗特性和轴承腐蚀性保护，该油品最大的限制是硫酸盐含量，润滑油中的硫和磷添加剂都进行了排放系统兼容性和耐久性测试

如果一种内燃机油既能满足汽油机油的规格，又能满足柴油机油的规格要求，称为通用油，例如：SE/CC 则表示该油的质量达到 SE 汽油机油的要求，同时亦满足 CC 柴油机油的质量要求。

三、主要内燃机油品种

1. 汽油机油

汽油车车型主要有微型汽车、轿车、轻型载货车、中型载货车等。汽油机油是用于润滑汽油发动机的。在当代润滑油中，汽油机油不论是数量上还是质量上，都占有特别重要的位置，被认为是带动整个润滑油技术进步的几大类油品之一。

汽油机油标准有国际化趋势，如美国汽车制造商(AAMA)和日本汽车制造商协会(JAMA)联合成立的国际润滑油标准化和审查委员会(ILSAC)，制定了一系列 GF 发动机油的国际规格。这个系列的国际规格要得到美国发动机油发证与审核系统(EOLCS)的认可，并通过节能台架试验。GF-1 油质量与 SH 级油相当，GF-2 油质量与 SJ 级油相当，GF-3 油与 SL 级油相当，现 GF-4 与 SM 级油相当。GF 系列发动机油除应满足相应的 S 系列发动机油要求外，还要通过 ILSAC 规定的 EC 节能要求。

我国采用与美国石油学会(API)相同且国际上通用的分类方法对汽油机油进行质量分级。汽油机油档次由低到高为：SA、SB、SC、SD、SE、SF、SG、SH、SJ、SL…、EC 系列油品是指通过节能台架试验的节能型机油。

汽油机油的质量和使用性能，主要是伴随着汽油机的设计和驾驶工况的变化以及环保节能的要求情况而不断发展的。美国一代发动机油新规格的执行(使用)时间通常为 5 年左右，目前美国在用的汽油机油规格就只有 SJ/GF-2 和 SL/GF-3 两种，SA 至 SH 这 8 种规格都已先后废弃不用。我国 2006 年颁布的 GB 11121—2006 汽油机油国家标准中包括 SE、SF、SG、SH、GF-1、SJ、GF-2、SL、GF-3 九个品种，每个品种按 GB/T 14906 或 SAE J300 划分黏度等级。

(1) 汽油机油牌号

汽油机油名称(即牌号)表示式：

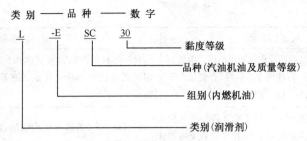

（2）汽油机油要求

GB 11121—2006 对 9 个汽油机油品种提出了黏温性能、模拟性能和理化指标、发动机试验的标准和要求（见附录 3）。

（3）汽油机油的台架评定

由于汽车发动机类型及工况比较复杂，试验室试验不能完全准确地摸拟出来，所以，一种品质优良的发动机油除要满足规定的理化指标外，还需要通过一系列相应的台架评定试验（即全尺寸发动机试验）来测试其实际使用性能，有一些油种的质量品质还需在实车行驶试验中加以验证。

汽油机油、柴油机油的评定台架试验方法比较完善也很成熟，国际上普遍采用的是美国 API（美国石油学会）台架评定技术，我国油品的发动机台架试验也参照建立或引进了该试验方法。这些发动机台架试验能够准确反映油品的质量水平，一般评定费用都很高，操作条件复杂，不同类型、不同质量等级的发动机油，其发动机台架评定方法也不同。

汽油机油需通过的主要台架评定试验：

① L-38 轴瓦腐蚀试验：用于评定油品对发动机轴瓦腐蚀磨损的防护性能，以试验后轴瓦失重量来衡量，不同质量等级的油，失重指标不同。

② MS 程序试验：这是美国根据小轿车运行特点而建立的系列试验。

③ 程序Ⅱ：评定油品在低温低负荷下的锈蚀性能，不同质量级别的汽油机油其评定标准不同。到目前为止，已有程序ⅡA、ⅡB、ⅡD 及 BRT 试验用来评定不同级别的油品。

④ 程序Ⅲ：评定油品高温高负荷下的氧化性能。随着机油质量级别的升高，台架试验的评定方法也在不断变更，试验条件依次苛刻，目前已由程序ⅢA、ⅢB、ⅢC、ⅢD、ⅢE 演变至ⅢF。

⑤ 程序Ⅴ：评定油品的低温油泥和抗磨损性能。评定方法也已由程序ⅤA、ⅤB、ⅤC、ⅤD、ⅤE 演变至 SL 级的ⅤG+KA24E。

⑥ 程序Ⅵ：评定机油的节能效果，有程序Ⅵ、ⅥA、ⅥB 三种不同条件的方法评定不同质量级别的油品。

此外，欧洲汽油机油台架评定方法较美国 API 标准更苛刻复杂些，在此不多述。

我国最新汽油机油标准 GB 11121—2006 中给出了各种汽油机油的发动机试验要求，见附录 3。

（4）汽油机油的更换

发动机油在使用一段时间后，由于油品氧化、污染而引起质量品质下降，失去原有的使用性能，所以发动机油宜定期更换。更换原则：测定在用油规定的理化指标，换油指标可按汽车出厂说明书规定的里程，也可参考 GB/T 8028—2010 汽油机油换油指标标准，见表 3-7。在发动机油运行中任何一项指标达到该标准时就应该更换新油。

表 3-7　汽油机油换油标准(GB/T 8028—2010)

项　　目		换油指标		试验方法
		SE、SF	SG、SH、SJ(SJ/GF-2)、SL(SL/GF-3)	
运动黏度变化率(100℃)/%	>	±25	±20	GB/T 265 或 GB/T 11137[a]
闪点(闭口)/℃	<	100		GB/T 261
(碱值-酸值)(以 KOH 计)/(mg/g)	<	—	0.5	SH/T 0251、GB/T 7304
燃油稀释/%	>	—	5.0	SH/T 0474
酸值(以 KOH 计,增加值)/(mg/g)	>	2.0		GB/T 7304
正戊烷不溶物/%	>	1.5		GB/T 8926 B 法
水分/%	>	0.2		GB/T 260
铁含量/(μg/g)	>	150	70	GB/T 17476[a]、SH/T 0077、ASTM D6595
铜含量(增加值)/(μg/g)	>	—	40	GB/T 17476
铝含量/(μg/g)	>	—	30	GB/T 17476
硅含量(增加值)/(μg/g)	>	—	30	GB/T 17476

a—此方法为仲裁方法。

2. 柴油机油

柴油机主要用于中吨位以上的载重车。与汽油机油一样,柴油机油也是标志润滑油发展水平的重要产品之一。

(1)柴油机油要求

柴油机油档次由低到高为：CA、CB、CC、CD、CD-Ⅱ、CE、CF-4、…GB 11122—2006 柴油机油国家标准中包括 CC、CD、CF、CF-4、CH-4、CI-4 六个牌号,并对以上牌号提出了黏温性能、理化性能和使用性能的要求(见附录4)。

(2)柴油机油牌号

柴油机油名称(即牌号)表示式：

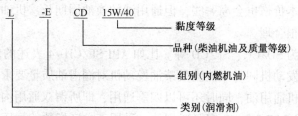

(3)柴油机油的台架评定

柴油机一般均在高温高负荷下工作,且柴油比汽油难气化,含硫量也高,烟气含烟炱及腐蚀性气体较多,因而要求柴油机油的高温清净分散性和抗腐蚀性均比汽油机油高,美国 API 评定柴油机油的台架如下：

L-38：评定油品对发动机轴瓦腐蚀磨损的防护性能,轴瓦失重指标较汽油机油严格。

开特皮勒试验：评定柴油机油抗高温沉积及抗腐蚀性能,是用美国 Caterpillar 拖拉机厂一系列单缸、多缸发动机在不同试验条件下评定不同质量级别的柴油机油。如：Cat.1H、1G、1K、1N、1P、1Q,还有 MackT-6、T-7、T-8、T-8E、T-9 以及康明斯 NTC-400 等台架评定试验。

（4）柴油机油的更换

表3-8为GB/T 7607—2010柴油机油换油指标标准，同样，在发动机油运行中任何一项指标达到该标准时就应该更换新油。

表3-8　柴油机油换油指标（GB/T 7607—2010）

项　目	换油指标				试验方法
	CC	CD、SF/CD	CF-4	CH-4	
运动黏度变化率（100℃）/% ＞	±25		±20		GB/T 11137和本标准3.2
闪点（闭口）/℃ ＜	130				GB/T 261
碱值下降率/% ＞	50①				SH/T 0251②、SH/T 0688和本标准3.3
酸值增值（以KOH计）/（mg/g） ＞	2.5				GB/T 7304
正戊烷不熔物/% ＞	2.0				GB/T 8926 B法
水分/% ＞	0.20				GB/T 260
铁含量/（μg/g） ＞	200 100③	150 100③	150		SH/T 0077、GB/T 17476②、ASTM D6595
铜含量/（μg/g） ＞	—	—	50		GB/T 17476
铝含量/（μg/g） ＞	—	—	30		GB/T 17476
硅含量增加值/（μg/g） ＞	—	—	30		GB/T 17476

① 采用同种检测方法。
② 此方法为仲裁方法。③ 适用于固定式柴油机。

3. 通用油

通用内燃机油是既能用于汽油发动机，又能用于柴油发动机润滑的润滑油。通用油虽较同等级的汽油机油或柴油机油价格稍贵，但对于既有汽油车又有柴油车的运输部门或混合车队来说，选用通用油可减少因品种繁多造成的麻烦和不便，通过减少品种，避免了错用油，方便用户，也便于生产、运输和管理，不失为一种有效的选择。如果某单位或部门仅有汽油车或仅有柴油车，则不必选用通用油。

通用油在欧美发达国家占内燃机油的80%，通用油的添加剂用量比普通汽油机油和柴油机油要多一些，成本价格也会高一些，但通用油的换油周期长、机油消耗低、用户使用很方便，因此在经济上很合理。

通用油一般表示为SD/CC、SF/CD等。比如API SL/CH-4表述的质量等级，说明该油品是一种既适合汽油发动机同时又能满足柴油发动机对润滑油质量要求的通用机油。

多级的汽、柴油机通用油，同时还可以四季通用，即所谓双通用内燃机油。

如API SM/CH-4 SAE 0W/40多级通用油，采用高黏度指数的耐压减负型酯类基础油和先进的配方工艺，适用于任何柴油机轿车、汽油机轿车、轻型卡车的发动机（包括高扭矩、涡轮增压、自然吸气式发动机）在全天候温度环境下使用。其配方中加入了高抗磨抗氧化剂、高抗寒添加剂，使其超过宝马、奔驰、克莱斯勒、大众、保时捷等汽车制造商的要求，并可为赛车在比赛中提供良好的安全保护。

4. 摩托车机油

摩托车机油按照摩托车发动机类型的不同，分有两种：二冲程发动机机油和四冲程发动机机油。市面上多用1L装包装摩托车机油，二冲程发动机机油标志为2T，四冲程发动机机油标志为4T。

四冲程摩托车发动机同汽车发动机结构基本相同,但摩托车发动机工作条件较差,因而四冲程摩托车发动机(4T)最好不要使用汽油机油,原因如下:

　　① 四冲程摩托车发动机产生的功率更高,一般是汽车的 1.5~1.8 倍,汽油机油不适应高功率四冲程摩托车发动机。

　　② 摩托车大多采用风冷,冷却系统很简单,润滑油温度很容易升高,工作温度高达 160℃ 左右,四冲程摩托车在高温下运转,容易生成沉积物,最好选择专用配方的四冲程摩托车机油。

　　③ 四冲程摩托车发动机润滑系统非常紧凑,摩托车的离合器是在机油里面浸泡的,发动机、齿轮箱和离合器由一种油品来润滑,而汽车发动机有三个独立的部分——发动机、离合器和齿轮箱。发动机和齿轮箱分别使用各自不同种类的润滑油。四冲程摩托车发动机润滑油要求同时润滑发动机、变速器和离合器,汽油机油无法满足。

　　综上所述,四冲程摩托车发动机的变速箱传动系统要求承受高温和高负荷,必须添加专用的抗高负荷极压剂,四冲程摩托车离合器浸泡在机油中,承受高负荷和扭矩变化,要求四冲程摩托车机油不能影响摩擦片的摩擦特性,汽油机油无法满足这一要求。

　　相对于汽车来说,摩托车发动机工作条件较差,因而用油级别应较高。我国至今尚未出台四冲程摩托车润滑油的专业技术标准,同样执行美国石油协会对四冲程发动机油的 S 系列分类,摩托车至少应用 SE 级,高档车推荐用 SG 级。

　　与四冲程汽油机相比,二冲程汽油机单位功率的油耗量大,排气污染浓度高,所以不宜作为较大马力的发动机使用。但二冲程汽油机结构简单,单位质量功率高、经济、方便,仍被广泛应用于舷外发动机、摩托车和小型农林动力机械方面。

　　二冲程发动机采用油雾润滑,燃料与润滑油按照一定比例混合后进入发动机,汽油首先汽化与润滑油分离,润滑油雾对运动部件起润滑作用,然后与汽油一起到燃烧室烧掉。因而要求二冲程汽油机油残炭少、高温清洁性好,不能用其他油代替。

　　进入燃烧室的燃料和润滑油的混合比称为燃油比,其值越高,发动机功率越高,发动机第一环槽的温度就越高,也就是工况越苛刻对润滑油的质量要求也就越高。目前国内多为 20:1,国外多为 50:1,部分已达 100:1。

　　至于二冲程机油的质量分类,目前国际上没有完全统一,实际上一般采用日本汽车标准组织(JASO)的 FA、FB、FC 分类;我国分为 EGA、EGB、EGC、EGD(可参看 GB 7631.17—2003)。

　　二冲程汽油机油分类及对照见表 3-9。

表 3-9　二冲程汽油机油的分类及对照

GB	ISO/GLOBAL	API/NMMA	API/CEC	NMMA	JASO	适用对象
EGA	GA	TA	TSC-1	—	FA	<50mL 摩托车,风冷
EGB	GB	TB	TSC-2	—	FB	50~200mL 摩托车,风冷
EGC	GC	TC	TSC-3	—	FC	50~200mL 摩托车,风冷
EGC+	GD	TC+	—	—	FD	无烟
EGD	—	TD	TSC-4	TC-W	—	舷外发动机,风冷
—	—	—	—	TC-WII	—	舷外发动机,风冷
—	—	—	TC-WIII	—	—	1992

　　注:GB—国家标准;ISO/GLOBAL—国际标准;NMMA—美国船用设备制造商协会;CEC—欧洲协作委员会;JASO—日本汽车规范标准委员会;

　　表中相当于 A 类的油品现已淘汰。

二冲程汽油机油一般根据升功率的大小来选择其质量等级。表 3-10 显示二冲程汽油机油的选用建议。

表 3-10　二冲程汽油机油的选用建议

升功率/(kW/L)	排放量/mL	建议的质量等级	
		中国	API/CEC
<50	<50	EGA	TSC-1
50	50~100	EGB	TSC-2
>73	250	EGC	TSC-3

四、内燃机润滑油的选用与使用注意事项

1. 内燃机油的选用

内燃机油是发动机的"血液"，在发动机各摩擦表面中担负着润滑、清洁、冷却、防锈等重要作用。选用合适的内燃机油是保证发动机正常工作、延长其使用寿命的重要条件，应根据发动机结构特点和要求，先确定其合适的质量等级，再根据发动机使用的外部环境温度，选择该质量等级中的黏度等级。

汽油机油质量等级应根据发动机工况的苛刻程度和进排气系统中的附加装置及生产年代来选择，一般来说，高等级的内燃机油可代替低等级的内燃机油，但经济上不合算，应按说明书的规定进行选用。但低等级的内燃机油绝不能代替高等级的内燃机油。

黏度等级确定一般遵循以下原则：

① 应根据工作地区的环境温度、发动机负荷、转速选用适宜黏度等级的内燃机油，以保证零件正常润滑。

② 应尽量选用黏温特性好、黏度指数高的多级油。多级油使用温度范围比单级油宽，具有低温黏度油和高温黏度油的双重特性。

一般我国南方夏季气温较高，对重负荷、长距离运输、工况恶劣的汽车应选用黏度较大的内燃机油。我国北部地区冬季气温低，应选用低黏度内燃机油，以保证发动机易于起动，减少零部件磨损。新发动机磨合期应选用低黏度的内燃机油。

2. 内燃机油使用注意事项

要想使用好内燃机油，不仅要选好内燃机油的种类和牌号（黏度等级），保持"血液血型"的正确，而且要正确掌握好内燃机油的使用方法，使"血液"能经常保持清洁、新鲜。为此，在使用中应注意以下几方面：

① 应根据厂家说明书所规定的要求选择内燃机油的质量等级和黏度等级。进口汽车的内燃机油可选用与厂家规定等级相应的国产内燃机油。

② 要注意使用中机油颜色、气味变化，有条件的可以定期检查机油各项性能指标。一旦发现颜色、气味以及性能指标有较大变化，应及时更换机油，不应教条地照搬换油期限。

③ 换油时应采用热机放油方法，即在更换内燃机油时，应先运行车辆，然后趁热放出机油，以便使机内的油泥、污物等尽可能地随机油一起排出。

④ 加注内燃机油要注意适量，油量不足会加速机油的变质，而且会因缺油而引起零件的烧损。但加得越多越好的观点也是错误的，内燃机油加注过多，不仅会使内燃机油消耗量

增大，而且过多的内燃机油易窜入燃烧室内，恶化混合气的燃烧。

⑤ 要定期检查清洗机油滤清器，清理油底壳中的脏杂物。

⑥ 要避免不同牌号的内燃机油混用，以免相互起化学反应。

⑦ 选购时，应尽可能地购买有影响、有知名度的正规厂家的内燃机油，要特别注意辨别真假，确保内燃机油质量。

第二节　液压油

液压传动装置在机械设备上应用广泛。像机床液压系统、轧机液压系统、工程机械液压系统等。液压油是液压系统中传递和转换能量的工作介质。在工业润滑油中，液压油约占40%～60%，其用量最多。

一、液压传动工作原理及对油品的性能要求

1. 液压传动工作原理

液体传动是用液体作为介质，利用液体的压力能和动能来传递能量。通常将利用压力能的液压系统所使用的液压介质称液压油（液）；将利用液体动能的液力传动系统使用的介质称为液力传动油。液压传动是利用连通管路来进行工作，并依靠液压系统中容积的变化来传递运动的。

下面以液压千斤顶为例说明液压传动系统的工作原理[见图3-2(a)]，图中大油缸9和大活塞8组成举升液压缸。杠杆手柄1、小油缸2、小活塞3、单向阀4和7组成手动液压泵。如提起手柄使小活塞向上移动，小活塞下端油腔容积增大，形成局部真空，这时单向阀4打开，通过吸油管5从油箱12中吸油；用力压下手柄，小活塞下移，小活塞下腔压力高，单向阀4关闭，单向阀7打开，下腔的油液经管道6输入举升油缸9的下腔，迫使大活塞8向上移动，顶起重物。再次提起手柄吸油时，单向阀7自动关闭，使油液不能倒流，从而保证了重物不会自行下落。不断地往复扳动手柄，就能不断地把油液压入举升缸下腔，使重物逐渐地升起。如果打开截止阀11，举升缸下腔的油液通过管道10、截止阀11流回油箱，重物就向下移动。

一般的液压顶升系统如图3-2(b)所示，其动力元件不是图3-2(a)中的手动杠杆，而是原动机带动的油泵，可以用齿轮泵、柱塞泵、叶片泵等，油泵的作用是将机械能传给液体，转变为液体的压力能。其执行元件同图3-2(a)类似，通过油缸将液体压力能转换为机械能。液压系统的操作元件包括各种不同类别的阀门，通过它们来控制和调节液流的压力、流量及方向，实现各种不同的工作循环。液压系统的辅助元件包括油箱、油管、接头、冷却器、滤油器、蓄能器以及各种控制仪表。

2. 液压油的使用要求

液压油在液压油系统中的主要作用是将液压系统中某一点所施加的力，传递到其他部位。此外，液压油应具有润滑、冷却和防锈等作用。因此，液压系统能否可靠、有效且经济地工作，在一定程度上将取决于液压系统所使用的液压油的性能。为此，液压系统根据其工作条件、周围环境以及所起的作用，对液压油提出如下要求：

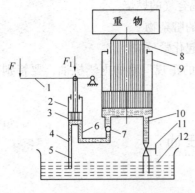
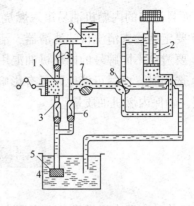

(a) 液压顶升机构原理图   (b) 液压系统

1—杠杆手柄；2—小油缸；3—小活塞；   1—油泵；2—油缸；3—单向阀；
4，7—单向阀；5—吸油管；6，10—管道；   4—油箱；5—滤油器；6—溢流阀；
8—大活塞；9—大油缸；11—截止阀；12—油箱   7—节流阀；8—换向阀；9—储能器

图 3-2　液压顶升机构原理图

① 适宜的黏度及良好的黏温性能，以确保在工作温度发生变化的条件下能准确、灵敏地传递动力，并能保证液压元件的正常润滑。

② 具有良好的防锈性及抗氧化安定性，在高温高压条件下不易氧化变质，使用寿命长。

③ 具有良好的抗泡沫性，使油品在受机械不断搅拌的工作条件下，产生的泡沫易于消失，以使动力传递稳定，避免液压油的加速氧化。

④ 良好的抗乳化性，能与混入油中的水迅速分离，以免形成乳化液导致液压系统金属材质的锈蚀及使用效果的降低。

⑤ 良好的极压抗磨性，以保证液压油泵、液压马达、控制阀和油缸中的摩擦副在高压、高速苛刻条件下得到正常的润滑，减少磨损。

除上述基本质量要求外，对于一些特殊性能的液压油尚有特殊的要求。如低温液压油要求具有良好的低温使用性能；抗燃液压油要求具有良好的抗燃性能；抗银液压油可用于有银部件的液压系统。

二、液压油的分类

液压油液的种类繁多，分类方法各异。如按用途分类，可分为精密机床液压油、液压导轨油、船舶液压油、抗磨液压油、抗银液压油、低凝液压油、航空液压油、数控液压油、工程机械液压油等。

1. 液压油黏度分级

液压油黏度新的分级方法是用 40℃ 运动黏度的中心值为黏度牌号，共分为 10、15、22、32、46、68、100、150 八个黏度等级，见表 3-11。常用的黏度等级为 32、46、68 三种。

表 3-11　液压油黏度牌号

黏 度 级 别	40℃运动黏度/(mm²/s)	黏 度 级 别	40℃运动黏度/(mm²/s)
10	9.00~11.0	46	41.4~50.6
15	13.5~16.5	68	61.2~74.8
22	19.8~24.2	100	90.0~110
32	28.8~35.2	150	135~165

2. 液压油质量分级

目前我国液压油的最新国家标准为 GB/T 7631.2—2003（见表 3-12），将 H 组产品分为流体静压系统和流体动力系统用工作介质两部分。前者用于传递液体压力能，常称为液压油；后者用于传递液体动能，常称为液力油或液力传动油。

表 3-12　液压油的国家标准（GB/T 7631.2—2003）

组别符号	应用范围	特殊应用	更具体应用	组成和特性	产品符号	典型应用	备注
H	液压系统	流体静压系统	用于要求使用环境可接受液压液的场合	无抑制剂的精制矿油	HH		
				精制矿油，并改善其防锈和抗氧性	HL		
				HL 油，并改善其抗磨性	HM	有高负荷部件的一般液压系统	
				HL 油，并改善其黏温性	HR		
				HM 油，并改善其黏温性	HV	建筑和船舶设备	
				无特定难燃性的合成液	HS		特殊性能
				甘油三酸酯	HETG	一般液压系统（可移动式）	每个品种的基础液的最小含量应不少于 70%（质量分数）
				聚乙二醇	HEPG		
				合成酯	HEES		
				聚 α-烯烃和相关烃类产品	HEPR		
			液压导轨系统	HM 油，并具有抗黏滑性	HG	液压和滑动轴承导轨润滑系统合用的机床在低速下使振动或间断滑动（黏滑）减为最小	这种液体具有多种用途，但并非在所有液压应用中皆有效
			用于使用难燃液压液的场合	水包油型乳化液	HFAE		通常含水量大于80%
				化学水溶液	HFAS		通常含水量大于80%
				油包水乳化液	HFB		
				含聚合物水溶液[①]	HFC		通常含水量大于35%
				磷酸酯无水合成液[①]	HFDR		
				其他成分的无水合成液[①]	HFDU		
		流体动力系统	自动传动系统		HA		与这些应用有关的分类尚未进行详细地研究，以后可以增加
			偶合器和变矩器		HN		

[①] 这类液体也可以满足 HE 品种规定的生物降解性和毒性要求。

三、液压油的选用

1. 液压油选用原则

在通常情况下，选用液压设备所需使用的液压油，应从工作压力、温度、工作环境、液压系统及元件结构和材质、经济性等几个方面综合考虑和判断，分述如下。

（1）工作压力和工作温度

液压系统的工作压力一般以其主油泵额定或最大压力为标志，液压系统的工作温度一般以液压油的工作温度为标志。

表 3-13　按工作压力、温度选择液压油

	工作压力			工作温度		
	<8MPa	8~16MPa	>16MPa	-10~90℃	-10℃以下~90℃	>90℃
品种	L-HH、L-HL 叶片泵用 HM	L-HL、L-HM、L-HV	L-HM、L-HV	L-HH、L-HL、L-HM	L-HR、L-HV、L-HS、优质的 L-HL、L-HM（在-25℃~-10℃可用）	优质的 L-HM、L-HV、L-HS

注：液压油的工作温度一般比环境温度高，如车间厂房的工作温度比环境温度高15~25℃，温带室外的工作温度比环境温度高25~38℃，热带室外日照下的工作温度比环境温度高40~50℃。

（2）工作环境

当液压系统靠近有300℃以上高温的表面热源或在有明火场所工作时，就要选用难燃液压油。按使用温度及压力选择难燃液压油可参考表3-14。

表 3-14　按使用温度、压力选择难燃液压油

环境工况	压力：<7MPa 温度：<50℃	压力：7~14MPa		压力：>14MPa 温度：80~100℃
		温度：<60℃	温度：50~80℃	
高温热源或明火附近	L-HFAE、L-HFAS	L-HFB、L-HFC	L-HFDR	L-HFDR

（3）泵阀结构特点

液压油的润滑性（抗磨性）对三大泵类的减磨效果，叶片泵最好，柱塞泵次之，齿轮泵较差。故凡是以叶片泵为主油泵的液压系统，不管其压力大小，常选用抗磨液压油 HM。

液压系统阀的精度越高，要求所用的液压油清洁度也越高。如对有电液伺服阀的闭环液压系统要用清洁度高的清净液压油。对有电液脉冲马达的开环系统要求用数控机床液压油。此两种油可分别由高级抗磨液压油 HM 和高级低凝液压油 HV 代用。各类液压泵选用液压油可参考表3-15。

表 3-15　各种液压泵选用的液压油

泵类型		黏度(40℃)/(mm²/s)		适用液压油种类和黏度牌号
		5~40℃[①]	40~80℃[①]	
叶片泵	7MPa 以下	30~50	40~75	HM 液压油、N32、N46、N68
	7MPa 以上	50~70	55~90	HM 液压油、N46、N68、N100
螺杆泵		30~50	40~80	HL 液压油、N32、N46、N68
齿轮泵[②]		30~70	95~165	HL 液压油、高压时用 HM 液压油、N32、N46、N68、N100、N150
径向柱塞泵		30~50	65~240	
轴向柱塞泵		40~75	70~170	

① 5~40℃、40~80℃系指液压系统温度。

② 中、高压以上时，可将抗氧化防锈油改用同黏度的抗磨液压油。

2. 液压油各组产品应用举例

液压油各组产品的组成、特性和主要应用见表3-16。

表3-16 液压油各组产品和主要应用

产品 符 号		组成、特性和主要应用
L-HH	15、22、32、46、68、100、150	本产品为无(或含有少量)抗氧化剂的精制矿物油,适用于对润滑油无特殊要求的一般循环润滑系统,如低压液压系统和有十字头压缩机曲轴箱等循环润滑系统。也可适用于其他轻负荷传动机械、滑动轴承和滚动轴承等油浴式非循环润滑系统。本产品质量水平比机械油(即L-AN油)高。无本产品时可选用L-HL油
L-HL	15、22、32、46、68、100	本产品为改善了防锈和抗氧性化的精制矿物油,常用于低压液压系统,也可适用于要求换油期较长的轻负荷机械的油浴式非循环润滑系统。无本产品时可用L-HM油或其他抗氧化防锈型润滑油
L-HM	15、22、32、46、68、100、150	本产品为L-HL油基础上改善了抗磨性的润滑油。适用于低、中、高压液压系统,也可用于其他中等负荷机构润滑部位。对油有低温性能要求或无本产品时,可选用L-HV和L-HS油
L-HV	15、22、32、46、68、100	本产品为L-HM油基础上改善了黏温性的润滑油。适用于环境温度变化较大和工作条件恶劣的(指野外工程和远洋船舶等)低、中、高压液压系统和其他中等负荷的机械润滑部位。对油有更高的低温性能要求或无本产品时,可选用L-HS油
L-HR	15、32、46	本产品为L-HL油基础上改善了黏温性的润滑油。适用于环境温度变化较大和工作条件恶劣(野外工程和远洋船舶等)的低压液压系统和其他轻负荷机械的润滑部位。对于有银部件的液压系统,在北方可选用L-HR油,而在南方可选用对青铜或银部件无腐蚀的HM油或HL油
L-HS	10、15、22、32、46	本产品为无特定难燃性的合成液,目前暂为合成烃油,它可以比L-HV油的低温黏度更小。主要应用同L-HV油,可用于北方寒季,也可全国四季通用
L-HG	32、68	本产品为在L-HM油基础上改善了黏滑性的润滑油。适用于液压和导轨润滑系统合用的机床,也可适用于其他要求油有良好黏附性的机械润滑部位
L-HFAE	7、10、15、22、32	本产品为水包油(O/W)乳化液,也是一种乳化型高水基液,通常含水80%以上,低温性、黏温性和润滑性差,但难燃性好,价格便宜。适用于煤矿液压支架静压液压系统、其他不要求回收废液和不要求拥有良好润滑性但要求有良好难燃性液体的其他液压系统或机械部位。使用温度为5~50℃
L-HFAS	7、10、15、22、32	本产品为水的化学溶液,是一种含有化学品添加剂的高水基液,通常呈透明状。低温性、黏温性和润滑性差,但难燃性好,价格便宜。适用于需要难燃液的低压液压系统和金属加工等机械。使用温度为5~50℃
L-HFB	22、32、46、68、100	本产品为油包水型(W/O)乳化液,常含油60%以上,其余为水和添加剂,低温性差,难燃性比L-HFDR液差。适用于冶金、煤矿等行业的中压、高压、高温和易燃场合的液压系统。使用温度为5~50℃
L-HFC	15、22、32、46、68、100	本产品通常为含乙二醇或其他聚合物的水溶液,低温性、黏温性和对橡胶适应性好。它的难燃性好,但比L-HFDR液差。适用于冶金和煤矿等行业的低压和中压液压系统。使用温度为-20~50℃
L-HFDR	15、22、32、46、68、100	本产品通常以各种无水的磷酸酯作基础油加入各种添加剂而制得,难燃性较好,但黏温性和低温性较差,对丁腈橡胶和氯丁橡胶的适应性不好。适用于冶金、火力发电、燃气轮机等高温高压下工作的液压系统。使用温度为-20~100℃

注:L-HV、L-HS属低温液压油,前者适用于寒冷地区的工程机械液压系统和其他液压设备;后者适用于极寒地区的工程机械液压系统和其他液压设备。

第三节　齿轮油

齿轮传动是机械工程中的一个重要组成部分。用于传递运动和动力，改变运动方向和速度，其传递功率范围大，传动效率高，可传递任意两轴之间的运动和动力。运动和动力的传递是齿轮机构系统在每对啮合齿面的相互作用、相对运动中完成的，其间必然产生摩擦。为避免在齿轮工作面之间形成直接摩擦，需要润滑剂将工作面隔开，以保持齿轮机构的工效和延长使用寿命，这种用于润滑齿轮传动装置的润滑剂就是齿轮油。齿轮油是润滑油三大油品之一，虽然其用量远低于内燃机油和液压系统用油，但它广泛应用于车辆及工业部门的机械传动。我国每年消耗 10 万余吨，目前世界齿轮油的年需求量约 1800kt。齿轮油包括工业齿轮油和车辆齿轮油两种。

一、齿轮的工作特点以及对齿轮油的要求

1. 齿轮分类

从齿轮润滑的角度，可将齿轮分为三种(如图 3-3 所示)：①正齿轮、伞齿轮、斜齿轮、人字齿轮、螺旋伞齿轮；②涡轮涡杆；③双曲线齿轮。

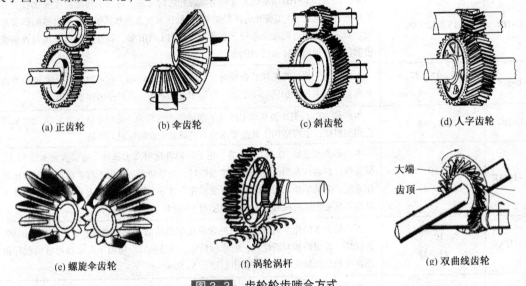

(a) 正齿轮　　(b) 伞齿轮　　(c) 斜齿轮　　(d) 人字齿轮

(e) 螺旋伞齿轮　　(f) 涡轮涡杆　　(g) 双曲线齿轮

图 3-3　齿轮轮齿啮合方式

上述三类齿轮的几何形状不同，轮齿啮合方式不同，润滑油膜的形成有显著的差异。正齿轮、伞齿轮、斜齿轮、人字齿轮和螺旋伞齿轮容易在齿面上形成润滑油膜。涡轮涡杆齿面相对滑动速度大，摩擦热大，较难解决润滑问题，需使用高黏度并含有摩擦改进剂和抗磨剂的齿轮油。双曲线齿轮体积较小，传递的动力大，齿面相对滑动速度大，齿面上难以形成润滑油膜，是最难润滑的摩擦副之一，须使用加有高活性极压剂的齿轮油。近代汽车后桥传动装置多采用双曲线齿轮，须使用双曲线齿轮油，即重负荷车辆齿轮油。重负荷车辆齿轮油是润滑性要求最高的汽车齿轮润滑材料。

2. 齿轮的工作特点

(1) 工作温度

齿轮工作温度主要取决于齿轮的结构特性、工作条件、外界气温、润滑方式及齿轮油性

质等因素。设备在开始运行时齿轮油工作温度及油温可能与环境温度接近，在正常运行时则取决于传动机构摩擦消耗的能量和散热强度，摩擦消耗的能量与传动效率有关。而散热强度则取决于工作温度与环境温差。例如，当高级轿车车速较高时，齿面间滑移速度大，齿形弯曲而强度大，双曲线齿轮油的油温可达160~180℃。汽车行驶的环境温度，尤其是北方及冬季气温可达-30~-20℃，这就要求齿轮油要有较好的低温流动性及黏温特性。

（2）齿面接触压力及滑移速度

运动和动力的传递是在齿轮机构中每对啮合齿面的相互作用、相互运动中完成的。因此齿轮在工作过程中受力非常复杂。例如，车辆的双曲线齿轮，两齿轴线在空中交错，齿长方向仍是弧形，齿面载荷可高达1.7GPa，冲击载荷可高达2.8GPa，造成齿面接触压力高，且齿面要以很高的速度滑移，发生强烈的摩擦，使得齿面局部温度骤升，很容易出现烧结、熔焊（胶合）等损伤。另外，齿轮的当量半径小，难形成油楔，齿轮的每次啮合均须重新建立油膜，且啮合表面不相吻合，有滚动也有滑动，因此形成油膜的条件苛刻。

3. 齿轮油润滑类型

由于齿轮工作状态和条件较为复杂，因此齿轮在工作状态下有不同的润滑形式，大多数情况是不同润滑形式同时存在。

（1）流体动力润滑

在齿轮啮合过程中，保持一定厚度的润滑油层，将并不平滑的摩擦面完全隔开而不使其发生直接接触，此时为流体动力润滑。

（2）弹性流体润滑

当负荷增大时，啮合齿面发生弹性变化，润滑油黏度在压力下急剧增大。因而不会被完全挤出而迅速形成极薄的弹性流体动力膜，仍能将摩擦面完全隔开，此时为弹性流体润滑。

（3）边界润滑

当载荷继续增大时，齿面微小的凸起在运动中已不能由弹性流体膜隔开。此时承担润滑任务的是吸附在金属表面上的一层或几层分子构成的边界吸附膜，吸附现象的发生依赖于齿轮油中极性组分的分子。在高温高压下，边界吸附膜发生脱附，丧失润滑作用，此时要靠在齿面生成化学反应膜起润滑作用。以边界吸附膜（包括物理吸附和化学吸附）及化学反应膜完成润滑任务的状态叫做边界润滑状态。它分为低温低压边界润滑、高温边界润滑、高压边界润滑以及高温高压边界润滑（极压润滑）。双曲线齿轮润滑为极压润滑状态。它们通常发生在低速重载、高速重载以及有冲击负荷的工况。

4. 齿轮油使用要求

由齿轮的工作特点可知，齿轮油的主要作用就是在齿轮的齿与齿之间的接触面上形成牢固的吸附膜和化学反应膜，以保证正常的润滑及防止齿面间的咬合。具体包括以下几方面的性能要求。

（1）合适的黏度和良好的黏温性能

适当的齿轮油黏度，可以保证在弹性流体动压润滑状态下，形成足够厚的油膜，使齿轮具有足够的承载能力。但油的黏度不能过高，否则会因液体内摩擦热过量而使油膜破裂。良好的黏温性，可以在齿面摩擦高温条件下仍保持足够的润滑油膜，不致发生磨损。在低温时具有足够的流动性，齿面润滑部位有足够的齿轮油，防止启动磨损。

（2）足够的极压抗磨性

这是齿轮油最重要的性能。齿轮油应在高速、低速、重载或冲击负荷下，迅速形成边界吸附膜或化学反应膜，防止齿面发生磨损、擦伤、胶合等破坏现象，使齿轮装置得以长期运行。

（3）良好的氧化安定性和热安定性

齿轮油在较高温度下运转时，容易加快油的氧化，会使油的质量劣化，影响油的流动性和造成金属的腐蚀和锈蚀。现在对齿轮油热氧化安定性的要求越来越高。

（4）良好的防锈抗腐蚀性

齿轮油在使用中，由于氧化和添加剂的作用而使齿面腐蚀；在有水和氧的参与下，齿面和齿轮箱会生锈。腐蚀和锈蚀会破坏齿的表面几何形状，破坏正常润滑状态。因此，齿轮油应具有良好的防锈和防腐蚀性。

（5）良好的抗泡性和抗乳化性

齿轮油在使用中由于搅动作用容易产生泡沫，如果生成的泡沫不能很快消失，会破坏油膜的完整性，使润滑失效；泡沫的导热性差，会引起齿面过热，使油膜破裂，故齿轮油应具有良好的抗泡沫性。

齿轮油在使用中不可避免与水接触，如果齿轮油的分水能力差，油水就会形成稳定的乳化体，影响承载油膜的形成，导致齿面的擦伤和磨损。所以，齿轮油应具有良好的抗乳化性。除上述几项外，齿轮油应具有剪切安定性、储存安定性以及密封件的配伍性等。工业齿轮油还有黏附性要求，车辆齿轮油还须通过一系列的台架性能评定试验等。

二、车辆齿轮油的分类和选用

车辆齿轮传动系统的基本功用，是将发动机发出的动力传给驱动车轮。就目前广泛应用的普通载重汽车来说，一般由离合器、变速器、转向器，以及安装在前、后驱动桥中的主传动轴、差速器和半轴组成。车辆齿轮油是用于车辆齿轮传动系统润滑油的总称。从润滑方面考虑，人们最关注的是驱动系统的变速器及驱动桥。

1. 车辆齿轮油的分类

与内燃机油一样，车辆齿轮油也是按黏度和使用性能水平分类。欧洲、日本和其他许多国家遵循美国 SAE 黏度分级和 API 使用性能分级法。

（1）SAE 黏度分类

SAE J306—98 驱动桥和手动变速箱润滑油黏度分类见表 3-17。

表 3-17　SAE J306—98 驱动桥和手动变速箱润滑油黏度分类（单级油）

SAE 黏度级别	150Pa·s 时 最高油温（D 2983）/℃	100℃运动黏度（ASTM D445）/（mm²/s）	
		最小	最大
70W	−55	4.1	—
75W	−40	4.1	—
80W	−26	7.0	—
85W	−12	11.0	—
80	—	7.0	<11.0
85	—	11.0	<13.5
90	—	13.5	<24.0
140	—	24.0	<41.0
250	—	41.0	—

我国采用等效 SAE J306—91《驱动桥和手动变速箱润滑油黏度分类》，制定出车用齿轮油黏度分类 GB/T 17477—1998 标准，见表 3-18。

表 3-18　GB/T 17477—1998 驱动桥和手动变速箱润滑油黏度分类

SAE 黏度级别	黏度为 150Pa·s 时最高油温 (D 2983)/℃	100℃ 运动黏度 (GB/T 265)/(mm²/s)	
		最小	最大
70W	−55	4.1	—
75W	−40	4.1	—
80W	−26	7.0	—
85W	−12	11.0	—
90	—	13.5	<24.0
140	—	24.0	<41.0
250	—	41.0	—

除了以上黏度分类(单级)外，把同时具有良好的低温及高温两种黏度等级特性的齿轮油称多级齿轮油。例如，SAE 80W-90 表示低温黏度特性相当于 SAE 80W 和高温黏度特性相当于 SAE 90 的齿轮油，"W"表示冬季使用。

多级齿轮油黏度分类见表 3-19。

表 3-19　多级齿轮油黏度分类

SAE 黏度级别	100℃ 运动黏度/(mm²/s)		黏度为 150Pa·s 时最高油温 (D 2983)/℃	成沟点/℃	闪点/℃
	最小	最大		最大	最小
75W-90	13.5	24.0	−40	−45	150
80W-90	13.5	24.0	−26	−35	165
85W-90	13.5	24.0	−12	−20	180
85W-140	24.0	41.0	−12	−20	180

(2) API 使用性能分级

目前国际上尚无统一的车辆齿轮油质量规格标准，主要是由于欧洲与北美在汽车设计上有所不同，反映在汽车制造商对车辆用油的要求各有侧重，在油品规格上存在一些差异，难以统一。因此，ISO 也一直未发布车辆齿轮油的分类标准和产品规格，但世界各国广泛采用美国石油学会 API 的车辆齿轮油使用分类和美国军用齿轮油规格。表 3-20 为 API 汽车手动变速器和驱动桥润滑剂使用分类。

表 3-20　API 汽车手动变速器和驱动桥润滑剂使用分类

类　别	使　用　说　明	我国相应标准
GL-1	不含极压抗磨剂，只加抗氧防锈剂，用于手动变速器	
GL-2	条件缓和的汽车涡轮驱动桥润滑剂，含少量极压抗磨剂	
GL-3	用于汽车手动变速箱和螺旋伞齿轮驱动桥	SH/T 0350—92
GL-4	用于重负荷螺旋伞齿轮及缓和的双曲线齿轮。由于评定此类产品的台架装置已不生产，现普遍采用 GL-5 复合剂减半调制	

类 别	使 用 说 明	我国相应标准
GL-5	用于高速冲击负荷、高速低扭矩和低速高扭矩下的各类齿轮,特别是双曲线齿轮	GB 13895—92
GL-6	用于具有高偏置的轿车双曲线齿轮驱动桥,相当于福特汽车公司的M2C105/M2C154A	
MT-1	用于客车和重型卡车上手动变速箱。提供防止化合物热降解、部件磨损用密封件变坏的性能	

我国将齿轮油按质量不同,分成普通车辆齿轮油(CLC)、中负荷车辆齿轮油(CLD)和重负荷车辆齿轮油(CLE)三类。车辆齿轮油分类标准是 GB/T 7631.7—1989,其分类以及与API分类的对照见表3-21。

表3-21 我国车用齿轮油使用性能分级(GB 7631.7—89)

代号	组成、特性和使用说明	使用部位	性能要求	相当的API分类号
CLC	由精制矿油加入抗氧剂、防锈剂、抗泡剂和少量极压剂等制成。适用于中等速度和负荷比较苛刻的手动变速器和螺旋伞锥轮的驱动桥	手动变速器和螺旋伞锥轮的驱动桥	解放牌后桥台架或解放汽车行车试验通过	GL-3
CLD	由精制矿油加入抗氧剂、防锈剂、抗泡剂和极压剂等制成。适用于在低速高扭矩、高速低扭矩操作条件下使用的各种齿轮,特别是客车和其他车辆用的准双曲面齿轮	手动变速器、螺旋伞齿轮和使用条件不太苛刻的准双曲面齿轮的驱动桥	抗极压性能试验、高速低扭矩、低速高扭矩齿轮台架试验通过	GL-4
CLE	由精制矿油加入抗氧剂、防锈剂、抗泡剂和少量极压剂等制成。适用于在高速冲击负荷或高速低扭矩、低速高扭矩下操作的各种齿轮,特别是客车和其他车辆的准双曲面齿轮	操作条件缓和或苛刻的准双曲面齿轮及其他各种齿轮的驱动桥,也可用于手动变速器	抗极压试验、高速低扭矩试验、低速高扭矩试验、高速冲击负荷等齿轮台架通过	GL-5

2. 车辆齿轮油的规格

任何一种代号或级别的车辆齿轮油都有相应的标准,可参阅相关资料。在选用油品时务必要根据实际需要,严格对照标准选择。

3. 车辆齿轮油的选用

车辆齿轮油的选用,一方面要根据齿轮类型、负荷大小和滑动速度高低,选用相应的CLC、CLD和CLE级油;另一方面根据使用的最低环境温度和最高操作温度,来确定油品的黏度等级。我国地域辽阔,南北气温及冬夏之间气温相差很大,用油黏度应有区别。一般气温高、负荷大的车辆齿轮可选用黏度较大的油;气温低、负荷小可选用黏度较小的齿轮油。而多级油可同时满足最低环境温度时冷起动和正常操作条件下的温度要求。

表3-22给出了我国车用齿轮油质量等级选择的建议。

表 3-22   我国车用齿轮油质量等级选择建议

汽车类型	代表车型	用油等级
汽油车		
小轿车	奥迪、标致、桑塔纳、夏利、雪铁龙	GL-5
微型车	大发、吉林、长安	GL-4 或 GL-5
轻型载重车	CA120、BJ130、NJ131、金杯	GL-4
中型载重车	CA141、EQ140	GL-4
越野车	北京 212、213、切诺基	GL-4 或 GL-5
柴油车		
轻型载重车	依维柯、五十铃、庆铃	GL-5
中型载重车	解放、东风	GL-4
重型载重车	斯太尔、奔驰、黄河	GL-5 或 GL-4
大客车	丹东 680	GL-4
矿山车	本溪 LN-392	GL-4

　　车辆齿轮油黏度等级选择的主要依据是使用环境温度。表 3-23 给出了我国车用齿轮油黏度等级选择的建议。

表 3-23   我国车辆齿轮油黏度选择情况

环境温度/℃	黏度级别	环境温度/℃	黏度级别
-57~10	75W	-12~49	90
-25~49	80W-90	-15~49	85W-140
-15~49	85W-90	-7~49	140

三、工业齿轮油的分类和选用

　　在工业设备中，有许多齿轮传动装置，主要起改变传动部件转速和方向的作用，前者一般是齿轮传动，后者是涡轮涡杆传动。工业齿轮油是用于各种工业机械的传动齿轮及涡轮涡杆的润滑油。按齿轮封闭形式不同，齿轮传动装置有闭式和开式两种形式，工业闭式齿轮油均为连续润滑用油(飞溅、循环或喷射等)，工业开式齿轮油均为间歇或滴入式润滑用油。

　　工业齿轮主要包括直齿轮、斜齿轮、人字齿轮、双曲线齿轮、直锥齿轮、螺旋锥齿轮和涡轮涡杆等。按材质不同。既有钢-钢齿轮，又有钢-青钢齿轮。齿轮润滑有滑动，也有滚动，大多处于混合润滑状态，既有流体动力润滑和弹性流体动力润滑，又有边界润滑。使用条件经常是处于高温、高负荷、多水、多灰尘污染场合。

　　与车辆齿轮油技术要求一样，工业齿轮油应有适当的黏度和良好的黏温性能、良好的热氧化安定性、抗泡性等，它的极压要求没有车辆齿轮油高，但抗乳化性、抗腐蚀性要求高，对于开式齿轮油来说，还要求黏附性和抗水性好。

　　1. 工业齿轮油的分类

　　(1) 黏度分类

　　根据 GB 3141—94《工业用润滑剂 ISO 黏度分类》标准，工业齿轮油分为若干个黏度等级。对应美国齿轮制造协会(AGMA)及国际标准化组织(ISO)黏度等级关系见表3-24。

表 3-24　工业齿轮油黏度分类

GB 3141 黏度等级	40℃运动黏度/(mm²/s)	AGMA 黏度等级	ISO 黏度等级
68	61.2~74.8	2	VG 68
100	90~110	3	VG 100
150	135~165	4	VG 150
220	198~242	5	VG 220
320	288~352	6	VG 320
460	414~506	7	VG 460
680	612~748	8	VG 680

（2）质量分类

GB/T 7631.7—95 将工业闭式齿轮油分为 CKB、CKC、CKD、CKE、CKS 和 CKT 六个品种，将工业开式齿轮油分为 CKG、CKH、CKJ、CKL 和 CKM 五个品种。

开式齿轮油大多采用间断或滴入润滑方式。为使用方便，对于 L-CKH 和 L-CKJ 这样的沥青型油品，有时用溶剂稀释后出售使用。未稀释油的黏度较大，一般在 40℃ 条件下难以测定产品的运动黏度，按 GB/T 3141—94 黏度分类标准的规定，这些高黏度润滑油的黏度等级是按 100℃ 运动黏度划分的，此时在黏度等级后应加后缀字母"H"。

表 3-25　工业齿轮油产品分类及应用情况(GB/T 7631.7—1995)

组别代号	应用范围	特殊应用	具体应用	组成和特性	品种代号	典型应用
C	齿轮	闭式齿轮	连续润滑（用飞溅循环或喷射）	精制矿油，并具有抗氧、抗腐（黑色和有色金属）和抗泡性	CKB	在轻负荷下运转的齿轮
				CKB 油，并提高其极压和抗磨性	CKC	保持在正常或中等恒定油温和重负荷下运转的齿轮
				CKC 油，并提高其热/氧化安定性，能适用于较高的温度	CKD	在高的恒定油温和重负荷下运转的齿轮
				CKB 油，并具有低的摩擦系数	CKE	在高摩擦下运转的齿轮(涡轮)
				在极低和极高温度条件下使用，具有抗氧、抗摩擦和抗腐蚀（黑色和有色金属）性的润滑剂	CKS	在更低的、低的或更高的恒定流体温度和轻负荷下运转的齿轮
		装有全安挡板的开式齿轮	连续飞溅润滑	用于极低和极高温度和重负荷下的 CKS 型润滑剂	CKT	在更低的、低的或更高的恒定流体温度和重负荷下运转的齿轮
			间断或浸渍或机械应用	具有极压和抗磨性的润滑脂	CKG	在轻负荷下运转的齿轮
				通常具有抗腐蚀性的沥青型产品	CKH	在中等环境温度和通常在轻负荷下运转的圆柱型齿轮或伞齿轮
				CKH 油型产品，并提高其极压和抗磨性	CKJ	
				具有改善极压、抗磨、抗腐和热稳定性的润滑脂	CKL	在高的或更高的环境温度和重负荷下运转的圆柱型齿轮和伞齿轮
			间断应用	为允许在极限负荷条件下使用的、改善抗擦伤性的产品和具有抗腐蚀性的产品	CKM	偶然在特殊重负荷下运转的齿轮

2．工业齿轮油选用

（1）工业齿轮油选用

选用齿轮油有以下四条原则：①根据齿面接触应力选择齿轮油类型。②根据齿轮线速度选择齿轮油黏度，速度高的选用低黏度油，速度低的选用高黏度油。③注意使用温度。油温高，油黏度应大一些；夏天用黏度高的油，冬天用黏度低的油。④考虑齿轮润滑和轴承润滑是否处在同一润滑系统中，是滚动轴承还是滑动轴承，滑动轴承要求润滑油黏度较低些。

工业用齿轮的类型、使用条件与用油品种见表3-26。

表3-26　齿轮类型、使用条件与用油品种

齿轮类型	使用条件	应选品种
直齿轮、斜齿轮、锥齿轮	轻负荷	抗氧防锈型齿轮油
	重负荷	极压型齿轮油
蜗轮	不论任何使用条件	极压型或合成型齿轮油
准双曲线齿轮		双曲线齿轮油
开式齿轮		开式齿轮用合成齿轮油

（2）闭式工业齿轮油的选用

闭式工业齿轮油的选用见表3-27。

表3-27　闭式工业齿轮油的档次选择

齿面接触应力/MPa	齿轮使用工况	推荐用油
<350	一般齿轮传动	抗氧防锈工业齿轮油
350~500（低负荷齿轮）	一般齿轮传动	抗氧防锈工业齿轮油
	有冲击的齿轮传动	中负荷工业齿轮油
500~1100（中负荷齿轮）	矿井提升机、露天采掘机、水泥窑、化工、水电、矿山机械、船舶海港机械等的齿轮传动	中负荷工业齿轮油
接近1100（中负荷齿轮）	高温、有冲击、有水进入润滑系统的齿轮传动	重负荷工业齿轮油
>1100（重负荷齿轮）	冶金轧钢、井下采掘、高温、有冲击、含水部位的齿轮传动	重负荷工业齿轮油

（3）开式齿轮油的选用

开式齿轮油适用于开式及半封闭式齿轮箱和齿轮装置及低速重负荷齿轮装置（齿轮和轴承分开的润滑系统）。普通开式齿轮油通常是具有抗腐性的复合型聚合物产品，极压型油在此基础上还要改善和提高极压、抗磨、抗腐性。具有良好的黏附性是开式齿轮油的重要特点。我国目前只有SH 0363—92标准，产品属沥青型。

开式齿轮油最适宜黏度的选择见表3-28。

表 3-28　开式齿轮油黏度选择

润滑方式	适宜使用的润滑油黏度(40℃)/(mm²/s)		
	环境温度-15~15℃	环境温度 5~35℃	环境温度 20~50℃
油浴润滑	150~200	15~20(100℃)	20~25(100℃)
加热涂抹	180~260	180~260	320~550
常温涂抹	20~25(100℃)	32~40(100℃)	180~260
手填充	150~220	20~25(100℃)	32~40(100℃)

第四节　压缩机油

　　压缩机油是一种用来润滑、密封、冷却气体压缩机运动部件的润滑油。根据压缩机压缩气体的方式和结构，压缩机主要分为往复式压缩机和回转式压缩机。另外，按压缩气体性质不同，压缩机又可以分为空气压缩机和气体压缩机两种。

　　压缩机油属于润滑剂(L 类)的 D 组，包括空气压缩机油、真空泵油、气体压缩机油和制冷压缩机油(即冷冻机油)。压缩机油现行国家分类标准是 GB/T 7631.9—1997。

　　往复式压缩机油的润滑系统可分为内部(汽缸、排气阀)润滑和外部(曲轴轴承、连杆、十字头、滑板)润滑两部分。内部润滑系统主要指汽缸内部的润滑与密封，外部润滑系统是其他运动部件的润滑与冷却。在往复式压缩机中，内部润滑油由于直接接触压缩气体，易受气体性质的影响和高温高压的作用，使用条件比较苛刻。因此，往复式压缩机油所具备的性能，应主要根据汽缸内部润滑特点来决定。用于往复式压缩机的压缩机油要求有较小的积炭倾向。

　　回转式压缩机是一种借助汽缸内一个或多个转子的旋转运动，产生工作容积变化，而实现气体压缩的容积型压缩机。回转式压缩机的工作原理、润滑系统以及润滑油的使用工况，与一般往复式压缩机有许多不同之处。其中油冷式压缩机是使用最广泛的一种。润滑油被直接喷入汽缸压缩室内，进行冷却、密封与润滑，然后与压缩气体一起排至分离器内，进行油气分离，润滑油得以回收并循环使用。用于回转式压缩机的压缩机油除要求较小的积炭倾向外，还要求其有较好的抗泡沫性及低温性能。

　　对压缩空气和其他气体的压缩机油的一般要求是适当的黏度、良好的氧化安定性、良好的抗腐蚀性、良好的水分离性、较小的挥发性(或较高的闪点)。

　　1. 空气压缩机油工作特点

　　空气压缩机在工作过程中，其内部润滑油通常以雾状形式与高热金属表面接触。易被加热氧化。润滑油氧化速度与氧分压成正比，空气压缩机内部润滑油与高压空气接触，较其在大气中更易氧化。另外，混在压缩气体中的部分润滑油，会受到冷却水及冷却器中铜管的催化作用，促使油老化、变质。润滑油长期严重氧化，将在排气阀和排气管路系统中形成积炭，这不仅会妨碍排气阀的正常工作，使排气温度升高和压缩机功能下降，而且是引起压缩机爆炸的主要原因。当压缩机汽缸中吸入含水的湿空气，特别是压缩气体中含有 H_2S、SO_3、CO_2 等酸性物质时，冷却水或酸性溶液常会破坏润滑油膜，使滑动摩擦表面磨损和腐蚀。另外，在往复式压缩机中，压缩空气温度超过润滑油闪点，并在产生火花情况下引起润滑油燃烧的可能性是存在的，其燃烧结果是发生激烈撞缸，甚至引起爆炸。

2. 空气压缩机油分类

DA 系列的压缩机油应用于空气压缩机的润滑，其分类见表 3-29。

表 3-29　空气压缩机油分类（GB/T 7631.9—1997）

特殊应用	更具体应用	品种代号	典型应用	备　注
压缩腔室有油润滑的容积型空压机	往复式或滴油回转（滑片）式压缩机	DAA DAB DAC	轻负荷 中负荷 重负荷	
	喷油回转（滑片和螺杆）式压缩机	DAG DAH DAJ	轻负荷 中负荷 重负荷	
压缩腔室无油润滑的容积型空压机	液环式压缩机，喷水滑片和螺杆式压缩机，无油润滑往复式压缩机，无油润滑回转式压缩机	—	—	润滑油用于齿轮、轴承和运动部件
速度型压缩机	离心式和轴流式透平压缩机	—	—	润滑剂用于轴承和齿轮

二、气体压缩机油

压缩机除了压缩空气外，尚需压缩各种烃类气体、各种惰性气体和各种化学活性气体。现按各种压缩气体分别介绍气体压缩机汽缸用润滑油的要求。

1. 气体压缩机油性能要求

（1）天然气

天然气压缩机的润滑一般用矿物油压缩机油，但天然气会被油吸收，使油的黏度降低，因此选用油的黏度牌号一般要比相同型号、同等压力的空气压缩机所用油的黏度牌号要更高些。

不同天然气中乙烷以上的可凝物含量，干气为 $2\sim3mL/m^3$ 以内，贫气为 $13\sim40\ mL/m^3$，湿气为 $40\sim54mL/m^3$。

对湿气或贫气，宜在压缩机中加 3%～5% 的脂肪油。湿度大的可掺 10%～20% 脂肪油，亦有用 5%～8% 不溶的植物油无敏脂或动物脂混合油，以防凝聚物的液体冲洗油膜。

对含硫气体最好用 SAE 30 的重负荷发动机油。对发动机和压缩机在一起的设备，可用发动机所用的相同润滑油，以保护设备不被含硫气体腐蚀。

在 7.5MPa 压力以上时，对含硫气体使用 SAE 50 或 SAE 60 的重负荷发动机油。

（2）烃类气体

这类气体能与矿物油互溶，从而降低油品的黏度。高分子烃气体在较低压力下会冷凝，因此要考虑湿度，对润滑油的要求与天然气相同。

丙烷、丁烷、乙烯、丁二烯这些气体易与油混合，会稀释润滑油。为此，需要用较黏的油，以抵制气体和其冷凝液的稀释和冲洗的影响。

压缩纯度要求特别高的气体如丙烷，一般采用无油润滑。若采用无油润滑时，可用肥皂润滑剂或乙醇肥皂溶液，以提供必要的润滑。

压缩高压合成用的乙烯时，为了避免润滑油的污染，影响产品性能和纯度，应采用无污染的合成油型压缩机油或液体石蜡等作为润滑油。例如，乙烯装置上的高压和超高压压缩机内部用润滑剂可用聚异丁烯，其分子量为 1500。

焦炉气大部分是氢和甲烷，气体不纯净，因此，一般用离心式压缩机。如采用往复式压缩机，可选用 DAA 100 或 DAA 150 空气压缩机油。

（3）惰性气体

惰性气体一般对润滑油无作用，氢、氮可使用与压缩干空气相同的压缩机油。

对氩、氖、氦等稀有贵重气体，往往要求气体中绝对无水，并不带有任何油质。因此，一般用膜式压缩机，没有汽缸润滑问题。

二氧化碳及一氧化碳均与矿物油有互溶性，会使油的黏度降低，如果有水，还会产生腐蚀性碳酸。因此，在保持干燥的同时，应选用更高黏度牌号的润滑油，以减少油气带出。

压缩二氧化碳介质的润滑油的黏度一般不低于 SAE 50 含添加剂的油，压力 14MPa 时用 SAE 40 的油。

二氧化碳与油混合会使气体污染。当该气体用来加工食品或不允许污染时，应选用液体石蜡或乙醇肥皂作为润滑剂。

新型合成食品级螺杆式压缩机的润滑剂可选用聚 α-烯烃合成油。聚 α-烯烃油经过两次加氢，可符合食品级的要求，口试无毒，对皮肤和眼睛无刺激性，符合工业白油规格。

采用离心压缩机压缩氨或合成气（常含大量氨）时，系统必须保持干燥，尽可能减少油与输送气接触。因为有水分存在时，氨与油的酸性氧化物作用会生成沉淀。选用润滑油时，最好选用专用的抗氨型汽轮机油。

（4）化学活性气体

这类气体与润滑油有作用，应慎重考虑。

氯和氯化氢在一定条件下可与烃起作用，不能使用矿物油。这类气体的压缩机常用无油润滑压缩机，也有用浓硫酸作为润滑剂的。

硫化氢压缩机的润滑系统及汽缸要保持干燥。如有水分存在，则此气体腐蚀性很强，润滑油的选择与压缩湿空气时相同，建议使用抗氧防锈型汽轮机油。

氧气压缩机通常使用无油润滑压缩机。

一氧化二氮与二氧化硫均能与油互混，因而会降低油的黏度，故应使用黏度牌号较高的润滑油，如采用 SAE 40 或 SAE 50 的油。

压缩一氧化二氮时不能用有分散剂的重负荷发动机油，因为添加剂会与可能生成的硝酸起作用而产生大量的沉积物。

当压缩二氧化硫时，由于二氧化硫是一种选择性溶剂，它有助于分出润滑油中任何生成焦油状的成分，并沉积出来。建议选用防锈抗氧型汽轮机油，并应经常检查油样是否有沉渣。

2. 气体压缩机油的分类

DG 系列的压缩机油应用于气体压缩机的润滑，其分类见表 3-30。

表 3-30　气体压缩机油分类(GB/T 7631. 9—1997)

特殊应用	更具体应用	产品类型和(或)性能要求	品种代号	典型应用	备注
容积型往复式和回转式压缩机,用于除冷冻循环或热泵循环或空气压缩机以外的所有气体压缩机	不与深度精制矿油起化学反应或不使矿油的黏度降低到不能使用程度的气体	深度精制矿油	DGA	① $< 10^4$ kPa 压力下的氮、氢、氨、氩、二氧化碳 ②任何压力下的氮、二氧化硫、硫化氢 ③ $< 10^3$ kPa 压力下的一氧化碳	有些润滑油中所含的某些添加剂要与氨反应
	用于 DGA 油的气体,但含有湿气或冷凝物	特定矿油	DGB		
	在矿油中有高的溶解度而降低其黏度的气体	常用合成液	DGC	①任何压力下的烃类 ② $> 10^4$ kPa 压力下的氨、二氧化碳	有些润滑油中所含的某些添加剂要与氨反应
	与矿油发生化学反应的气体	常用合成液	DGD	①任何压力下的氯化氢、氯、氧和富氧空气 ② $> 10^3$ kPa 压力下的一氧化碳	对于氧和富氧空气应禁止使用矿油,只有少数合成液是合适的
	非常干燥的惰性气或还原气(露点-40℃)	常用合成液	DGE	$> 10^4$ kPa 压力下的氮、氢、氩	这些气体使润滑困难,应特殊考虑

三、冷冻机油

压缩式制冷是目前最常用的制冷方法。其原理是利用液体汽化时吸收周围介质热量的特性使温度降低,然后通过制冷压缩机压缩,将气体复原为液体再重新汽化,如此循环往复,达到控制和维持低温的目的。制冷循环的方式如图 3-4 所示。

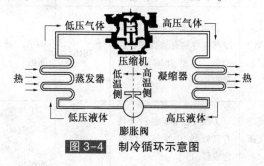

图 3-4　制冷循环示意图

制冷压缩机是压缩式制冷工艺最主要的设备,这种设备的种类很多,最主要的有活塞式、离心式和螺杆式三种。冷冻机油是制冷式压缩装置的专用润滑油,是制冷系统中决定和影响制冷装置功能和效果的重要组成部分。

1. 制冷压缩机润滑条件及对润滑油的性能要求

在不同类型的制冷压缩机中,以活塞式制冷压缩机油所处的工作条件最苛刻。活塞式制冷压缩机平均汽缸壁温度虽然只有 70℃ 左右,但其排出口温度可达 150℃ 或更高。工作温度高,润滑油就容易氧化变质。另外,当少量冷冻机油进入蒸发系统时,在低温条件下又很容易失去流动性。

半封闭式和全封闭式制冷电动机和压缩机封闭在同一个机壳内，由于电动机与冷冻机油经常接触，若油中水含量较高，则会破坏电动机的绝缘性。

对全封闭式的制冷压缩机用的冷冻机油来说，还要求使用 10~15 年不换油。

制冷系统所用的制冷剂种类很多，常用的有氨、氟利昂、二氧化碳、二氧化硫、卤化烃等。

氨与油的互溶性很差，但易溶于水。当冷冻机油中存在水分时，冷冻机油经过压缩机使用后能引起乳化现象，从而使润滑条件恶化。

大部分氟利昂制冷剂与油的互溶性很好，其溶解度随温度升高而降低，随着压力增加而增大。冷冻机油溶解氟利昂后，会降低油的黏度，还会降低油的凝点。氟利昂溶解水的能力是很小的，若冷冻机油中含有水，则会在低温的节流装置处或蒸发器中析出水而冻结成冰，这样的后果使节流装置和蒸发器发生冰塞现象，造成制冷能力降低。另外，冷冻机油中存在水时，还会引起氟利昂对金属的强烈腐蚀。

二氧化碳制冷剂对冷冻机油的要求与氨相似。

根据冷冻机油的工作条件，冷冻机油应具有下列性能：①适宜的黏度和黏温性能；②具有优良的低温流动性及较低的絮凝点；③含水量小，一般要求在 $40\mu g/g$ 以下；④抗氧化安定性和化学安定性好；⑤具有一定的抗泡性；⑥干燥不含水；⑦与材料适应性及绝缘性好。

2. 冷冻机油的分类

DR 系列的压缩机油应用于制冷压缩机(冷冻机)的润滑，其分类见表 3-31。

表 3-31　冷冻机油分类(GB/T 7631.9—1997)

特殊应用	更具体应用 操作温度制冷剂类型	产品类型和(或)性能要求	品种代号	典型应用	备　注
往复式和回转式的容积型压缩机(封闭、半封或开放式)	>-40℃(蒸发器)氨或卤代烷	深度精制矿油(环烷基油、石蜡基油或白油)和合成烃油	DRA	①普通冷冻机 ②空调	
	<-40℃(蒸发器)氨或卤代烷	合成烃油，允许烃/制冷剂混合物有适当相容性控制。这些合成烃必须互容	DRB	普通冷冻机	装有干蒸发器时，相容性不重要。在某些情况下，根据制冷剂的类型可使用深度精制矿油(要考虑低温和相容性)
	>0℃(蒸发器或冷凝器)和/或高排气压力和温度卤代烃	①深度精制矿油；②具有良好热/化学稳定性的合成烃油	DRC	①热泵 ②空调 ③普通冷冻机	允许对烃/制冷剂的相容性适当控制的合成烃油或烃/矿物油的混合物
	所有蒸发温度(蒸发器)烃类	合成液(与制冷剂、矿油或合成烃油无相容性的)	DRD	润滑剂和制冷剂必须不互溶，并能迅速分离	通常用于某些开放式压缩机

四、真空泵油

"真空"是指压力低于 101.3kPa 的气体状态，即在一个给定的空间内保持压力低于大气压力。

真空泵是用来直接抽走一个特定容器内的气体获得真空的设备。目前真空技术发展所涉及的压力范围极广，达 $10^{-16} \sim 100\text{kPa}$。低真空（$10^{-1} \sim 10^{2}\text{kPa}$）和中真空（$<10^{-4} \sim 10^{-1}\text{kPa}$）可以用一种真空泵获得，高真空（$<10^{-8} \sim 10^{-4}$）以上的领域必须应用两种以上的真空泵机组来获得。不同的压力范围应用不同类型的真空泵，各类真空泵又各自应用了不同的工作原理，因而也就具有各种不同的结构形式和使用范围。

真空泵油是机械真空泵的专用润滑油。除粗真空条件可以使用空气压缩机油来润滑真空泵的运动部件及真空舱外，在低、中、高真空条件下均应采用相应的真空泵油。

1. 真空泵润滑特点及对润滑油的性能要求

旋片式真空泵的工作原理是用机械方法使泵的工作室不断增大或缩小，当工作室的容积变得最小时，即与真空泵的入气管连通，于是气体就进入逐渐变大的工作室空间；当工作室的容积达到最大时，即与入气管分开，并随容积的变小把吸入工作室的气体压缩。压缩气体压强大于大气压时，排气阀打开，把压缩气体通过油层排出。泵腔内容积不断膨胀与压缩，完成吸气和排气过程，使容器内气体逐渐排出达到需要的真空度。其工作过程见图3-5。

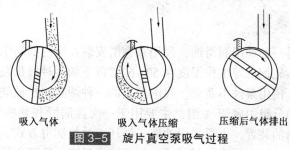

吸入气体　　　　　　吸入气体压缩　　　　　　压缩后气体排出

图 3-5　旋片真空泵吸气过程

真空泵运行时，随着泵腔内转子的旋转，转子上两个纵向槽中的滑片或偏心轮上的滑阀环，紧贴着定子的内壁滑动，转子、滑片与定子内壁必然依靠油品的润滑性避免摩擦副的擦伤，利用油品隔离大气，并带走因摩擦产生的热。因此，真空泵油在泵体内担负着润滑、密封和冷却的作用。由于真空泵油直接进入泵体内腔，在真空泵运行时，随着气体压强的逐渐降低，泵温的逐渐升高，油品中饱和蒸气压高的分子组分就能蒸发到真空的空间，既影响真空泵极限压强的达到，又可向真空系统返流扩散，污染真空系统，并直接影响极限真空的获得。尤其是高速滑片式真空泵的问世，转速由一般滑片泵的 $300 \sim 500\text{r/min}$ 提高到 $1000 \sim 3000\text{r/min}$，使泵腔内摩擦副之间油分子的内摩擦增大，油品的温升更高，特别是泵腔内摩擦副表面的温度更高，这时，不稳定的油品可引起胶体黏附于摩擦表面，使油品受热变质，甚至产生轻微热解，生成低分子化合物污染真空系统。为此，对真空泵油提出以下几点严格的要求：

① 具有适宜的黏度，在低温下能使真空泵迅速启动，在高温下能具有良好的密封性，在泵内具有较低的温升。

② 油品的饱和蒸气压要尽量低，在泵的最高工作温度下，仍具有足够低的饱和蒸气压（低于泵铭牌的极限压强）。

③ 不含有轻质的易挥发组分，降低使用过程中真空泵的返油率。

④ 具有优良的热稳定性与氧化安定性。

⑤ 具有良好的水分离性及抗泡性。

2. 真空泵油的分类

DV 系列的压缩机油应用于真空泵的润滑，其分类见表3-32。

表 3-32　真空泵油分类（GB/T 7631.9—1997）

特殊应用	更具体应用	品种代号	典型应用	备注
压缩室有油润滑的容积型真空泵	往复式、滴油回转式、喷油回转式（滑片和螺杆）真空泵	DVA	低真空，用于无腐蚀性气体	低真空为 $10^{-1} \sim 10^2$ kPa
		DVB	低真空，用于有腐蚀性气体	
	油封式（回转滑片和回转柱塞）真空泵	DVC	中真空，用于无腐蚀性气体	中真空为 $<10^{-4} \sim 10^{-1}$ kPa
		DVD	中真空，用于有腐蚀性气体	
		DVE	高真空，用于无腐蚀性气体	高真空为 $<10^{-8} \sim 10^{-4}$ kPa
		DVF	高真空，用于有腐蚀性气体	

第五节　其他类型润滑油

一、全损耗系统油

全损耗系统用油是一种通用润滑油，仅用来润滑安装在室内的纺织机、缝纫机、各种车床、矿山机械以及小型轧钢机等工作温度在 50~60℃ 以下的各种轻负载机械，这类油使用范围最广，但用量最小，使用条件不苛刻。我国过去的一种油品叫机械油，即属此类用油。全损耗系统用油在润滑油分组中属 A 组，主要用于一次性润滑和某些要求较低的和换油期较短的普通机械手工给油装置，主要采用油浴、油环、油轮润滑方式。这种油品使用一般精制的矿物基础油，不加或加少量添加剂制成，其规格中只有一般理化指标要求，对抗磨性及安定性等均未提出要求，国外已较少生产这个品种。

CB/T 7631.13—1995 给出了全损耗系统油的详细分类（见表 3-33）。我国将 L 类 A 组产品划分为 AB、AN 和 AY 三个品种。

L-AB 油是由精制矿油制得，并含有沥青或添加剂以改善其黏附性、极压性和抗腐蚀性，主要用于开式齿轮和绳缆表面的润滑。L-AB 油与 C 组中 L-CKJ 开式齿轮油相近，可以互用，所以我国不生产 L-AB 油。

L-AN 油是由精制矿油制得，也可加入少量降凝剂，按其 40℃ 运动黏度的中心值分为 5~150 十个黏度等级。它主要用于轻载、老式、普通机械的全损耗润滑系统或换油周期较短的油浴式润滑系统，它不适用于循环润滑系统。

L-AY 油是一种未精制矿油，其凝点低，有时为了提高附着性能还加有抽出油（精制润滑油过程中的副产品）。它适用于铁路货车滑动轴承的润滑，分冬用、夏用和通用三个黏度等级，专供铁道部门使用。

表 3-33　全损耗系统油分类（CB/T 7631.13—1995）

组别符号	应用范围	组成和特性	品种代号 L	典型应用
A	全损耗系统	精制矿油，含有沥青和（或）添加剂以改善其性能，如黏附性、极压性和抗腐蚀性	AB	开式齿轮、绳缆
		精制矿油	AN	轻负荷部件
		未精制矿油	AY	粗加工用、车轴、铁路设施等

对全损耗系统油的质量要求主要是合适的黏度，无腐蚀性，机械杂质少等。为保证机械的安全运转，还要求具有较高的闪点。

二、电气绝缘液体

电器绝缘液体的主要作用是起绝缘和冷却的作用，在断路器内还起消灭电路切断时所产生的电弧(火花)的作用。变压器油和开关油占整个电器用油的80%左右，一个大型变压器往往要注入30~40t油，使用寿命可达15~20年。

电气绝缘油并不属于润滑油类，但它们的原料和加工工艺都与润滑油的原料和加工工艺相似，对它们的质量要求以电气性能为主。

电气绝缘液体属于L类(润滑剂和有关产品)中的N组产品，电气绝缘液体最新的国家分类标准是 GB/T 7631.15—1998，该标准等价于国际电工委员会 (International Electrotechnical Commission)的 IEC 1039：1990 标准。N组产品的每个品种可由两个英文字母和数码组成的一组代号来表示。每个品种的第一个英文字母 N 表示该品种所属的组别，即为绝缘液体。第二个英文字母表示该产品品种主要应用范围，其中：

C—表示用于电容器；

T—表示用于变压器和开关；

Y—表示用于电缆。

表 3-34　绝缘液体分类(GB/T 7631.15—1998)

类别	组别	IEC 出版物号	IEC 出版物小分类	参见 IEC 出版物
L	NT	296	I，II，III	IEC 296，矿物油
	NT	296	IA，IIA，IIIA	IEC 296，加抑制剂矿物油
	NY	465	I，II，III	IEC 465，电缆油
	NC	588	C-1，C-2	IEC 588-3，电容器用氯化联苯
	NT	588	T-1，T-2，T-3，T-4	IEC 588-3，变压器用氯化联苯
	NY	867	1	IEC 867，第 1 部分，烷基苯
	NC	867	2	IEC 867，第 2 部分，烷基二苯基乙烷
	NC	867	3	IEC 867，第 3 部分，烷基萘
	NT	836	1	IEC 836，硅液体
	NY	963	1	IEC 963，聚丁烯

现将变压器油、电缆油和电容器油的作用分述如下。

1. 变压器油

(1) 变压器油在变压器中的作用

变压器的种类较多(通常按变压器电压等级分)有 66~100kV、22~300kV 和 500kV 以上等。变压器的主要构成部分是铁芯、线圈以及各种绝缘材料等，见图 3-6。变压器的铁芯和线圈都浸在变压器油中，使其与空气和潮气隔绝。变压器油能使变压器的线端之间、高压线圈和低压线圈之间、线圈和接地的铁芯以及油箱壁之间有良好的绝缘，而不致发生短路或电弧。当变压器在运行时，电流通过线圈，因电阻引起部分功率损失，这部分损耗称为"铜耗"；电流通过铁芯时，由于铁芯中磁通发生变化，而引起功率损耗，这部分损耗常称为"铁芯损耗"。这两部分损耗均以发热的形式表现出来，这些热量不散发出去，线圈和铁芯的温度就会上升，导致烧毁绝缘层，因而应尽可能降低油温。运行中油依靠冷热对流的原理，通过循环回流，将热散发到大气中去，从而使变压器运行中温度不致过高。

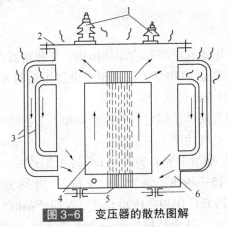

图3-6　变压器的散热图解

1—套管(高、低压)；2—箱盖；3—散热油管；4—线圈(一、二次)；5—主铁芯；6—油箱

（2）对变压器油主要使用性能的要求

① 良好的热传导性和流动性。在300kV以下变压器中运行时，变压器油温度一般在60~80℃之间，如超负荷运转，则油温可达70~90℃，个别热点达100℃左右；对于在500kV变压器中运行的变压器油的油温会更高。所以要求变压器油应具有良好的热传导性和流动性，以确保变压器铁芯和线圈能得到有效冷却，使开关、断路器、泵、调节阀、负载分接点变换器机械等能灵活动作。

② 良好的绝缘性。变压器油在变压器或类似设备中作为绝缘介质存在，通常以介电强度(或击穿电压)和介质损耗因数来表示变压器油的绝缘性。具有高的击穿电压的变压器油是一种良好的绝缘介质，它可以防止在高电压作用下电极之间发生跳火现象，同时对具有低介质损耗因数的变压器油，可以大幅度降低交流电改变极性时引起的能量损失。

③ 良好的氧化安定性。由于变压器油运行时一般油温达60~80℃，变压器油有可能与空气或潮气接触，再加上在变压器中有铁芯和铜芯作为金属催化剂存在，以上这些因素均可促使油品氧化。变压器油具有良好的氧化安定性，则可大大减少储存和使用期间油品中酸性物质或沉淀物的出现，从而保证变压器安全运行，延长油品寿命和降低维护成本。

2. 电缆油

（1）电缆油在电缆中的作用

电缆的种类繁多，其结构也有差异，但主要部件包括导线、绝缘层和保护层。在制造油浸绝缘电力电缆时，其绝缘层主要是电缆纸，通常是将电缆用的绝缘纸在真空下干燥，除去空气和潮气，然后用电缆油浸渍，以填充脱气和脱水后的空隙，从而提高绝缘性。

普通黏性浸渍绝缘电缆和不滴流浸渍电缆均属于中低压(35kV以下)的电力电缆，均以电缆油为浸渍剂，但配制方法不同。由于在普通黏性浸渍电缆和不滴流浸渍电缆中，当负荷发生变化时，引起电缆热胀冷缩，绝缘层中难免产生气障碍，在电压长期作用下容易造成游离击穿，所以不能用于高压。因而在110kV以上的高压电力电缆中改用充油电缆。此电缆是用补充浸渍办法，消除因负荷变化而在油纸绝缘层中形成的气隙，以提高电缆的绝缘强度。充油电缆的导线一般为中空的，中心用螺旋管支撑，中空部分作油道，直径一般为12mm、15mm 和 18mm，高压充油电缆采用电缆油浸渍绝缘层，因而油道中充满电缆油，在高压充油电缆线路中还装有储油设备，与电缆油道相通，以储存或补偿电缆在发生体积变化时的浸渍剂，并保持一定的油压。

（2）对电缆油的主要使用性能要求

① 电气性能：电缆油应具有良好的电气性，从而能使电缆芯线间得到良好的相绝缘，以及各相与金属保护层有良好的绝缘。

介质损耗因数是电缆油重要性能之一，若介质损耗因数大，由电能转化的热能也大，使油温升高，严重时破坏绝缘，同时因温度升高和金属存在也会促进油品老化，从而也会增大介质损耗因数。所以要求电缆油应有较低的介质损耗因数。

② 电老化性能：在工作的电缆中，电缆油受到电场和高温作用，并与导线(铜)和保护材料(铝、铅)相接触，逐渐老化。在电缆的绝缘层中总有一定量的空气存在(数量的大小决定于电缆绝缘层干燥和浸渍时的真空度)，在纤维受热时，会分解出氧，为电老化及局部放电提供了条件。纤维受热也会析出氢气和 x 蜡(含不同碳数的饱和烃)，使电缆绝缘层含气体，从而促使电缆绝缘中局部放电加剧，此外 x 蜡的生成对电缆工作也会有影响。因而在 x 蜡的聚集点，绝缘层的导热性变坏；当 x 蜡的数量增多时，可能发生局部升温，引起绝缘中电场的重新分布，从而导致击穿。

③ 浸渍性和流动性：由于电缆油是作为电缆中浸渍剂使用的，要求具有较大黏度。但在制成浸渍剂后，在浸渍温度(130~140℃)下，希望黏度小，以便充分浸入绝缘层中，而在电缆工作温度(60~80℃)，则应有较大黏度，以使充油电缆铺设于落差较大场合时，浸渍剂易于向电缆方向移动，同时要求在安装和铺设电缆时，浸渍剂的黏度不应变得过大，以免电缆弯曲时各绝缘层间的摩擦力引起绝缘低带的破裂。因而对于充油电缆中使用的电缆油要求黏度小，倾点低，易于流动，可以提高补充浸渍的速度，减少油流在油道中的阻力，倾点低的油，可以在低温下保持油道中的正常流动。

3. 电容器油

（1）电容器油在电容器中的作用

电容器是一种储存电能的基本元件，如图 3-7 所示。任何两块金属导体中间用不导电的绝缘介质隔开，就形成电容器。被绝缘介质隔开的金属板叫做极板，可以通过电极接到电路中去。当电容器的两块极板接上电源时，由于电场力的作用，与电源连接的电容器的极板上将分别出现正负电荷，这样在极板间的介质中建立电场，电容器从而储存了一定的电荷能量。电容器油在电容器中起绝缘与散热作用。

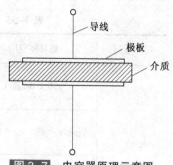

图 3-7　电容器原理示意图

（2）对电容器油主要使用性能的要求

① 良好的电气性：对于电容器油来说应具有较高的击穿电压，以保证电容器在工作情况下不被击穿，具有较小的介质损耗因数以减少在运行中热量发生，此外还应具有大而稳定的电容率和较大的容积电阻率。

② 良好的老化安定性：由于电容器油长期处在电场和较高温度的影响下，并和金属和纸纤维素等直接接触，容易老化变质，因而要求电容器油有良好的老化安定性，以保证电容器有较长的使用寿命。

③ 对析气性的要求：析气性是指油品在高电场作用下，烃分子发生物理、化学变化时，吸收或放出气体的特性。电容器油在高压电场作用下，将发生一些化学变化而析出气体。电容器在运行中，如析出气体过多，会使电容器箱壳内部的压力突然增大，将会造成壳体膨胀变形，甚至会引起爆炸和燃烧，因而要求电容器油析气性小（即有吸气作用），以保证安全运行。

三、热处理用淬火液

1. 热处理工作过程及对淬火液使用要求

钢铁材料高温加热后再冷却，原子的组合状态会发生变化，从而使材料的强度、塑性、柔软性、耐摩性等产生差异。热处理是根据工艺要求，将材料加热到适宜温度后保温，随后采用不同方法冷却，以改变其内部组织，获得所要求的力学性能。整个过程包括奥氏体化、淬火和回火三个主要步骤，其中关键步骤是淬火工艺。

淬火是将金属零件加热到相变温度以上，保温后在淬火介质中急剧冷却的热处理方法，目的是提高零件硬度和耐磨性。工件淬火后，硬度很高，但组织很不稳定，尤其是存在很大内应力，造成工件强度、韧性降低，影响使用寿命。因此，需要随后进行回火，以减小或消除内应力，提高塑性和韧性，改善工件力学性能。

热处理用淬火液是金属零件进行热处理时常用的冷却介质。

为保证淬火后零件达到一定的力学性能及合格的金相组织、表面光亮、操作安全可靠、油品携带损失小，热处理用淬火液应具有以下性能：

①良好的冷却性；②闪点和燃点高；③热氧化安定性良好；④黏度低；⑤水分含量低；⑥淬火后工件表面光亮性好。

2. 热处理用淬火液的分类

热处理用淬火液是 L 类（润滑剂和有关产品）中 U 组（热处理）产品。GB/T 7631.14—1998（等同于 ISO 6743.14—1994）规定了这类润滑油的详细分类，见表 3-35。每一种淬火液又依据 GB/T 3141 工业液体润滑剂 ISO 黏度分类标准分为多个级别。

按用途不同，该分类方法将热处理介质分成热处理油、热处理水基液、热处理熔融盐、热处理气体等类型。

表 3-35　热处理用淬火液的分类（GB/T 7631.14—1998）

特殊应用	更具体应用	产品类型和（或）性能要求	品种代号	备注
热处理油	冷淬火 $\theta \leqslant 80℃$	普通淬火	UHA	某些油品易用水冲洗，由于在配方中加入破乳化剂而具有此特性，这类油称为"可洗油"，此特性是由最终用户要求，由供应商规定
		快速淬火	UHB	
	低热淬火 $80℃ < \theta \leqslant 130℃$	普通淬火	UHC	
		快速淬火	UHD	
	热淬火 $130℃ < \theta \leqslant 200℃$	普通淬火	UHE	
		快速淬火	UHF	
	高淬火 $200℃ < \theta \leqslant 310℃$	普通淬火	UHG	
		快速淬火	UHH	
	真空淬火		UHV	
	其他		UHK	

特殊应用	更具体应用	产品类型和(或)性能要求	品种代号	备注
热处理水基液	表面淬火	水	UAA	
		慢速水基淬火液	UAB	
		快速水基淬火液	UAC	
	整体淬火	水	UAA	
		慢速水基淬火液	UAD	
		快速水基淬火液	UAE	
	其他		UAK	
热处理熔融盐	150℃<θ<500℃	熔融盐(150℃<θ<500℃)	USA	
	500℃≤θ≤700℃	熔融盐(500℃≤θ≤700℃)	USB	
	其他		USK	
热处理气体		空气	UGA	
		中性气体	UGB	
		还原气体	UGC	
		氧化气体	UGD	
流化床			UF	
其他			UK	

注: θ 表示在淬火时的液体的温度。

四、汽轮机油

1. 汽轮机工作原理及对汽轮机油的使用要求

汽轮机是由水蒸气驱动作旋转运动的原动机,又称蒸汽透平,它接受锅炉送来的蒸汽,将蒸汽的热能转换为机械能,驱动发电机发电,也可直接驱动各种泵、风机、压缩机和船舶螺旋桨等。还可以利用汽轮机的排汽或中间抽汽来满足生产和生活上的供热需要。

汽轮机油亦称透平油,通常包括蒸汽轮机油、燃气轮机油、水力汽轮机油及抗氧汽轮机油等,主要用于汽轮机和相联动机组的滑动轴承、减速齿轮、调速器和液压控制系统的润滑。汽轮机油的作用主要是润滑、冷却和调速作用。

根据汽轮机油的作用特点,为确保汽轮机组的安全经济运行,汽轮机油必须具备:

① 良好的氧化安定性;

② 适宜的黏度和良好的黏温性;

③ 良好的抗乳化性;

④ 良好的防锈防腐性;

⑤ 良好的抗泡性和空气释放性。

2. 汽轮机油分类

我国汽轮机油分类标准 GB/T 7631.10 等效采用 ISO 6743 标准将汽轮机油按其特殊用途分五大类十二个品种。其中蒸汽轮机油细分为 TSA、TSC、TSD、TSE 四种牌号,燃气轮机油细分为 TGA、TGB、TGC、TGD、TGE 五种牌号,其中 TSA、TSE、TGA、TGB、TGE 均为矿油型，TSE、TGE 为极压型汽轮机油。汽轮机油的分类见表 3-36。

表 3-36　汽轮机油的分类(GB/T 7631.10—1992)

特殊应用	更具体应用	产品类型和(或)性能要求	品种代号	典型应用
蒸汽、直接或齿轮连接到负荷	一般用途	具有防锈性和氧化安定性的深度精制的石油基润滑油	TSA	发动机、工业驱动装置及其相配套的控制系统，不需改善齿轮承载能力的船舶驱动装置
	特殊用途	不具有特殊难燃性的合成液	TSC	要求使用具有某些特殊性如氧化安定性和低温性液体的发电机、工业驱动装置及其相配套的控制系统
	难燃	磷酸酯润滑剂	TSD	要求使用具有耐燃性液体的发电机、工业驱动装置及其相配套的控制系统
	高承载能力	具有防锈性、氧化安定性和高承载能力的深度精制石油基润滑油	TSE	要求改善齿轮承载能力的发电机、工业驱动装置和船舶齿轮装置及其配套的控制系统
气体(燃气)、直接或齿轮连接到负荷	一般用途	具有防锈性和氧化安定性的深度精制石油基润滑油	TGA	发动机、工业驱动装置及其相配套的控制系统，不需改善齿轮承载能力的船舶驱动装置
	较高温度下使用	具有防锈性和改善氧化安定性的深度精制石油基润滑油	TGB	由于有热点出现，要求耐高温的发电机、工业驱动装置以及其相配套的控制系统
	特殊用途	不具有特殊难燃性的合成液	TGC	要求具有某些特殊性如氧化安定性和低温性液体的发电机、工业驱动装置及其相配套的控制系统
	难燃	磷酸酯润滑剂	TGD	要求使用具有耐燃性液体的发电机、工业驱动装置及其相配套的控制系统
	高承载能力	具有防锈性、氧化安定性和高承载能力的深度精制石油基润滑油	TGE	要求改善齿轮承载能力的发电机、工业驱动装置和船舶齿轮装置及其相配套的控制系统
控制系统	难燃	磷酸酯控制液	TCD	要求液体和润滑剂分别供给，并有耐热要求的蒸汽轮机、燃气轮机控制机构
航空涡轮发动机*			TA	
液压传动装置*			TB	

＊—表示此类产品尚未建立。

96

五、导轨油

1. 导轨油的使用要求

机床刀架在步进工作时，时停时走、速度不均匀的现象称为机床爬行，会严重影响工件的加工质量和粗糙度，也缩短机床及刀具的使用寿命，而对数控机床来说，则使控制系统无法发挥作用。导轨油是防止机床导轨爬行的专用润滑油。

除一般工业润滑油要求的抗氧化安定性和良好的防锈性外，导轨油还必须具备：①有良好的抗磨性；②良好的黏滑特性（静动摩擦系数差值小）。

2. 导轨油的分类

我国等效采用 ISO 6743.13—1989 制订的导轨油分类标准 GB/T 7631.11—1994 见表3-37。G组用油只设一个品种，品种名称只用一个字母"G"或用全称 L-G，现设有 32～150四个黏度等级。今后准备增加黏度等级 220，它适用于横向或垂直进给速度较低而有可能引起"爬行"的精密导轨润滑系统。

表3-37　导轨油的分类（GB/T7631.11—1994）

应用范围	特殊应用	产品类型和性能要求	品种代号	典型应用	备注
导轨	润滑	精制矿油，并改善其极压、抗腐蚀、润滑性和黏性以防黏滑	L-G	用于机床导轨和普通轴承的润滑	如果符合设备制造者所提出的要求，可以用相同黏度等级的 HG 油（见 GB 7631.2）代替

六、轴承油

锭子（或主轴）、轴承、联轴器用润滑油可统称为轴承油。轴承分为滑动轴承及滚动轴承两种，滑动轴承通常以油来润滑，少部分高速滚动轴承，也使用润滑油。

1. 滑动轴承润滑条件及对润滑油的性能要求

按润滑方法不同，滑动轴承可分为液体静压润滑轴承和液体动压润滑轴承。液体静压润滑是靠润滑系统的油泵压力，使油进入润滑点。这种方法常用在轧钢机轴承、磨床主轴、机床导轨、内燃机曲轴、连杆轴承等的润滑上。液体动压润滑是靠轴的转动，使润滑油产生油楔力形成流体动压油膜。这种方法特别适用于单机运转。油膜轴承是一种液体动压润滑的滑动轴承，主要用于大型高速轧机的轧辊。

滑动轴承的液体静压润滑和动压润滑，从理论上讲均容易形成流体润滑。

一般来说，对轴承油的要求主要有：①合适的黏度和良好的黏温性能；②良好的抗氧化安定性；③良好的防锈性；④良好的润滑性；⑤抗乳化性好，不易乳化或混入油中的水能迅速分离。

2. 轴承油的分类

GB/T 7631.4—89 将 F 组主轴、轴承和有关离合器润滑剂分为 FC 和 FD 两个品种，见表3-38。都由深度精制矿油制得。L-FC 是 R&O（"R"表示防锈，"O"表示抗氧）型油，不要求有极压抗磨性，按其40℃运动黏度的中心值分为 2～100 十一个黏度等级，主要用于对抗磨要求不高的锭子(纺织机械)、滑动轴承、滚动轴承及有关离合器的润滑；L-FD(常称为主轴油)是R&O、AW(抗磨)、EP(极压)型油，按40℃运动黏度的中心值分为2~22七个黏度等级，它主要用于高速、轻载、高温的滑动轴承、滚动轴承(如精密机床主轴轴承等)和锭子的润滑，但不适用于离合器(易使离合器打滑)。

表3-38 轴承油的分类(GB/T 7631.4—1989)

组别符号	总范围	特殊应用	更具体应用	组成和特性	产品符号	典型应用	备注
F	主轴、轴承和有关离合器		主轴、轴承和有关离合器	精制矿油，并加入添加剂以改善其抗腐蚀和抗氧性	L-FC	滑动或滚动轴承和有关离合器的压力、油浴和油雾(悬浮微粒)润滑	离合器不应使用含抗磨和极压(EP)添加剂的油，以防腐蚀(或以防"打滑")的危险
			主轴和轴承	精制矿油，并加入添加剂以改善其抗腐蚀、抗氧化和抗磨性	L-FD	滑动或滚动轴承的压力、油浴和油雾(悬浮微粒)润滑	

七、金属切削液

金属切削加工是使用刀具(或磨料)切入工件材料，加工或预定几何形状、尺寸精度和表面质量的加工方法。金属切(磨)削液是为了提高金属切削加工效果，而在加工过程中注入工件与刀具(或磨具)之间的润滑冷却液体。

1. 金属切削加工润滑条件及特点

在金属切削时，切刀与工件之间的几何关系复杂，不同加工过程有很大差异，切屑以很大的压力及相当快的速度沿刀具流出，而使加工表面不但产生塑性变形，还以相当大的弹性变形力作用于刀具上。金属发生塑性变形，切屑与前刀面以及工件与后刀面的摩擦，都会使切削过程产生大量的热。切削时所耗能量，仅有1%~3%以残余应力形式储存于切屑和工件中，而97%以上的能量都转化成热量。由于切削区很小，热量集中，故切屑与刀具界面的温度极高。切削时最高温度能达800℃，磨削时可达1200℃。刀具在高温下，硬度和强度都会大幅度下降，促使使用寿命缩短。使用切削液的摩擦条件非常的苛刻，很难取得像一般润滑油那样的很好的液体润滑。切削液组成中，矿物基础油仅被使用为媒介，重要的是一些添加剂，如脂肪和极压剂。通过这些添加剂才能生产适合于每种切削过程的切削液。

2. 切削液的分类

按组成和性能特点不同，我国等效采用ISO 6743/7—1986国际标准，制订了GB/T 7631.5—1989润滑剂和有关产品(L类)的分类第5部分：M组(金属加工)标准，见表3-39。

表 3-39　金属加工润滑剂的分类(GB/T7631. 5—1989)

类别字母符号	总应用	特殊用途	更具体应用	产品类型和(或)最终使用要求	符号	应用实例	备注
M	金属加工	用于切削、研磨或放电等金属除去工艺；用于冲压、深拉、压延、强力旋压、拉拔、冷锻和热锻、挤压、模压、冷轧等金属成型工艺	首先要求润滑性的加工工艺	具有抗腐蚀性的液体	MHA	见附录 A 表	使用这些未经稀释液体具有抗氧性，在特殊成型加工可加入填充剂
				具有减摩性的 MHA 型液体	MHB		
				具有极压性(EP)无化学活性的 MHA 型液体	MHC		
				具有极压性(EP)有化学活性的 MHA 型液体	MHD		
				具有极压性(EP)无化学活性的 MHB 型液体	MHE		
				具有极压性(EP)有化学活性的 MHB 型液体	MHF		
				用于单独使用或用 MHA 液体稀释的脂、膏和蜡	MHG		对于特殊用途可以加入填充剂
				皂、粉末、固体润滑剂等或其他混合物	MHH		使用此类产品不需要稀释
		用于切削、研磨等金属除去工艺；用于冲压深拉、压延、旋压、线材拉拔、冷锻和热锻、挤压、模压等金属成型工艺	首先要求冷却性的加工工艺	与水混合的浓缩物，具有防锈性乳化液	MAA		
				具有减摩性的 MAA 型浓缩物	MAB		
				具有极压性(EP)的 MAA 型浓缩物	MAC		
				具有极压性(EP)的 MAB 型浓缩物	MAD		
				与水混合的浓缩物，具有防锈性半透明乳化液(微乳化液)	MAE		使用时，这类乳化液会变成不透明
				具有减摩性和(或)极压性(EP)的 MAE 型浓缩物	MAF		
				与水混合的浓缩物，具有防锈性透明溶液	MAG		对于特殊用途可以加填充剂
				具有减摩性和(或)极压性(EP)的 MHG 型浓缩物	MAH		
				润滑脂和膏与水的混合物	MAI		

八、暂时保护防腐蚀产品

暂时保护防腐蚀产品是用于防止金属制品在加工、储存、运输过程中因受环境大气影响的锈蚀，对保证金属制品的精度和使用性能有着重大意义。本分类适用于裸露金属和有涂层金属的防护(涂漆的金属表面、车身等)。这类材料主要用于防止大气腐蚀。产品有防锈油、水基防锈材料等。"暂时"并不是指防锈期的长短，而是指"容易去除"。GB/T 7631.6—1989暂时保护防腐蚀产品分类见表 3-40。

表 3-40　暂时保护防腐蚀产品的分类（GB/T 7631.6—1989）

组别代号	总应用	特殊应用	具体应用	组成和特性	品种代号	典型应用	备注
R	暂时保护防腐蚀	主要用于裸露金属的防护	缓和工作条件①	具有薄防护膜的水置换性液体	RA	工序间机加工和磨削的零件	用合适的溶剂或水基清洗剂去除（也可不去除）
				具有薄油膜的水稀释型液体具有水置换性的 RB 产品	RB RBB		
				未稀释液体具有水置换性的 RC 产品	RC RCC		
		主要用于有涂层金属的防护	较苛刻工作条件②	未稀释液体具有水置换性的 RD 产品	RD RDD	薄钢板、钢板 金属零件 钢管、钢棒、钢丝 铸件、内加工或完全拆卸的机械零件 螺母、螺栓、螺杆 薄钢板	用合适的溶剂和/或水基清洗剂去除
				具有油或脂状膜的溶剂稀释型液体具有水置换性的 RE 产品	RE REE		
				具有蜡至干膜的溶剂稀释型液体具有水置换性的 RF 产品	RF RFF	完全拆卸的机械零件 薄铝板	用合适的溶剂和/或水基清洗剂去除
				具有沥青膜的溶剂稀释型液体	RG	重负荷机械管轴	用合适的溶剂和机械力去除
				具有蜡至脂状膜的水稀释型液体	RH	管线和机械零件	用合适的溶剂或水基清洗剂去除
				具有可剥性膜的溶剂或水稀释型液体	RP	薄铝板 薄不锈钢板	剥离或用合适的溶剂或水基溶液去除
				融化使用的塑性化合物	RT	机加工和磨削的零件 小型脆性工具	撕除
				热或冷涂的软或厚的石油脂	RK	轴承 机械零件	用合适的溶剂或简单的擦掉去除
			所有条件	未稀释液体	RL	镀层薄钢板（镀锡板除外） 薄镀锌板 发动机和武器的装配件	剥离或用合适的溶剂或水基溶液去除
				具有蜡至干膜的溶剂和/或水稀释型液体	RM	上漆表面 车身 镀层薄钢板	

①缓和工作条件：储存期少于 4 个月，零件不能暴露于反复凝露的湿度条件下（仓库或房间温度易发生变化），也不能暴露于特殊的腐蚀条件下（酸或碱蒸气、烟雾等）；在密闭干燥条件下零件的短期运输（例如，密封包装、密封容器或密闭式车辆）。

②较苛刻工作条件：除缓和工作条件外的所有情况。

九、气动工具

1. 气动工具工作特点及对润滑剂的要求

气动马达也称为风动马达，是指将压缩空气的压力能转换为旋转的机械能的装置。气动工具主要是利用压缩空气带动气动马达而对外输出动能工作的一种工具。

目前，气动马达、气动工具已在矿山、冶金、汽车、机械、电子等行业得到越来越广泛的应用。为了保持气动马达、气动工具的良好工作状态，提高其使用寿命，必须在工作时对其滑动部分进行合理的、有效的润滑。一般来说，气动工具润滑剂的要求主要有：

①具有良好的润滑作用，有助于工具的维护、保修。

②良好的防湿作用，能清除工具表面的水分，而且能渗透到工具内部清除其水分。

③良好的防锈作用，在工具表面可形成有效的防锈薄膜。

2. 气动工具用润滑剂的分类

气动工具用润滑剂在 L 类(润滑剂和有关产品)中属于 P 组产品。按组成和性能特点不同，我国等效采用 ISO 6743.11—1990 国际标准，制订了 GB/T 7631.16—1999 气动工具润滑剂标准，见表 3-41。

表 3-41　气动工具用润滑剂的分类(GB/T 7631.16—1999)

组别符号	应用范围	特殊应用	更具体应用	产品类型	品种代号	典型应用
P	气动工具和机械	冲击式气动工具	自动或手动润滑	无抑制剂的直馏矿物油	L-PAA	压缩空气中无冷凝物条件下使用的轻型气动工具
				具有抗腐蚀性和抗磨性的矿物油	L-PAB	压缩空气中有冷凝物条件下使用的重型气动工具
				具有抗腐蚀、抗磨、抗泡沫及乳化性能的矿物油	L-PAC	压缩空气中有冷凝物，以及在延长使用周期的条件下使用的中型到重型气动工具
				合成基润滑剂	L-PAD	尤其在零度以下室外使用的气动工具
		润滑脂润滑		半流体润滑脂	L-PAE	用于特殊使用条件，例如减少油雾排出[1]
		回转式气动工具和气动机械	自动或手动润滑	无抑制剂的直馏矿物油	L-PBA	压缩空气中无冷凝物条件下使用的轻型气动工具
				具有抗腐蚀性的矿物油	L-PBB	压缩空气中有冷凝物条件下使用的轻型到中型气动工具
				具有抗腐蚀、抗磨、抗泡沫及乳化性能的矿物油	L-PBC	压缩空气中有冷凝物，以及在延长使用周期的条件下使用的中型到重型气动工具
				合成基润滑剂	L-PBD	特殊应用场合

注：根据 GB/T 7631.8 规定的 L-XBIB 000 润滑脂也可适用。

十、热传导液

在工业生产中，常见的热载体有无机热载体(水及蒸汽、制冷或冷却剂、熔盐、液态金属、气体)和有机热载体,热传导液(油)即是以液相或气相进行热量传递的有机热载体,包括矿物油型和合成型的产品。合成型产品称作热传导液,矿物油型产品称作热传导油。

水及蒸汽是最常用的热载体,虽廉价且稳定,但100℃以上蒸汽压迅速升高,一般在200℃以下使用。熔盐和液态金属能耐高温,但投资昂贵,不宜广泛使用,现分别在400~550℃和500~800℃的范围内使用。在400℃以下,热传导液(油)是比较理想的热载体。与直接加热和蒸汽加热等传统的加热方式相比,热传导液(油)加热具有节约能耗、加热均匀、控温精度高、操作压力低和安全便利等优点,因此,热传导液在化学化工、石油加工、石油化工、化纤、纺织、轻工、建材、冶金、粮油食品加工等行业的多种加热系统中被广泛应用。

1. 热传导液(油)传热系统工作原理

在加热器和用热器之间利用循环的热传导液(油)传递热量的装置称作热传导液(油)传热系统。热传导液(油)传热有两种基本方式,一种是在初馏点或沸点温度以下液相传热,另一种是在沸点温度以上气相传热。所有热传导油和大部分热传导液为液相传热介质,最高使用温度分别为320℃和350℃。少数热传导液为气/液相传热介质,最高使用温度可达400℃。液相传热蒸气压低,安全性好,使用更为广泛,而气相传热能满足更高的温度和控温精度要求,但不能完全为液相系统取代。图3-8、图3-9为基本的液相和气相传热系统,其组成有加热器、用热器、循环管线和其他辅助设备。

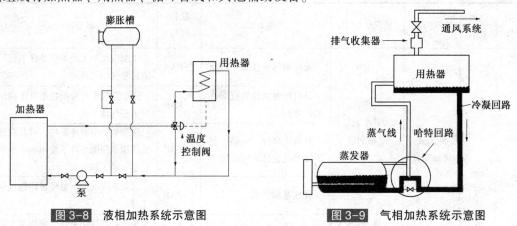

图3-8 液相加热系统示意图 图3-9 气相加热系统示意图

加热器的热源可以是燃料油、燃料气、电或煤,气相系统中的加热器实际上是一个蒸发器。液相系统需采用泵送强制循环,而气相系统多利用温差自然循环,也可采用泵送强制循环。液相系统还需配置有效的膨胀槽,以容纳热传导液(油)的受热膨胀量。膨胀槽有氮封和非氮封两种形式。达到同样的传热效果,气相系统的填装量比液相系统少得多。目前,这两种类型的装置在国内均被广泛采用。

2. 热传导液(油)的使用要求

热传导液(油)必须具备优良的使用性能,才能广泛满足工业领域的需要。主要使用要求如下。

(1)热稳定性

热稳定性是热传导液(油)区别于其他产品的最重要的使用性能,用以表示在某一特定温度下热传导液(油)因受热发生裂解进而聚合的程度。目前,国外尚无统一的热传导液(油)热稳定性评定方法,多采用在预计的最高使用温度下隔绝空气,静态或动态加热

（500~1000h）的方法，并通过试验前后样品馏程、黏度、酸值、残炭等指标的变化来确定产品的热稳定性。

（2）氧化安定性

氧化安定性是指热传导液(油)在高温下接触空气等外来污染物而老化的程度。膨胀槽是整个系统唯一可能接触空气的部位。对膨胀槽不采用氮气封闭的装置，热传导液(油)的氧化安定性显得更为重要。对热传导液(油)的氧化安定性国内外多采用润滑油的氧化试验方法，如润滑油老化特性测定法(DIN 51352)、热处理油氧化安定性测定法(SH/T 0219)等。

（3）其他使用性能

为适应加热系统启动时冷循环和低温环境的需要，热传导液(油)应具有较好的低温流动性，通常的控制指标为倾点和低温黏度。作为热载体，热传导液(油)应具有优良的传热性能。日常产品控制指标是密度和黏度。液相使用的热传导液(油)应能在常压或低压下保持液相运行，热损耗较小，控制指标为初馏点。气相使用的热传导液应具有较高的汽化潜热。热传导液(油)还应具有较好的安全性，如对设备无腐蚀，具有较高的闪点、燃点和自燃点，遇泄漏时危险性较小。

3. 热传导液分类

根据《石油产品和润滑剂的总分类》(GB 498—1987)热传导液(油)属于润滑剂和有关产品类中的Q组(热传导)。1989年国际标准化组织(ISO)发布了热传导液分类标准，目前我国已等效采用制定为国家标准，见表3-42。

表3-42　热传导液的分类(GB/T 7631.12—1994)

组别符号	应用范围	特殊应用[①]	更具体应用	产品类型和性能要求	品种代号	应用实例	备注
Q	热传导	最高使用温度<250℃	开式系统	具有氧化安定性的精制矿物油或合成液	L-QA	用于加热机械零件或电子元件的开式油槽	应考虑到系统、操作环境及热传导液自身在特殊应用条件下着火的危险 热传导液加热系统应配备有效的膨胀油槽，排气孔和过滤装置 在加热食品的热交换装置中，热传导液必须符合国家卫生和安全条例
		最高使用温度<300℃	带有或不带有强制循环的闭式系统	具有热稳定性的精制矿物油或合成液	L-QB	热传导液加热系统或闭式循环水浴	
		最高使用温度>300℃并<320℃	带有强制循环的闭式系统	具有热稳定性的精制矿物油或合成液	L-QC		
		最高使用温度>320℃	带有强制循环的闭式系统	具有特殊高热稳定性的合成液	L-QD	热传导液加热系统	
		最高使用温度>-30℃并<200℃	冷却系统	具有在低温时低黏度和热稳定性的精制矿物油或合成液	L-QE	带有热流和(或)冷流的装置	

①此栏所表示最高使用温度系指在加热器出口处测得的主流体温度，而不是指与加热器相接触处的达到更高温度的油膜温度。

本章习题

一、填空题

1. 齿轮油润滑类型有_____、_____、_____。

2. 双曲线齿轮油又叫_____，是加有_____的齿轮油

3. 用量最大的三类润滑油是_____、_____、_____，用量最大的三类燃料油指的是_____、_____、_____。

4. 压缩机油属于润滑剂(L类)的D组，包括_____、_____、_____和_____。

5. 天然气或烃类气体压缩机所用的压缩机油的黏度牌号一般要比相同型号、同等压力的空气压缩机所用油的黏度牌号要更_____些。(低、高)

6. 我国过去有一种润滑油品叫机械油，在新的国家分类标准中属于_____。

7. 在现在使用的国家标准中，电器绝缘油分为_____、_____、_____。

8. 热处理用_____是金属零件进行热处理时常用的冷却介质，在现在使用的国家标准中可将其分成_____、_____、_____、_____等类型。

9. _____是由水蒸气驱动作旋转运动的原动机，润滑它的油品称为_____，分组代号为_____。

10. _____是防止机床导轨爬行的专用润滑油，分组代号为_____。锭子(或主轴)、轴承、联轴器用润滑油，可统称为_____，分组代号为_____。

11. 金属切削液在GB/T 7631.1—2008中的第_____部分，分组代号为_____。

12. 防锈油在GB/T 7631.1—2008中的第_____部分，分组代号为_____。

13. GB/T 7631.1—2008中N组油品是_____，R组油品是_____。

二、问答题

1. 根据内燃机的工作特点说明内燃机油的使用要求。

2. 举例说明什么是多级油？什么是通用油？什么是多级通用油？它们各自的优点是什么？

3. 目前我国在用的汽油机油品种有哪些？

4. 汽油机油需通过的台架评定主要有哪几种？各自评定的内容是什么？

5. 目前我国在用的柴油机油品种有哪些？

6. 内燃机油使用过程中有哪些注意事项？

7. 根据液压油的工作过程说明液压油的使用要求。

8. 根据齿轮的分类、工作特点说明齿轮油的使用要求。

9. 简要叙述我国液压油的分类以及应用场合。

10. 简要叙述我国齿轮油的分类以及应用场合。

11. 简要叙述电器绝缘油的分类以及使用要求。

第四章　润滑油原料生产

第一节　减压蒸馏

一、燃料–润滑油型常减压装置总流程简介

矿物润滑油由石油加工而成，但润滑油组分仅存在于沸点高于350℃的常压渣油(或称常压重油)中。为满足不同润滑油对黏度的要求，需要从常压重油中切取一定馏分范围的润滑油基础油原料，必须借助减压蒸馏。

常减压蒸馏是原油的一次加工，在炼油厂加工总流程中有重要作用，常被称为"龙头"装置。现代炼油厂的常减压装置多是初馏塔–常压塔–减压塔的三段汽化或初馏塔–常压塔–减压塔–第二减压塔四段汽化。

初馏塔或者闪蒸塔的主要作用是将原油在换热升温过程中已经汽化的轻质油及时蒸出，使其不进入常压加热炉，以降低加热炉的负荷和原油换热系统的操作压力降，从而节约装置能耗和操作费用；此外原油中的气体烃和水在其中被除去而使常压分馏塔操作稳定。初馏塔和闪蒸塔的差别在于前者塔顶出产品，后者不出产品，塔顶油气进入常压塔中上部。因而前者有冷凝和回流设施，而后者无。

常压塔设置3~4条侧线，生产汽油、溶剂油、煤油(或喷气燃料)、轻柴油、重柴油等产品或者调和组分。为了调整各侧线产品的闪点和馏程范围，各侧线设有汽提塔。

燃料型常减压装置(如图4-1)的减压塔侧线作为催化裂化或加氢裂化原料，分馏精度要求不高，故只需根据热回收和全塔负荷均匀考虑，设2~3条侧线，且不设汽提塔。

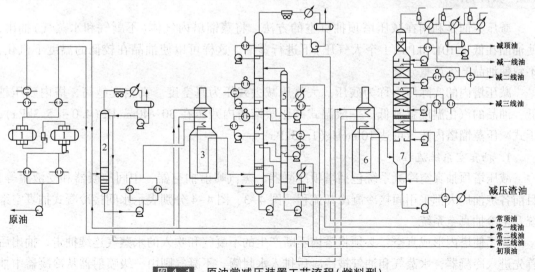

图4-1　原油常减压装置工艺流程(燃料型)

1—电脱盐罐；2—初馏塔；3—常压加热炉；4—常压塔；5—常压汽提塔；6—减压加热炉；7—减压塔

燃料–润滑油型常减压装置(如图 4-2)的初馏塔和常压塔与燃料型常减压装置一样,生产各种轻、重燃料油,减压塔侧线和塔底渣油作为生产各种润滑油的原料,减压系统较燃料型常减压蒸馏复杂,润滑油型减压塔以湿式操作为主。塔顶二级或三级抽真空,设有 4~5 个侧线。每个侧线对黏度、馏分宽度、油品颜色和残炭都有指标要求。减压塔各侧线一般都有汽提塔以保证产品的闪点和馏分符合指标要求。减压炉出口最高温度控制不大于 400℃,并且炉管采用逐级扩径尽量减少油品受热分解而使润滑油品质下降。为使最重润滑油侧线的颜色和残炭尽可能改善,在最重润滑油侧线与进料段间需要设置 1~2 个洗涤段,以加强洗涤效果。减压炉管注汽和塔底注汽,降低减压塔内油气分压,以提高拔出率。

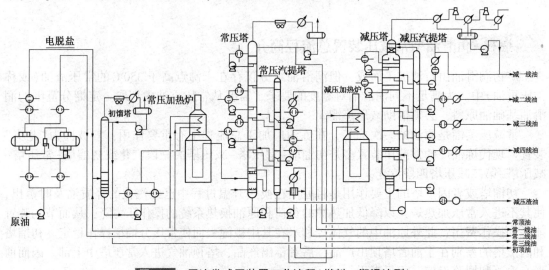

图 4-2 原油常减压装置工艺流程(燃料—润滑油型)

1—电脱盐罐;2—初馏塔;3—常压加热炉;4—常压塔;5—常压汽提塔;
6—减压加热炉;7—减压塔;8—减压汽提塔

二、减压原理

减压蒸馏是利用在减压塔顶抽真空的方法,将蒸馏塔内气体(不凝气和水蒸气)抽出,使油品在低于 101.3kPa (1 个大气压)下进行蒸馏。这样可以使油品在较低的温度下汽化,不致使油品产生严重分解。

减压塔内的实际压力称为残压。大气压减去残压为真空度。真空度越高,塔内残压越低,油品的汽化温度就越低。一般湿式减压蒸馏塔内残压在 30~40mmHg(4.0~.5.3kPa),干式减压蒸馏塔内残压可达 10mmHg(1.33kPa)。

1. 抽真空系统流程

减压塔顶抽真空冷凝系统包括塔顶冷凝器、蒸汽喷射抽空器、中间冷凝器和受液罐等,目前各炼油厂大都采用间接冷凝冷却流程。图 4-3、图 4-4 分别表示水间接冷凝式抽真空系统及空冷抽真空系统。

为了使塔内形成真空,必须将塔内不断产生的不凝气和吹入的水蒸气连续抽走。抽出后首先进入冷凝器,水蒸气和油气被冷凝后排入水封罐。不凝气则由一级喷射器从冷凝器中抽出,从而使冷凝器中形成真空。

一级喷射器利用高压水蒸气产生的局部真空将不凝气抽出,排入中间冷凝器,其中水蒸气被冷凝,不凝气再用二级喷射器抽出排入大气或进入后冷器。

2. 冷凝器

抽真空系统所用的冷凝器有水冷式和空冷式。水冷式又分为直接冷凝器和间接冷凝器两种。

直接冷凝器中,冷却水与减压塔顶馏出物直接接触,会产生大量的含油含硫污水,目前各炼油厂均已不采用。但它冷却最终温度比间接冷凝器低一些,塔内真空度比使用间接冷凝器稍高。

水冷间接冷凝器均用浮头式管壳冷凝器。气体走壳程,冷却水走管程,它可以减少炼油厂含油含硫污水,并便于操作,但冷却最终温度较高,特别是夏季因水温高,真空度受到较大限制,比直冷式设备多,占地面积大,对水质要求高。

空冷器也是间接冷凝器,由翅片管束和风机组成。它既可以减少装置用水量,消除含油含硫污水,又可保持较高的真空度。目前全国各炼油厂都在逐步改为空冷式。

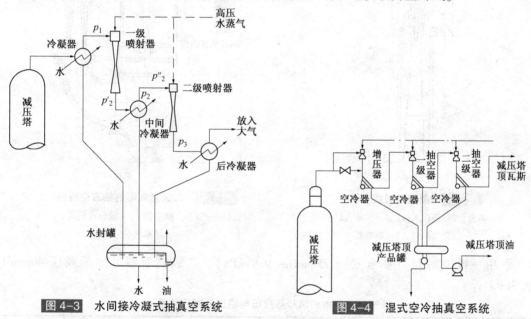

图 4-3　水间接冷凝式抽真空系统　　图 4-4　湿式空冷抽真空系统

空冷包括干空冷和湿空冷。湿空冷与干空冷的不同点就是向空冷器翅片管侧喷洒雾状水,依靠水对空气的增湿和在翅片管上的蒸发,降低空气入口温度,强化传热,最终达到降低油品出口温度,从而使空冷器具有更高效率和更大的适应性。

当湿式空冷的出风温度低于环境温度时,为了更好地利用对传热有利的低温空气,在湿空冷的基础上,发展了干湿联合空冷。

不管直接冷凝器,还是间接冷凝器,都在真空下操作,为了能使冷却水顺利排出,防止外界空气倒吸入塔,冷凝器下部应装一根长管(俗称大气腿)。这根管子的长度必须保证101.3kPa的水头高度,即 10.33m 水柱高。

3. 蒸汽喷射器

蒸汽喷射抽空器如图 4-5、图 4-6 所示。

蒸汽喷射器的基本工作原理是利用高压水蒸气喷射时形成的抽力,将系统中气体抽出,造成真空。

一般使用 0.8~1.3MPa 过热的水蒸气为工作介质，自上部经喷嘴高速(达 1000~1400m/s)喷出。由于喷嘴上端截面积大，蒸汽速度低而压力高，下端截面积缩小，蒸汽流速增大。根据能量守恒定理，动能增加，静压能必然降低，这样在蒸汽喷射器的喉管部分形成了负压，于是冷凝器中的不凝气就被抽吸出来。混合气进入扩张管后，由于扩张管截面积扩大，混合气速度降低，压力又复增高，即可将混合气排入大气。

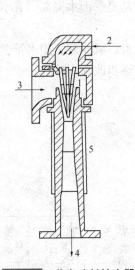

图 4-5　蒸汽喷射抽空器

1—喷管; 2—蒸汽入口; 3—气体入口;
4—混合气出口; 5—扩张器

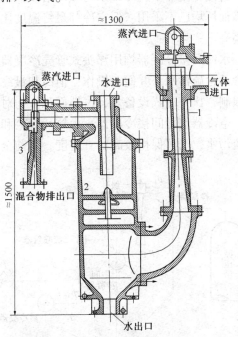

图 4-6　二级蒸汽喷射抽真空设备

1——级蒸汽抽空器，2—混合冷凝器;
3—二级蒸汽抽空器

使用一级喷射器可抽至残压 75mmHg(9.99kPa)，二级喷射器可抽至残压 40mmHg(5.3kPa)。

表 4-1　水的饱和蒸汽压与温度的对应关系

温度/℃	10	20	30	40	50
压力/kPa	1.2	2.3	4.2	7.4	12.3

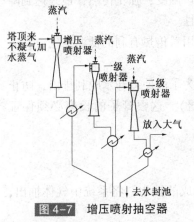

图 4-7　增压喷射抽空器

在用水冷时，蒸汽喷射器的抽空能力受冷凝器所用冷却水温度的限制，当系统残压等于该温度下冷却水的饱和蒸汽压(水饱和蒸汽压见表 4-1)时，塔顶残压就不能再降低了。即与该系统温度相对应的饱和水蒸气压力是这种类型抽空装置所能达到的极限残压，再加上管线及冷凝系统压降，减压塔顶残压还要更高些。因此，如果要求更高的真空度，可在冷凝器前安装增压喷射器(见图 4-7)组成三级抽空系统，因为塔内气体不经冷凝而直接进入辅助抽空器，塔顶真空度就不再受冷却水温限制，但是辅助抽空器负荷大，蒸汽耗量多，因此只有在采用干式减压后减压塔顶负荷大幅度下降的情况下，才适宜用三级抽空来产生高真空度。

三、润滑油减压蒸馏工艺特点

润滑油减压蒸馏工艺特点可概括为"高真空、低炉温、窄馏分、浅颜色。"

1. 高真空

高真空是减压蒸馏操作的关键，减压塔的真空度高，塔内不同馏分间的相对挥发度大，有利于油品的汽化及分馏，有利于提高馏分油的收率。另一方面，真空度高，还可以适当降低减压炉温度、减少油品裂解，改善馏分油质量。

减压蒸馏塔顶的抽空器是产生真空的动力设备，冷凝器将减压塔顶油气混合物冷凝得温度越低，真空系统才可能产生较高的真空。

减压蒸馏塔典型的顶压在60~80mmHg（8~10.67kPa），向下压力逐渐提高，塔底压力在100~140mmHg（13.3~18.7kPa），注入过热蒸汽有利降低油气分压，防止其受热分解。

2. 低炉温

为了提高减压馏分的质量和收率，要求减压炉具有"低炉温、高汽化率"的特点。当油品加热温度过高时就会发生裂解和缩合反应，而这些反应产物中会含有不凝气体、不饱和烃和胶质、沥青质等，这些物质混入馏分油中就会使馏分油的氧化安定性变差，色度变深，残炭值升高，而且反应生成的裂解气进入减压塔，会增加塔顶抽真空系统的负荷，影响真空度。减压炉出口温度一般在395℃，蒸馏塔形成一定的温度梯度，在塔底约为360℃，塔顶约为140℃，集中在减压蒸馏塔底的渣油沸点一般高于525℃，有时能高于550℃。

3. 窄馏分

减压蒸馏是润滑油生产的第一道工序，分出的基础油馏分的质量直接影响到后续工序的质量，如果基础油的馏分比较宽，在后续的溶剂精制时，不但需要用较多的溶剂去除沸点较高的非理想组分，而且也往往会使沸点较低的理想组分在溶剂精制时被除去，使精制油收率降低。溶剂脱蜡时，在同一温度下会有结构不同、分子大小不等的各种固体烃同时析出，因而得不到均一的固体烃结晶，导致脱蜡过滤速度减慢影响加工能力，也降低去蜡油的收率。反之分割的馏分越窄，去蜡油收率越高，蜡的含油率也相应降低，加快过滤速度，增加处理能力，降低装置能耗。

为了实现窄馏分，首先要保证减压塔的平稳操作，在较高真空度下，调整各侧线的物料收率，保证塔内回流的均匀分布。其次要稳定汽提塔的液位，并在汽提塔底吹入适当的过热蒸汽，将油品中较轻组分蒸发出来，可以提高馏出油的初馏点，使馏分油头部变重，可适当增加塔底的吹气量以保证塔内有足够回流油，充分发挥塔板作用。

4. 浅颜色

生产中对减压馏分油的色度应严格控制。因为颜色深就意味着油中硫、氮、氧的含量高，会给后续工序的加氢补充精制或白土精制带来较大困难，不仅加大氢气或白土的消耗量，也增加装置的能耗。

四、润滑油减压蒸馏塔的结构特点

1. 湿式减压与干式减压

按减压蒸馏过程是否借助水蒸气的分压作用，将润滑油减压蒸馏分为湿式减压工艺［见图4-8（a）］和干式减压工艺［见图4-8（b）］。目前国内外大多数润滑油生产厂仍采用湿式工

109

艺。蒸馏过程中吹入水蒸气起到稀释剂作用，由于水分子量小、冷凝温度高、来源广、经济安全，又与油品有很好的分离性，因此水蒸气是很好的稀释剂。在深度减压和吹水蒸气的条件下，可大大降低蒸馏温度，使被分离的渣油尽可能地缓解分解。

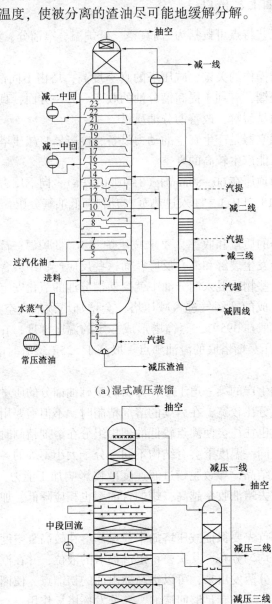

(a) 湿式减压蒸馏

(b) 干式减压蒸馏

图 4-8 润滑油减压蒸馏方式

润滑油干式减压蒸馏是新开发的工艺，其特点是加热炉和减压塔底不吹水蒸气，塔内件多采用填料，利用高真空和适当的炉温来获得减压馏分油。

目前国内干式减压蒸馏有两种类型：

①全填料型干式减压：干式减压在减压塔内全部采用填料，同时采用塔顶三级抽真空设备及大直径的低速转油线等措施，取得了显著效果。

全填料型干式减压蒸馏的主要问题：填料需要合金钢材，如 1Cr13 合金钢或 Cr18Ni9 钢、1Cr18Ni9Ti 钢，造价高；填料腐蚀严重，特别是处理含硫量高的原油；填料腐蚀后生成的 FeS 接触空气后易自燃，检修时易引起火灾，并烧坏填料。

②混合型干式减压：混合型干式减压塔采用塔板与填料混合结构，可以克服填料昂贵、腐蚀及检修时填料自燃等缺点，用于生产润滑油料时，效果显著。

与湿式减压相比，干式减压技术设计及操作难度较大，故不如湿式减压应用广泛。

2. 润滑油型减压蒸馏塔特点

润滑油型减压蒸馏塔与燃料油型减压蒸馏塔相比有以下几个特点。

（1）塔板数较多

由于润滑油料对馏分范围有一定要求，为了保证一定的分馏精度，侧线之间通常保持 3~5 层塔板，国内炼油厂蒸馏装置减压塔进料以上一般有 18 层塔板以上，比燃料型减压塔的塔板数多 7~12 层。

（2）采用高效低压降的塔板

由于对产品质量要求高，所以减压塔一般选用分离效率高而且压降小的塔板或者填料，近几年网孔、伞帽、轻型浮阀等塔板及高效规整填料或复合型塔内件（塔板和填料混合）被广泛采用。

（3）侧线设有外汽提塔

为了提高油品闪点，减少油料轻组分的含量，缩小油品馏程范围，润滑油型减压蒸馏一般每一侧线润滑油料抽出都设有 1~8 层浮阀塔板的外汽提塔。

（4）侧线数量多

因为润滑油的产品品种多，所以要求的基础油的调和组分也相应增多，并且脱蜡和溶剂精制的生产工艺也要求基础油的馏分要窄，所以润滑油型减压塔要比燃料油型多 1~2 个侧线。目前，我国大多炼油厂减压塔设有 4 个侧线，也有一些炼油厂设有 5 个侧线，而国外甚至还有开设 6 个侧线的减压塔，以满足高黏度润滑组分的需要。

（5）控制炉管注汽和塔底吹汽量

在炉管的汽化段注汽，可以提高加热炉汽化段的流速，防止结焦；而在塔底要吹入过热蒸汽，可以降低进料段油气分压。但是吹汽量过大不仅增大能耗，增加塔顶抽真空器的负荷，降低了真空度，还造成蒸汽速度大，产生携带，影响产品质量。所以，在保证一定的油气分压情况下注汽和吹汽都不宜过大。

（6）尽量缩短渣油在塔底的停留时间

为了改善油品的安定性，减少油品中的不安定组分含量，润滑油型减压蒸馏塔要严格控制渣油在塔底的停留时间。国内减压塔一般采用二次缩径，有些装置还设有急冷油措施用来控制塔底温度。

（7）各部均衡取热

目前为了保证减压塔的热平衡，一般设有两个中段回流，然而必须在保证产品质量情况下适当调节各中段回流量，润滑油型减压蒸馏总的余热利用率要比燃料型减压蒸馏低一些，为了保证产品质量，不宜过多追求余热利用率。

（8）采用炉管扩径和低速转油线技术

为了防止油品裂解，在保证一定汽化率的条件下，尽量实现油品的等温汽化。为此要采用炉管扩径和低速转油线技术，从而降低炉管内汽化点的压力，也就是降低了汽化点的温度，减少油品的裂解，为提高产品质量创造条件。

（9）严格控制加热炉出口温度

为了提高润滑油料的安定性，根据不同原油的特点，应严格控制加热炉出口温度，尽量不要超过临界裂解温度，例如，大庆原油减压炉出口温度一般控制在395℃以下。

（10）严格控制加热炉操作

搞好加热炉的操作是保证润滑油料质量的重要环节。加热炉的操作要使火焰均匀，尽量避免炉管局部过热，各路流量要均衡，各路炉出口温度偏差要小。

五、润滑油减压蒸馏产品质量控制要求

1. 减压蜡油（馏分油）

减压蜡油生产润滑油基础原料时，应控制馏分范围、黏度、比色、残炭等指标。这是根据基础油（中性油）标准和下游加工工序要求而确定的。润滑油馏分切割范围一般为实沸点320~525℃范围，可以生产75SN、100SN、250SN、500SN、750SN等型号润滑油基础油的原料。在生产中主要以黏度作为切割依据。由于不同原油的组成不同，原料黏度有差异，所以不同原油要切割同一黏度等级的馏分油，其切割范围也就不同。对同一种原油，也会因分馏精确度不同，馏分范围也不同。若润滑油馏分分割较差（例如偏重）、范围过宽会给下游工序带来很多困难。润滑油馏分最好是初馏点到干点的范围不大于100℃，相邻两馏分油的95%点和5%点重叠度不大于10℃，减四线油2%~97%点不大于90℃。减压切割中应限制最重的一种馏分油的干点，以免把含蜡的残渣油混入馏分油中，影响石蜡的结晶。

润滑油馏分的比色也有严格的控制指标，即1~65（ASTM D1500）号。

减压润滑油馏分主要指标的分析方法见表4-2。

表4-2　润滑油料的质量指标

序号	质量指标	分析方法	序号	质量指标	分析方法
1	运动黏度（50℃/100℃）	GB/T 265	4	残炭	SH/T 0170
2	比色	GB/T 6540	5	ASTM 馏程（2%~97%）	SH/T 0165
3	闪点（开口/闭口）	GB/T 3536			

2. 减压渣油

减压渣油的质量没有统一控制指标，根据原油性质和全厂总流程方案的要求，视其不同用途而有不同要求。

对于石蜡基和中间基原油的减压渣油，一般可作为溶剂脱沥青原料，以生产润滑油基础油原料或催化裂化原料和沥青产品。

112

六、产品质量调节方法

1. 黏度

在使用润滑油时，润滑油的黏度比、黏温性能等都以黏度为基础。减压侧线馏分油在各后序装置加工最终形成成品润滑油过程中，黏度自始至终是各装置加工深度的一个主要考核指标。从减压塔生产的侧线馏分油也用黏度来控制。

依据黏度与油品的化学组成的关系，黏度的影响因素与调节方法如下：

①各侧线油馏出量小，各中段回流量大，塔内回流油多，则各侧线油黏度小。各侧线油馏出量大，中段回流量小，则各侧线油黏度大。

②上一侧线馏出量过大，使下层塔板内回流量减少，下一侧线轻组分减少，其产品黏度升高。因此调节某一侧线馏出量时，应考虑到可能对下一侧线产生的影响。

③侧线馏出温度高，产品黏度高。可在一定范围内调节中段回流量，中段回流量的调节要先保证热平衡，即全塔操作平稳为前提，改变馏出口温度主要是通过调整侧线馏出量来调节，馏出量大，馏出温度升高，产品黏度大。

④真空度高，重质馏分才能汽化，馏出油黏度升高；若真空度下降，馏出油黏度降低，为获得同样黏度的油品就必须提高馏出口温度。所以在真空度发生变化时，为得到相同黏度的侧线油，应调整馏出口温度。

⑤塔底吹汽量增大，减压炉出口温度升高，都将使塔内油品汽化量升高，重质馏分油汽化量增加，这样容易造成靠下面的侧线油黏度升高，塔上部侧线，由于汽化量增大，内回流增多，改善了塔的分馏效果，黏度有可能不会上升。

⑥有的减压塔侧线馏出口有两个，可通过改变上下馏出口位置，调节黏度。如黏度偏大，可改开上馏出口；黏度低，则改开下馏出口。

2. 闪点

馏分油的闪点由其轻组分含量决定，闪点低表明油品中易挥发的轻组分含量较高，即馏程中初馏点及10%点温度偏低，通常说馏程头部轻。调节方法如下：

①若有侧线汽提塔吹入过热蒸汽的装置，可以加大吹汽量，使本侧线不需要的轻组分，经汽提塔返回塔内，这样就使馏程头部加重，闪点提高。

②提高该侧线馏出温度，使油品中的轻组分向上一侧线挥发，提高馏出温度时也会使干点升高，即馏程尾部变重，因此采取这种调节手段必须在保证干点合格的前提下进行。

③适当提高塔顶温度，可以使产品闪点有所提高。

3. 残炭

重质润滑油料残炭高的原因及调节方法如下：

①减压炉出口温度高，会造成残炭高，必须稳定减压炉出口温度。

②过热蒸汽吹入量过大，温度过高，也会使残炭值升高，必须控制好过热蒸汽的温度和压力。

③原油性质的变化，如原料油变重，残炭值升高。

④减压塔底液面高，上升气相容易携带重质油，影响最低减压侧线的残炭，应控制好塔底液面。

⑤真空度变化、侧线拔出量变化都会影响最低减压侧线的残炭。

4. 比色

可以采取下列措施降低馏分油的比色：

①加强加热炉的管理是改善馏分油颜色的重要环节。为了改善馏分油的比色，降低油品在加热炉中的裂解，可以采用降低油品汽化点的压力来降低油品的泡点温度，使油品的泡点温度低于裂解温度。由于汽化过程是一个渐次过程，正确的处理方法是逐级扩大炉管直径，随着压力逐渐减小，油品的汽化率不断增加。汽化段吸收的热量基本上等于汽化率增加所需要的潜热，也就是实现了在低于裂解温度情况下的等温汽化。

②改进洗涤段操作，提高馏分油质量。国外有的炼油厂把脏洗涤油和净洗涤油打入加热炉入口，实现了过汽化油循环，不仅可避免降低润滑油料收率，还可以实现在较低的闪蒸温度下操作，为改善馏分油的质量、提高收率创造了条件。

③降低馏分油的出装置温度，加强储存管理。生产实践表明，当馏分油的出装置温度比较高，储罐又较脏时，油品的质量劣化，特别是比色变深的速度加快，其主要原因是油品储存温度偏高产生氧化所致。所以确定馏分油合理的出装置温度，加强储存管理也是改善馏分油比色的有效途径。

④减压塔采用新型进料结构，降低雾沫夹带是改善馏分油颜色的关键。对于润滑油型减压塔，不仅要求其各侧线之间有一定的分离精度，也要求各侧线产品特别是较重的侧线产品少夹带有害的物质(胶质、沥青质等)。目前国内最低减压侧线润滑油料质量普遍较差，突出表现在其比色偏大，其主要原因可能是塔进料段雾沫夹带严重，将渣油中的一些胶质携带到馏分油中，而胶质染色能力极强，比如在无色汽油中只要加入 0.005% 的胶质，汽油将被染成草黄色。所以油品的颜色主要是由于胶质的存在而造成的。

第二节　丙烷脱沥青

原油经常减压蒸馏后剩下的残渣中，含有相当一部分高黏度的高分子烃类，这部分烃类是宝贵的高黏度润滑油(如航空发动机润滑油、过热汽缸油等)组分。但是，残渣油中集中了原油所含的胶质、沥青质的绝大部分，这些物质不是润滑油的理想组分，而且在溶剂精制中不能完全除去，还会影响脱蜡过程的进行，因此生产残渣润滑油时，在进行精制和脱蜡等加工过程之前，必须先将渣油中的胶质、沥青质脱除，脱沥青过程同时还将某些大分子烃类，以及含有硫、氮的化合物，甚至还含有 Ni、V 等金属的有机化合物进行脱除。

工业上重质油脱沥青是用萃取的方法从减压渣油中除去胶质和沥青质，在制取脱沥青油的同时又生产石油沥青。利用丙烷、丁烷等烃类作为萃取溶剂，萃取物脱沥青油可通过溶剂精制、溶剂脱蜡和加氢精制(或白土精制)制取高黏度润滑油基础油(残渣润滑油或光亮油)，也可作为催化裂化和加氢裂化的原料。萃余物脱油沥青可做道路沥青或其他用途。

重质润滑油的溶剂脱沥青过程起源于 20 世纪 30 年代，第一套润滑油丙烷脱沥青装置建立于 1934 年，萃取过程在混合器、沉降罐内完成。以后建立的装置则改用逆流萃取操作。萃取塔以往采用填料塔，近年来则多采用转盘塔。中国的第一套丙烷脱沥青装置于 1958 年建成。

现今溶剂脱沥青不仅是润滑油加工过程中的一个重要手段，而且作为渣油加工的一种方法，生产裂化原料或加氢脱硫原料也日益受到重视。

一、萃取原理及萃取溶剂

1. 萃取原理

萃取是一种广泛应用的单元操作，分为固液萃取(浸取)和液液萃取，液液萃取又称溶剂萃取，在石油炼制工业亦称抽提。

把被分离的原料溶液称为原溶液，原溶液中需被萃取组分称为溶质 A，其余称稀释剂 B，为萃取 A 而加入的溶剂 S 称为萃取剂。原溶液和萃取剂充分混合后，由于各组分的溶解度、密度的不同，分成两相，萃取出溶质 A 含溶剂 S 较多的一相称为提取相(萃取相)，主含稀释剂的一相称为提余相(萃余相)，见图4-9。

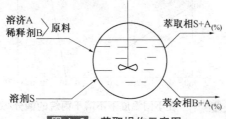

图 4-9　萃取操作示意图

以下情况适合采用萃取操作：①混合物的相对挥发度小或形成恒沸物，用一般精馏方法不能分离或很不经济。②混合物浓度很稀，采用精馏方法必须将大量稀释剂 B 汽化，能耗过大。③混合液含热敏性物质，采用萃取方法精制可避免物料受热破坏。

润滑油基础油加工过程中的溶剂脱沥青、溶剂精制都是以萃取原理为基础进行生产的。

2. 萃取溶剂的要求

选择合适的溶剂是萃取过程的关键因素，理想溶剂应具备以下性质：

①溶解性强，对被萃取组分(溶质)的溶解能力要足够大。

②选择性好，即溶剂对溶质和稀释剂的溶解度差别要大。

③有较好的稳定性、化学安定性、热安定性、抗氧化安定性，不易变质，对设备腐蚀小。

④毒性小，来源容易，价廉。

⑤工作条件下黏度小、密度大，萃取过程中易于提取液和提余液的传质、分离。

⑥与所处理原料的沸点差要大，以便用蒸发、汽提等手段从提取相和提余相中回收溶剂，较大的沸点差容易分离，但沸点过高，回收成本高，溶剂沸点过低，则回收需要在高压下进行，也会使回收成本提高。

以上各项中，选择性和溶解能力为溶剂最重要的性质。

炼油厂溶剂脱沥青装置广泛采用的溶剂是一些低分子烃类，例如丙烷、丁烷、戊烷以及它们的混合物等。随着溶剂分子量的增大，溶剂对减压渣油中油分的溶解度增大，选择性变差，因此当以润滑油料为主要生产目的时，通常选用选择性好的丙烷作溶剂，当以生产催化裂化原料为目的时，选用溶解度大的丁烷或戊烷作溶剂。

二、丙烷脱沥青原理

丙烷对各类烃的溶解度与各组分的化学结构及分子大小有关。对分子较小的烷烃、环烷烃易溶，对大分子的稠环芳烃难溶，对胶质、沥青质几乎不溶。丙烷-渣油体系在不同温度下溶解关系如图4-10所示，从图4-10看出，在-60℃到20℃的范围内，丙烷和渣油呈两相状态，分离出的不溶物量随着温度升高而减少，也即溶解度随着温度的升高而升高。20~40℃范围内，两相变为完全互溶的一相。当温度升高至40℃后，又开始有不溶物析出，而且随着温度的升高，析出的物质增加，至丙烷的临界温度(96.84℃)时，油全部析出。

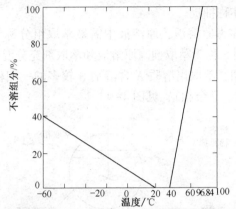

图4-10　在不同温度下不溶于丙烷的馏分/%

溶剂比=2：1(V/V)

第一个两相区温度范围内不适宜脱沥青操作，丙烷脱沥青是在40~97℃的第二个两相区操作的。在第二个两相区内，液体丙烷随着温度的升高，其溶解能力逐渐降低，当温度升高到临界温度且压力为临界压力时，液体丙烷对油的溶解能力最小。利用丙烷这一特性，将丙烷和渣油按一定比例在萃取塔内逆流混合接触进行萃取，从而将润滑油组分与胶质、沥青质分开，以生产重质润滑油料或催化裂化原料，同时得到沥青，利用丙烷的这种性质，还可将液体丙烷与萃取出的脱沥青油分离，以达到回收丙烷的目的。

三、丙烷脱沥青工艺流程

溶剂脱沥青方法尽管名目繁多，但其原理基本相同，只是目的产品、溶剂回收方法或流程不同而已。典型的丙烷二次萃取脱沥青工艺流程由溶剂萃取和溶剂回收两部分构成。工艺流程见图4-11。

1. 萃取

萃取的任务是把丙烷溶剂和渣油充分接触而将渣油的润滑油组分溶解出来，使之与胶质、沥青质分离。

萃取过程是在萃取塔内进行的，萃取塔底部为沥青沉降段，下部为萃取段，上部为脱沥青油沉降段。减压渣油与萃取塔顶的轻脱沥青油丙烷溶液换热后，经原料油缓冲罐1进入萃取塔2的上部，丙烷中间罐19中的丙烷分两路经过冷却器冷却，一路冷至40℃，用丙烷泵21升压后送入萃取塔底部，另一部分送入二次萃取塔下部。

在萃取段内，丙烷与渣油的比例为(3~4)：1(质量)，温度为45~65℃，在此条件下，液态丙烷的密度为0.4g/cm^{3}左右，渣油密度在0.9~1.0g/cm^{3}之间，二者密度差较大，在塔内作逆向接触流动，并在转盘搅拌下进行萃取，胶质、沥青质沉降于萃取塔的底部。

溶解了润滑油的丙烷从萃取段出来，由于其中会溶解一部分胶质、沥青质，为了保证产品质量，减少丙烷溶液中胶质、沥青质的含量，在萃取塔上部设一个沉降段，其中装有翅片管，用水蒸气加热，因为温度升高，丙烷溶解能力降低，胶质、沥青质以及重质油就会沉降出来。这些沉降物落入沉降段和萃取段之间的集油箱中，此物料称为二段脱沥青油。

将二段脱沥青油送入二次萃取塔4中，再次用丙烷萃取，塔顶出来的称为脱沥青油，塔底出来的称为残脱沥青油。

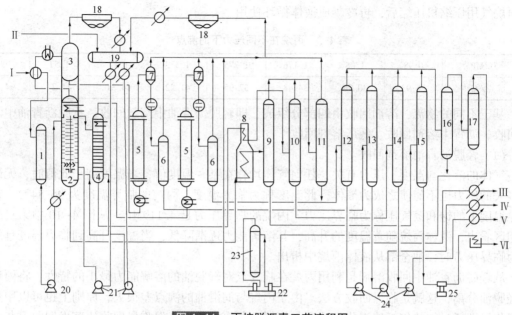

图4-11　丙烷脱沥青工艺流程图

Ⅰ—减压渣油；Ⅱ—丙烷；Ⅲ—重脱沥青油；Ⅳ—轻脱沥青油；Ⅴ—脱残沥青油；Ⅵ—沥青
1—原料油缓冲罐；2—萃取塔；3—临界回收塔；4—二次萃取塔；5—升膜蒸发塔；6—闪蒸罐；7—旋风分离器；
8—加热炉；9、10—沥青蒸发塔；11—泡沫分离器；12—重脱沥青油汽提塔；13—轻脱沥青油汽提塔；
14—脱残沥青油汽提塔；15—沥青汽提塔；16—混合冷凝冷却器；17—丙烷气体中间罐；18—空气冷却器；
19—丙烷中间罐；20—原料泵；21—丙烷泵；22—丙烷压缩机；23—分丁烷罐；24—成品泵；25—沥青泵

这种从萃取塔中得到两个含油物流的流程称两段法；如果把沉降出来的物质压到下部的沥青液中而不单独分出重脱沥青油的流程，称为一段法。两段法的优点是除了可多得一个有用的产品外，同时还易保证塔顶和塔底产品的质量，在生产低残炭值润滑油的同时又要生产高标号沥青，用一段法难以同时保证两者的质量。但两段法设备较复杂，能耗较大。在产品的数量与品种能满足要求的情况下，应尽可能用一段法。

打入萃取塔的丙烷分为两部分，送入下部的称为主丙烷起主要萃取作用，另一部分的丙烷量较少，是从萃取塔底打入的，使沥青中部分润滑油能得到再次萃取，从而提高沥青的质量，并能提高脱沥青油收率，这一部分丙烷称为副丙烷。

萃取塔中的压力应保证在操作温度下使丙烷处于液态，为此，萃取塔的压力应比脱沥青温度下丙烷的蒸气压高0.294~0.392MPa，一般采用4.217~4.412MPa(表压)。

丙烷脱沥青处于较高压力下操作，所以，要注意压力的变化，在各高压设备上均装有安全阀，以防丙烷漏入空气中发生爆炸。

2. 溶剂回收

溶剂回收部分的任务是从含油的丙烷溶液和沥青溶液中分出丙烷，得到油和沥青。

丙烷在常压下沸点为-42.06℃，所以，分出油和沥青并不困难。回收后的丙烷还要循环使用，应考虑选择合适的回收条件，尽量使丙烷呈液态回收，或使蒸馏出来的气态丙烷能用冷却水冷凝成液体，减少对丙烷气的压缩，节省动力。丙烷在不同压力下的沸点见表

4-3。炼油厂中冷却水的最低温度为25℃左右，水冷后，丙烷所能达到的最低温度为36～40℃。由表4-3看出，丙烷的压力不应小于1.373MPa，一般取1.96MPa，但在此压力下不能蒸出所有的丙烷，剩下的丙烷就要在压力较低并用蒸汽汽提的情况下进行回收，回收的低压丙烷气用压缩机压缩后，再冷凝成液体循环使用。

表4-3　丙烷在不同压力下的沸点

压力/MPa	0.98	1.08	1.176	1.275	1.373	1.47	1.57	3.92
沸点/℃	26.93	30.78	34.48	37.95	41.22	44.31	47.24	94

基于不同的物流，溶剂回收由四部分组成，即轻脱沥青油中溶剂回收、重脱沥青油中溶剂回收、沥青中溶剂回收、低压溶剂回收。

（1）轻脱沥青油溶剂回收

气体的液化与温度、压力有关，任何气体均存在某一温度值，当温度高于此值时，无论加多大的压力也不能使之成为液体，此温度称为临界温度。丙烷的临界温度为96.84℃。在临界温度下的饱和蒸气压称为临界压力。丙烷的临界压力是4.119MP。从图4-10中第二个两相区看出，液体丙烷随着温度的升高，其溶解能力逐渐降低，当温度升高到临界温度且压力为临界压力时，油全部从液体丙烷中析出。

从轻脱沥青油中回收溶剂是利用丙烷在临界点对轻脱油的溶解能力最小的特性，将丙烷与轻脱油分离，这就是临界回收方法。由于丙烷与润滑油的沸点差很大，原则上也可以用蒸发回收，即通过加热使丙烷汽化来达到与轻脱油分离的目的，但临界回收比蒸发回收可节约50%的蒸汽，还可节省冷却水，并减少冷却面积，大大减少回收丙烷的能耗。

如图4-11所示，从萃取塔2顶部出来的轻脱沥青油丙烷溶液，经加热压力升高到接近丙烷的临界状态（96.84℃，4.12MPa），进入临界回收塔3，从而将轻脱沥青油液中的大部分丙烷（约占总量的75%以上）分离出来并以液体状态回收，临界回收塔分出的丙烷，经冷却至40℃后，回到丙烷中间罐19循环使用。

从临界塔3底部出来的轻脱沥青油，仍含有相当多的丙烷，经加热至100℃左右，进入升膜蒸发塔5，丙烷汽化，然后进入旋风分离器7进行气液分离，旋风分离器底部的轻脱沥青油中仍含有丙烷，经加热后，又进入闪蒸罐6，再次蒸出丙烷，闪蒸罐底部含有微量丙烷的轻脱沥青油进入轻脱沥青油汽提塔13，用蒸汽汽提出丙烷，轻脱沥青油经冷却后送出装置，作为润滑油料或催化裂化原料。

采用升膜蒸发和旋风分离法与过去的罐式蒸发（用重沸器加热蒸发）相比较有很多优点，如传热系数高，设备体积小，节省钢材，节约占地等。

（2）重脱沥青油中溶剂回收

从萃取塔集油箱出来的二段脱沥青油，进入二次萃取塔4中再次进行萃取，塔顶出来的是重脱沥青油丙烷溶液，经加热器、升膜蒸发塔5加热汽化，进入旋风分离器7，分出丙烷，重脱沥青油再经加热至155℃，进入闪蒸罐6，再次蒸出部分丙烷，闪蒸罐底含有微量丙烷的重脱沥青油进入重脱沥青油汽提塔12，用蒸汽汽提丙烷。重脱沥青油经冷却后送出装置，作为润滑油调和组分或催化裂化原料。

残脱沥青油丙烷溶液中回收丙烷：从二次萃取塔底部出来的残脱沥青油丙烷溶液，进入加热炉8的对流室加热到180℃后，进入残脱沥青油蒸发塔10中蒸发出大部分丙烷，塔底含有微量丙烷的残脱沥青油进入残脱沥青油汽提塔14，用蒸汽汽提出丙烷。残脱沥青油冷却后送出装置。

当二段萃取不开时，即无残脱沥青油。

（3）沥青中溶剂回收

从沥青溶液中回收丙烷，需要加热到比较高的温度，由于沥青黏度很高，如果温度不够高，丙烷蒸发时会形成大量泡沫。此外，沥青软化点较高，为了输送方便，也需要加热至较高的温度。

图4-11中，萃取塔底部的沥青丙烷溶液送至加热炉8的辐射室，加热至230~280℃后进入沥青蒸发塔9中，蒸出大部分丙烷，塔底含有微量丙烷的沥青进入沥青汽提塔15，用蒸汽汽提出丙烷，沥青冷却后送出装置。

从蒸发塔9、10出来的丙烷气进泡沫分离塔11切除沥青沫后与从闪蒸罐6、旋风分离器7来的丙烷汇合，冷凝冷却后，进入丙烷中间罐19中，循环使用。

（4）低压丙烷气回收

自各汽提塔顶来的丙烷-水蒸气，进入混合冷凝器16的下部，与直接喷入的水接触，进行冷凝冷却，塔底污水排入下水道，顶部的丙烷气进入丙烷气体缓冲罐17，然后用压缩机将丙烷压缩至2.16MPa，经冷凝冷却后进入丙烷中间罐19中循环使用。

直接冷凝因排污水量太大，有些炼油厂已改成间冷式，同时还可以节约新鲜水用量。有些炼油厂，在丙烷一段压缩机出口中间冷却器后装有丁烷分离罐，切出的丁烷凝液不排入下水道，而是加热汽化后供加热炉燃烧用。

按操作压力范围，丙烷脱沥青装置的溶剂回收又可分为高压丙烷回收循环系统、中压丙烷回收系统和低压丙烷回收系统。高压丙烷回收循环系统有临界沉降塔、临界丙烷冷却器、丙烷增压泵；中压丙烷回收系统的设备有蒸发塔（器）、中压丙烷冷却器、丙烷罐等；低压丙烷回收系统的设备有汽提塔、低压丙烷冷却器、丙烷压缩机。

四、丙烷脱沥青过程影响因素

1. 萃取过程

丙烷脱沥青是利用在一定的温度、压力下，液体丙烷对减压渣油中的润滑油组分（含蜡）有相当大的溶解能力，而对胶质和沥青质几乎不溶这一特性，将丙烷和渣油按一定比例在萃取塔内逆流混合接触进行萃取，从而将润滑油组分与胶质、沥青质分开的过程。

萃取方式、原料油（组成和性质）、溶剂（丙烷的纯度和用量）、操作条件（萃取温度、萃取压力以及萃取塔的搅拌情况）等都对萃取过程的操作结果有重要影响。

（1）萃取方式

萃取方式有一次萃取、多次萃取和逆流萃取等几种。

逆流萃取是在塔中进行的，溶剂和渣油在塔中逆向流动，在接触时，油溶于溶剂。逆流萃取是连续过程，由于油的相对密度比溶剂丙烷大得多，溶剂从下部进入，渣油从上部进入，溶剂从下向上升，沥青从上向下沉降，两者在逆向流动中接触，为了增大接触面积，改善萃取效果，常采用填料塔或转盘塔。

同样的条件下逆流萃取比多次萃取和一次萃取效果好。获得同样质量精制油时，采用逆流萃取可以使用最低的溶剂比和得到最大的精制油收率。

丙烷脱沥青装置以及糠醛精制装置采用的均是逆流萃取方式。

（2）原料油组成和性质

一般情况下，在正常生产时，原料油的组成、性质不会被当作调整操作的参数来用。但是原料油的组成、性质与萃取效果有着密切的关系。当原料油的组成、性质发生变化时,有关的操作参数须及时作必要的调整。

渣油中油分含量多时,为使胶质、沥青质分离出来,需要较大的溶剂比,脱沥青油收率也高,相应黏度较低。

原料中含油量少、而又需制取低残炭值的润滑油时,所得脱沥青油黏度高、收率低。所需溶剂比虽小,但必须采用比较苛刻的操作条件。由于其中润滑油组分的化学结构接近于胶质,所以,必须提高萃取温度,以提高丙烷的选择性,才能保证脱沥青油的质量。

原料油的组成、性质不仅取决于原油性质,而且与减压蒸馏的拔出深度有关,拔出越深,渣油越重,油分含量越低。

(3) 萃取溶剂

①溶剂纯度对操作的影响:溶剂的组成直接影响脱沥青的结果。乙烷、丙烷、丁烷等烃随着分子的增大,对渣油的溶解能力也增大,而选择性下降。所以,丙烷溶剂中乙烷含量高时,由于其选择性强,溶解能力差,使润滑油料收率明显降低,且黏度减小,并导致中压丙烷系统压力升高,对操作不利。当丙烷溶剂中丁烷含量高时,增大了高分子极性芳烃在溶剂中的溶解度,选择性降低,使脱沥青油的收率、残炭、黏度都有所提高,同时还溶解了相当多的重金属、胶质、沥青质,使脱沥青油的质量变坏。溶剂中丙烯含量高时,由于丙烯的溶解能力和选择性与丙烷相比均较差,且蒸汽压高,在生产中虽能得到合格的脱沥青油,但其黏度、收率均较低,质量波动也较大。

一般工业丙烷来源于催化裂化气体分馏装置,丙烷中会含有其他烃类,由于各种烃类的基本性质不同而影响萃取操作及效果。因此对溶剂的其他组分含量要加以限制。如对于生产重质润滑油为主的丙烷脱沥青装置,为了保证脱沥青油的质量与收率,应降低溶剂比,减少溶剂消耗,对丙烷溶剂的要求:丙烷含量不小于80%,C_2 不大于2%,C_4 不大于4%,丙烯含量也要尽量低。保证丙烷溶剂纯度有利于提高脱沥青油的质量和收率,减少溶剂消耗。

②丙烷带水对操作的影响:丙烷带水首先容易引起丙烷泵密封的泄漏;其次,由于水的密度大且不溶于丙烷,水随沥青从萃取塔底流出,经沥青加热炉加热后进入沥青蒸发塔,在该塔的温度、压力下,水仍呈液体状态,经减压进沥青汽提塔后水汽化,引起沥青发泡,若带水严重,就会引起突沸,造成事故。因此,应防止丙烷带水,丙烷罐应定期切水。

③溶剂比大小对操作的影响:丙烷用量通常以溶剂比来表示。溶剂比为溶剂量与原料油量之比,有体积比和质量比之分,工业上多用体积比。溶剂比的大小对脱沥青过程的经济性、脱沥青油的收率、质量以及过程的能耗等都有重要影响。

在较低温度下(20~40℃范围)丙烷对渣油有较大的溶解度。当少量丙烷加入到渣油中时,丙烷就会全部溶入,这时只是降低了渣油的黏度,而无沥青析出。继续加入丙烷,渣油中油分的浓度就不断降低,这部分油分仍能溶解胶质和沥青质,故胶质和沥青质仍不会析出。当丙烷增加到一定量时,渣油中油分的浓度更低了,不能溶解渣油中的全部胶质、沥青质,于是胶质和沥青质就从溶液中分离出来。此时溶液分成两层,上层为溶有脱沥青油的丙烷层,下层为黏度较大的溶有丙烷的沥青层。此时分出的沥青软化点较低,因为胶质、沥青质黏度极大,溶剂不能将其中的油完全溶解分出,所得到的脱沥青油中也还含有少量胶质、沥青质,再继续增加丙烷达到渣油体积的 3~4 倍时,沥青层中的油分更多地溶于丙烷,沥青层黏度增大,软化点升高。与此同时脱沥青油中的胶质、沥青质也进一步分离出来。对制取裂化原料来说还需进一步使胶质、沥青质分离完全,溶剂比要达到 7~9。溶剂比再加大时，丙烷层中的胶质、沥青质不会继续分出，而由于丙烷量的增加，溶进丙烷层中的胶质、沥青质增多，使脱沥青油残炭反而升高。溶剂比与脱沥青油的收率及残炭的关系见图4-12。丙烷用量大小关系到装置设备大小和能耗，因此确定丙烷用量的原则应该是在满足产品质量和收率的要求下，尽量降低溶剂比。

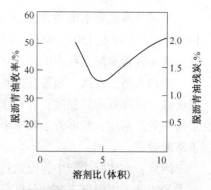

图 4-12 溶剂比与脱沥青油收率及残炭的关系

在一定温度下，对于不同的原料和产品，都应有一个适宜的溶剂比。一般来说，较重的原料溶剂比小一些，较轻的原料溶剂比大些，生产残炭低的脱沥青油溶剂比小些，生产残炭高的脱沥青油溶剂比大些。丙烷脱沥青装置使用的溶剂比一般为(6~8)∶1。

由于减压渣油黏度大，在塔内分散能力差，不利于提高萃取效率。为改善原料的分散能力，以提高脱沥青油收率，在原料进塔前，将丙烷按一定比例打入减压渣油内对原料进行预稀释(这部分丙烷称为预稀释丙烷)，以降低黏度和改善混合效果，提高脱沥青油收率。

预稀释部分溶剂的量一般为原料量的 0.5~1.0 倍。

(4) 萃取温度

溶剂脱沥青最重要与最敏感的因素是温度。因为工业上溶剂脱沥青过程都是在第二个两相区温度范围内靠近临界点温度条件下进行的，由于靠近临界点，溶剂的溶解度随温度变化会发生非常大的变化，所以在溶剂脱沥青过程中，调节温度对调整产品质量、收率以及操作都是一个很重要的手段。

在实际生产中，用同一原料生产不同目的产品时，经常只调控操作温度就能达到要求。

温度较低时，溶剂对油有较大的溶解度。随着温度升高，溶剂选择性提高，脱沥青油质量提高，但收率下降。这就要在二者之间选择一个平衡点。

在溶剂脱沥青装置中，多采用塔式逆流萃取设备，高温原料从塔上部进入，低温溶剂从塔下部进入，塔顶部采用加热盘管加热。抽提塔内各点的温度以塔顶温度最高，塔底温度最低，自上而下形成一定的温度降，称为温度梯度。在塔下部已溶解于溶剂的物质，在上升过程中，随着温度的升高又部分逐步析出，这就形成了类似分馏塔的内回流，有利于改善萃取的分离效率。一般温度梯度越大，所形成的内回流也越多，萃取分离效率越好。但也和分馏塔一样，过大的内回流会影响到萃取塔的生产能力，甚至产生液泛而破坏操作。

萃取塔顶部温度提高，溶剂的密度减小、溶解能力下降、选择性加强。脱沥青油中的胶质、沥青质少，残炭值低，但收率降低。萃取塔底部温度较低时，溶剂溶解能力强，沥青中大量重组分油被溶解，因而沥青中含油量减少，软化点高，脱沥青油收率高。可见，适宜的温度梯度是保证产品质量和收率的重要条件，温度梯度通常为 20℃ 左右。顶部温度可通过改变顶部加热盘管蒸汽量来调节，而底部温度由溶剂进塔温度决定。

塔顶温度是调节轻脱油质量的关键，塔底温度是调节脱沥青油收率和沥青软化点的重要因素。塔顶温度高，脱沥青油残炭低，黏度低，其收率也低；塔底温度高，脱沥青油收率低，沥青软化点低；反之则相反。

塔顶、塔底的温度高低应根据原料性质、脱沥青油及沥青质量要求而定。对胶质、沥青质含量多的原料，轻脱沥青油残炭要求不大于 0.7% 时，塔顶、塔底温度都相应高些，顶部温度高以保证轻脱沥青油的质量，底部温度高主要考虑减少油品的黏度，以保证萃取效率。

不同的溶剂要求的萃取温度也不同，常用溶剂的萃取温度为：丙烷 50～90℃，丁烷 100～140℃，戊烷 150～190℃。在最高允许温度以下，采用较高的温度可以降低渣油的黏度，从而改善萃取过程中的传质状况。

渣油入塔温度高，通常在 120～150℃ 之间。渣油入塔温度受到两个方面的限制：①入塔温度高，可降低原料黏度，有利于分散，提高萃取效率；但同时提高了塔中上部温度，降低了丙烷的溶解度，脱沥青油收率下降。②入塔温度低，增大了渣油黏度，不利于分散，降低了萃取效率。

因此，在实际生产中，应通过试验总结出萃取效率最高的渣油入塔温度。一般来说，黏度大的渣油入塔温度高些，黏度低的渣油入塔温度低些。

（5）萃取压力

正常的萃取操作一般在固定压力下进行，操作压力不作为调节手段。但在选择操作压力时必须注意两个因素：

①保证萃取操作是在液相区内进行，对某种溶剂和某个操作温度都有一个最低限压力，此最低限压力由体系的相平衡关系确定，操作压力应高于此最低限压力。

②在近临界溶剂萃取或超临界溶剂萃取的条件下，压力对溶剂的密度有较大的影响，因而对溶剂的溶解能力的影响也大。

（6）萃取塔转盘转速

从理论上讲，随着转速的增加，液滴直径变小，传质速度提高，因而萃取效率增加，但设备处理能力下降；当转速增加到一定限度，液滴过小沉降不下来时，就会形成液泛，造成塔顶冒黑油。

（7）萃取塔界面高度

界面过高会使塔内的温度升高，降低塔内的温度梯度，降低萃取效果，此外，副丙烷易走短路，从塔底跑出，使实际溶剂比降低，从而使脱沥青油收率下降。严重时可能使脱沥青油中携带沥青，致使塔顶冒黑油。界面过低，则会使部分脱沥青油和丙烷随沥青从塔底跑出，降低了脱沥青油的收率，同时增大了沥青加热炉的加热负荷及中压丙烷冷凝冷却负荷。

2. 溶剂回收过程

（1）临界塔操作

临界回收塔的压力，不仅关系到整个装置的平稳操作和安全生产，而且直接影响临界回收的效果。压力偏高，增加设备负荷。压力偏低，达不到临界条件，油和丙烷互溶，使轻油液带丙烷量大，临界回收丙烷中带油严重，既增加了轻油蒸发塔的回收负荷，还造成临界空冷器油垢增厚，甚至部分堵塞，使后部冷却器的出口温度达不到规定的要求。必须严格控制临界回收塔压力在相应的临界压力下。临界回收塔压力由萃取塔压控进行控制，通过调节临界回收塔顶去冷却器的丙烷量，控制压力在指标范围内。

临界回收塔的温度也是保证溶剂临界回收的条件之一。温度偏高能耗增加，压力波动，易冲塔。温度偏低，达不到丙烷的临界状态，油与丙烷互溶，使轻油液中含丙烷，丙烷中含油，严重时会堵塞空冷器造成生产事故。

稳定萃取塔各部的操作，确保临界回收塔进料量平稳，控制好轻脱沥青油从萃取塔去临界回收塔温度，保证进料温度平稳，都对临界回收塔的平稳操作有重要意义。

（2）蒸发塔操作

轻脱沥青油溶液经临界过程后还含少量丙烷，它与重脱沥青油溶液、沥青溶液三个物流要经过蒸发及汽提过程回收出其中的丙烷，才能得到轻、重脱沥青油和半沥青产品，汽提丙烷经压缩机提压后与蒸发丙烷一起经冷凝、冷却后供循环使用。

蒸发过程是利用脱沥青油（沥青）与丙烷的沸点不同，在一定压力下，丙烷与脱沥青油（沥青）的沸点差很大，通过加热并控制温度、压力，使溶剂汽化，与脱沥青油（沥青）分离。汽提是通过从塔底通入水蒸气，降低丙烷气的分压，使溶剂与脱沥青油（沥青）完全分离的工艺过程。

蒸发塔的进料温度要控制在溶液的泡点温度以上，轻脱油溶液一般为130℃左右，重脱油溶液为185℃左右，沥青溶液要加热到220℃~250℃，以防止发生泡沫。进料温度低，丙烷蒸发不充分，增加汽提塔和压缩机的负荷，温度过高，不但能耗增加，而且使塔内丙烷气速过大，造成塔顶带油。

蒸发塔液面的高低既影响丙烷蒸发程度和汽提系统的负荷，又影响安全生产。液面过高易发生淹塔，造成塔顶带油，降低冷却器的冷却效果。液面过低，丙烷蒸发不充分，从塔底窜入汽提塔，造成超压事故。一般控制在50%~60%为好。

（3）汽提操作

汽提塔液面的高低对产品闪点、丙烷消耗和环保有很大影响，一般要求控制在60%~70%，过高易造成淹塔，使塔顶丙烷把油带到丙烷气中间罐，加大油品损失，反之，液面过低，产品中携带丙烷增加，产品闪点低，丙烷消耗大，同时，易造成产品泵抽空。

汽提塔顶来的丙烷和水蒸气的混合物，温度较高，并夹带极少量的油和沥青，到丙烷冷凝冷却器（图4-11中的16）与重脱油液换热，并分离冷凝水、油和沥青，这样可避免水击，少带或不带油、沥青的丙烷气到丙烷气中间罐（图4-11中的17），丙烷气中间罐主要起稳定缓冲作用，以便脱除剩余的冷凝水、微量的油和沥青，若丙烷气中间罐液面太低，丙烷气会窜入下水井，不但造成丙烷消耗大，而且威胁装置的安全生产；反之，液面过高，丙烷携带冷凝水、油和沥青量增加，从而影响压缩机的安全运行。

五、丙烷脱沥青装置操作条件、产品质量和物料平衡

表4-4为我国第一套丙烷脱沥青装置的主要操作条件、产品质量和物料平衡情况。

表4-4　我国第一套丙烷脱沥青装置的主要操作条件、产品质量和物料平衡

项　目	指标范围	项　目	指标范围
进料	新疆、青海混合减压渣油	沉降塔顶温度/℃	78~86
进料相对密度（d_4^{20}）	0.9450	临界回收塔温度/℃	93~94
原料处理能力/（Mt/a）	0.30	萃取塔中温度/℃	67~73
工艺类型	萃取、沉降-冷分离，准临界回收	萃取塔底温度/℃	61~67
萃取塔内件	转盘8段	轻脱沥青油残炭值/%	<0.9
丙烷纯度（体）/%	96	轻脱沥青油收率/%	30.48
丙烷进料比（体）	6.5~(7.1∶1)	重脱沥青油残炭值/%	1.3~2.3
萃取塔压力/MPa	4.35	重脱沥青油收率/%	12.85
临界回收塔压力/MPa	4.20	脱油沥青软化点/℃	62~63
萃取塔顶温度/℃	72~78	脱油沥青收率/%	56.1

丙烷脱沥青装置溶剂回收系统的主要操作条件如表4-5所示。

表4-5 丙烷脱沥青装置其他部分主要操作条件

设 备	进料温度/℃	顶部温度/℃	底部温度/℃	压力（表）/MPa	出口温度/℃
沥青蒸发塔	235~250	230~240	230~250	1.8~2.0	
沥青汽提塔	230~250	200~220	220~240	0.05~0.1	
轻脱沥青油汽提塔	140~160	130~150	140~150	0.05~0.1	
重脱沥青油汽提塔	150~160	130~150	140~150	0.05~0.1	
热丙烷气换热塔	230~240	60~90	约150	1.8~2.0	
沥青液加热炉	35~55				235~250

六、丙烷脱沥青装置的主要设备

1. 转盘萃取塔

转盘萃取塔的结构如图4-13所示，塔中部为萃取段，由转盘、固定坏、稳流栅板和驱动装置组成；上部为脱沥青油沉降段，设有加热盘管；下部为沥青沉降段。转盘的驱动装置可采用在转动轴下部的水轮借助溶剂丙烷来驱动（该部分丙烷称为支丙烷），或将转动轴伸出塔底用变速马达来驱动，由于塔底出轴处的密封泄漏和变速马达防爆问题不好解决，国内仍采用水力驱动方式。丙烷萃取过程中，丙烷溶剂作为连续相由萃取段下部入塔，原料渣油作为分散相由萃取段上部入塔，进行逆相萃取，塔内各层之间的液体由于转盘旋转产生离心力，使重的液体沿转盘顶向塔壁流动，轻的液体向塔中心流动，形成横向层流，这种横向流动对因相对密度差而产生的上下流动形成一种剪切应力，使液滴分散成细小粒径，增加了两相的接触表面，从而加快了传质过程，提高了萃取效率。据报道，水力驱动会形成流体的强烈搅动，产生返混，如密封问题能解决，还是采用萃取塔外马达驱动为好。

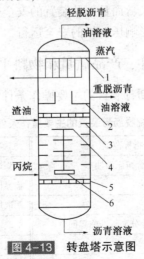

图4-13 转盘塔示意图

1—翅片管加热器；2—集油箱；3—固定环；4—转盘；5—稳流格栅板；6—驱动水轮

2. 沉降器

沉降分离器是一个上部带有加热盘管的空壳塔，不设相间接触构件。这样的塔，在操作中基本上无温度梯度，无萃取功能，实际上实施脱沥青油宽馏分的冷分馏功能，使来自萃取塔顶的脱沥青油在这里通过冷分馏一分为二，分为轻脱沥青油丙烷溶液和重脱沥青油丙烷溶液。

有些装置在沉降塔下部注入少量丙烷，并设少量挡板，此时，沉降塔实际上成为脱沥青油的二段萃取——沉降塔了。早期的丙烷脱沥青装置沉降塔置于萃取塔之上，如图4-11所示。

沉降塔的操作温度由于冷分馏的需要，较萃取塔温度高5~10℃，操作压力稍稍低于萃取塔压力。

3. 静态混合器

由于减压渣油的黏度很大，100℃运动黏度往往高达$100~300mm^2/s$，而预稀释溶剂比只有$(0.5~1):1$，混合后混合物温度在80℃左右，温度低，黏度仍然不是很小，很难保证渣油与溶剂混合均匀。

使用静态混合器可使物料混合均匀，其结构如图4-14所示。

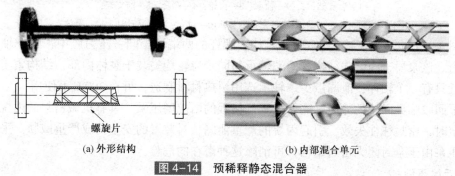

螺旋片

(a) 外形结构　　　　　　　　　(b) 内部混合单元

图 4-14　预稀释静态混合器

静态混合器实际上是一种管道萃取器。一般由单孔道左、右扭转的螺旋片组焊而成，混合过程是由一系列安装在空心管道中的不同规格的混合单元组成的。由于混合单元的作用，使流体时而左旋，时而右旋，不断改变流动方向，不仅将中心流体推向周边，而且将周边流体推向中心，从而造成良好的径向混合效果。与此同时，流体自身的旋转作用在相邻组件连接处的接口上亦会发生，这种完善的径向环流混合作用，使物料获得混合均匀的目的。

原料在混合器内与溶剂进行多级混合后进入萃取塔，在塔内实现两相分离。

4. 蒸发器和蒸发塔

蒸发器一般用于脱沥青油中丙烷的蒸发，蒸发所需热源由水蒸气通过卧式管束来供给。

从沥青液中回收丙烷，一般不用蒸发器，这是因为一则蒸发空间小，沥青易发泡，蒸发丙烷携带沥青比较严重；二则沥青液必须加热至相当高的温度(230~250℃)才能防止起泡沫，此时，蒸汽加热已经无能为力，必须由火馅加热的管式炉来供热。所以，从沥青液蒸出丙烷往往使用如图4-11中9、10所示结构的蒸发塔。为取出丙烷蒸气的过剩热量，目前，往往在该塔上部设洗涤-换热段，向顶层塔板上送入重脱沥青-丙烷溶液，以脱除丙烷蒸气夹带的沥青微粒，并回收其过剩热量。

该塔一般在2.0MPa，235~250℃下操作。

5. 双螺杆热油泵和磁力传动丙烷增压泵的应用

以往脱油沥青的外送泵大都采用蒸汽往复泵，效率低，能耗大，泄漏严重，管路振动，维修工作量大。据报道，换用双螺杆型热油泵后，运行平稳，无脉动，密封性能良好，不仅解决了沥青泵管路振动及泄漏沥青的问题，而且节约了能源。双螺杆热油泵的结构示意如图4-15所示。

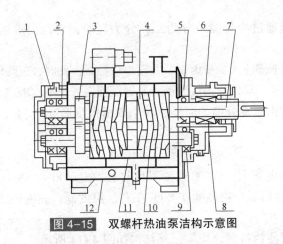

图 4-15　双螺杆热油泵洁构示意图

1—后支架；2，9—轴承；3—齿轮；4—螺套；5—前支架；

6—密封盒；7—主动轴；8—密封轴套；10—衬套；11—从动轴；12—泵体

由图 4-15 可见，该泵采用双吸式结构，螺杆的两端处于同一压力腔中，螺杆轴向力可自行平衡。该泵属于内装式结构，两端轴承与同步齿轮均安装于泵体内部，结构紧凑，刚性好，而且只有一个轴伸，泄漏点少。轴承选用耐热材料制造，可在 300℃ 下使用。

为了回收临界丙烷的势能，需要设置低扬程的丙烷增压泵。具有机械密封的丙烷泵在操作不稳定时，密封往往失效，引起丙烷的严重泄漏，对装置的安全构成严重威胁。采用磁力传动增压泵由于全封闭无密封结构，可消除这种潜在的危险。

6. 丙烷压缩机

由于工艺上的需要，须将丙烷气由 0.1MPa 压缩至 2.0MPa，若采用一段压缩，则压缩比太大，出口压力过高，使得排出气体温度过高，对压缩机的材质要求也随之提高，同时使压缩机效率降低。若采用多级压缩，虽然能提高压缩机的工作效率，但设备结构复杂，制造成本高，同时故障率也随之增多。考虑到压缩机的经济性(包括制造成本、运行成本)，丙烷压缩机采用两级压缩。

同其他多级压缩机一样，在两级压缩间设中间冷却器用于冷却一段出口温度，以降低二段入口温度，提高压缩机的效率；此外中间冷却器底部装有一切液阀，用来及时切除水及丁烷液体，以防中间冷却器振动等。

切记压缩机不能抽液体，因为液体是不可压缩的，当压缩机抽入液体时，液体被压，此时压力急剧上升，产生高压，将汽缸打碎，造成事故。因此在压缩机运行过程中，应严禁带水。为避免压缩机带水，一般在压缩机入口前的容器上装有高液位自动停车的自动保护机构。

七、装置安全生产

从安全角度考虑，丙烷脱沥青装置有以下特点：

(1) 压力高

萃取及临界回收系统操作压力高达 4.2MPa 且装置内液体丙烷藏量达 300t 以上。

(2) 易燃易爆

丙烷在常温常压下，呈气体状态，当与空气混合比例达到 2.4%～9.5%(体积分数)时即可形成爆炸性气体，遇到火源就会发生爆炸事故。

126

如果出现大量丙烷泄漏事故，为防止出现燃烧爆炸等更严重事故，应按如下原则处理：

①停止进料和丙烷循环，关闭各部返回量，停止各部加热，加热炉熄火。

②立即将外泄丙烷的设备从系统中切除。

③立即将该设备通过火炬线泄压。

④外漏丙烷的设备存有液体时，能外送的尽量外送。

⑤根据事故情况处理原料油线、沥青线，以防凝线。

⑥注意在事故处理过程中要避免铁器撞击，以防打出火花，必要时装置周围禁止车辆通行和禁止一切用火。

（3）高、低压节流阀多

装置生产过程中由高压到中压，由中压到低压的压差均为 2.0MPa，一旦调节阀或副线阀开度过大，就会发生高压串低压的危险，若安全阀失灵或超过设备强度，就会造成设备爆炸事故。

（4）油品黏度大，易凝固

尤其是沥青，一旦凝固难以处理。

本章习题

一、填空题

1. 燃料-润滑油型常减压装置比燃料型常减压装置流程_____。

2. 减压塔顶残压的极限是_____，再加上管线及冷凝系统压降。

3. 润滑油减压蒸馏工艺特点可概括为_____、_____、_____、_____。

4. 目前国内外大多数润滑油生产厂仍采用_____工艺。蒸馏过程中吹入____起到间接降压作用。

5. 干式减压塔内填料腐蚀后生成的_____接触空气后易自燃，检修时易引起火灾，并烧坏填料。

6. 一般干式减压蒸馏塔内残压比湿式减压蒸馏塔内残压_____，塔顶采用____级抽真空系统。

7. 减压塔抽真空系统的冷凝器在真空下操作，冷凝器下部安装的长管俗称_____。这根管子的长度必须保证_____m水柱高。

二、判断题

1. 丙烷脱沥青的原料是常压渣油。（   ）

2. 丙烷脱沥青是利用丙烷对渣油中不同组分溶解能力不同的特点，分离减压渣油不同组分的过程。（   ）

3. 主丙烷是临界回收后返回丙烷罐的丙烷。（   ）

4. 预稀释丙烷的作用是稀释原料。（   ）

5. 支丙烷的主要作用是驱动萃取塔转盘转动，所以支丙烷决定了沥青的质量。（   ）

6. 丙烷罐内因为有水积聚，所以既有液面、又有界面存在。（   ）

7. 萃取塔内自上而下形成的温度降，称温降。（   ）

8. 丙烷脱沥青装置的萃取系统操作状况，直接决定装置各产品的质量。（   ）

9. 丙烷脱沥青装置溶剂回收系统的作用是通过临界回收、蒸发回收、汽提回收方法，回收各产品中的丙烷。（　　）

10. 丙烷脱沥青装置临界回收系统是利用丙烷的临界特性分离回收轻脱油–丙烷溶液中的丙烷的设施。（　　）

11. 丙烷脱沥青装置轻脱油蒸发回收系统包括轻脱油汽提塔、轻脱油蒸发塔(器)、轻脱油加热器。（　　）

12. 丙烷脱沥青装置沥青蒸发回收系统有沥青蒸发塔、加热炉。（　　）

13. 丙烷脱沥青装置轻脱油汽提回收系统有轻脱油汽提塔。（　　）

14. 丙烷脱沥青装置重脱油汽提回收是通过在汽提塔吹入过热蒸汽，加热重脱油从而回收其中的丙烷。（　　）

15. 丙烷脱沥青装置的高压系统是指以临界压力为控制点的系统，系统包含萃取系统、蒸发回收系统等。（　　）

16. 丙烷脱沥青装置的中压系统包含轻脱油临界回收系统、沥青蒸发回收系统等。（　　）

17. 丙烷脱沥青装置的低压系统包含汽提回收系统、低压丙烷回收循环系统。（　　）

三、选择题

1. 溶剂丙烷中 C_4 含量高则丙烷的（　　）。

A. 选择性差　　　　　　　　　　B. 选择性好

C. 溶解能力差　　　　　　　　　D. 纯度高

2. 丙烷的临界压力是（　　）。

A. 丙烷在临界温度时的压力　　　B. 丙烷的最高压力

C. 丙烷在临界温度下的饱和压力　D. 丙烷成为液态的最低压力

3. 对于性质较轻的原料，为保证（　　）应控制较大的副丙烷流量。

A. 萃取塔的萃取效率　　　　　　B. 沥青质量

C. 渣油的温度　　　　　　　　　D. 渣油的流量

4. 减压渣油是原油经过蒸馏后的产物，所以（　　）。

A. 减压渣油黏度小于原油　　　　B. 减压渣油密度小于原油

C. 减压渣油密度大于原油　　　　D. 减压渣油密度小于柴油

5. 通过控制（　　），满足下道工序润滑油生产的质量要求。

A. 轻脱油收率　　　　　　　　　B. 轻脱油残炭

C. 沥青收率　　　　　　　　　　D. 沥青密度

6. 装置的脱油沥青产品可用于（　　）。

A. 齿轮油的生产　　　　　　　　B. 燃料重油的生产

C. 沥青调和生产　　　　　　　　D. 催化裂化生产

7. 丙烷脱沥青是利用丙烷（　　）分离脱沥青油中不同组分。

A. 对渣油的溶解能力　　　　　　B. 对渣油的溶解度

C. 在不同条件下的溶解度特性　　D. 临界条件下的溶解特性

8. 进入萃取塔下部作萃取溶剂的丙烷是（　　）。

A. 高压丙烷　　　　　　　　　　B. 中压丙烷

C. 副丙烷　　　　　　　　　　　D. 主丙烷

9. 调节萃取塔底部温度，控制沥青产品质量的丙烷是(   )。

A. 主丙烷　　　　　　　　　　　B. 支丙烷

C. 副丙烷　　　　　　　　　　　D. 预稀释丙烷

10. 预稀释丙烷的作用是稀释原料，所以预稀释丙烷(   )。

A. 从萃取塔中部进入　　　　　　B. 与萃取塔原料合并进入

C. 从萃取塔底界面层下进入　　　D. 从萃取塔下部进入

11. 支丙烷的主要作用是(   )。

A. 提供萃取塔溶剂　　　　　　　B. 提高轻脱油质量

C. 驱动萃取塔转盘转动　　　　　D. 稀释原料

12. 萃取塔界面是(   )的分界面。

A. 气液两相　　　　　　　　　　B. 液液两相

C. 液固两相　　　　　　　　　　D. 气固两相

13. 正常生产中，(   )的作用是利用丙烷的特性，分离减压渣油中的不同组分。

A. 萃取系统　　　　　　　　　　B. 临界系统

C. 蒸发系统　　　　　　　　　　D. 回收系统

14. 正常生产中，丙烷脱沥青装置的产品质量由(   )的操作条件决定。

A. 汽提系统　　　　　　　　　　B. 萃取系统

C. 临界系统　　　　　　　　　　D. 蒸发系统

15. 正常生产中，(   )的作用是利用丙烷的特性，分离回收油品中的丙烷。

A. 萃取系统　　　　　　　　　　B. 临界系统

C. 蒸发系统　　　　　　　　　　D. 汽提系统

16. 临界回收可以(   )。

A. 减少装置能源消耗　　　　　　B. 改变轻脱油的收率

C. 改变沥青的收率　　　　　　　D. 改变装置产品的质量

17. 丙烷脱沥青装置的萃取系统包括(   )等设备。

A. 原料泵　　　　　　　　　　　B. 临界塔

C. 萃取塔　　　　　　　　　　　D. 加热炉

18. 丙烷脱沥青装置的临界回收系统有(   )。

A. 脱沥青油沉降塔　　　　　　　B. 丙烷泵

C. 丙烷罐　　　　　　　　　　　D. 临界沉降塔

19. 轻脱油回收系统是利用临界、蒸发、汽提的方法，分离回收(   )中丙烷的设施。

A. 渣油　　　　　　　　　　　　B. 重脱油

C. 沥青　　　　　　　　　　　　D. 轻脱油

20. 重脱油回收系统是利用蒸发、汽提的方法，分离回收(   )中丙烷的设施。

A. 渣油　　　　　　　　　　　　B. 重脱油

C. 沥青　　　　　　　　　　　　D. 轻脱油

四、问答题

1. 与燃料型减压蒸馏相比，润滑油型减压蒸馏有什么特点？

2. 与燃料型减压蒸馏相比，润滑油型减压蒸馏塔有什么特点？

3. 润滑油型减压蜡油要控制哪些质量指标？为什么？

4. 减压蜡油黏度不合格时应如何调节？

5. 减压蜡油闪点不合格时应如何调节？

6. 从安全角度考虑，丙烷脱沥青装置有什么特点？

第五章　物理法生产基础油

第一节 溶剂精制

从常减压装置分馏出的减压侧线馏分和丙烷脱沥青装置制取的残渣润滑油原料(脱沥青油)都会含有一些对油品使用性能有影响的非理想物质(主要是胶质、沥青质,多环短侧链的芳香烃,多环和杂环化合物,以及某些硫、氮、氧化合物)。这些物质的存在会使油品的黏度指数降低,抗氧化安定性变差,以及使用过程中氧化后容易生成较多的沉淀和酸性物质,进而堵塞油路和腐蚀金属设备,并使油的颜色变差等。

从润滑油原料中脱除大部分多环短侧链芳烃和胶质、沥青质等物质,使其黏温性质、抗氧化安定性、残炭值、色度等性质得以改善,符合产品规格标准的过程称为润滑油的精制。

润滑油精制常用的方法:酸碱精制、溶剂精制、吸附精制、加氢精制。

酸碱精制因精制油收率低,且产生大量难于处理的酸渣,已基本被淘汰。

目前,全世界约90%左右的润滑油基础油生产装置采用溶剂精制工艺。

烃类在常用极性溶剂中的溶解顺序大致为烷烃<环烷烃<少环芳香烃<多环芳香烃<胶质。溶剂精制就是利用一些极性溶剂的选择性溶解能力,萃取出润滑油中有害的非理想物质,而将少环长侧链的环烷烃、芳香烃及液态烷烃留在精制液中,然后分别将精制液和抽出液中的溶剂蒸出,得到精制油(提余油)和抽出油。

润滑油基础油的黏温性能、抗氧化安定性等主要性能除受原油性质制约外,主要取决于溶剂精制的深度。溶剂精制工艺具有无废渣、溶剂能循环使用、精制深度可以调节等优点,故直到现在仍是润滑油原料精制的主要手段和润滑油生产过程的一个重要步骤,但它是物理萃取过程,不能改变烃类的结构。只有原料中含有较多理想的烃类时,用溶剂精制方法生产润滑油基础油才是经济的。

用溶剂精制方法生产润滑油基础油的优点是高黏度基础油的产率高,而且能副产高熔点石蜡,生产成本也较低。此外,用溶剂精制方法生产的基础油含有一定量的芳烃,对氧化产物及添加剂的溶解能力强,可调制一些工业润滑油以及某些小跨度的多级内燃机油。其主要的缺点是对原油质量依赖性很大,且无法生产黏度指数高、倾点低的Ⅱ类及Ⅲ类基础油。

一、溶剂精制原理及萃取溶剂要求

1. 溶剂精制原理

为了便于理解溶剂精制的原理,我们用一个简单的实验来说明。如图5-1,将一定量的润滑油原料装入玻璃杯里,设法使温度保持恒定,再缓慢向玻璃杯内加入选择性溶剂(例如糠醛)。加入少量溶剂时,溶剂能溶解在油里,继续加入溶剂,玻璃杯内的混合物分成两层(即两相)。底层(重相)为油溶解在溶剂中的饱和溶液(以含溶剂为主,并溶有大量的非理想组分,称为提取相);上层(轻相)是溶剂溶解在油中的饱和溶液(以含理想组分的润滑油为主，并溶有少量的溶剂及少量的非理想组分，称为提余相），二两之间有一个较明显的分界面。在一定的条件下将两者分开，分别将提取相（抽出液）和提余相（精制液）中的溶剂蒸出，就分别得到精制油和抽出油。

润滑油与溶剂分相条件

2. 萃取溶剂

从上述过程可看出，实现润滑油的精制过程需具备两个条件：其一，溶剂应具有适当的选择性；其二，溶剂应具有一定的溶解能力。如果溶剂的选择性好，而溶解能力很差，理想组分虽然几乎不溶于溶剂，但在单位溶剂中能溶解的非理想组分的量也不多，为了把原料中大部分非理想组分除去，就不得不使用大量溶剂，这对工业装置的操作和能耗是非常不利的。

反之，溶剂的选择性较差而溶解能力较强，理想组分和非理想组分的分离效果就比较差，被抽出液带走的理想组分增多，会使润滑油的收率降低。

用于润滑油精制的溶剂有多种，其中硝基苯溶解能力强，但选择性差，液体二氧化硫选择性最强，但溶解能力差，工业上最广泛采用的是糠醛、苯酚和 N-甲基吡咯烷酮（NMP）。

（1）糠醛（$C_5H_4O_2$）

糠醛，是呋喃 2 位上的氢原子被醛基取代的衍生物，又称 2-呋喃甲醛，是呋喃环系最重要的衍生物，工业上由谷糠、玉米芯等农副产品用稀硫酸加压水解制得。纯糠醛在常温下是无色透明的液体，有苦杏仁味，具有中等毒性，对皮肤有刺激性。

糠醛能和水部分互溶，在 35℃ 时糠醛在水中的溶解度为 6.3%，而水在糠醛中的溶解度为 6.1%。当温度高于 121℃ 时，糠醛与水能完全互溶。糠醛与水能形成共沸物，共沸物在常压下的沸点是 97.45℃，共沸物中糠醛质量百分率为 35%。

糠醛的化学性质较为活泼，在空气中易被氧化而颜色变深，通常先呈黄色，继而逐渐变为褐色，特别是在光和热的作用下，会加剧其氧化速度。糠醛氧化生成的糠酸会对生产装置的管线设备等产生腐蚀。

氧化反应式如下：

被氧化的糠醛还会逐渐缩合成树脂状物质，而且缩合反应可在热和催化剂的作用下加速发生，而酸、碱、某些金属及金属盐等都是糠醛缩合的催化剂。低分子的糠醛缩合产物可溶于糠醛，但当缩合产物的分子量增大时就会从糠醛中析出，而成为焦。

糠醛在常压下的自燃点为 320℃。当温度达到 220℃ 以上时易分解结焦，当温度在 230℃ 以上时分解速度加快。糠醛和碱类同样可以发生反应，如与 50% 氢氧化钠的水溶液作用可以生成糠醇等，而且也会发生缩合。

在乙酸的作用下，糠醛与苯胺作用会呈现鲜红色，其反应式如下：

$$\text{糠醛} + 2\ \text{苯胺} \xrightarrow[-H_2O]{CH_3COOH} \text{显红色}$$

糠醛　　　　　　　　　　　　　　　　　　　显红色

　　在生产过程中,可用乙酸苯胺试纸来检验空气中有无糠醛,也可用来检查油品内是否含有糠醛以及有关设备是否有糠醛泄漏。

　　作为溶剂,糠醛具有很强的选择性和中等的溶解能力,能溶于乙醇和乙醚中。在润滑油馏分中,非理想组分的多环短侧链烃最易溶于糠醛,而石蜡基烃则溶解得很少,沥青质、胶质也很难溶解,对润滑油的理想组分(少环长侧链的烃类),即使在提高温度的情况下,也很少溶解。

　　(2) 苯酚(C_6H_6O)

　　苯酚简称为酚,俗名为石炭酸,对烃类具有中等的选择性和较强的溶解能力,有特殊的气味。酚在常温下能形成无色的针状或棱形结晶。

　　酚微溶于水,在 20℃时,酚可溶解于 15 倍体积的水中;若温度高于 68℃时,可与水完全互溶。酚能与水形成共沸物,常压下的共沸点是 99.6℃,共沸物中的酚含量为 9.2%。

　　酚呈弱酸性,可与碱的水溶液作用生成易于水解的酚盐。酚易被氧化,在空气中及光的作用下,能被氧化而首先变成玫瑰色,继而变为棕红色。酚具有较强毒性,生产过程中应注意安全防护。酚对碳素钢有腐蚀性,特别是对铜、铝制设备的腐蚀尤为严重,因而酚精制装置设备要采用合金钢材料。

　　(3) N-甲基吡咯烷酮(C_5H_9NO)

　　N-甲基吡咯烷酮简称 NMP,无色,毒性比糠醛和酚低,对皮肤无刺激作用,稍有氨味。具有优良的选择性和较强的溶解能力。能与水以任何比例混溶,几乎与所有溶剂(乙醇、乙醚、酮、芳香烃等)完全混溶。在溶剂中含适量水分可以调节其溶解能力和选择性,有利于提高精制油收率。

　　N-甲基吡咯烷酮在溶解能力和热稳定性方面都比糠醛、苯酚强。N-甲基吡咯烷酮较强的溶解能力会使溶剂精制过程中的溶剂循环量大大减少,各种能耗也会随之降低;另外,由于热稳定性相对较好,溶剂损失会减少;加之它毒性小,对环境的污染较少,而且适应的原料范围较宽,因此,近年来在国外逐渐被广泛采用。但由于其价格偏高,在国内应用得较少。

　　表 5-1、表 5-2 为糠醛、苯酚、N-甲基吡咯烷酮的理化性质和综合性能比较。由表中的数据可以看出,三种溶剂在使用性能上各有高低,难以绝对地说哪一种最好或最差,选用溶剂时须结合具体情况综合考虑。一般来说,糠醛适于处理馏分重的原料,酚适用于处理馏分轻的原料,而 N-甲基吡咯烷酮对原料的适应性是三种溶剂中最好的。

表 5-1　糠醛、苯酚、N-甲基吡咯烷酮的主要理化性质

性质	糠醛	苯酚	NMP
结构式	(糠醛结构式)	(苯酚结构式)	(NMP结构式)

性质	糠醛	苯酚	NMP
分子量	96.03	94.11	99.13
相对密度(25℃)	1.159	1.071	1.029
熔点/℃	-38.7	40.97	-24.4
沸点/℃	161.7	181.2	201.7
闪点/℃	60	79.5	95(闭杯)
黏度(50℃)/10⁻³Pa·s	1.15	3.24	1.01
常压蒸发潜热/(kJ/kg)	446.3	478.6	482.6
临界温度/℃	396	419	445
临界压力/MPa	54.3	69.5	
与水之共沸物	糠醛35%、水65% 共沸点：97.15℃	酚9.2%、水90.8% 共沸点：99.6℃	无共沸物
20℃时在水中的溶解度/%	5.9	8.2	—

表 5-2　糠醛、苯酚、NMP 综合性能比较

性能	NMP	苯酚	糠醛	性能	NMP	苯酚	糠醛
溶解能力	优	良	可	精制油颜色	优	可	良
选择性	良	可	优	精制油收率	优	可	良
安定性	优	良	可	毒性	低	高	中
萃取温度	低	中	高	生物降解度	可	可	可

二、溶剂精制过程影响因素

1. 原料组成和性质

原料组成和性质对萃取塔的处理能力、精制油的质量和收率有很大的影响。原料的性质是由组成润滑油原料的各种烃类和非烃类化合物的种类及其含量所决定的。这里，着重就原料中沥青质的含量对萃取过程的影响进行分析。

工业生产中，残渣润滑油原料总会含有一定数量的沥青质，在减压分割不好的情况下，馏分润滑油原料也会夹带一些沥青质。沥青质几乎不溶于选择性溶剂中，它的密度介于溶剂和原料之间。当沥青质进入萃取塔内后，便集聚在界面层处。这样，当被分散成细小液滴的原料或溶剂通过界面层时就特别困难。同时细小液滴的表面被沥青质所污染，不容易凝聚成大的液滴，不利于提取相和提余相的分层。如果沥青质含量过大，萃取塔便无法维持正常操作。

为了充分发挥萃取塔的能力，对原料中沥青质的含量应予严格控制。一般通过控制残炭值来控制原料中沥青的含量。

2. 溶剂比

在操作过程中，溶剂比的大小取决于溶剂的性质、原料油性质以及产品要求与萃取的方法。

当溶剂比增加时，溶剂量增加，非理想组分的溶解量增加，精制油的黏度指数提高；同时，溶剂量增加，对理想组分的溶解量也会增加，精制油收率降低。

一般精制重质润滑油原料时，采用大的溶剂比，精制轻质润滑油原料时，采用较小的溶剂比，使用糠醛溶剂时，轻质油用 130%～250%，中质油用 250%～300%，重质油用 350%～600%。

溶剂比过大，处理量会降低，同时回收系统的负荷增加，操作费用也就增加。

适宜的溶剂比应根据溶剂、原料性质和产品质量的要求，通过实验来确定。

加大溶剂量、提高反应温度都能提高润滑油在极性溶剂中的溶解度，因此，提高溶剂比和提高温度都能提高精制深度，对于某一油品要求达到一定深度时，在一定的范围内可用较低温度，较大溶剂比；也可以用较高温度，较小溶剂比。一般采用前者精制油收率高，这是因为低温下溶剂的选择性较好的缘故。

3. 萃取塔界面

在萃取塔内，互不溶解的精制液和抽出液在塔内分成两层，并形成一个分界面。界面过高，不但有可能使抽出液进入精制液系统而影响产品质量，塔顶还会带出较多的溶剂而使精制液汽提塔的负荷增加。界面控制过低，说明溶剂太少，必然缩短油品精制时间，不能较完全地将非理想组分提取出来，影响油品质量。

在生产中，适宜的界面应控制在塔的上中部。在正常情况下，界面位置很容易判断。当塔超负荷而发生"液泛"后，界面就混乱了(混浊不易分清)，这时精制液中含抽出液量增加，萃取效果变坏，萃取过程不能正常进行，精制油质量和收率都会下降。

界面分层是否清楚，是判断萃取过程在塔内是否正常进行的条件之一。

4. 萃取塔循环回流

为加强分离效果又调节塔顶温度，从而提高精制油质量或降低溶剂比。塔顶精制液经冷却降温进入沉降罐，沉入罐底的糠醛及中间组分经换热升温返回萃取塔。

塔底部分抽出液经冷却后循环回萃取塔，用以降低塔底温度，将理想组分和中间组分置换出去，提高塔底流体中非理想组分浓度，从而提高分离精确度和精制油收率。但循环量过大会影响精制油的质量以及萃取塔的处理能力。

5. 萃取温度

仍以图 5-1 溶剂精制原理中的实验为例，若将界面分明的混合物继续加热到一定温度后，混合物的界面消失，由两相变为一相，此点温度称为该原料在该溶剂中的临界溶解温度。不同的溶剂、原料以及不同的混合比例，其临界溶解温度也各不相同。

图 5-2 是糠醛、NMP 和一种润滑油馏分的临界溶解度温度曲线。由图 5-2 可知，糠醛的临界溶解温度高于 NMP，这表明糠醛的溶解能力低于 NMP，含水后临界溶解温度升高，说明含水后溶解能力降低。无论糠醛或 NMP，使用量不同即溶剂比不同，临界溶解温度的数值也不一样。

图 5-3 表明，在温度较低时升高萃取温度，油在溶剂中的溶解度增大，提取物增多，精制油收率下降，质量提高(黏度指数增高)。

随着温度进一步增高，溶剂选择性变差的影响逐渐增大，当达到一定值后，再增加温度不仅油品收率降低，而且因选择性明显变差，油品质量(黏度指数)也将下降。可见存在最佳萃取温度。原料、溶剂不同，最佳萃取温度也不相同，一般低于临界溶解温度约 20℃，其值由实验确定。

在实际的工业生产装置上，常在萃取塔上采用上高下低的操作温度分布来平衡溶剂的溶解能力和选择性对萃取的影响，即在塔内沿塔高形成一定的温度梯度。塔顶油经过萃取段的精制, 芳烃等非理想组分已经很少, 临界互溶温度较高, 采用较高的塔顶温度可以保证精制深度; 塔底溶剂中已经溶解了很多芳烃等非理想组分, 临界互溶温度较低, 采用较低的温度可以保证精制油收率。温度梯度形成后, 在塔顶溶剂中溶解的中间组分和理想组分, 当溶剂沿塔高下降时, 随温度的下降溶解度降低而逐渐析出, 返回分散的油相中, 形成内回流。在萃取塔内存在一定的内回流有利于提高传质效率, 改变温度梯度会改变内回流量, 适当调整温度梯度可以使用较小的溶剂比, 在保证精制油质量的前提下获得较高的精制油收率。

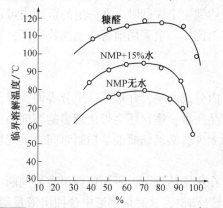

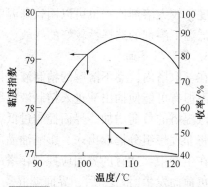

图 5-2　不同溶剂与润滑油的临界互溶温度曲线　　　图 5-3　温度对溶剂萃取效果的影响

三、溶剂回收

经过萃取得到的油品只是半成品, 因为从萃取塔顶溢出的精制液和从塔底抽出的抽出液中都含有溶剂。只有对溶剂进行回收, 才能得到成品精制油和副产品抽出油。如果溶剂回收不完全, 不但影响油品的质量, 而且造成溶剂的跑损。回收的溶剂可循环使用。回收过程的实质是加热—蒸发—冷凝的过程, 其设备主要是塔、炉和换热器。

选择性溶剂的沸点一般均比润滑油的沸点低, 它们之间的沸点相差是很大的。在从润滑油中蒸出溶剂时, 实际上润滑油几乎是不挥发的。加热精制液或抽出液, 使溶剂汽化, 通过蒸发塔就能将溶剂从精制液和抽出液中分离出来, 但是不能像丙烷脱沥青装置从提取相中临界回收丙烷一样采取临界回收法, 因为这三种溶剂的临界温度接近或超过 400℃ (见表 5-1), 而当温度超过 350℃时, 润滑油就会分解。为了避免润滑油的分解, 回收溶剂时加热温度不可太高, 因而润滑油中总会残存百分之几的溶剂, 这部分溶剂在生产上是用水蒸气在汽提塔中将它除去。采用水蒸气汽提之后, 溶剂的回收过程变得复杂了, 因为所有的溶剂或多或少地都能与水互相溶解, 而且许多溶剂还能与水形成共沸物, 这样一来, 回收系统就必须增添辅助设备来使溶剂脱水。

精制液和抽出液在组成上的差别很大, 因此, 从精制液和抽出液中回收溶剂, 其流程有很大的不同。

1. 提余相中回收溶剂

润滑油溶剂精制萃取塔的提余相又称精制液, 主要由润滑油组成, 溶剂含量较少, 最多不超过 30%, 一般只有 15% 左右。因此, 从精制液中回收溶剂的任务比较容易完成, 一般只用一段汽提或带闪蒸的两段汽提方式, 主要设备是一个加热炉 (或水蒸气加热器) 和一个汽提塔。

精制液经过精制液加热炉的加热后, 其中所含溶剂大部分汽化, 进入精制液汽提塔后,精制油、溶剂蒸气分离，油中残存的溶剂再用水蒸气汽提出来(见图 5-4 中的一段塔)。为了在回收时得到最大量的溶剂，减少水蒸气的消耗，往往采用二段蒸发，加热后的精制液在第一段(闪蒸段)中蒸出所含的大部分溶剂，残存于精制油中的溶剂再于第二段(汽提段)中用水蒸气汽提出来(见图 5-4 中的二段塔)。精制液汽提塔设立闪蒸段有以下优点：①降低汽提段负荷；②闪蒸出的溶剂蒸汽直接到溶剂干燥塔，可回收利用这部分热量，减少废液蒸发塔至糠醛干燥塔的气相返还，使废液系统的热量更多地供给发汽系统；③如闪蒸效果好可相应降低精制液加热炉的出口温度，从而降低精制液加热炉的负荷，节约能源；④可减少湿溶剂量，降低溶剂干燥塔的负荷。

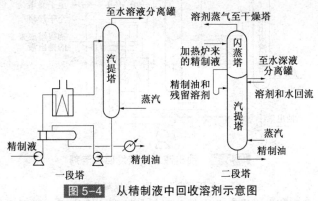

图 5-4 从精制液中回收溶剂示意图

蒸发溶剂后得到的精制油温度比较高，为了回收这部分热量，用精制油和进入加热炉前的精制液换热，以提高精制液进入加热炉的温度。这样可减少燃料油和冷却水的消耗。

精制液蒸发所需的热量是由精制液加热炉供给的。加热炉的出口温度，主要根据溶剂的沸点和蒸发量的大小来决定。溶剂的沸点越高、蒸发量越大，要求的温度就越高。但温度太高油品会发生裂解，不但会影响产品质量，还会造成设备结焦。温度太低，溶剂蒸发不完全，使成品油含溶剂量增大，既造成溶剂的损失加大，又影响成品油的质量。生产实践表明，酚精制装置精制液加热炉的出口温度控制在 280~290℃之间为宜；糠醛精制装置精制液加热炉的出口温度在 220℃左右为宜。

2. 提取相中回收溶剂

润滑油溶剂精制萃取塔的提取相又称抽出液，在抽出液中，抽出油的含量很少而溶剂的含量却很大，溶剂含量约占 85%左右，要想从含这么多溶剂的溶液中一次就把溶剂的绝大部分蒸发出来是不可能的。同时，使全部溶剂蒸出需要很多的热量，如果这部分热量不回收，燃料和冷却水的消耗必然增大。因此，回收抽出液中的溶剂，一般均采用多段蒸发。

在常压下将 100℃、1kg 的水蒸发为 100℃的蒸汽需热量 2257kJ。如果只蒸发 0.5kg 然后利用蒸发的水蒸气加热剩余的水，就可以节省一半的热能。为使先蒸发的水蒸气能加热剩余的水并使之汽化，先汽化的水必须比后汽化的水压力高。这样热量就被重复使用了一次。如果分成三次、四次或更多次，热量的利用次数就更多。多于一次的称多效蒸发。从理论上讲，可以分成很多段，但是随段数增多，每段之间的传热温差将减小，需要的传热面积增大，因此实际生产过程中不能采用过多的段数。

抽出液多效蒸发利用下段的蒸汽来预热进入前段的抽出液。为了提高溶剂蒸气冷凝的温度，加大在换热器中与抽出液换热时的温度差，提高传热效率，减少换热面积，在下一段应保持比前一段稍高的操作压力。可见，从抽出液中回收溶剂要比从精制液中回收溶剂复杂些。

图5-5是从抽出液中两效蒸发回收溶剂的示意图。由萃取塔塔底出来的抽出液，在抽出液加热炉对流室预热后，再先后与抽出液低压蒸发塔(一次蒸发塔)和抽出液高压蒸发塔(二次蒸发塔)塔顶的糠醛气进行换热后，进入抽出液低压蒸发塔，蒸出部分溶剂。低压蒸发塔底仍含有较多溶剂的抽出液送至抽出液加热炉辐射室，加热至215~220℃后进入高压蒸发塔，蒸发出大部分溶剂后，自压进入抽出液汽提塔。抽出液蒸发汽提塔的下部吹入蒸汽，通过蒸发、汽提，蒸出的溶剂和水蒸气到水溶液分离罐，塔底得到脱除残留溶剂的抽出油。

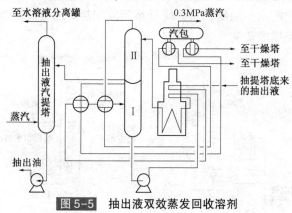

图5-5 抽出液双效蒸发回收溶剂

Ⅰ—低压蒸发塔；Ⅱ—高压蒸发塔

从低压蒸发塔和高压蒸发塔塔顶蒸出的糠醛气与抽出液换热后，仍可回收一定热能，引入蒸汽发生系统可产生0.3MPa的低压蒸汽。蒸汽发生系统在糠醛精制装置中可起到如下作用：

①取走废液系统中多余热量并加以回收，达到节能的效果。

②自发蒸汽可以作为精制液、抽出液汽提塔、脱气塔、脱水塔的汽提蒸汽，节省中压蒸汽耗量。

图5-6为抽出液三效蒸发回收溶剂示意图，其回收原理与两效蒸发回收溶剂原理相似。抽出液是由压力不同的三个蒸发塔和汽提塔等部分组成。蒸发塔Ⅰ、塔Ⅱ、塔Ⅲ的压力依次增高，三个蒸发塔顶蒸出的溶剂蒸气分别根据温度的不同依次与蒸发塔进料换热，利用冷凝潜热作为前面各蒸发塔进料的热源。

采用三效蒸发工艺的装置要比两效的燃料消耗量降低30%~35%。但基于效费比的考虑，也并不是蒸发的次数越多越好。目前，国内广泛采用的是两效和三效蒸发。

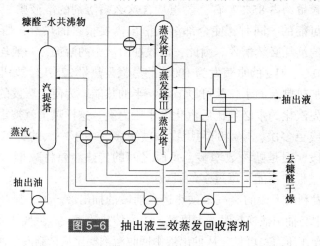

图5-6 抽出液三效蒸发回收溶剂

3. 共沸物中回收溶剂的方法

（1）从糠醛和水的共沸物中回收糠醛的方法

在糠醛回收的过程中，糠醛与水形成共沸物，其常压下的共沸点是97.45℃，共沸物中的糠醛质量浓度为35%。当含糠醛小于35%的混合物进行蒸馏时可以分成水和共沸物，而大于35%时可以分成共沸物和糠醛。共沸物蒸气冷凝成液体后，由于在冷凝的温度下（35℃），水在糠醛中的溶解度是6.1%，而糠醛在水中的溶解度是6.3%，因此糠醛和水形成的共沸物蒸气一旦冷凝成液体，必然会分成两层，上层是糠醛溶解在水中的饱和溶液，而下层则是水溶解在糠醛中的饱和溶液。换句话说，上层是含少量糠醛的水，下层是含少量水的糠醛。

将下层含少量水的糠醛送入糠醛脱水塔，用间接蒸汽加热，溶解于糠醛中的水和部分糠醛以共沸物的形式从塔顶逸出，于是从塔底便得到了无水的糠醛。上层含少量糠醛的水，送入水溶液脱糠醛塔直接用水蒸气汽提，糠醛和水以共沸物蒸气的形式从塔顶逸出，塔底剩下的便是基本上不含糠醛的水。

从糠醛脱水塔和水溶液脱糠醛塔顶出来的糠醛和水的共沸物蒸气经冷凝冷却后，进入储罐并分成两层，又分别进行回收。在糠醛脱水塔和水溶液脱糠醛塔内，糠醛和水构成的共沸物是低沸点组分（常压沸点97.45℃），而水（常压沸点100℃）和糠醛（常压沸点161.7℃）则是高沸点组分。有的生产装置，将含有少量水的糠醛作为糠醛塔的回流，无水糠醛从糠醛塔的侧线抽出，塔顶逸出的是糠醛和水的共沸物蒸气。

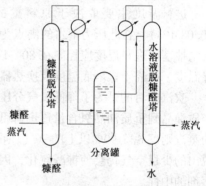

图5-7 双塔流程分离糠醛和水的共沸物

这种从糠醛和水形成的共沸物中回收糠醛的方法称为双塔分馏。图5-7是双塔分馏流程示意图，在图5-7中，糠醛脱水塔是用间接蒸汽加热，而水溶液脱糠醛塔是直接用蒸汽加热汽提。从糠醛脱水塔底部抽出无水溶剂，而从水溶液脱糠醛塔底部放出的是脱去糠醛的水。

（2）用吸收法从酚水共沸物蒸气中回收酚

苯酚-水系统不能用双塔回收。因为在40℃时，酚在水中的溶解度为9.6%，而酚水共沸物中含酚9.2%，共沸物冷凝冷却后不再分层，故不能用双塔回收法。若把苯酚-水共沸物的蒸气通入润滑油原料中，使它们充分接触，并保持一定的温度，就会发现出来的蒸气中的酚含量减少了，水蒸气的数量则几乎不变。可见，蒸气状态的酚能溶解于原料油中，水蒸气几乎不能溶解。

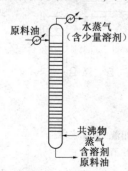

图5-8 苯酚-水共沸物中苯酚回收示意图

酚在润滑油中的溶解度随温度的升高而减少，因此，降低原料油的温度对酚蒸气的吸收是有利的。

苯酚-水共沸物蒸气中苯酚的吸收过程是在吸收塔内进行的，其回收溶剂的示意图如图5-8所示。原料油经冷却器冷却，从吸收塔上部进入，共沸物蒸气从吸收塔下部进入，上升蒸气与下降的液体在塔盘上密切接触。塔内必须维持高于100℃的温度（一般在110℃左右），以避免蒸气凝结，含溶剂的原料油从塔底抽出，水蒸气经塔顶冷凝后排出装置。

四、糠醛精制工艺

不同溶剂的精制原理相同，在工艺流程上也大同小异，现以润滑油糠醛精制为例介绍润滑油精制的工艺过程。

1. 工艺流程

现阶段我国应用最多的是糠醛精制，糠醛精制的典型工艺流程见图5-9，工艺过程包括：原料油脱气、溶剂萃取、精制液和抽出液溶剂回收及溶剂干燥脱水几部分。

(1) 原料油脱气

原料油中溶有微量的氧气就能使糠醛氧化产生酸性物质（糠酸），并进一步缩合生成胶质，结焦造成设备的腐蚀和堵塞，并会加大糠醛溶剂的消耗。原料油储罐没有惰性气保护时，原料油中会溶入 $(50\sim100)\times10^{-6}$ 的氧气，当原料油引入装置与糠醛接触后就会产生上述的结果。为了避免出现类似的问题，不管对原料油储存时是否有惰性气保护，在进入萃取塔前都必须经过在脱气塔进行脱气的操作。

脱气塔的基本操作主要涉及进料温度、吹汽、塔顶塔底温度、液面、真空度等。

进料温度主要取决于原料罐的温度和换热效果，脱气塔真空度一般在 600mmHg（0.08MPa），在此压力下水的沸点为 47℃ 左右，为了不使塔顶汽冷凝下来，同时不造成原料泵抽空，进料温度应控制在 80℃ 以上，进料温度过高，能耗上升。可通过调节原料进装置温度、糠醛干燥塔底温度及换热器换热效果来保证进料温度。

吹汽的目的是为了降低氧气分压，由于原料中一般会溶入 $(50\sim100)\times10^{-6}$ 的氧气（一般轻质油品到重质油品氧含量逐渐降低），在不吹气下已可将大部分氧气脱除，若吹入 0.5% 的蒸汽则可脱除 99% 以上的氧气。吹气量过大使能耗上升，脱气效果并不因此好转，未被脱出的少量空气仍会使糠醛氧化，因此可将少量稀释后的中和缓蚀剂打入醛水分离罐内保持溶剂的中性。

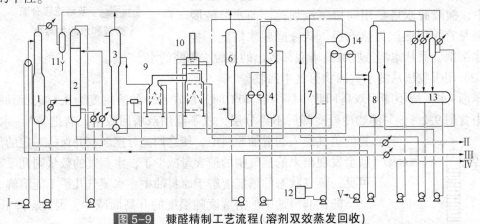

图 5-9　糠醛精制工艺流程（溶剂双效蒸发回收）

Ⅰ—原料油；Ⅱ—精制油；Ⅲ—抽出油；Ⅳ—尾气；Ⅴ—碱液

1—脱气塔；2—萃取塔；3—精制液蒸发汽提塔；4—抽出液一次蒸发塔；5—抽出液二次蒸发塔；
6—抽出液汽提塔；7—脱水塔；8—糠醛干燥塔；9—精制液加热炉；10—抽出液加热炉；
11—分液罐；12—水罐；13—糠醛、水溶液分层罐；14—蒸汽包

脱气塔顶温度可通过吹汽量和进料温度来调节。

脱气塔液面正常状况下控制在 30%～50%。塔液面超过正常范围或长时间仪表显示不变时，需及时查明仪表问题，到现场看浮球是否被卡，一次表与二次表是否一致；液面高报

时，要及时减少原料进料量，甚至切换泵，查明原因处理后恢复正常；液面低报时要调大原料进料量，并检查原料温度、液位等是否符合规定要求，如不符合进行处理。

正常状况下控制脱气塔顶真空度>0.066MPa，保证脱气塔顶真空罐的水封，根据水封罐内水的温度每星期进行换水。控制吹汽在0.5%范围内，保证塔顶冷却器冷却效果，以免影响到真空度。

脱气塔在66~80kPa的真空度下，同时塔底控制110~116℃，塔顶85~88℃操作时，并再往塔内吹入少量蒸汽进行汽提，可以脱除氧气达99%以上。

（2）溶剂萃取

糠醛精制的萃取是在转盘塔内进行。原料油自脱气塔底抽出，经过换热到适当温度后进入转盘塔的中下部，循环的糠醛溶剂经换热到操作温度进入转盘塔的上部，借糠醛和原料油的密度差，进行逆流接触。因此，塔的顶部与底部间有一温度梯度（上高下低），此温度梯度除由进塔糠醛溶剂与原料油间的温差形成外，还可以通过将塔内部分物料抽出冷却后再返回塔内加以调节。温度是影响溶剂萃取过程最灵敏最重要的因素之一，在溶剂比一定的情况下，一般是保持较高塔顶温度和适宜的塔底温度，使溶剂有足够溶解能力和较好的选择性，不仅使精制液（萃余液）中的理想组分最多，而且使抽出液（废液）中带走的理想组分也最少，获得质量好、收率高的基础油。一般来说，塔顶温度控制在溶剂与油的临界互溶温度以下20℃左右。

转盘萃取塔是在一定压力下操作，含少量糠醛的精制液与含大量糠醛的抽出液分别从转盘萃取塔顶部和底部自压排出，进入各自的溶剂回收系统。

（3）溶剂回收系统

由萃取塔顶来的精制液经过加热炉加热到205~215℃，通过蒸发、汽提，即可将其中携带的少量糠醛全部回收，得到精制油。

由萃取塔底来的废液（抽出液）含有大量糠醛，经过多效蒸发、汽提后，在汽提塔底得到抽出油。

（4）溶剂干燥及脱水部分

水对糠醛的溶解能力影响极大，因此通过汽提塔进入糠醛中的水分必须及时脱除，以保持溶剂的干燥，使其含水量控制在0.5%以下，要求严格地控制在0.2%以下。

分层罐中含糠醛的富水溶液可以用直接水蒸气汽提的方法，含醛水溶液从水溶液脱糠醛塔顶进入，其中的糠醛以共沸物的形式从塔顶蒸出，脱醛净水从塔底排入下水道，或者作为装置余热蒸汽蒸气发生器供水。塔顶蒸出的共沸物经冷凝冷却后，再返回分层罐进行分层。分层罐中下层的富糠醛溶液则打入干燥塔进行干燥。干燥塔的热源由各级蒸发塔出来的经过部分换热及热回收后的热溶剂进入塔内提供。干糠醛从塔底抽出作为循环溶剂，干燥塔顶馏出的共沸物经冷凝冷却后再返回分层罐。

2. 原料及产品规格

（1）糠醛的质量指标

纯度≥98.5 %；

水分≤0.2 %；

酸度≯0.016 mg KOH/g。

（2）原料、产品质量规格

表5-3为某糠醛精制装置原料及产品规格。

表 5-3 原料及产品规格

项目名称	原料质量指标					产品质量指标		
	比色 ≯号	50℃黏度/ (mm²/s)	100℃黏度/ (mm²/s)	残炭/% ≯	水分/% ≯	比色/号 ≯	残炭/% ≯	含醛/% ≯
HVI 75	2.0	7~8			0.06	0.5		无
HVI 150	2.5	12.5~13.5			0.06	1.0		无
HVI 200	3.0	16~18			0.06	1.0		无
HVI 350	4.0		6.3~7.3	0.1	0.06	2.0	0.05	无
HVI 400	4.5		7.5~8.5	0.1	0.06	2.5	0.05	无
HVI 500	5.5		8.8~9.8	0.2	0.06	3.0	0.1	无
HVI 650	6.5		11.0~13.0	0.5	0.06	4.0	0.2	无
HVI 150BS	6.5		≮25	0.95	0.06	5.0	0.5	无

3. 工艺参数运行指标

表 5-4 为某糠醛精制装置工艺参数运行指标。

表 5-4 工艺参数运行指标

名 称	项 目	指 标			
		HVI75 HVI150 HVI200	HVI350 HVI400 HVI500	HVI650	HVI150BS
脱气塔	顶温/℃	>55			
	真空度/kPa	>60			
	吹汽量/(kg/h)	≮400			
萃取塔	溶剂比	(2.0~2.5):1	(2.5~2.8):1	≥3.0:1	(4.0~4.5):1
	顶温/℃	110~120	115~125	120~130	140~150
	底温/℃	70~80	75~85	80~90	100~110
	界面/%	10~80			
	底压力/MPa	≮0.85			
	原料温度/℃	65~85			
精制液汽提塔	顶温/℃	130~140			
	底温/℃	>195			
	真空度/kPa	≮53			
	吹汽量/(kg/h)	≮700			

名　称	项　目	指　标			
		HVI75 HVI150 HVI200	HVI350 HVI400 HVI500	HVI650	HVI150BS
抽出液一次蒸发塔	顶温/℃	>155			
	顶压力/kPa	≮80			
抽出液二次蒸发塔	顶温/℃	>200			
	顶压力/kPa	≮200			
抽出液汽提塔	顶温/℃	≮185			
	底温/℃	≮150			
	真空度/kPa	≮53			
	吹汽量/(kg/h)	≮800			
糠醛干燥塔	顶温/℃	>100			
	底温/℃	>150			
	中部压力/kPa	≮80			
脱水塔	顶温/℃	>80			
	吹汽量/(kg/h)	≮1200			
加热炉	炉-101/℃	208~218			
	炉-102/℃	210~218			
	过热蒸汽/℃	>220			

4. 糠醛精制装置的防腐与节能

（1）装置的腐蚀与防腐蚀

糠醛精制装置的腐蚀原因：

①糠醛氧化能生成糠酸，糠酸呈酸性，对设备有腐蚀作用，易造成设备、管线泄漏。

②原料中酸性物质的腐蚀。

解决方法：

①要尽量避免糠醛与空气、光线、酸、碱等直接接触，以避免糠醛氧化生成糠酸。

②要开好原料脱气塔，避免原料中的空气氧化糠醛。

③加注缓蚀剂。

（2）装置的节能降耗

通过以下途径来降低糠醛精制装置的综合能耗：

①提高热回收率，如废液系统采用三效蒸发。

②降低溶剂比，采用较低的溶剂比时可以降低溶剂回收系统的负荷，降低能耗(溶剂比的确定原则是在产品质量合格稳定的前提下卡指标下限)。

③降低蒸汽消耗，如汽提塔采用干式蒸馏，脱水塔底采用再沸器，增加低压蒸汽发生系统等。

④降低电耗，如机泵叶轮切削，电机调速等。

通过以下途径来降低糠醛精制装置的糠醛消耗：

①控制好精制油和抽出油含醛量。

②控制好加热炉出口温度。

③控制好脱水塔排水不能含醛，排水不正常时不能外放。

五、溶剂精制装置的环境保护

1. 主要污染物

溶剂精制装置所使用的溶剂如糠醛、苯酚和 N-甲基吡咯烷酮以及所处理的油料若发生泄漏，都会对环境产生一定的污染。

糠醛属中等毒类，对人的皮肤黏膜和呼吸道有刺激作用，而且对神经系统具有麻醉作用。糠醛液体易经皮肤吸收，严重时会引起神经系统损害、呼吸中枢麻痹而导致死亡。接触低浓度的糠醛时间较长的，也会出现黏膜刺激症状、头痛、舌麻木、呼吸困难等现象。生产装置中糠醛最高允许浓度为 $10mg/m^3$。

苯酚属高毒类，对各种细胞有直接损害。较高浓度的酚对皮肤和黏膜有强烈腐蚀作用并能灼伤皮肤。溅入眼中会造成永久性灼伤，导致视力减退，甚至失明。酚能经皮肤和黏膜吸收，可产生头痛、无力、视力模糊等症状，严重时因呼吸、循环系统衰竭导致死亡。生产装置中苯酚最高允许浓度为 $5mg/m^3$。

N-甲基吡咯烷酮毒性较低，对皮肤、眼睛、呼吸道有一定的刺激作用。慢性作用可致中枢神经系统机能障碍，引起呼吸器官、肾脏、血管系统的病变。生产装置中最高允许浓度 $100mg/m^3$。

另外装置运行过程中产生的主要污染物：

①加热炉正常燃烧时所产生的烟气中含有一定量的硫化物（SO_x）、氮化物（NO_x）以及大量 CO_2，会对大气环境产生不利影响。而若操作控制不正常，造成加热炉冒黑烟，则污染更甚。

②瓦斯罐切液产生的残液。

③装置开、停工以及检、维修过程产生的含油、含溶剂污水以及含溶剂废气。

④水溶液汽提塔塔底排出的废水。

⑤抽真空系统外排的含有溶剂的不凝气。

⑥各取样口所排放的溶剂、油，设备润滑、冷却产生的废油、废水。

⑦设备检修时所清理的油泥。

⑧装置内的噪声。噪声的主要来源为加热炉、电机、维修设备蒸汽排放、开停工扫线排放、开工试压排放等。

2. 防治方法

对于操作人员来说，做好巡回检查工作，及时发现和处理跑、冒、滴、漏，搞好平稳操作，确保各系统物料平衡，减少各种物料损失等，都是环保的基础。

（1）对于装置中溶剂容易泄漏的设备（溶剂泵、换热器、冷却器、溶剂干燥塔等处）加强检查，发现问题及时处理。

若发生溶剂大量泄漏时，采取如下应急措施：

①立即穿戴适用有效的防护器具，对泄漏部位进行有效隔离，禁止人员穿行。联系医疗救护部门现场救护。

②迅速切断泄漏部位物料，防止其大量扩散。

③在条件允许的情况下用蒸汽稀释有毒气体，泄漏部位下风处不准人员停留。

④机泵、冷却器和换热器泄漏时，应及时切除，吹扫干净后，再进行处理。

⑤身体接触溶剂后现场应采取如下应急处理：

糠醛：用肥皂水和清水彻底冲洗；若进入眼睛，要用流动清水或生理盐水冲洗；若吸入糠醛气，要迅速脱离现场到空气新鲜处，尽量保持呼吸畅通。呼吸困难或呼吸停止时，要立即采取输氧、人工呼吸等急救措施；进入口腔、食道时，要饮足量温水，并催吐。

苯酚：酚精制装置应常备浸有聚乙烯乙二醇与酒精混合液的棉花。皮肤沾染苯酚后，要立刻脱除被污染衣服，用浸有聚乙烯乙二醇与酒精混合液的棉花，抹去皮肤上的污染物，至少抹 10~15min，再用清水冲洗干净；若进入眼睛，应立即用流动清水冲洗 15min 以上；快速脱离中毒现场，静卧、保温。

N–甲基吡咯烷酮：皮肤沾染 N–甲基吡咯烷酮后，要立刻脱除被污染衣服，用大量水冲洗干净；进入眼睛，应立即用流动清水冲洗 15min 以上。

在上述就地采取措施的基础上，应尽快就医。

（2）在装置正常运行的各个环节中，也要切实执行有关的环保制度、排放标准及法规。

①搞好平稳操作，避免超温超压，防止糠醛氧化分解结焦，降低酸值。加热炉操作中的各个环节要注意调节控制，做好平稳操作，确保其燃烧完全，严防加热炉冒黑烟。为避免加热炉不正常燃烧，防止熄火和闪爆等情况的发生，瓦斯残液要及时排放，并按照有关规定排放至规定处。

②装置开、停工及检、维修过程中，尽量减少排放含溶剂、含油污水，排放前需与污水处理单位联系。脱水塔回收不合格，严禁排放，应该转回水溶液分离罐，调整脱水塔的操作，待合格后再排放。

③按时巡检，发现有带油、泄漏情况要立即报告及时处理。装置若使用水环真空泵抽真空，应尽量减少真空泵排水所含醛和油的量。

④停工吹扫要注意塔、容器、管线用蒸汽吹扫后，使溶剂经冷凝冷却后送至水溶液分离罐。

⑤停工检修时设备、管线内残存的物料要排到相应的容器中，不得随意排放。

⑥设备内清理出的淤泥、焦粉等废物由环保部门统一安排处理。特别是焦粉，要注意防止其自燃。

⑦装置运行过程中各取样口所排放的溶剂、油，设备润滑产生的废油，应倒入污油罐，统一进行处理。

⑧为降低噪声的危害，除了装置内应采用低噪声设备和降噪措施，装置停工扫线、开工试压排放，要将现场有效隔离，禁止人员穿行，操作人员佩戴耳塞。

（3）污染事故发生时注意以下几点：

①及时将现场情况上报车间及环保部门。

②将发生泄漏的机泵或换热器切换或甩掉，并联系处理；泄漏溶剂应及时回收处理。

③若污染物已洒落地面，应及时处理干净。

第二节　溶剂脱蜡

一、概述

为了保证润滑油基础油的低温流动性能，如凝点、低温泵送性能等，除极少数由所谓低凝原油(多为环烷基)所得馏分外，绝大多数润滑油料皆需进行脱蜡，一般说来，影响润滑油基础油低温流动性的常见原因是油料中所含的长碳链正构烷烃、异构烷烃以及很长侧链的环状烃类组分的凝点较高，且与油料中其他烃类组分的互溶度又较低，故在一定的较低温度下可先后自油中逐渐析出，形成结晶，并联结成为结晶网，从而阻碍油的流动，以至使油凝固(称为构造凝固)，这些固体结晶统称为蜡。油料含蜡量的测定是条件性的，习惯上，常以加入一定的溶剂并在特定溶剂比条件下在−18℃析出的蜡晶量作为油料的含蜡量。因此，为了保证润滑油基础油的低温流动性能或凝点，只能根据对基础油产品的质量要求，设法将油料中的蜡组分减少到一定程度，而达到使产品低温流动性能或凝点合格的目的，这便是脱蜡工艺过程的实质。

1. 脱蜡方法

迄今在润滑油基础油的工业生产中，主要采用两类不同的脱蜡工艺方法：一是用各种适当的物理分离方法，将蜡组分自油料中脱除，得到合格的脱蜡油，同时获得副产蜡(实际为蜡产品的原料)。二是用各种化学转化方法，将油料中蜡组分改变化学结构，使其转化为非蜡组分(显然，这将损失掉蜡产品)。

(1) 物理脱蜡方法

利用各种物理分离方法进行脱蜡的工艺技术主要包括下列几种：

①冷榨脱蜡。即直接将油料冷却至所需的低温，使蜡析出结晶，再用压滤等方法使蜡与油分离，得到脱蜡油和粗蜡。这种工艺方法难以保证脱蜡油与蜡的分离精确度，脱蜡油的收率不高，粗蜡内含油较多。尤其由于低温下油的黏度增大，对于较高黏度的油料，这种方法甚至无法应用，又因所用的冷冻结晶和压滤设备效率不高，难以进行连续生产，其技术经济性大受影响，因此，在现代的润滑油基础油生产中，这种工艺方法已很少应用。

②溶剂脱蜡。即在大量选择性溶剂的存在下，将油料溶液进行冷冻、结晶，采用过滤设备使蜡与油分离，从而取得脱蜡油和粗蜡。这种方法与前述冷榨脱蜡的本质区别，主要在于大量溶剂将油料溶解后，降低了油溶液在低温下的黏度，改善了蜡的结晶条件，使蜡晶与脱蜡油易于过滤分离，从而可较好地保证脱蜡油的收率，且减少粗蜡的含油量。当然，溶剂的引入，也带来对溶剂选择性和溶解能力等方面的性能要求。这种工艺可以适用于各种不同黏度的油料(对于较高黏度油料可适当加大溶剂比)，并且可用连续化生产的冷却结晶和油、蜡分离设备，大量溶剂也可以有效地回收利用，工艺的技术经济性较好。因此，现代的润滑油基础油，绝大部分都是用这种工艺方法进行脱蜡而生产的，目前国内的溶剂脱蜡装置大都是采用甲乙基酮−甲苯混合溶剂作为脱蜡溶剂。

③吸附脱蜡。即利用活性炭或分子筛等吸附剂将油料中的蜡烃组分(主要是其中的具有正构烷烃结构的烃类)选择性地吸附分离而达到脱蜡的目的。

这种方法只能对某些较轻质的低黏度油料有一定效果，另外大量的吸附剂的回收利用也有许多不便，故迄今在工业上仅有应用 5 分子筛(其孔径为 0.5nm)进行喷气燃料的脱蜡，以同时改善喷气式燃料质量并获得洗涤剂原料的报道，另还可使用 3Å（0.3nm）或 4Å（0.4nm）分子筛进行轻质馏分或烃类气体的脱水干燥等。但对润滑油脱蜡则尚未见得到大规模的推广与应用。

④尿素脱蜡。这种工艺在某些低黏度低倾点润滑油，如喷气式航空润滑油、柴油等的脱蜡过程中得到较广泛的应用，原理是利用尿素与某些蜡烃组分(主要是正构烷烃和带有较长的正构烷基侧链的烃类)形成固态的络合物，从而再经固-液分离得到脱蜡油，同时由分出的络合物中回收尿素并获得粗蜡。这种工艺方法也仅适于某些较轻质的低黏度油料，同时其工艺也不简单，往往须加入溶剂以溶解尿素，稀释反应介质以保证反应和过滤速度，导致其技术经济性也不够理想。

⑤细菌脱蜡。某些细菌以油中的蜡烃为食物进行发酵、繁殖，通过生物转化将蜡转化成蛋白质而浮于油的表面，再经离心沉降可将油中的蜡分离出去。此方法可同时得到脱蜡油和生物蛋白饲料。这种方法也只适于某些轻质的低黏度油料(如变压器油)，且工艺设备效率也不高，故迄今其应用范围很有限。

（2）化学脱蜡方法

临氢降凝(或催化脱蜡)便是常用的这类方法(详见第六章)。

物理与化学脱蜡方法各有优缺点或利弊。迄今为止，前一类方法在润滑油基础油的生产中一直占主要地位。

综上所述，现代润滑油基础油的脱蜡，主要还是利用各种溶剂脱蜡工艺方法。

2. 溶剂脱蜡工艺过程

典型溶剂脱蜡装置主要由结晶、冷冻、真空过滤、溶剂回收及安全保护等系统构成。各系统之间关联见图 5-10。

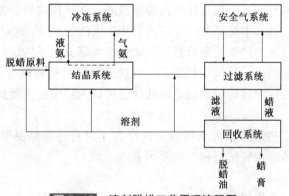

图 5-10　溶剂脱蜡工艺原理流程图

各过程的主要任务如下：

①结晶系统利用溶剂对油和蜡具有选择溶解性以及冰点低、黏度小的特点，将原料油与溶剂以一定比例混合，送到换冷套管和氨冷套管中，按一定的冷却程序使蜡形成良好的晶体析出，为过滤准备良好的条件并输送到滤机进料罐。

②冷冻系统利用液氨在低温下的挥发性，让液氨在氨蒸发器中汽化，取走原料油、溶剂、安全气中的热量，使被冷物质冷却到所需的温度，氨气经氨压缩机压缩，冷却冷凝及节流降温后变为低温液氨，循环使用。

③真空过滤系统把已经形成良好结晶的原料油与溶剂的混合物送入由真空泵提供过滤动

力的真空过滤机内，使油、蜡分离。经过过滤以后的滤液与蜡液分别进入各自的溶剂回收单元。对于脱蜡-脱油联合装置，脱蜡以后的蜡液经蜡脱油以后分离成蜡和蜡下油液进入回收装置。过滤单元在酮苯脱蜡-脱油过程中起着承上启下的重要作用。

④安全气系统的作用是为了防爆，在过滤系统和溶剂罐使用安全气封闭。

⑤溶剂回收系统是将经过滤后的滤液和蜡液中含有的大量溶剂进行回收。利用油、蜡与溶剂之间的沸点差，通过多效蒸发，使溶剂与油、蜡分离后循环使用，同时保证溶剂的闪点合格。

二、溶剂脱蜡原理

当温度降低时，润滑油料(包括加入溶剂而形成的油料溶液在内)中析出固相蜡晶是由于两种因素(或两个变化过程)促成的：其一是这些蜡组分的含量超过了它们在该温度下在其余油液中的溶解度，而处于过饱和状态，因而已超过其溶解度的那部分过量的蜡组分即分离出来形成另一相；其二是这些析出另一相的蜡组分，一般在该温度下早已低于这些组分的熔点(或凝点)，因而立即形成具有一定晶形和粒度的固态结晶粒子，并进一步结合形成晶网。

因此，研究蜡组分在油料溶液中冷却结晶的基本规律，将涉及蜡在油及溶剂中的溶解度、蜡晶形成的晶形和粒度，以及它们对脱蜡效果的影响，而所有这些又与蜡组分的化学组成结构有密切关联。

1. 蜡的化学组成

在润滑油料中的蜡组分中，除正构烷烃外，异构烷烃和烷基环状烃也已成为重要的组分。同一馏分或同等分子量的蜡组分中，正构烷烃和正构烷基环状烃的熔点较异构烷烃和异构烷基环状烃的熔点高。

随着馏分沸点范围升高，正构烷烃所占份额锐减，而异构烷烃，尤其是烷基环状烃渐成为蜡烃中的主要组分，且其中烷基芳烃也可占有相当大的份额。

如在300~350℃以下的轻柴油馏分脱出的蜡中绝大部分是正构烷烃，而在300~350℃以上的润滑油馏分脱出的蜡中，异构烷和烷基环状烃的含量将随着馏分沸点升高而逐渐增多，在中、高黏度的润滑油料中异构烷和烷基环状烃已可成为蜡中的主要成分。

2. 脱蜡溶剂

润滑油溶剂脱蜡工艺是以在大量稀释溶剂存在下进行冷冻结晶和蜡、油的过滤分离过程。溶剂类型与组成是影响脱蜡过程的重要因素。

(1) 溶剂的作用

①稀释。溶剂的基本作用是为了降低油料的黏度，即起稀释作用。

润滑油料在脱蜡的低温下黏度陡升的幅度是很大的，例如，一个较低黏度的油料在50℃下的黏度为10mm²/s，当冷到0℃时其黏度升至200mm²/s，而冷到-10℃时其黏度已达450mm²/s。在如此高黏度下，蜡晶很难生长成足够的粒度，而将高黏度脱蜡油过滤分离也很困难。因此，必须选用大量黏度很低的溶剂将油料溶解稀释，以便于冷却、结晶、过滤脱蜡。

② 选择性溶解。为达顺利地冷却、结晶、过滤的目的，一方面要求溶剂对于脱蜡油应具有良好的溶解能力，这样可使用不致过多的溶剂或过大的溶剂比，能够提高工艺过程装置设备的效率，减少成本，节省能耗。另一方面要求溶剂必须尽量少溶解蜡组分，否则溶在脱蜡油溶液中的蜡组分增多，导致由脱蜡油溶液回收蒸出溶剂后所得脱蜡油中蜡含量增多，达不到要求的凝点。

这样，为了获得具有一定凝点的脱蜡油，必须将油料溶液冷却至比凝点低得多的温度，才能得到符合凝点要求的脱蜡油产品。这个脱蜡冷却温度与脱蜡油凝点的差值称为脱蜡温差，即脱蜡温差=脱蜡油的凝点-脱蜡温度（脱蜡温度常以滤机进料罐温度表示）。

溶剂对蜡的溶解度越大，要得到同一凝点的油，就需要冷到更低的温度（即脱蜡温差越大），这就需要增加冷冻费用。显然，这种由于溶剂导致的脱蜡温差越小越好。

溶剂对蜡的溶解度要远小于对油的溶解度，这样溶剂和油形成的混合物对蜡的溶解度才能远低于单纯油对蜡的溶解度，达到降低对蜡的溶解度目的。即要求溶剂具有只溶解脱蜡油而尽量少溶解石蜡的选择性。

③ 改善结晶。降低脱蜡原料油的黏度，可以减少分子的扩散阻力，从而改善石蜡的结晶。同时，如果溶剂中有极性组分存在，将有助于石蜡的晶粒集结成大颗粒的稍微紧密的聚结体。

（2）溶剂的要求

① 具有良好的选择性溶解性能，即在脱蜡的条件下能充分溶解原料中的去蜡油，而对石蜡的溶解度很小。

② 具有良好的低温输送性能，黏度小，冰点低，沸点适中。

③ 容易做到油、蜡分离，可以循环使用。

④ 不影响产品质量，与其他物料不起化学反应。

⑤ 毒性和腐蚀性较小，成本低。

（3）溶剂组成

满足以上所有要求的理想溶剂是不存在的。但使用混合溶剂基本能满足生产要求，目前工业上使用最广泛的溶剂是酮苯混合溶剂，故常称酮苯脱蜡。其中的酮类是极性溶剂，有较好的选择性，但对油的溶解能力较低。常用的酮类溶剂有丙酮、甲基乙基酮（简称丁酮）、甲基异丁基酮（简称戊酮），酮类溶剂随分子量增大，油溶性提高；苯类是非极性溶剂，对油有较好的溶解能力，但选择性欠佳。常用的苯类溶剂有苯、甲苯。将两种溶剂按一定的比例混合后使用，其中的酮类充当蜡的沉降剂，苯类充当油的溶解剂。使用混合溶剂进行脱蜡，还可根据不同的原料油性质，灵活地调变溶剂的配比组成，以适应不同的脱蜡要求。工业常用的脱蜡溶剂及其主要性质见表5-5。

表5-5 常用脱蜡溶剂的性质

项　目		丙　酮	甲基乙基酮	苯	甲　苯
分子式		$(CH_3)_2CO$	$CH_3COC_2H_5$	C_6H_6	$C_6H_5CH_3$
分子量		58.05	72.06	78.05	92.06
密度(20℃)/(g/cm³)		0.7915	0.8054	0.8790	0.8670
沸点/℃		56.1	79.6	80.1	110.6
熔点/℃		−95.5	−86.4	5.53	−94.99
临界温度/℃		235	262.5	288.5	320.6
临界压力/MPa		4.7	4.1	4.87	4.16
黏度(20℃)/(mm²/s)		0.14	0.53	0.735	0.68
闪点/℃		−16	−7	−12	8.5
蒸发潜热/(kJ/kg)		521.2	443.6	395.7	362.4
比热容(20℃)/(kJ/kg·K)		2.150	2.297	1.700	1.666
溶解度(10℃)/%	溶剂在水中	无限大	22.6	0.175	0.037
	水在溶剂中	无限大	9.9	0.041	0.034
爆炸极限(体)/%		2.15~12.4	1.97~10.1	1.4~8.0	6.3~6.75

蜡在酮类溶剂中的溶解度极小，因此它是蜡的沉淀剂，油在酮类溶剂中的溶解度也较小，蜡在酮类溶剂中的溶解度随酮类分子量增大而增大，油在酮类溶剂中的溶解度也随酮类分子量增大而增大，溶剂的选择性随酮类分子量增大而增强，因此使用分子量较大的酮类溶剂时可减少苯类溶剂的用量，进而可降低脱蜡温差，减少冷冻负荷，减少过滤面积，提高处理量。另外分子量较大的酮类溶剂蒸汽压较高，也可减少因惰性气体携带引起的损失。

但应注意，酮类溶剂随分子量的增大黏度增大，会使脱蜡过滤速度下降。

综合而言，甲基乙基酮(丁酮)与丙酮和甲基异丁基酮(戊酮)相比有更好的使用性能。

苯的结晶点较高，在低温脱蜡时常会有苯的结晶析出，使脱蜡油的收率降低。在低温下，甲苯对油的溶解能力比苯强，对蜡的熔解能力比苯差，即它的选择性比苯强。此外，甲苯的毒性比苯的小，因此，甲苯基本取代了苯作溶剂。

目前，工业上已广泛使用丁酮-甲苯混合溶剂。

丁酮在丁酮-甲苯混合溶剂中主要起到沉降的作用，它对于油和蜡的溶解度都比较低，特别是在50℃以下对熔点58℃以上的蜡几乎不溶解，因此在套管结晶过程中有利于蜡晶的扩大析出。

甲苯在溶剂中起到溶解作用，它能与油完全溶解，而对蜡也有一定的溶解度，因此能把油充分稀释，同时造成脱蜡温差。

混合溶剂中丁酮的比例称为酮比，确定酮比的主要因素是脱蜡温差和去蜡油收率。随着酮比的上升，脱蜡温差下降而去蜡油的收率也下降。企业应根据经济效益和生产实践情况来调整酮比。

当酮比增加时，混合溶剂对油的溶解能力下降，丁酮含量超过某一限度时，就会出现对油不能完全溶解的现象，这时原料油和溶剂的混合物中，除了蜡+溶剂相(固相)和油+溶剂相(液相)以外，将出现第二液相。在第二液相中，较重的油单独存在，内部会有较大量的溶剂，由于套管结晶器中的刮刀搅动和停留时间的限制，第二液相不会形成整体，而是以"油豆"形式存在的，当过滤机的蜡饼大量出现油豆，显然将使蜡中的含油量骤增，而使脱蜡油收率骤减。出现第二液相的现象俗称"酮比过敏"。

酮比过敏(即第二液相的出现)，对脱蜡-脱油生产将带来下列严重影响：

① 使去蜡油收率大幅度下降。由于较重的去蜡油以油豆形式析出，这部分去蜡油将带入到蜡系统中去，减少了去蜡油的收率。

② 使过滤机严重失效。从实践中发现，当出现酮比过敏现象时，过滤机滤布上挂不住蜡，造成滤机溢流，严重失效。

③ 含油过多使蜡质量不合格。大量的油进入到脱油系统以后，使脱油的负荷增加，由于脱油系统的溶剂与脱蜡的溶剂是一致的，这部分油依然不易溶解，造成最终的石蜡产品不合格。

④ 第二液相油料含溶剂少，比石蜡更黏稠，输送过程中更容易被黏贴在设备管线的内管上，造成输送困难，严重时甚至会堵塞滤机的进料线。

酮比过敏是酮比过大造成的，所以及时调整酮比就能有效防止酮比过敏现象的发生。

酮比过小，则苯类溶剂量多，油溶性增强，也增加了蜡在溶剂中的溶解度，脱蜡温差增大。

一般生产厂用一套酮苯装置要处理各种润滑油料，在处理轻质油料时酮比希望大一些，以期降低脱蜡温差，但换为较重原料时就可能不适应。如果酮比不及时调整就会出现酮比过敏现象，为了防止这种情况的出现，有些厂专门设计了调酮比的溶剂罐，以便对酮比及时调整。

根据我国由大庆原油生产润滑油基础油的经验，在酮苯脱蜡过程中一般选定的溶剂组成见表5-6。

表5-6 大庆原油各种润滑油料酮苯脱蜡的溶剂组成

脱 蜡 原 料	溶剂组成/%		
	丁 酮	甲 苯	备 注
75 SN	68~70	32~30	浅度脱蜡时可用少量的苯
150~200 SN	60~65	40~35	浅度脱蜡时可用少量的苯
500 SN	55~60	45~40	
650 SN	50~55	50~45	
150 BS	45~50	55~50	

注：SN 为石蜡基型中性油原料，BS 为光亮油原料。

3. 蜡、油、溶剂的溶解情况

(1) 蜡在油中的溶解度

一般来说，随着温度降低，蜡在油料中的溶解度明显下降；随着蜡烃分子量的升高，其在油料中的溶解度下降；随着蜡烃熔点的升高，其在油料中的溶解度降低。在同等分子量的范围内，正构烷烃和具有正构烷基长侧链的环状烃的熔点较高，异构烷烃和具有异构烷基长侧链的环状烃的熔点较低。

(2) 蜡、油在溶剂中的溶解度

溶剂脱蜡是利用蜡在混合溶剂中的溶解度小而油在其中的溶解度大为前提进行冷冻结晶分离的。酮类溶剂含量少时，蜡在溶剂中的溶解度增大，造成脱蜡温差增大。苯类溶剂含量少时，容易形成第二相，均对脱蜡过滤过程不利。

4. 蜡的结晶过程

(1) 单晶晶型

在润滑油脱蜡过程中，随着油料溶液被冷却，蜡在油中的溶解度下降，致使其中的蜡组分含量超过该温度下的溶解度而析出并同时立即结晶后，其晶体结构和晶形对脱蜡工艺效果有着极其显著的影响。因此，研究蜡的晶体结构和晶形有重要的实用意义。

大量的研究已经证实，在所有各种不同馏分以及渣油油料中，析出蜡的基本单晶是具有不同的晶形和特性的两种基本单晶体。其一是在刚低于蜡的熔点以下大约-20℃以内的较高温度下析出并在此温度下呈稳定状态的单晶体，其晶形细长、粒度较大、呈"纤维状"。这种晶形有柔性或可塑性，在挤压下可并合在一起，有些文献称此种晶形为 α-晶形，如图5-11(a)所示。其二是在比上述温度区域更低的温度下析出并在此温度下呈稳定状态的单晶体，其晶形为拉长的"薄片状"，且其外形一般为斜方形，有时也可为长的六面体形，这种晶形有硬性、脆性，在挤压下不能并合在一起，有些文献称这种晶形为 β-晶形，如图5-11(b)所示。低沸点馏分的油料生成纤维状的 α-晶形的几率大，而随着沸点的升高，油料生成 α-晶形的机会减少，尤其是随着脱蜡温度的降低，油料生成 β-晶形的机会增多。

151

(a)纤维状α-单晶晶形　　　　　　　　　　(b)薄片状β-单晶晶形

图 5-11　蜡单晶的两种单晶体晶型

（2）复合晶型

在脱蜡过程中，油料溶液中还或多或少地存在各种表面活性剂（包括原油中原有的以及可能外加的）和极性溶剂，这些带有各种极性基团的化合物对蜡晶表面可带来各种影响而引起晶形的复杂化，形成复合的晶形，其主要形态有两种，即树枝状晶形和聚集状晶形。它们都是以上述 α-纤维单晶状晶形和 β-薄片状单晶晶形（尤以后者占绝大多数）为基础而形成的。

当油料溶液内存在有很少量（如1%左右）的某些表面活性物质，未被精制分离完全的胶质、沥青质类组分（它们主要是带有烷基侧链的，并可含有氧、硫等杂原子的多环烃类和非烃类），以及外加的某些降凝剂或脱蜡助滤剂时，这些表面活性物质就能被吸附于蜡晶表面上，形成保护层，从而阻碍新析出的蜡继续在该表面上沉积而妨碍其生长，或者浓集于新发生的蜡晶晶核周围而阻碍其形成和发育。因此，已出现的蜡晶的某些尖端、边缘以及某些由于各种原因尚未被表面活性物质覆盖的地点，就会成为结晶中心而迅速生长出许多具有前述某一晶形（α-纤维状或 β-薄片状）的单晶连生体。这种过程会断续地进行，从而使蜡晶的外形呈多枝状、羽毛状或球状，可统称为"树枝状"复合晶形，其显微镜下放大照片如图 5-12（a）所示。当油料溶液中含有极少的表面活性物质，其浓度尚不足以产生树枝状晶形，同时由于油料是较高沸程，即黏度较大，或是由于骤然加入了大量极性溶剂而降低了蜡组分在油料溶液中的溶解度，导致生成大量的微粒蜡晶，由于静电引力或斥力等原因发生聚集现象，形成各种聚集状复合晶形。其典型的显微镜下的放大照片如图 5-12（b）所示。

  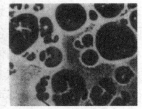

(a)树枝状蜡晶复合晶形　　　(b)聚集状蜡晶复合晶形　　　(c)球形聚集状复合晶形

图 5-12　极性基团化合物对蜡晶晶形的影响

在稀释冷冻脱蜡的条件下，可形成聚集很有规则而成为一层层包裹很紧密、外观似洋葱的球形聚集状晶形，如图 5-12（c）所示。这种晶形不仅粒度较大，且晶粒内外含油很少，因此可得到非常良好的脱蜡效果，不仅过滤速度很快，且脱蜡油收率也较高。

无论是树枝状晶形，还是聚集状晶形，均可阻碍蜡单晶的自由生长延长，并阻碍其连结成晶网，使生成的蜡单晶聚集体互不连结在一起，因而也可在更低温度下保持油料溶液的流动性，在脱蜡过程中使蜡与油料溶液较易过滤分离，而大大提高脱蜡效率。

某些降凝剂以及脱蜡助滤剂的作用机理实质上与形成树枝状复合晶形或聚集状复合晶形有关。一般在溶剂脱蜡过程中，较常能见到的还是聚集状复合晶形，在稀释冷冻脱蜡时易形成球形复合晶形。

（3）蜡晶的生长与粒度

在脱蜡过程中，当油料溶液被冷却到其温度低于其中所含蜡组分的溶解饱和温度，而开始析出蜡晶时，无论蜡组分是按何种晶形结构结晶或固化的，蜡晶晶粒皆是按一定规律以一定速度不断生长而达到一定的粒度。蜡晶粒度对脱蜡工艺效果同样具有显著影响。

一般说来，为了使蜡、油易于有效地快速分离，要求蜡晶既要紧密而互不连结，又要粒度尽量粗大均匀，这样才能保证过滤时在过滤表面上形成的沉积滤层是多孔隙的、易于渗透的，才能保证较高的过滤速度，提高脱蜡装置处理量或减少昂贵的过滤设备，同时也可保证蜡饼中含油较少，从而提高脱蜡油收率。

由不同油料分出的具有不同化学组成的蜡组分，对蜡晶粒度是有一定影响的。由较低沸点或较低黏度的馏分油料分出的、含正构烷烃较多的蜡晶，较易生成较大粒度的蜡晶，而由较高沸点馏分尤其是由渣油等较高黏度油料分出的、含正构烷烃较少而含长侧链烷基环状烃和异构烷烃较多的蜡晶，则较易生成较小粒度的蜡晶。且当在某些表面活性剂或极性溶剂存在下生成的树枝状复合蜡晶，尤其是聚集状复合蜡晶，则又有助于较大粒度蜡晶的生成。

关于蜡晶的生长机理可简要分析如下：当油料溶液被冷却至开始析出蜡晶时，首先析出微小的单晶晶核。继续析出的蜡将有两种途径可走：第一生成新的、更多的晶核；第二扩散至已有晶核或正在生长的晶粒表面上，并在表面上沉积，使蜡晶生长（体积增大），粒度增大。

如果蜡按第一种途径析出较多，则将造成晶粒数目较多，而使每个晶粒粒度较小的后果，显然这是不利于脱蜡工艺过程的。而如果蜡按第二种途径析出较多，则蜡的晶粒数目将较少，而每个晶粒的粒度将较大，这是脱蜡工艺过程所希望的。

如果用 i 表示形成晶核的数目，v 表示蜡组分自油料中析出的速度，每个晶粒的平均生长速度则为 v/i，蜡晶粒度的大小取决于 v/i 的大小，除了与蜡晶晶核数目或冷却速度成反比、与原料的含蜡量及脱蜡温度成正比外，蜡晶粒度的大小还与蜡分子的平均半径 r（与蜡的分子量或熔点，或油料的馏分沸点范围等相关），以及油料溶液的黏度 η 和蜡分子达到邻近晶核或晶粒的平均扩散距离 δ 等成反比关系，而最后两项参数（η 和 δ）又皆与油料溶液的稀释程度，即与所加入的大量溶剂以及溶剂与油料的比例密切相关。溶剂加入量增多（溶剂稀释比增加）将对蜡晶生长的粒度有两方面互相矛盾的影响：一是黏度降低的有利影响，二是蜡分子扩散距离增大的不利影响。

三、脱蜡过程影响因素

1. 油料

油料组成和性质是影响脱蜡工艺过程的一个基本因素。

（1）油料馏分轻重

温度降低，油料黏度会迅猛增长，即使加入相当大量溶剂后，较高沸点范围的油料溶液的黏度仍将明显地高于较低沸点范围的油料，且较高沸点范围的油料中蜡的分子半径明显较大，由于蜡晶粒度的大小与蜡分子的平均半径 r 以及油料溶液的黏度 η 成反比关系，其蜡晶粒度显然较难长大。

因此较轻的馏分油料所含蜡组分易于形成粒度较大的纤维状或薄片状晶形。随着馏分沸点升高，分子量增大，生成纤维状晶形单晶的可能性较小，基本上是薄片状晶形，晶粒粒度也逐渐变小。

（2）油料馏分沸程宽窄

由于蜡晶生长的粒度是随沸程升高而逐渐变小的，因此，为了控制适宜的蜡晶粒度，以利于过滤分离蜡、油，显然较窄的馏分沸程范围是有利的。当然，馏分沸点范围过窄则脱蜡油料种类变多，会引起操作中频繁切换油料的麻烦，并且必须设立较多的中间油罐等问题，但在可能情况下，还是以适当控制馏分尽量较窄为宜。

馏分过宽的弊病还在于高分子量蜡晶混入低分子量蜡晶后可影响后者的粒度也跟着变小。大量的实验和实践证实，当较轻馏分中混入极少量的较大分子的高沸点（或高熔点）蜡组分后，由于这些较大分子的高熔点蜡在油料溶液中的溶解度较小，因而在冷却时会首先析出并形成大量晶核，使得蜡晶粒度增长较慢。

馏分过宽对选择适宜的脱蜡工艺条件会带来困难，不同馏分沸点范围的油各具不同特性，要求的最佳脱蜡工艺条件互有不同。例如，油料在溶剂中的溶解度是随着油料分子量增大而减少的，因此高分子量、高沸点的油料需要较大的溶剂比。如果溶剂比过小，则在油料溶液中会析出油相，混入蜡饼内一方面增加了蜡饼脱油的困难，另一方面也使脱蜡油收率有所降低，而对于较轻油料来说，溶剂比过高将会使溶剂中，也就是脱蜡油溶液中溶入较多的蜡（未析出的余留的蜡组分），这将影响脱蜡油的质量，使其凝点较高。

从这方面来看，也应控制油料的馏分沸点范围较窄为宜。

（3）油料中胶质及表面活性物质

当油料溶液中含有一定少量的胶质或降凝剂、助滤剂等表面活性物质时，可有助于形成较大粒度的树枝状晶形的蜡晶，有利于蜡、油的分离。当油料溶液中含胶质量过少或过多，皆不利于这种晶形的生成。其适宜的含量视油料化学组成特性，尤其是蜡组分和胶质组分的化学结构组成特性而异。例如，某残渣油料提余油中胶质含量经研究宜控制在 0.5%～2.0%，才能达到满意的蜡晶晶形和粒度，得到较高的过滤速度。

（4）油料含水量

对于油料中含水量也应注意控制。因水在油料及绝大多数溶剂中溶解度很小，水分稍多即易在脱蜡低温下析出微小冰粒，吸附于蜡晶表面妨碍蜡晶生长，并易堵塞滤布过滤层，造成过滤困难。

2. 溶剂

（1）溶剂加入量、方式、位置与温度

在溶剂脱蜡过程中，所加入的溶剂包括：在冷却结晶过程中加入的稀释溶剂和在过滤过程中向滤机内加入的冷洗溶剂，两者的总和与油料的比值为总溶剂比。重质油脱蜡时还往往需要加入预稀释溶剂。

根据蜡晶生长规律可以看出，稀释溶剂加入量增多将对蜡晶生长的粒度有两方面互相矛盾的影响：一是黏度降低的有利影响，二是蜡分子扩散距离增大的不利影响。"多点稀释"能够有效克服上述矛盾，所谓"多点稀释"是指伴随着温度下降，将所需溶剂分几次加入的工艺方式,又称为分次(或分批)加溶剂。

目前国内大多数厂家的溶剂加入方式都是以多点加入的,各处溶剂的作用如下:

① 一次溶剂。加在换冷套管的第八根出口,有些厂加在第十根入口或第七根套管出口,目的是在原料冷却至冷点温度产生一定的蜡晶后,及时加入溶剂,使蜡晶能及时扩大,并及时降低输送阻力。

② 二次溶剂。它的主要作用在于降低套管的输送压力,以进一步深冷。由于现在的二次溶剂一般加入在第一台氨冷套管的出口,尚有较大量的蜡晶待析出,所以二次溶剂同样有使蜡晶便于扩大的作用。

③ 三次溶剂。加在完成冷却之后,滤机进料罐前的总线上,这时的结晶过程已经完成。加溶剂的作用是使蜡表面的油在溶剂的作用下充分混合溶解,进一步降低油剂相黏度,便于过滤。

④ 冷洗溶剂。其目的是用于过滤机的蜡饼洗涤,使蜡结晶体表面及各晶体缝隙间的油进一步溶解并进入滤液,从而降低蜡含油,提高油收率。

⑤ 预稀释溶剂。目前轻质油脱蜡都不加预稀释溶剂。一般用于重质油生产过程。对重质油料使用冷点工艺没有效果,所以采用预稀释和热处理工艺,其目的是降低输送阻力和使蜡晶扩大。

在国内各次溶剂比的量有很大不同。大多数厂采用较小的一次溶剂比和较大的二次溶剂比,如某厂采用一次比为(0.3~0.5):1 和二次比为 1.0:1 的稀释比,而个别厂也有相反的情况。理论上采用较小的一次溶剂比和较大的二次溶剂比是合理的,这是因为一次溶剂的主要作用是为了结晶体的扩大。过大的一次溶剂比不但会把原来已结晶好的蜡微小粒子重新溶解破坏,而且使以后析出的蜡晶体不易碰撞积集成较大蜡晶颗粒,因此在原料的温度还不太低,套管阻力还不太大的情况下,少加入一次溶剂是有利的,但为了使套管阻力下降,就必须适当提高二次溶剂的加入量。

各次溶剂的加入温度是酮苯结晶的重要操作条件,一般加入温度要比加入点的原料温度低 2~3℃,对三次溶剂和冷洗溶剂宜低 1~2℃。溶剂加入点温度不宜高于加入点的原料温度,特别是对一、二次溶剂而言,在结晶初期结晶体尚未扩大,溶剂温度高于原料温度会把已经结晶的结晶核重新熔化。过低的溶剂加入温度同样不利于形成良好的结晶颗粒,因为一、二次溶剂温度太低可以造成加入点的局部冷却速度极快,产生急冷现象,能引起过滤蜡饼发松,含油量增加,严重时出现油豆。三次溶剂温度对结晶状态的影响相对较小,但也不宜与各物流冷却后的温度相差太大。

(2)第一次溶剂加入的位置与方式

① 轻馏分油料的冷点稀释:对于较轻的馏分油料,正构烷烃在原料成分中熔点最高,冷却过程中最容易析出。研究表明,正构烷烃在无溶剂油中结晶的初期是不带母液(即油)的,因此无溶剂下的结晶有利于使初期析出的正构烷烃不带油,在开始析出蜡晶时,宜不加任何稀释溶剂,这样可更好保证蜡晶生长良好,便于后来的过滤分离。第一次稀释溶剂的加入点可后移到开始析出蜡晶以后的某一点,这便是所谓冷点稀释工艺。冷点工艺容易形成致密的结晶核,并成为蜡晶扩大的基础;另一方面,采用冷点工艺以后,降低了冷点前的冷却速度,也有利于蜡的结晶析出。

至于冷点稀释的适宜加入点因原料而异。对于馏分油料,一般应在油料被冷至低于其本身凝点 15~20℃处,一般在换冷套管的中段。实践证明冷点稀释工艺能提高过滤机的过滤效

155

果，提高去蜡油的收率，并使脱油蜡的含油量降低。采用冷点工艺要注意控制好溶剂在加入点处的温度，一般以比原料温度低 2~3℃ 为宜。

②重馏分油料的预稀释与热处理工艺：对于残渣油料，第一次稀释溶剂加在油料泵出口处，以减少由于冷却后黏度增大，增加泵送油料的阻力。同时，对于这种油料溶液，一般还须先经加热到 70℃ 左右，而后再冷却结晶，这便是所谓"热处理"。因为原料在突然加入温度较低的溶剂以后会出现急冷现象，即在加入点温度下降较快，这时会出现原料局部结晶析出，这些结晶中心包有大量的油，继续冷却和稀释无法把这些油溶解出来，因此必须把这些蜡加热熔化（即热处理），然后在人为控制的冷却速度下，使其逐步结晶。

热处理的温度以熔化蜡为宜，在溶剂的作用下蜡的熔化温度会比正常的低，太高的热处理温度会造成热量浪费，并给以后的冷却带来困难；而太低温度控制就达不到目的，热处理的温度以控制在 65~70℃ 为宜。

（3）溶剂中水含量

溶剂回收汽提过程中不可避免会将水带入循环溶剂。在 -20℃ 左右的脱蜡低温下，水在酮苯混合溶剂中的溶解度 <0.5%，因此若溶剂含水 >0.5%，则在脱蜡的低温下将析出冰粒。这些冰粒可能结在冷却器壁上阻碍传热，也可能混入过滤机，在过滤时堵塞滤布而降低滤速，且影响脱蜡油收率。这将增加套管冷却器的清理和滤机的温洗次数，进而影响正常操作以及套管冷却器和滤机的使用寿命。此外，溶剂含水过多还会影响其溶解能力而降低脱蜡油收率，并会增加制冷和溶剂回收系统的负荷而增大能耗和产品成本。

在工艺流程中往往将干湿溶剂分开处理，另外还设立溶剂干燥系统。一般控制溶剂含水量 <0.3%。

3. 冷却速度控制

冷却速度是指含蜡原料油在冷换设备中单位时间里所降低的温度数，以 ℃/h 或 ℃/min 表示。

$$冷却速度 = 温度降/冷却时间$$
$$冷却时间 = 冷却器容积/油料溶液体积流量$$

冷却速度对脱蜡过程中析出蜡晶时生成新晶核的数目有显著影响，因而对蜡晶生长的粒度就具有明显作用。在脱蜡过程中开始析出蜡晶时，冷却速度尤其显得重要，对于较轻的馏分油料来说，就是在冷点稀释前的冷却速度，而对于残渣油料来说，则是在油料溶液经过热处理后进行冷却开始析出蜡晶时的冷却速度。在这些地方，根据经验，冷却速度宜控制在 60~80℃/h 的较低速度。而在冷却结晶的后期，由于油料溶液内已形成相当多量的蜡晶，新析出的蜡分子扩散到已有蜡晶表面的距离可以缩短，蜡晶生长速度相对较快些，因此，冷却速度可以适当增快，逐渐可达到 300℃/h。至于在脱蜡过程各处具体的适宜冷却速度，视油料与溶剂的性质以及其他工艺条件而异，宜通过实验确定。如我国大庆原油润滑油料中含蜡较多，蜡晶生长较易，冷却速度可偏高些。

四、脱蜡结晶工艺

酮苯脱蜡结晶系统的作用是利用丁酮和甲苯混合溶剂对润滑油馏分的选择性溶解能力，使蜡在溶剂的作用下形成良好的结晶体，并在低温下扩大析出。

结晶过程的任务：

①控制好操作条件，保证良好的蜡结晶，使溶剂、油、蜡混合液易于过滤。

② 保证一定的处理量和尽可能高的收率，保证油的凝点和蜡的含油量合格，降低脱蜡温差。

1. 工艺流程

（1）典型溶剂脱蜡工艺

典型使用套管结晶器的酮苯脱蜡的结晶系统工艺流程见图5-13。该流程适应于采用冷点稀释馏分油料的脱蜡，由于油料溶液和部分溶剂一般要首先用由过滤系统来的冷滤液和冷蜡液进行前一阶段的冷却，以利节能，故此图中右侧也附带绘出简明的过滤系统示意图。

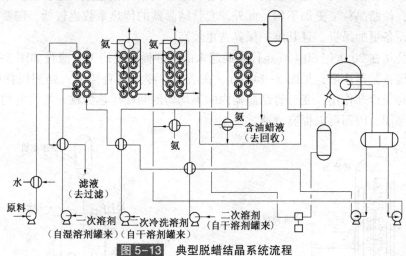

图 5-13 典型脱蜡结晶系统流程

油料被泵入装置后，可先经水冷降温至比油料凝点稍高的温度，然后进套管冷却结晶器，由冷滤液继续冷却并开始析出蜡晶。在这组套管冷却结晶器的适当位置加入第一次稀释溶剂(冷点稀释)，而后进入氨冷套管结晶器，并在两台氨冷套管结晶器之间加入第二次稀释溶剂，在经过氨冷套管结晶器已被冷到所要求的过滤温度后的油料溶液，再经加入第三次稀释溶剂后进入滤机进料罐。

在一般较大型的溶剂脱蜡装置中，当使用若干台换冷和氨冷结晶器时，为了减小压降常可用多路并联。

第一次稀释溶剂可用湿溶剂罐来的湿溶剂，可先由冷滤液将其冷却至所要求的温度，再将其加到套管冷却结晶器的适当部位。

第二次稀释溶剂用干溶剂罐来的干溶剂。也先经冷滤液将其冷却，再用氨冷至所要求的温度，加入油料溶液中。

第三次稀释溶剂与冷洗溶剂一起也用干溶剂罐来的干溶剂，也先经冷滤液冷却，再经套管冷却器以冷蜡液冷却，最后再用氨冷至所要求的温度，分别作为第三次稀释溶剂和冷洗溶剂。

如果是用残渣油料，须在油料泵出口处加入第一次稀释溶剂，再经水汽加热至预定温度(热处理)，然后再继续冷却结晶。

在氨冷结晶器上面设有液氨罐，由这里把液氨分配到各个套管中，经汽化吸热后，氨蒸气再回到罐内，被压缩机抽走。通常用控制液氨罐的压力来控制液氨汽化温度，从而控好油料溶液的冷却结晶温度。

(2) 稀冷脱蜡工艺

由于结晶系统是溶剂脱蜡的关键环节，故改进这个环节的结晶过程对脱蜡工艺效果有重大影响。在上述常规的酮苯脱蜡工艺中，尽管采用多点稀释、冷点稀释等改进措施，在一定程度上改善了脱蜡效果。但所用套管结晶器的设备结构对进一步改进结晶过程有一定的局限性，在这种设备中，析出蜡晶是从内管的冷内壁处局部开始的，因而油料溶液中的蜡组分分子不能按熔点高低顺序(或按溶解度由小到大的顺序)均匀地扩散到已有蜡晶表面使蜡晶均匀生长。套管结晶器内的刮刀以每分钟十余转的低速运转，也难以形成湍流来消除这种影响蜡晶正常生长的扩散不均匀性。且刮刀与套管内壁上的蜡晶相碰撞，还会助长蜡晶破碎和新晶核的生成，使蜡晶粒度更加不匀。此外，套管结晶器的传热系数也较低，需要大的传热面积，使这种设备更加昂贵，且其维护保养费也较高。

埃克森公司在 20 世纪 60~70 年代发展起来的一种稀冷脱蜡工艺流程如图 5-14(a)。该工艺的关键设备是稀冷塔，见图 5-14(b)。在塔中将冷溶剂直接喷入强烈搅拌的含蜡原料油中，起稀释及冷却作用，变套管结晶器内的不均匀的间接传热为稀冷塔内的均匀传热，并生成球形的晶团，因而可以提高滤速。

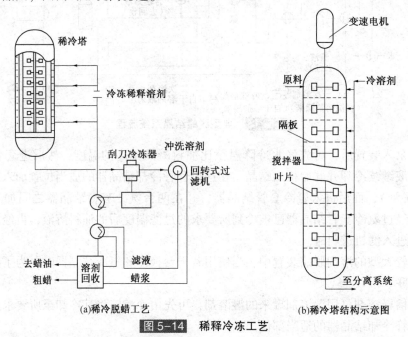

(a)稀冷脱蜡工艺 (b)稀冷塔结构示意图

图 5-14 稀释冷冻工艺

稀冷工艺中，冷溶剂是通过喷嘴以 23~46m/s 的线速度高速喷入油中，油处在激烈的搅拌之下，靠喷射与搅拌的联合作用，冷溶剂与油在 1s 内混合均匀，虽然冷溶剂的温度很低(-30℃左右)，但由于在很短的时间里就与油混合均匀，所以不会急冷。

稀冷塔是立式多段搅拌塔，段间用中间有园孔的隔板隔开。每段都有搅拌浆及阻流挡板和冷溶剂喷入管及喷嘴。

稀冷工艺流程：含蜡油在接近浊点的温度从塔顶进入塔内第一段，与喷入的冷溶剂混合降温，再进入第二段，继续与冷溶剂混合降温，如此一直进行到最后一段，最后从塔底流出，直接去过滤，或再通过一组套管结晶器冷却至更低温度后去过滤。

2. 主要工艺条件

典型酮苯脱蜡装置结晶系统的工艺条件见表 5-7。

表 5-7　酮苯脱蜡装置结晶系统主要工艺条件

油 品 名 称	150 SN	500 SN	650 SN	150 BS
一次稀释溶剂比(换冷套管第八根)	0.5~0.6	0.6~0.7	0.7~0.8	0.9~1.0
二次稀释溶剂比(一次氨冷套管出口)	0.6~0.7	0.7~0.8	0.8~0.9	0.9~1.0
三次稀释溶剂比(二次氨冷套管出口)	0.6~0.7	0.8~0.9	0.9~1.0	1.0~1.1
冷洗溶剂比	0.8~0.9	1.0~1.1	1.1~1.2	1.2~1.3
总溶剂比	2.5~2.9	3.1~3.4	3.5~3.9	4.0~4.4
原料温度/℃	65~70	70~75	70~75	70~75
水冷器出口温度/℃	50~55	55~60	55~60	55~60
原料油冷点温度/℃(换冷套管第八根)	25~28	30~35	30~35	30~35
一次稀释溶剂加入温度/℃	22~26	26~30	26~30	26~30
换冷套管出口温度/℃	12~14	12~14	12~14	12~14
一次氨冷套管出口温度/℃	-8~-10	-3~-7	-5~-7	-5~-7
二次氨冷套管出口温度/℃	-18~-20	-15~-17	-16~-20	-16~-20
二次稀释溶剂加入温度/℃	10~14	10~15	10~15	10~15
三次稀释溶剂加入温度/℃	-16~-24	-18~-21	-18~-22	-18~-22
溶剂组成/%				
甲乙基酮	60~65	55~60	50~55	35~40
甲苯	35~40	40~45	45~50	60~65

3. 脱蜡结晶过程常见问题

（1）急冷

急冷现象指冷却速度在某一部位突然上升的情况。比较常见容易产生急冷现象的部位有溶剂加入点，当溶剂的温度与加入点的物料温度相差较大时，如一次、二次加入点，各流原料经换热和冷却以后的各流温差较大时，进入总管到滤机进料罐的聚集瞬间。在操作过程中要特别注意这些部位，按工艺要求控制。

急冷现象出现时，蜡饼上可以看到大量的油豆，油豆颗粒较大，与溶剂酮比过高时出现的过敏情况完全不同，只要把冷点温度和溶剂的冷点加入温度调整合理就可以消除。

（2）套管结晶器上压

结晶系统经过一段时间的运行，管道的输送压力会不断升高，最后可能引起原料和一次溶剂流量下降，这两个物流的阀门开度越来越大（在使用自动控制仪表的条件下），一般称这种现象为套管上压。物流在管道中流动过程沿管径方向各部分的流速是不一致的，越近管壁流动速度越小，由于酮苯结晶过程中不断有蜡析出，而且内管壁的温度最低，就会有一部分蜡在管壁积集。另一方面，刮刀作用不到的地方，如刮刀轴以及刮刀片或有个别的断轴情况都不断有蜡沉积，逐步使套管内部的流通截面越来越小，流动阻力越来越大，最后使物料流量减少。生产实践证明，原料越轻，套管就越容易上压，这是因为轻质原料的蜡结晶颗粒较大，更容易在管壁上积聚；重质物料，特别是轻脱料，蜡的组成是异构烷烃，其结晶体为针状结晶，就不太容易在套管壁和轴上积聚，所以不易上压。冷却深度和溶剂的加入量对套管上压也有影响。

判断套管的上压部位比较简单。首先要区别正常的提降量引起的压力上升与非正常的套管阻力，无论是原料量还是一次溶剂的提高都引起整个物流的压力上升，通过记录各流套管的压力差，判断哪台套管上压最大，有计划地把压力最大的套管熔化一下。如果每台套管的压力差都相似，且都偏大，这说明应该化套管了，即把套管内的积蜡化掉。

159

化套管是结晶岗位经常要进行的工作，但如果不按规定进行，也可能会造成设备的严重损坏。化套管过程中应注意以下事项：

① 单台套管化套管时，不能引起憋压，对换冷套管在内管通过热溶剂或吹扫蒸汽时，则要注意外管的出入口阀门或抽出线要开一个泄压，同样外管加热时，内管也要注意泄压点。化氨冷套管时，如果在内管通热溶剂或用蒸汽扫线，应该把氨压出去以免出现危险。

② 循环化套管时，随着温度的上升，液体的体积也会不断扩大，要经常泄压，但又要求适量，以免循环不起来。

③ 循环化套管时水冷器要走侧线，开始时，循环速度要慢一些，以免冻坏设备。

4. 结晶系统开、停工注意事项

（1）开工注意事项

结晶系统开工初期一定要用溶剂置换，其原因：

① 在停工扫线、开工初期的蒸汽贯通过程中，结晶系统会有大量的凝结水，必须用溶剂置换出来，否则套管进氨以后可能会冻坏设备。

② 结晶系统空管开工，将造成进料初期的溶剂周转困难。

③ 是开工冷循环的需要。

开工冷循环指结晶系统未进料之前用溶剂进行大循环，由于循环过程中要适当降温，所以称为冷循环。冷循环的目的是：

a. 把结晶系统的温度预先降低，进料后容易较快达到所要求的温度，特别是进料后的滤液温度较低，有利于换冷套管冷点温度的建立，能使系统较早平稳下来。

b. 使溶剂中的部分溶剂水在低温下游离出来。

c. 为了开工过程中氨系统往套管放氨的需要，若没有冷循环，向套管放氨可能会引起冻凝。

开工冷循环要注意如下问题：

a. 水冷器、蒸汽加热器要走侧线，以免冻坏设备。

b. 套管要在进氨之前转起来。

c. 循环时各物流、各台冷却器温度不宜过低，尽量保持在 0~50℃ 之间。

（2）停工注意事项

① 停工之前要充分化套管，把套管积蜡化掉，必要时，化套管同时蒸氨放废油。即把氨冷器在外管中的氨蒸出，把废油压出到蒸废油罐处理，脱油结晶也要在停工之前一两天内先全面化蜡，由于正式停工要求时间比较紧，而且结晶系统过长时间的化蜡会引起回收系统生产维持困难，因此提前化蜡能使结晶扫线时间缩短，为整体赢得时间。

② 结晶系统停工应先用溶剂置换，置换越充分，管线越易扫尽。

③ 扫线时，要逐流（路）进行，以防扫线过程中的溶剂互串。扫线之前先把套管抽尽，或边扫线边抽出，有利扫线进行。

④ 扫线过程中要及时把溶剂送出或平衡好液面，以防溶剂罐满。

⑤ 扫线时要及时停运套管，关水冷器阀。

⑥ 扫线到进料罐时，尽量不进过滤机，可以通过大循环线，滤机放空，把蒸汽引入到其他容器中。

五、过滤工艺

1. 工艺流程

一般所有溶剂脱蜡装置的过滤系统皆是以高效的、但结构相当复杂的真空转鼓过滤机为基本设备进行蜡、油分离的。为了说明问题，首先须介绍以此种过滤设备为基础的基本原理流程和滤机结构的简明示意图，如图5-15所示。

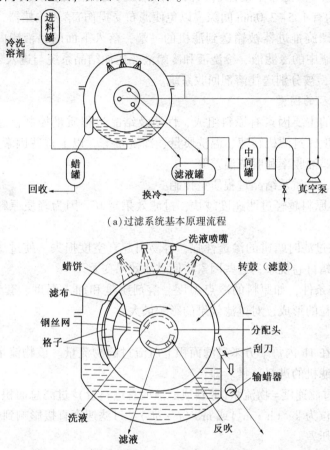

(a) 过滤系统基本原理流程

(b) 真空转鼓过滤机示意图

图5-15 过滤系统原理流程图

从结晶系统来的已被冷却析出蜡晶的油料溶液进入高位的滤机进料罐后，自流流入并联的各台过滤机(图中只绘出一台以作为示意)的底部，滤机内的液面或进料速度以液面自动控制仪表控制。一般液面保持在约为滤鼓直径的1/3高度处。由于酮、苯蒸气与空气在一起易形成爆炸性气体，滤机壳内的气相空间应充满惰性气体，如 N_2 或 N_2 与 CO_2 的混合气，并保持滤鼓与机壳间的气体压力为1~3kPa(表压)，以防空气漏入。

当惰性气中含氧量达到5%时，应立即排空换气。

滤机内旋转的滤鼓沿纵向被分成许多彼此隔绝的空间格子，每个格子外缘装有两层金属网作为支架，支架外面蒙敷有滤布，并以铅条钢丝压紧，使滤布紧贴在金属网上。每个格子都有管道通向中心轴部，此轴与静止不动的分配头紧贴。当某一格子转到浸入含蜡晶的油料溶液内时，该格子即与分配头的吸出滤液部分接通，即通向与真空泵吸入口相联接的管路，而在残压约为26~54kPa的真空度下将含蜡油料溶液中的脱蜡油液作为滤液吸出，送入滤液

161

罐中，同时其中的蜡晶被滤出而被挡在滤布之外。当该格子随着滤鼓转动移出液面到达上方时，又被喷下来的冷洗溶剂淋洗出其中所夹带的脱蜡油液，此时该格子又与分配头的另一吸出洗液部分接通，而将洗液送入洗液罐内。而后当该格子转到侧面刮刀之上时，该格子即又与分配头的惰性气体反吹部分相通，此时由真空泵出口处送来的惰性气体即经由中心轴部通过滤布被反吹入滤鼓与滤机外壳之间的空间，并进行上述惰性气体循环流动。反吹压力一般约在 $30\sim40$kPa（表压）。滤布上的滤饼（即蜡饼）经反吹吹松后随着滤鼓转动即被刮刀刮下（实际刮刀距滤鼓约有 $1.5\sim2.0$mm 间隙，以免使滤布受损伤）落入输蜡器，并与再喷入的一部分冷溶剂一起随螺旋推进器被输送到滤机的一端，落入下面的蜡液罐内。最后，在滤液罐、洗液罐和蜡液罐中的冷滤液、冷洗液和冷蜡液经送往结晶系统与进入装置的油料溶液和溶剂换热（换冷）后，被分别送往溶剂回收系统。

2. 影响过滤过程的因素

影响过滤过程的主要因素有原料组成、性质及结晶过程质量控制，过滤速度，过滤压差，过滤机液面高度，过滤机转速、温洗质量、冷洗量等。以上这些因素直接影响滤机油、蜡分离的效果，脱蜡油收率和脱蜡温差等。

（1）原料组成、性质及结晶过程质量控制

① 一般而言，原料越轻过滤速度越快，过滤效果越好。因为轻质原料具有较大的结晶颗粒，更易于过滤。

② 轻质原料在过滤时蜡饼的渗透性强，容易引起真空度损失，使过滤动力变小，减二线原料还容易出现蜡打卷现象，这些因素将使过滤效果变差。

③ 结晶的操作条件，如原料的冷点温度、溶剂质量和加入温度、套管的冷却速度等，直接关系到结晶颗粒的形成，对过滤效果的影响最大。

（2）过滤速度

过滤速度是指在 1h 内每平方米过滤面积上所流过的物流量。该物流量可以是原料的加工量、滤液量和过滤机的进料总量。即：

过滤速度＝物流量（原料或滤液或总进料量）/过滤总面积

过滤速度的单位为 kg/（h·m²）或 m³/（h·m²），过滤速度直接影响到处理量大小。

（3）过滤机的压差

过滤压差指密闭压力与真空度之间的压力差是过滤动力。在处理同一原料，密闭压力不变的情况下，过滤压差小（即真空度小）时，过滤速度就慢，在蜡饼脱离液面以后和经过冷洗区后不易被吸干，这样会增加蜡饼中的含油量，使去蜡油的收率下降；如果过滤压差过大（真空度过大）时，蜡饼会很快压紧，并使滤布小孔堵塞，同时对吸干、洗涤、抽净都不利，反吹很困难，蜡饼打循环，这样也将使蜡饼含油量增加，油收率和处理量都下降。因此过滤和真空是两个关系很密切的岗位，要密切配合，根据不同的原料性质保持好适当的真空度。

反吹压力也要严格控制，反吹压力太小不能使蜡饼被吹松；太大将使绕线受力过大而断线，易损坏滤布，影响平稳操作。

（4）过滤机的转速

滤机的转速快时，可以提高过滤速度，但会使抽干和冷洗时间相对缩短，使蜡饼中含油量增大，到反吹区时滤鼓内真空小管中的滤液来不及抽净被反吹气体吹出来使收率下降。转速太慢使过滤速度下降，影响处理能力。

（5）过滤机液面高度

转鼓表面大约 40%~50% 被浸没在原料液中。

过滤机的液面过高会造成过滤负荷太大，油和溶剂过滤不完全，蜡饼洗不透，严重时造成溢流，引起蜡质量不合格和油收率明显下降，干湿溶剂不平衡，蜡罐上液面等后果，液面过高还会加快过滤失效，中、高部真空区吸不干。

过滤机液面过低使死区以后的部分（低部真空区）不挂蜡，直接抽入滤机壳内的密闭气体，破坏了过滤机的真空度，过滤动力减小，蜡的含油量上升，去蜡油的收率下降，处理能力下降。因此，保持好液面是酮苯脱蜡装置平稳操作很重要的一环。

（6）温洗质量

过滤机操作一段时间后，滤布就会被部分细小的蜡结晶或冰粒堵死，使过滤效果下降乃至全部失效，因此滤布要定期温洗。所谓温洗就是用 60~70℃ 的热溶剂冲洗滤布，并通过真空度的作用将滤布洗透。

温洗的温度和周期是温洗中要特别注意的问题。温洗温度太低则不能熔化蜡晶体，起不到温洗效果；太高则会增加溶剂的汽化，使温洗量减少，密闭压力增大，并易造成溶剂排空损失。两次相邻温洗操作的时间间隔称为温洗周期，温洗的时间和周期应根据原料性质来决定。缩短温洗周期或延长每台温洗时间相对就减少了开工时数，对设备和生产能力有不利的影响。因此温洗要强调质量。

（7）冷洗量

冷洗的作用主要是洗涤蜡饼中的油。蜡饼经过中部真空区抽吸后已接近干燥，但还有一定的油含在蜡中，这时加入部分溶剂洗涤，将使过滤效果更佳。另外，冷洗溶剂的加入使蜡饼更容易输送；冷洗溶剂加入还使密闭压力和真空度保持良好的压差，将改善蜡饼松散或分裂带来的密闭压力、真空度波动。

冷洗量要调节适当，过滤机的冷洗量以冷洗溶剂流到反吹上部正好被吸干为合适，一般以每台滤机 7~9t/h 为宜。

在要求结晶岗位调好冷洗量的同时，过滤岗位要使每台过滤机的冷洗溶剂分配均匀，使冷洗溶剂真正起到冷洗作用。

3. 过滤系统主要工艺条件

典型酮苯脱蜡装置过滤系统主要工艺条件见表 5-8。

表 5-8　过滤及真空密闭系统工艺条件

油　品　名　称	150 SN	500 SN	650 SN	150 BS
过滤机进料温度/℃	-22~-28	-14~-16	-14~-16	-14~-16
溶剂冷却温度/℃	-16~-22	-14~-18	-14~-18	-14~-18
脱蜡油凝固点/℃	-17~-20	-9~-10	-9~-10	-9~-10
脱蜡温差/℃	3~4	4~5	4~5	4~5
过滤速度（对原料）/[kg/(m²·h)]	180~220	100~120	80~100	70~75
过滤机底部真空度/kPa	26.7~53.4	26.7~40	26.7~40	26.7~40
反吹压力/kPa	30~45	30~40	30~40	30~40
密闭压力/kPa	1.8~2.0	1.8~2.0	1.8~2.0	1.8~2.0

4. 过滤过程常见异常问题及处理方法

（1）滤机壳成负压

造成滤机壳成负压现象的原因及处理方法见表 5-9。

表 5-9 造成滤机壳成负压现象的原因及处理方法

现　象	原　因	处理方法
① 真压机系统密闭压力为负压 ② 滤机含氧上升较快 ③ 真压机系统真空度逐步变小，反吹压力越来越大	滤机液面太低，使较多的空白滤布露在液位之上	① 平衡好滤机液面 ② 如果滤机负荷都较低，可以降低滤机转速或者停用部分滤机
	蜡饼龟裂严重，冲洗溶剂分布不均匀	加大冷洗量，减少惰性气体大量透过滤布
	惰性气体循环量调节不当	适当打开惰性气体的补充阀，往系统补充氮气，操作调整
	滤机底部真空阀开度过大	滤机负荷小，底部真空开度小些

（2）滤机绕线不正常、滤布损坏

滤机绕线不正常及滤布损坏现象及处理方法见表 5-10。

表 5-10 滤机绕线不正常及滤布损坏现象及处理方法

问　题	现　象	处理方法
滤机绕线断	① 温洗过程中出现异音 ② 输蜡器电动机电流突然增大，甚至切断(跳闸)	① 紧急停电，使滤机转鼓停止转动 ② 停止滤机进料 ③ 根据滤机负荷和滤机备用情况决定开备用滤机或者降量 ④ 关闭该滤机的三部真空和所有的连通阀 ⑤ 将滤机内残余物放出 ⑥ 检修滤机
滤机绕线松或滤布破	① 滤机滤鼓表面的绕线松 ② 滤机滤布肉眼观察有破损的地方	① 滤机按正常温洗步骤温洗后停运 ② 滤机按开盖检修的规程处理 ③ 修理或更换

（3）蜡打卷

造成蜡打卷现象的原因及处理方法见表 5-11。

表 5-11 造成蜡打卷现象的原因及处理方法

现　象	原　因	处理方法
滤鼓表面的蜡脱落下来，积存在滤机底部形成黏稠的块，这些蜡块粘在滤鼓表面蜡饼上带出，即蜡打卷。使滤机很快失效	滤机密闭压力较低或为负压，而吸入真空度又不大，使蜡饼吸附不牢	① 调整好滤机的密闭压力(保持在 0.002~0.004MPa) ② 滤机真空度调整在工艺指标范围内(保持在 -0.02~-0.05MPa) ③ 关闭滤机进料阀，对滤机进行彻底的温洗 ④ 温洗不能解决则将滤机停止工作，停三部真空，打入温洗溶剂进行浸泡化蜡 ⑤ 将所化液体放出
	由于蜡饼太薄或刮刀与滤鼓的间隙太大，反吹压力太小，使部分蜡饼没有被刮刀刮下，经过死区失去真空吸力时，在重力作用下蜡饼掉入滤机底部形成蜡打卷	① 适当提高滤机反吹压力使蜡饼能被吹落(保持在 0.02~0.05MPa) ② 蜡饼薄，提高滤机的负荷或改善结晶状况 ③ 刮刀离滤布太远，按滤机检修前处理方法处理后联系钳工修理

（4）蜡支棚

造成蜡支棚现象的原因及处理方法见表 5-12。

表 5-12 造成蜡支棚现象的原因及处理方法

现　象	原　因	处 理 方 法
蜡大片支托在滤机绞龙即螺旋输蜡器上方	蜡饼太干, 冷洗量太小	① 在适当的情况下增大冷洗量 ② 适当控制高部真空, 使喷淋在蜡饼上的溶剂不全部吸入鼓内, 增加蜡饼的湿度, 使之容易输送 ③ 严重时可用输蜡器上部溶剂管喷溶剂, 使蜡饼湿度增加

（5）输蜡槽堆蜡

造成输蜡槽堆蜡现象的原因及处理方法见表 5-13。

表 5-13 造成输蜡槽堆蜡现象的原因及处理方法

现　象	原　因	处 理 方 法
从滤机的看窗玻璃可以看到小输蜡器里堆蜡	蜡太多, 来不及输送	调整好操作, 平衡好物料和滤机分配
	蜡液罐满	按蜡液罐满的规程处理
	输蜡器反转或自停, 以及输蜡器故障	① 输蜡器反转, 联系电工进行处理 ② 输蜡器自停, 迅速开启 ③ 输蜡器故障, 联系钳工处理

（6）蜡罐上液面

造成蜡罐上液面现象的原因及处理方法见表 5-14。

表 5-14 造成蜡罐上液面现象的原因及处理方法

原　因	危　害	处 理 方 法
① 蜡干, 泵抽吸困难 ② 泵出、入口结蜡, 效率降低 ③ 滤机溢流 ④ 机泵故障	蜡罐上液面的危害首先是积压溶剂, 若发现不及时, 处理不得当, 满至滤机可造成输蜡器断切, 如密封不严还会造成溶剂跑损、污染环境, 甚至着火爆炸的严重后果 由于蜡罐满, 滤机也无法正常工作, 结晶将被迫降量生产或临时停工	① 适当增加常温溶剂量, 可暂时从泵入口和过滤同加时, 待压力正常后, 可将泵入口常温溶剂切断 ② 扫化蜡泵及出入口 ③ 联系过滤岗位制止溢流 ④ 换泵, 联系维修工维修

六、溶剂回收工艺

由于工艺使用了大量溶剂, 经过滤机过滤得到的滤液和蜡膏中含有溶剂, 滤液中一般溶剂含量约达 80%~85%, 蜡液中溶剂含量也约达 65%~75%, 要想得到合格的产品就必须将这些溶剂分离出来, 另外溶剂的回收工艺及其效果在很大程度上影响着溶剂消耗、能耗以及操作费用和生产成本, 因此, 溶剂回收系统也是一个不可忽视的重要环节。

溶剂回收过程的任务就是将滤液和蜡膏中所含的溶剂分离出来, 实现循环使用。

溶剂回收过程主要目标:

① 尽可能实现溶剂的完全回收, 使润滑油产品闪点合格。

② 溶剂不带油、蜡、水。

③ 在实现以上目标的同时, 尽可能做到节约能源, 减小物料消耗和保障安全、清洁生产。

1. 工艺流程

溶剂脱蜡装置中的溶剂回收原理与溶剂精制装置中的溶剂回收原理基本相同, 即为了热量的经济利用, 一般均采用多效蒸发方式, 滤液中的溶剂回收多采用三效蒸发, 换热蒸发率可达 60% 左右, 热回收率可达 70% 左右。蜡液中的溶剂回收一般也可采用双效或三效蒸发,最后仅余不到10%溶剂的脱蜡油液和蜡液皆可用水蒸气汽提将溶剂基本回收完全。一般由汽提塔底放出的脱蜡油和蜡中含溶剂皆<0.1%。由汽提塔顶出来的溶剂与水的混合气被冷凝后将分为含水可达3%~4%的湿溶剂(随着甲乙酮在溶剂中含量由40%升至80%，在25℃下溶解水可达1.5%~8%)与含溶剂(主要是甲乙酮，甲苯溶解量很微少)约10%的水溶液。由于甲乙酮与水可形成共沸物(沸点68.9℃、含水11%)，因此溶剂与水的分离可采用双塔分馏的方式，分离出基本不含溶剂的水和含水<0.5%的干溶剂。

目前已有酮苯脱蜡装置采用惰性气体汽提代替水蒸气汽提来回收脱蜡油液和蜡液中的残余少量溶剂。由汽提塔顶放出的混合气可送入吸收塔以油料将溶剂气吸收。这样一方面减少装置系统中的水分，利于冷冻、结晶、过滤等过程，另一方面也可减少由于水分汽化冷凝造成的能耗。

酮苯脱蜡溶剂回收工艺流程见图5-16，溶剂回收可分为从滤液中回收溶剂、从蜡液中回收溶剂和从含水溶剂中回收溶剂三个部分。

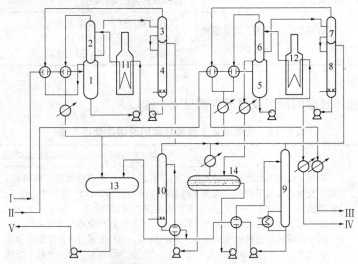

图 5-16　酮苯脱蜡溶剂回收工艺流程

Ⅰ—滤液；Ⅱ—蜡液；Ⅲ—脱蜡油；Ⅳ—含油蜡；Ⅴ—溶剂

1—滤液低压蒸发塔；2—滤液高压蒸发塔；3—滤液低压蒸发塔；4—脱蜡油汽提塔；
5—蜡液低压蒸发塔；6—蜡液高压蒸发塔；7—蜡液低压蒸发塔；8—含油蜡汽提塔；
9—溶剂干燥塔；10—酮脱水塔；11—滤液加热炉；12—蜡液加热炉；13—溶剂罐；14—湿溶剂分水罐

（1）滤液中回收溶剂

从过滤过程来的滤液(溶剂+脱蜡油)先后与滤液第三蒸发塔3(低压)、滤液第二蒸发塔2(高压)顶蒸出的溶剂蒸气换热后进入滤液第一蒸发塔1(低压)，塔顶蒸出的溶剂冷凝后进入溶剂罐13，塔底仍含有溶剂的脱蜡油进滤液加热炉11加热后进入滤液第二蒸发塔2(高压)，塔顶溶剂与第一滤液蒸发塔进料换热、冷凝后进入溶剂罐13，塔底含少量溶剂的脱蜡油自压进入滤液第三蒸发塔3(低压)，于低压下再蒸出一部分溶剂蒸气，溶剂蒸气与第一滤液蒸发塔进料换热、冷凝后进入溶剂罐13，塔底含微量溶剂的脱蜡油流入脱蜡油汽提塔4，汽提塔顶蒸出的带大量水蒸气的湿溶剂进入湿溶剂分水罐14，塔底得到符合质量指标的脱蜡油。

（2）蜡液中回收溶剂

从过滤岗位来的蜡液(含油蜡+溶剂)先后与蜡液第三蒸发塔7(低压)、蜡液第二蒸发塔6(高压)顶蒸出的溶剂蒸气换热后进入蜡液第一蒸发塔5(低压)，塔顶蒸出的溶剂冷凝后进入湿溶剂分水罐 14，塔底仍含有溶剂的含油蜡进蜡液加热炉 12 加热后进入蜡液第二蒸发塔 6(高压)，塔顶溶剂与第一蜡液蒸发塔进料换热、冷凝后进入溶剂罐 13，塔底含少量溶剂的含油蜡自压进入蜡液第三蒸发塔 7(低压)，于低压下再蒸出一部分溶剂蒸气，溶剂蒸气与第一蜡液蒸发塔进料换热、冷凝后进入溶剂罐 13，塔底含微量溶剂的含油蜡流入含油蜡汽提塔 8，汽提塔顶蒸出的带大量水蒸气的湿溶剂进入湿溶剂分水罐 14，塔底得到含油蜡。

（3）含水溶剂中回收溶剂

由汽提塔顶出来的溶剂与水的混合气被冷凝后在湿溶剂分水罐 14 中，分为含水可达 3%~4% 的湿溶剂与含溶剂约 10% 的水溶液两层。水层与酮脱水塔 10 塔底排出的水换热后引入酮脱水塔 10 上部，在塔底汽提蒸汽作用下，塔顶蒸出酮水共沸物(经冷凝后进入湿溶剂分水罐 14)，塔底水与进料换热后排出装置。溶剂层的湿溶剂与溶剂干燥塔 9 塔底溶剂换热后进入溶剂干燥塔 9 上部，塔顶蒸出酮水共沸物(经冷凝后进入湿溶剂分水罐 14)，塔底为含水<0.5% 的干溶剂。

2. 溶剂回收系统工艺条件及产品指标

某酮苯脱蜡装置溶剂回收系统工艺条件见表 5-15，脱蜡油收率见表 5-16，脱蜡油性质见表 5-17。

表 5-15 溶剂回收系统工艺条件

项　目	滤液系统	含油蜡液系统
第一蒸发塔进料温度/℃	85~95	96~101
第二蒸发塔进料温度/℃	190~195	190~195
第三蒸发塔进料温度/℃	168~178	169~174
汽提塔进料温度/℃	160~168	160~170
加热炉出口温度/℃	190~195	190~195
第一蒸发塔操作压力/MPa	0.01~0.03	0.03~0.05
第二蒸发塔操作压力/MPa	0.30~0.32	0.26~0.28
第三蒸发塔操作压力/MPa	0.01~0.02	0.01~0.02
汽提塔操作压力(表)/MPa	0.08~0.09	0.08~0.09

表 5-16 脱蜡油收率

油品名称	150 SN	500 SN	650 SN	150 BS
溶剂脱蜡油收率/%	54.0	54.0	48.0	43.4

表 5-17 脱蜡油性质

油品名称	150 SN	500 SN	650 SN	150 BS
比色/号	1.5	2.5	3.5	7
黏度(50℃)/(mm²/s)	19.63	60.02	77.5	277.9
黏度(100℃)/(mm²/s)	5.03	11.01	13.24	35.0
闪点(开口)/℃	213	269	273	325
凝点/℃	-12	-12	-14	-12
康氏残炭/%	0.008	0.076	0.13	0.71
酸值/(mgKOH/g)	0.014	0.017	0.014	0.008
苯胺点/℃	100.5	110	113.5	129
硫含量/%	0.036	0.078	0.097	0.06
氮含量/(μg/g)	107	383	458	-
黏度指数	98	97	97	103
碘值/(gI/100g)	9.1	12.8	9.8	12.4

七、冷冻系统

由于润滑油溶剂脱蜡过程是在低温下实现的，原料、溶剂等物料降温过程及维持系统低温都需要冷源，液体蜡结晶为固体蜡时也是放热过程，因此要在溶剂脱蜡装置设立独立的制冷系统。

冷冻系统的任务是为原料、溶剂、惰性气体降温提供冷量，使含蜡原料油中的蜡结晶出来并达到要求的分离温度，也使溶剂、惰性气体分别达到工艺过程要求的温度。我国炼油厂一般都采用氨作制冷剂。

氨的蒸发温度低，最低可达-70℃，单机两级压缩的最低蒸发温度可达-50℃。在冷凝温度低于38℃时，压力不超过1.373MPa（表）。氨的单位容积制冷量大，导热系数大，汽化潜热大，节流损失小，价格低廉。适合于大型制冷压缩使用，可以满足一般脱蜡以至深度脱蜡的要求。

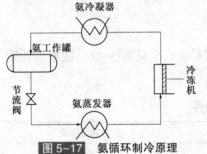

图 5-17 氨循环制冷原理

图 5-17 是氨循环制冷的原理图，由等压蒸发、压缩、等压冷凝和等焓节流四大过程组成。

等压蒸发过程是利用液氨在低温下即可在氨蒸发器内蒸发（汽化），蒸发中吸收大量热量（即制冷）的性质，从氨蒸发器中被冷却物料（原料、溶剂和安全气）中吸收热量，降低它们的温度实现制冷。

制冷蒸发（汽化）形成的气氨经过冷冻机（又称制冷压缩机）压缩增压后，气氨温度高过环境温度，在氨冷凝器内空气和水即能让饱和气氨冷凝为液氨。高压饱和液氨经液氨节流阀节流减压降温后，又进入氨蒸发器循环使用，从而达到连续制冷的目的。

氨蒸气压缩制冷循环四大过程的实质是一个热量的传递过程，环境温度取走氨的热量，氨又取走被冷却物料的热量。如此循环往复，从而达到连续制冷的目的。

冷冻系统是用管道将压缩机、冷凝器、膨胀阀、蒸发器连接而成的一个密封系统，关键设备是压缩机，现在一般使用螺杆式压缩机，如图5-18所示。

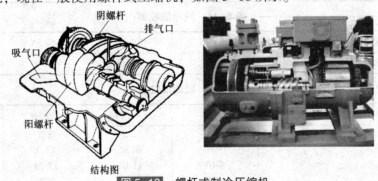

结构图
图 5-18 螺杆式制冷压缩机

脱蜡原料油和溶剂的混合物以及安全气的冷冻温度，是通过控制各蒸发器氨的液面和氨的蒸发温度来调节的。如果液面过低，说明需要的冷量超过液氨提供的冷量，这时要适当补充液氨，反之液面过高，要减少液氨的供应。当结晶系统的流量增大后，分配到套管等设备中的液氨量要适当加大。当原料和溶剂的温度升高后，也应适当增大液氨量。如果套管出口温度升高了，氨的蒸发压力又未变化，也要适当增加液氨量，由于氨的蒸发压力由温度决定，生产中不调节。因此在生产中，应该通过氨的流量控制液面，通过液面来控制各点温度。蒸发器内的液面过低，部分传热面积露在液氨的外面，使有效传热面积减少，热量传递受阻使被冷物料温度降不下来，严重时会影响产品质量和收率，另外使气氨过热形成过热氨气，氨的密度减小，造成系统的内压力升高，操作不稳定，冷冻机吸入过热氨气，会使氨的单位制冷能力降低，冷冻机制冷效率降低。蒸发器内液面控制过高，占据了蒸发空间，使蒸发器内压力上升。由于蒸发空间太小，传热能力减小，而且气氨夹带的雾状液滴多，甚至引起冷冻机抽液体，因此生产中要控制适宜的液面。保持液氨的正常循环，维持平稳操作，保证液氨在系统内发挥最大的制冷能力，降低功耗。

八、安全气系统(真空密闭系统)

安全气系统(真空密闭系统)是为防止过滤机内由于溶剂蒸气和氧气的存在而形成爆炸性混合物，在过滤机外壳内送入安全气(经过氨冷)，过滤机在安全气(即惰性气)循环密封下操作。过滤机外壳内压力保持稍高于壳外大气压力，以防止空气被抽入滤机内。过滤机中安全气中氧含量控制在5%以下。所送入的安全气是在安全气发生炉内燃烧灯油所产生，其气体组成为氮气、二氧化碳及少量的一氧化碳和其他气体，控制发生炉出口安全气中氧含量<0.5~1.0%(体积分数)。安全气是循环使用的，利用在真空密闭系统设置的真空压缩机建立安全气循环。该机有双重作用，即进口抽真空使过滤机滤鼓滤布内外形成压差进行过滤；所抽进安全气压缩至约0.05MPa(表压)送去过滤机进行反吹，松动蜡饼，以利于刮刀刮下，同时另一股安全气经降压送入过滤机壳内的气相空间保持正压1~3kPa(表压)，以防空气漏入。若安全气中含氧量达5%(体积分数)时，应立即排空置换。

带过滤系统的真空密闭系统典型工艺流程见图5-19。

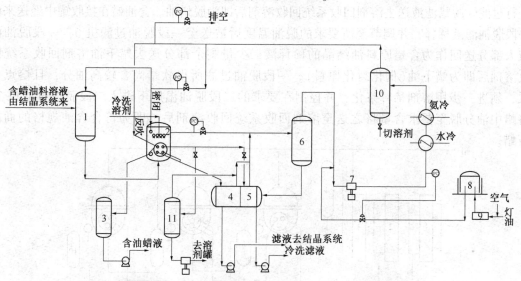

图5-19 真空密闭系统(带过滤系统)典型工艺流程图

1—进料罐；2—真空过滤机；3—含油蜡液罐；4—滤液罐；5—冷洗滤液罐；6—泡沫分离器；
7—真空压缩机；8—浮顶式安全器罐；9—安全气发生机；10—安全气中间罐；11—温洗液罐

九、脱蜡脱油联合工艺

1. 工艺流程

经过脱蜡过滤以后的蜡饼中含油量一般在8%~12%，过高的含油量会使最终的蜡质量受到影响。我国润滑油原料中蜡含量丰富，是生产石蜡的宝贵资源。为了利用这些石蜡资源，在进行润滑油原料脱蜡的同时，还需对含油蜡饼进行脱油分离。

含油蜡饼脱油有再结晶和不再结晶两种形式。

再结晶脱油的原理是利用酮苯混合溶剂对油、蜡有不同溶解度，将脱蜡蜡膏与溶剂混合后升温再降温，使蜡膏中的蜡重新结晶析出，并采用真空过滤的方法使油蜡进一步分离，从而获得所需含油量低的石蜡，这是一种先化蜡再结晶的过程。

不再结晶脱油是基于酮苯混合溶剂对油、蜡有不同溶解度以及油在溶剂中的溶解度随温度升高而增大的原理，将脱蜡蜡膏与溶剂混合后升温，使蜡膏中的油溶解在溶剂中，不形成新的蜡晶体，再采用真空过滤的方法使油蜡进一步分离，从而获得所需含油量低的含油蜡，这是一种不断溶解出蜡中所含油的过程，该过程省去了蜡膏熔化和再结晶步骤，简化了生产流程，降低了能耗。

在润滑油脱蜡同时对所产含油蜡进行脱油生产低含油石蜡的联合工艺，称为甲乙酮-甲苯脱蜡脱油联合工艺。其特点是脱蜡所得蜡膏不再经熔化结晶，而是在脱油过滤的部位就加入溶剂，经过换热设备升温后再加入部分溶剂，进入到一段脱油滤机，并在过滤机的小输蜡器处加入二段稀释溶剂，充分混合以后进入二段滤机过滤脱油得到脱油石蜡，蜡液去蜡回收系统进行溶剂回收，滤液（蜡下油液）循环使用。

典型脱蜡脱油联合工艺原则流程见图5-20。此流程为三段滤液逆流循环流程。减二线或减三线含蜡原料用一段脱油滤液稀释，流经套管结晶器（1、2、3），结晶冷至所要求的过滤温度，经溶剂稀释后进入过滤机进料罐4，再自流入设有液位控制阀的过滤机5底槽内进行过滤。脱蜡滤液送去溶剂回收系统回收溶剂后即为脱蜡油。含油蜡在接收罐中经送来的一段脱油滤液稀释，并调节至所要求的脱油温度后被送至一段脱油过滤机6，一段脱油滤液大部分送回作为含蜡原料油结晶的稀释液，少量剩余部分送去蜡下油溶剂回收系统回收溶剂后即为蜡下油（催化裂化原料）。一段脱油过滤所得软蜡尚含较高油分，且熔点也低，须进一步用溶剂稀释浆化，并控制在要求的二段脱油温度下进入二段脱油过滤机7，将蜡中油分脱至要求含量将之送至溶剂回收系统回收溶剂后，即为符合含油规格的商品石蜡。

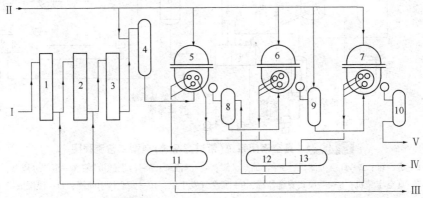

图5-20 脱蜡脱油联合工艺原则流程图

Ⅰ—油料；Ⅱ—回收溶剂；Ⅲ—脱蜡油液；Ⅳ—蜡下油液；Ⅴ—脱油蜡液

1—换冷套管结晶器；2—第一次氨冷套管结晶器；3—第二次氨冷套管结晶器；4—脱蜡过滤机进料罐；

5—脱蜡真空过滤机；6——段脱油真空过滤机；7—二段脱油真空过滤机；8——段脱油真空过滤机进料罐；

9—二段脱油真空过滤机进料罐；10—脱油蜡液罐；11—脱蜡滤液罐；12——段脱油滤液罐；13—二段脱油滤液罐

2. 主要操作过程

(1) 滤液循环

脱蜡-脱油装置的滤液循环过程是近几年发展起来的新工艺，由于其良好的节能效果，所以新设计的脱蜡-脱油联合装置一般都设计了该工艺(图5-21)。

滤液循环一般分为两部分，即脱油的二段滤液作脱油一段的稀释溶剂，以及以一段的滤液(蜡下油液)作脱蜡的一、二次溶剂的循环。

脱油稀释溶剂主要加在过滤机的小输蜡器和滤机下蜡口有大输蜡器的装置，也有一部分加在大输蜡器，部分溶剂加入蜡罐，分为从顶部加入和底部加入两种形式，但总的原则是脱油溶剂尽可能向前加。其原因是：

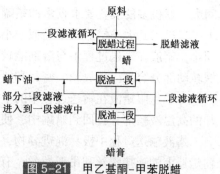

图5-21 甲乙基酮-甲苯脱蜡脱油联合工艺滤液循环示意图

① 脱油溶剂的主要目的是使溶剂和含油蜡充分混合，溶解蜡中的油，向前加可以使溶剂和含油蜡有更多的接触机会，使油能更充分地被溶解。

② 溶剂向前加能减少输送过程中的流动阻力，使脱蜡过程更平稳，管道不易上压。

为了调整一段循环液中的蜡下油含油量，在循环液中设有新鲜溶剂补充线。

滤液循环由于减少了进入回收的蜡下油液量，使全装置的溶剂循环量减少，加热炉或蒸汽的负荷将大幅度减少，所以其节能效果十分明显。以某厂为例，实施了脱油一段滤液的循环以后，当时能耗就下降了近0.627MJ/h，占装置总能耗的10%左右。

滤液循环能使去蜡油的收率提高1.5%~2%，其原因是蜡下油是介于去蜡油和蜡之间的中间部分，一段滤液循环类似于部分蜡下油回炼。对循环滤液的再次分离，使部分原来带入到蜡下油中的油被过滤到去蜡油滤液中，因此提高了去蜡油的收率。滤液循环对去蜡油的凝点和脱蜡温差没有影响，但能部分地使蜡产品的含油量上升，统计数据表明蜡的含油量将上升0.1%~0.15%左右，在一般情况下不会造成质量不合格。

对滤液循环而言，循环液中的溶剂含量应该有所控制。生产实践表明，一段滤液循环中的的溶剂含量不应低于90%，二段滤液循环中的溶剂循环量不应低于94%。溶剂中过高的含油、含蜡量会引起产品蜡含油量的上升。一段滤液中含油、含蜡量上升，可能在加入原料之前就有蜡结晶析出，破坏原料油在套管中的结晶效果，这一点对脱蜡二次溶剂而言更为显著，当脱蜡二次溶剂的温度较低时，蜡质量会有较大的波动，甚至蜡含油质量不合格。

循环滤液中的含油量的高低，会直接影响到产品的质量，它是能否正常应用该流程的关键，控制滤液中含油量的主要途径有以下几点：

① 对脱油滤机的滤布漏洞要及时修补，由于脱油滤布不直接影响到产品的质量，所以漏洞问题容易被忽视，在滤液循环时应引起重视。

② 适当增加二段新鲜溶剂量。

③ 必要时在循环滤液中适当补充新鲜溶剂。

(2) 蜡液输送

蜡液从滤机到蜡罐有两种输送形式：即直接下蜡和输蜡器输送。直接下蜡一般在下蜡管道中设有蒸汽夹套，可以在必要时用蒸汽加热内管(输蜡器)，熔化沉积在管壁的蜡膏，这种下蜡的优点是没有机械转动部分，故障比较少，出现输蜡管积蜡也比较好处理，但占用空间大，滤机多的装置要求较多的蜡罐来克服输蜡管多的困难。用大输蜡器输送，蜡从滤机的下蜡口进入到大输蜡器后用类似于小输蜡器的螺旋推进器把蜡液输送到蜡罐，其优点是占空间小，蜡液在输送过程中与溶剂能较好地混合，对溶剂溶解蜡下油有利；缺点是输蜡器的机械转动部分容易出现故障，密封和泄漏问题比较突出。

为了克服蜡液在输送过程中的上压问题，某些厂采用热蜡循环工艺，即把回收以后未冷却的高温液蜡部分打回到蜡罐中，使蜡液的温度上升，便于输送。

蜡液输送过程中极易混进异物，通常有套管刮刀轴的螺丝，滤机上的铅条、滤布条，大输蜡器上的连接螺丝和吊架螺丝，有时钳工工具也可能掉入，这些异物会对输蜡泵造成严重损坏，因此蜡泵入口必须安装过滤器，由于混入蜡液的异物体积比较大，用于泵入口的过滤器的网格可以大些。

3. 影响含油蜡质量的因素

影响含油蜡质量的因素比较复杂，也不易控制。一般认为影响含油蜡质量的因素有以下几种：

① 蜡膏含油量的影响。脱蜡以后的蜡膏是生产合格的石蜡产品的必要条件，因此除了对进入装置的原料有较高的要求以外，做好脱蜡结晶过程的温度、剂油比等操作，使之形成良好的结晶状态，保证不带油豆，过滤机不溢流，使蜡膏的含油控制在 8%~12%，对脱油过程的质量十分重要。

② 溶剂量的影响。溶剂比大对含油蜡的质量有利，在采用二段滤液向一段脱油循环的条件下增加一段一次溶剂比，对能耗的增加不明显，但有利于降低含油量；二段的溶剂比不宜过大，以免增加能耗。

③ 进料温度的影响。一般认为温度在操作调整的正常范围内对溶剂和油的溶解度影响不大，但温度上升使软蜡熔化，表现为溶剂对蜡的溶解度上升。所以较高的过滤温度能使含油量有所下降，同时使石蜡的针入度变好，但过高的温度会降低石蜡的收率，而且在过滤时蜡饼发软、发黏，造成过滤效果变差。

④ 过滤机的操作对含油蜡质量的影响也非常明显。

4. 工艺条件

某厂甲乙基酮-甲苯脱蜡脱油联合装置处理大庆油料的典型工艺条件见表 5-18。

表 5-18　脱蜡脱油联合及滤液三段逆流循环工艺条件

油　品	75 SN	100 SN	150 SN	350 SN
甲乙基酮含量/%	59~63	59~63	59~63	59~63
脱蜡				
一次稀释比	1.2	1.25	1.15	1.18
二次稀释比	0.4	0.45	0.35	0.42
三次稀释比	1.0	1.1	1.2	1.3
冷洗比	1.0	0.9	0.9	0.9
原料冷点温度/℃	10~11	24~26	23~26	32~34
二次溶剂温度/℃	10~11	18~21	20~22	28~30
三次溶剂温度/℃	-19	-21	-17	-18
冷洗温度/℃	-19	-22	-17	-17
滤机进料温度/℃	-19	-22	-17~-18	-16~-17

油 品	75 SN	100 SN	150 SN	350 SN
脱油				
一段稀释溶剂比(滤液)	1.9	1.9	1.8	1.8
一段冷洗溶剂比	0.5	0.5	0.5	0.5
一段进料温度/℃	6	14	13	15
二段稀释溶剂比	1.6	1.7~1.8	1.52	1.6
二段冲洗溶剂比	0.5	0.5	0.5	0.5
二段进料温度/℃	12	14	16	17
脱蜡油倾点/℃	-16~-13	-20~-18	-15~-14	-14~-13
脱油蜡含油/%	1.5~1.95	0.66~0.88	0.32~0.90	0.27~0.65
脱油蜡熔点/℃	44~45	52~54	54.2~54.6	63.5~63.6

十、专用设备

1. 套管结晶器

在结晶系统中主要的设备是套管结晶器,如图 5-22 所示。它的任务是冷却含蜡原料油和溶剂的混合物。该混合物流过套管结晶器时,需要有一定的停留时间,使蜡缓慢结晶析出。

溶剂脱蜡装置有氨冷和换冷两种套管结晶器,其结构大致相同,其不同之处是氨冷套管上部有一供氨蒸发罐利于液氨的蒸发,内外管之间偏心安装。

图 5-22　套管结晶器

(1)构造与技术规格

① 给冷部分:由氨蒸发罐、进入套管液氨线、从套管出来的气氨线组成。

② 换热部分:由 10~16 根套管组成,每根套管与普通的换热套管相同,由内管和外管组成。

③ 刮蜡部分:由于原料油析出的蜡易于结在内管的管壁上,影响传热和蜡、油、溶剂混合物的输送。因此,套管结晶器必须有转动的刮蜡设备。如图 5-23 所示,它由刮刀、弹簧、空心轴、套管小轴、链轮等部分组成。

套管结晶器技术规格见表 5-19。

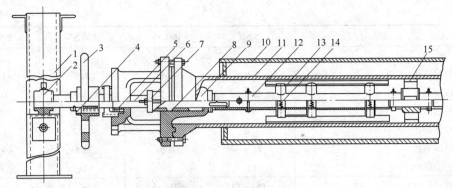

图 5-23 套管结晶器结构图

1—构架；2—滑动轴承；3—链轮；4—安全销；5—滚动轴承；6—传动轴；7—填料函压盖；
8—填料；9—填料函；10—外管；11—内管；12—中心(空心)轴；13—刮刀；14—弹簧；15—中心支架

表 5-19 套管结晶器的技术特性

项　　目	换冷套管结晶器	氨冷套管结晶器
换热面积/m²	70　90　105	70　90　105
套管根数/根	8　10　12	8　10　12
内套管直径/mm	219	219
外套管直径/mm	273	273
套管有效长度/mm	13100	13100
设计温度(内/外)/℃	65~100/-30	-40~100/-40~100
设计压力(内/外)/MPa	4.0/2.5	4.0/2.0
配套电动机功率/kW	7.5	7.5
电动机转数/(r/min)	1450	1450
减速机速比	1：11.8	1：11.8
刮刀转数/(r/min)	11~13	11~13

（2）工作过程

含蜡原料油和溶剂的混合物在内管中流过，冷却剂在内、外管间的环形空间流过。通过降温，蜡在内管中结晶。由于刮刀的不断搅动，加强了结晶过程中蜡分子的扩散，并使管壁不能结蜡太厚，影响传热。这样的过程保证了蜡有一定的时间在其中析出结晶并不断移出，从而完成溶剂脱蜡操作中的结晶过程。

2. 转鼓真空过滤机

（1）组成

真空过滤机为一连续操作设备，包括以下四个组成部分：

① 下部壳体，实为已冷却结晶的油料溶液的容器。

② 顶盖，用法兰与下部壳体相连接，连接处要保证绝对密封。

③ 滤鼓，位于壳体内部，这是实现过滤的基本部分。

④ 自动分配装置(又称分配头)。

转鼓真空过滤机转鼓结构如图 5-24 所示。

过滤机的主体是圆筒形的滤鼓，滤鼓的外壳被纵向分成若干格子，每一格子中安装两层金属网作为支架，上面敷有滤布，用铅条将滤布压在两格中间的燕尾槽中，以固定滤布，再用钢丝绕在滤布外面，使滤布紧贴在金属网上。在滤鼓的每个格子中，沿鼓长方向装有两排连通的短管，经连通管与分配头相连。

174

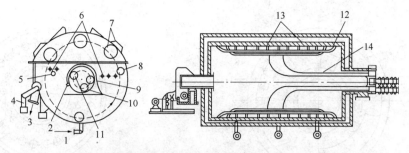

图 5-24 真空转鼓过滤机转鼓结构图

1—原料与溶剂混合物的入口；2—惰性气体入口（反吹）；3—蜡膏出口；4—润滑油泵；
5—液面调节器开口；6—洗涤溶剂入口；7—看窗；8—惰性气体入口（密闭）；
9—滤液及冷洗液出口（高真空）；10—滤液出口（低真空）；11—冷洗液出口（冷洗真空）；
12—滤鼓；13—连接短管；14—连通管

过滤的驱动力是靠滤机外壳与滤鼓的格子内有压差，用真空压缩机抽吸，使经过分配头和连管把滤鼓表面的格子形成负压，而滤机外壳的压力为正压 0.001～0.003MP（表压），这样就能把滤液吸进去，而蜡饼留在滤鼓表面上。为了能连续操作，蜡饼需要不断地从滤鼓表面刮下来，因此在滤鼓的一面，沿鼓长设有刮刀，刮刀下方为收集槽，槽底有电动螺旋输送器。

随着滤鼓转动，滤液被抽走，蜡结晶聚积在滤布表面上，当蜡层离开液面后，被设于滤鼓上方的喷淋管喷出的冷溶剂（温度同过滤温度）淋洗，此称为冷洗。冷洗溶剂与残留于蜡饼中的一部分润滑油被吸入鼓中的管内，冷洗蜡饼随滤鼓转动而被吸干。吸干后，当蜡饼转到刮刀上方，即用压力为 0.03～0.04MPa（表压）的安全气将蜡饼吹松，称为反吹。吹松的蜡饼经刮刀刮下由螺旋输送器送入含油蜡液罐。如是随着滤鼓的旋转过滤工作循环进行，滤液与冷洗滤液分别经过连接管与分配头进入各自的真空受槽。

生产过程中，把浸在油、蜡、溶剂混合物中的部分称为低真空区，处于吸干滤液和少量淋洗溶剂的部分称为高真空区，处于大部分冷洗和反吹前的吸干残余溶剂与油部分称为冷洗真空区，刮刀至滤机底槽液面之间的区域称为死区。安装在滤机一端的分配头（如图5-25），是滤机中控制低、高、冷洗真空及反吹和死区五个部分的位置，也是控制各个过程时间长短的一个部件。分配头不随滤鼓转动，但和滤鼓轴用弹簧压紧，由于它既连真空又连反吹，所以在滤鼓轴转到不同位置时分别与真空、反吹相连，并通过滤鼓轴上的很多连接管把真空度和反吹压力传递到滤鼓表面上，从而实现滤鼓吸滤、吹脱蜡饼（再经刮刀刮下蜡饼）的能力。

由于分配头与滤鼓轴要求紧密相连，易磨损，因此在它们之间夹一块铜板（如图5-26）作为保护，铜比钢软，摩擦时主要损坏铜板，而分配头与滤鼓轴端面磨损很小，使关键零件得到保护。铜板也可用耐磨的聚四氟乙烯板代替。

（2）工作过程

滤机底槽的滤液穿过滤布通过真空管路及分配头的低真空区被吸入滤液罐，蜡被留在滤布上形成蜡饼。其后顺序经过高真空和冷洗真空区，蜡饼中未被吸干的油经喷淋下来的冷溶剂所溶解，通过高真空和冷洗真空区被吸入滤液罐。被吸干的蜡饼继续进入反吹区，被经过分配头吹来的惰性气吹松与滤布分开，并用刮刀将其刮入输蜡槽，然后用输蜡器送入蜡膏罐。脱掉蜡饼后的滤鼓区段又进入滤机底槽反复连续工作。

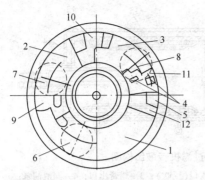

图 5-25 滤机分配头的结构示意图

1—低真空区；2—高真空区；3—冷洗真空区；
4—反吹；5—死区；6—低真空抽出管；7—高真窄抽出管；
8—冷洗真空抽出管；9—低高真空分配桥；10—高真空冷洗真空分配桥；
11—冷洗、死区分配桥；12—活动分配桥（调节死区大小用）

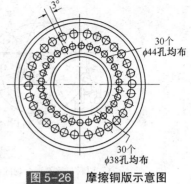

图 5-26 摩擦铜版示意图
（厚 30mm）

（3）技术规格

转鼓真空过滤机的技术规格见表 5-20。

表 5-20 真空过滤机技术规格

项　　目	技术规格		项　　目	技术规格	
过滤面积/m²	50	100	转鼓转数/(r/min)	0.255~1.525	0.255~1.525
滤鼓尺寸/mm	φ3000×5400	φ3000×10000	滤鼓浸没角度	180°	180°
浸没温度/℃	−35~+15	−35~+15	过滤区角度	165°	165°
真空度/kPa	88	88	吸干及淋洗区	164°	164°
反吹压力/MPa	0.04	0.04	吹脱区角度	12°	12°
密闭压力/MPa	0.001	0.001			

3. 其他设备

（1）安全气发生机

由于溶剂易挥发，并会和空气形成易爆炸混合物，这就要使过滤机壳体内空间尽可能不要有空气。为此使用真空压缩机送安全气至过滤机壳体内起密封作用，过滤过程的反吹气体也是用安全气，此外，各溶剂罐也要用安全气做覆盖气隔绝空气进入，因此需要在装置内设立安全气发生机。

安全气发生机是一个密闭的炉体，由喷嘴向炉膛内喷入灯油，由带有一定压力的压缩空气携带并雾化，点燃后，灯油与空气混合燃烧，使空气与灯油化合为 CO_2 和水，调节燃烧使之生成 CO_2、N_2、$O_2(<0.5\%~1.0\%)$ 和 $CO(<1.0\%)$ 的安全气，存入一浮顶气柜中，供装置使用。

燃烧 1kg 灯油产生安全气约 $12Nm^3$。

（2）真空压缩机

真空压缩机的任务是将进口抽成负压，使真空过滤机形成压差进行过滤，同时将所吸入安全气从出口压出，送去真空过滤机进行反吹作业及少部分降压作滤机壳体密封气，形成安全气循环。因此，可以说真空压缩机是给过滤机正常过滤提供总动力，这个总动力就是反吹压力、真空度和密闭压力，此三者配置是否得当，将决定整个过滤效果。而且真空压缩机操作好坏，将给过滤机操作带来影响，并能影响结晶以至溶剂回收的平稳操作和溶剂的平稳循环。

真空压缩机进口真空度　　　　80kPa

真空压缩机出口压力　　　　　0.7MPa(表压)

目前国内酮苯脱蜡装置所用真空压缩机有两种：

① 往复式，L型，多数装置都用此型号。

② 旋转滑片式压缩机。制造困难，成本高。

根据经验，对每平方米过滤面积安全气循环量一般按 $12\sim15kg/(m^2\cdot h)$ 计。

(3) 制冷系统氨压缩机组

目前国内酮苯脱蜡装置所采用的氨压缩机组有如下各种型式：

① 往复式氨压缩机：规格上有蒸发温度从 $-50\sim-20℃$ 的机组，国内普遍使用较多。但制冷能力较小，如要求制冷能力大的系统时，则需机组台数多，造成占地大，维修工作量大。

② 离心式氨压缩机：此种机组适用于大型化的制冷系统，有 $-20℃$ 和 $-42℃$ 两种机组，前者单台制冷能力 $250\times10^7cal/h(1cal=4.1868J)$，后者单台制冷能力 $133\times10^7cal/h$。在国内有两个炼油厂已有 20 多年的运转历史。

③ 螺杆式氨压缩机：近年来新设计的酮苯脱蜡装置多采用此种型式的氨压缩机(见图5-18)，操作比较平稳，其机组系列中有多种蒸发温度，但机组需从国外引进。

所有氨冷凝系统均可采用蒸发式空冷器，以之取代水冷式氨冷凝器，可以节约大量冷却水，降低能耗，这已在各生产润滑油的炼油厂取得成功经验。

第三节　白土补充精制

一、润滑油补充精制概述

补充精制是基础油生产的最后一道工序。润滑油料在经过了溶剂精制和脱蜡后，已在黏温性、安定性、低温性等性能方面有了很大的提高，但油料中仍可能含有未被除净的硫化合物、氮化合物、环烷酸、胶质和残留的极性溶剂，还可能从加工设备中带出一些铁屑之类的机械杂质。为了将这些杂质除掉，必须通过补充精制以确保基础油的抗氧化安定性、光安定性、抗腐蚀性、抗乳化性和颜色、透光度等质量指标合格。

润滑油补充精制有四种工艺流程，分别为加氢补充精制、白土补充精制、液相脱氮-白土补充精制、液相脱氮-低温吸附精制。

加氢补充精制工艺是在缓和的条件下进行的加氢过程，以除去溶剂精制、溶剂脱蜡后残存在油品中的硫、氮、氧等杂质，基本上不改变烃类结构和组成。在脱硫、脱氮、脱氧三个反应中，脱氮反应最难进行，反应条件也最为苛刻，而脱硫过程相对容易得多。加氢补充精制对油品质量的改进主要表现在提高油品的透明度，除去油品中的残余溶剂，降低残炭、酸值，改善油品的气味及对添加剂的感受性。经过加氢后的油品，比色号较原料都能低半号，有时能低一号，但是加氢油的光安定性问题一直没有得到解决。

与白土补充精制工艺相比，加氢补充精制具有工艺简单、操作方便、油品收率高、没有废白土污染等优点。

白土补充精制是利用白土颗粒多孔、比表面积大(1g白土的表面积达 $150\sim450m^2$)、吸附能力强的特点，将油品中胶质、沥青质、残余溶剂等杂质除去，达到改善油品安定性的目的。白土精制属于物理吸附过程，白土吸附油中各组分的能力顺序依次为胶质、沥青质＞芳烃＞环烷烃＞烷烃。芳烃和环烷烃的环数越多，越容易被吸附。精制和脱蜡后的润滑油料中仍残留少量的胶质、沥青质、环烷酸、氧化物、硫化物、选择性溶剂、水分、机械杂质等。白土对它们有较强的吸附能力，而对润滑油中理想组成的吸附能力则极其微弱，借此使润滑油料得到精制。

白土补充精制工艺对油品的外观、碱氮、总氮等指标都有很大改观，精制后基础油的质量能达到基础油质量标准的要求。尤其突出的是，白土补充精制的脱氮、脱碱氮效果都比较好，脱硫效果则不明显，基本上起到了润滑油后精制保硫脱氮的作用，因此精制后油品的旋转氧弹值（润滑油氧化安定性指标）提高比较大。

总之，白土精制工艺的优点：脱氮能力较强、精制前后的黏度下降少、凝点回升较小、产品安定性好和工艺简单。缺点：操作繁重、自动化程度低、劳动生产率低和废白土污染。

液相脱氮-白土补充精制工艺中液相脱氮工艺能脱去大量碱性氮化物，白土补充精制则进一步吸附部分胶质、沥青质、含氮化合物等，能显著提高精制油在高温苛刻条件下的氧化安定性。液相脱氮与白土补充精制的结合，既有效脱除了碱性氮化物，又大大降低了白土用量，精制油收率高。

液相脱氮-低温吸附精制是在液相脱氮过程中脱去大量碱性氮化物的基础上，利用一种高效吸附剂代替活性白土，在较低温度下（80~90℃）达到对油品精制的目的。

上述四种工艺中最常用的补充精制方法是白土补充精制和加氢补充精制两种。长期以来白土补充精制法占据着主要的地位。目前国内基础油的精制多数仍采用溶剂精制-白土补充精制的老工艺。虽然已建成加氢补充精制装置多套，但由于至今尚未找到不影响基础油凝点回升的有效脱氮催化剂，装置未能充分发挥作用。针对我国原油特点，在加氢补充精制工艺尚未完全过关的情况下，为了有效地脱除碱性氮化合物，提高基础油氧化安定性，采用白土补充精制的方法还是行之有效的。

在国外，白土补充精制几乎已被加氢补充精制所取代，目前在美国应用白土补充精制的生产能力只占到基础油生产能力的4%以下，主要是用于电气用油等一些特殊油品的补充精制。近几年来，国内基本解决了白土补充精制过程中劳动强度大，装置机械化、自动化水平低的问题。过滤过程中采用了自动板框过滤机，人工清扫过滤机减少。白土储运采用了散装运输、气力输送，实现连续化作业，废除了人工搬运和装卸，解决了工人劳动强度大和白土粉尘污染等问题。国内白土补充精制和加氢补充精制两种工艺处于共存状态。白土补充精制约占基础油补充精制的60%以上。

二、白土吸附主要过程及原理

1. 吸附

吸附是一种物质的原子或分子依附于另一种物质表面上的现象。凡具有疏松多孔结构的固体物质都具有吸附作用。在吸附过程中，能将另一种物质吸附于其表面上的物质称为吸附剂，被吸附的物质称为吸附质。

白土是一种具有多孔结构，比表面积较大、以硅铝酸盐为主体的天然矿物。天然白土经破碎、酸洗、水洗、干燥等处理后制成具有一定粒度的活性白土，活性白土是优良的吸附剂，控制白土含有少量的水，可使其表面具有一定的酸性，因而具有很强的吸附极性杂质的能力。油料与白土在较高温度下充分搅拌混合，利用白土多孔活性表面的吸附选择性，有选择地吸附油、蜡中的极性物质(极性物质包括含硫、氮、氧的化合物尤其是含碱性氮的化合物)，而对油、蜡的理想组分则不吸附，从而除去油、蜡中非理想物质，提高基础油质量。

2. 过滤

在推动力作用下，使液-固或气-固混合物中的流体通过多孔性过滤介质，固体颗粒被过滤介质截留，从而实现固体与流体分离的操作称为过滤。白土补充精制工艺中过滤的主要作用是分离吸附后的白土与精制油，属液-固悬浮液的过滤分离。过滤操作中的悬浮液称为滤浆，所用的多孔物质称为过滤介质，通过介质孔道的液体称为滤液，被截留的物质称滤饼或滤渣，过滤过程的推动力是过滤介质两侧的压差。

3. 白土输送

利用气体在管内的流动以输送粉粒状固体的方法称为气力输送。气力输送按气源压力可以分为吸送式和压送式两类，当输送管中压力低于常压时称为吸送式，当输送压力大于常压时称为压送式。

白土补充精制装置中用压缩空气作为流化风，用气力输送法将白土压送至白土罐内。

白土加入量直接影响精制油品的质量、收率和装置能耗。若加入量过少，则精制过程不完全，油品杂质脱除不彻底，合格率下降；反之，加入量过多，则会出现白土渣夹带油品严重，加重过滤机、泵等设备的负荷以及设备磨损等负面影响。采用合理的白土下料系统，能够保证精确下料。

白土在输送过程中，输送用的风要排放掉，因此尾气依然具有较大的压力，约为 $0.1 \sim 0.2MPa$，而且携带着大量的白土粉尘，粉尘的含量达 $130mg/m^3$ 以上。国家标准规定尾气中白土的含量低于 $10g/m^3$。尾气除尘的目的是减少排污量并回收白土，对于白土尾气的除尘，方法比较多，如布袋除尘、电磁除尘、钢丝网除尘、湿法除尘等。湿法除尘即用水洗尾气法，但耗水量大，尾气中的白土不能完全回收。白土尾气除尘过程中，有的首先经过两级旋风分离后，用文氏管法除尘后再用水洗除尘方法，有的采用经过两级旋风分离后，再用油洗除尘，这种方法处理后尾气中白土的含量远远低于 $10g/m^3$ 的国家标准。

4. 蒸发与汽提

白土与油充分混合并吸附其中的不良组分后，要通过蒸发将生产过程产生的轻组分以及溶解在油品中的氧除去。在一定氧浓度及温度条件下，油品容易氧化变色。氧在油中的溶解度随压力升高而呈线性增加，因此，降低蒸发压力，采用真空操作更能有效地除氧。在相同精制条件下，白土蒸发塔蒸发压力越低，除氧越净，产品的比色越小。

经真空蒸发后，残存在油品中的微量溶剂的蒸汽压很小，如不加入蒸汽则需要较高加热温度，但温度太高时将影响基础油质量，而且不利于装置节能，因此加入一定温度的过热蒸汽，降低油分压，并在汽提塔进行减压回收，则可轻易回收残余溶剂。蒸发塔中吹入过热蒸汽可降低塔中轻组分的分压，加速油品所含的残余溶剂和轻质馏分的挥发，同时起加热、搅拌、扰动作用，既防止白土沉积，又促进水分蒸发，保证油品闪点、水分、外观合格。

5. 液相脱氮

基础油液相脱氮的作用是通过向油品中加入具有高选择性的脱氮剂，使之与油品中的碱性氮化物、胶质、沥青质等极性组分反应，生成碱性氮等和脱氮剂的络合物，再利用该络合物与油品间较大的密度差，通过沉降分离的方法，使其从油品中分离，从而达到对油品进行脱氮精制、提高油品质量的目的。

脱氮过程包括"反应"与"分离"两个主要过程，液相脱氮工艺流程示意图见图5-27。

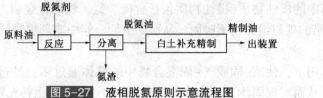

图5-27 液相脱氮原则示意流程图

对于基础油脱氮精制而言，电沉降是较为合适的沉降分离方法，电沉降是利用极性带电粒子在电场中的定向运动，使分散的络合物向电极作定向运动并聚集增大，这样，较大的络合物颗粒在重力的作用下，更快地从油相中沉降下来，从而达到分离的目的。

在电沉降分离工艺过程中，稳定合适的电场强度是保证装置能够正常运行的必要条件。在此，高压电场是依靠相互绝缘的正、负两极，在高压电供配电系统的作用下建立的。正极、负极分别有若干块极板沿电精制沉降罐轴向间隔排布（见图5-28），在通电状态下每一个相邻的正极板与负极板之间形成一个具有一定电场强度的直流电场。其运行电压在0~20kV之间（根据所精制的油品而定），其运行的电场电流≤20mA（实际上控制≤5mA）。从高压电绝缘的角度，对电极、供配电设备的绝缘可靠性以及加工介质的电导率有严格的要求。否则，会导致电极系统因短路而损坏，以至使电场无法建立，沉降分离难以进行。

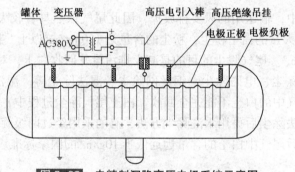

图5-28 电精制沉降高压电极系统示意图

在白土用量较少的情况下，采用液相脱氮工艺，不但可提高其氧化安定性，并达到脱色和脱碱氮的目的，还可以提高基础油的收率，这对以高氮低硫原料生产基础油的炼油厂具有重要意义。与白土补充精制工艺相比，液相脱氮工艺具有提高产品质量、降低白土用量及提高收率、减少污染等优势，是改善基础油质量、降低生产成本的有效途径之一。

三、白土的组成及性质

白土分为天然白土和活性白土两种。由于活性白土的吸附能力、脱色能力强，因而在工业上得到广泛应用。白土补充精制所用白土主要是活性白土。

活性白土是将天然白土（黏土矿中含蒙脱土大于8%的优质膨润土）经预热、粉碎、硫酸活化、水洗、干燥、磨细而制得的呈白色或米色粉末状结晶或无定形物质，多微孔、比表面积大。主要成分为SiO_2和Al_2O_3，其余为Fe_2O_3、CaO、MgO等，活性白土的化学组成见表5-21，规格见表5-22。

表 5-21 白土的化学组成

组成	水分/%	SiO_2/%	Al_2O_3/%	Fe_2O_3/%	CaO/%	MgO/%
天然白土	24~30	54~68	19~25	1.0~1.5	1.0~1.5	1.0~2.0
活性白土	6~8	62~63	16~20	0.7~1.0	0.5~1.0	0.5~1.0

表 5-22 活性白土规格

项　　目	脱色率/%	游离酸/%	活性度	粒度[①]/%	水分/%
质量指标	≥90	<0.2	≥220	≥90	≤8

①通过 120 目筛。

活性白土的主要性能指标为粒度、水分、活性度和脱色率。

1. 粒度

粒度表示白土的破碎程度、颗粒的大小。我国目前采用的白土粒度以通过 120 目筛的白土百分数表示，要求 90%以上。白土颗粒越粗，比表面积越小，吸附能力就越小；反之，白土颗粒越细，比表面积越大，吸附能力越强。但是颗粒过细的白土与油混合时，会呈糊状，使固液分离困难，降低精制润滑油的收率。

2. 水分

水分是指白土含水的质量百分数。水分的多少会影响白土的吸附性能，含水量越大，吸附能力越小，但过度干燥的白土，由于结晶水的散失，其吸附能力反而很小，甚至完全丧失活性。含水 6%~8%的白土吸附能力较好。在高温精制过程中，白土所含水分便从孔隙中逸出，此时白土具有很强的吸附性能，很容易吸附极性物质。此外，从白土中逸出的水蒸气使系统内部搅拌加强，增加接触机会，使油品与白土混合得更好。但白土含水量过多，精制时由于水汽化会引起加热炉炉管压力上升和在蒸发塔内形成大量泡沫，以致造成冲塔事故。

3. 活性度

活性度是判断白土对极性物质吸附能力的一项重要指标。用在 20~25℃下 100g 白土吸收 0.1mol/L NaOH 溶液的毫升数来表示。一般要求活性度大于 220。活性度与白土的化学组成、粒度、水分和表面孔隙是否清洁有关。活性度越大，吸附能力越强。

白土的吸附能力还可用脱色率(采用灯油沥青法)来表示，一般要求大于 90%。它可进一步表示白土精制的效果。

四、白土精制过程影响因素

影响白土精制操作条件的主要因素是原料油的质量、对加工后油的品位要求及白土的性质及质量等。原料前处理精制深度不够，含溶剂太多等都会增加白土精制的难度。原料越重，黏度越大，油品质量要求越高，操作条件就越苛刻；而当白土活性高，以及颗粒度和含水量适当时，在同样操作条件下，精制产品好。

白土吸附过程的主要操作条件为白土用量、含水量、颗粒大小、比表面积、孔隙率、精制温度、接触时间等。

上述各条件对色度指标的影响由大到小顺序：白土用量>白土类型>吸附方法>吸附温度>吸附时间。其中白土用量、白土类型对色度的影响最为显著。

1. 白土用量与性质

白土用量是影响精制油质量的主要因素，白土用量增加，处理后油品颜色变浅，酸值降低，抗氧化安全性提高。但当白土用量到一定值后，继续增加用量对油品质量改善效果不明显，还会影响精制油的收率，对不加抗氧剂的油品还会因精制过度而将天然的抗氧化剂，如微量酚基或硫基胶质完全除掉，使油品安定性降低。另外还会造成浪费白土，降低精制油收率，过滤机负荷大，设备磨损等弊端。

因此从能耗、环境污染和成本等方面考虑，应确定适宜的白土用量。不同油品白土用量不同。如内燃机油为 1%~3%，机械油为 2%~4%，真空泵油为 10%~15%。

白土颗粒大小影响其比表面积，进而影响其吸附能力。

白土类型的不同对色度影响的程度也很大，因为白土类型不同，它的比表面积、孔隙率也不同，而这些直接影响着吸附效果，表现出润滑油色度的大小不同。

2. 吸附方法

白土精制工艺有粒状白土渗滤法（包括固定床渗滤法和移动床渗滤法）和粉状白土接触法两大类。接触法投资少，消耗和操作费用高，废白土不易处理；渗滤法投资高，操作费用低，基本没有废白土污染。国外多采用渗滤法，我国广泛应用的是接触法。

3. 吸附温度

白土吸附油品中不良组分的速度，主要取决于所精制油品的黏度。油品黏度大，则吸附速度小；而升高精制温度，有利于降低黏度和增加不良组分的移动速度以及其与白土活性表面接触的机会。但温度过高则易出现使油裂解、装置能耗增加等不利现象。因此在实际生产过程中，所选择的加热温度以使油料的黏度尽量低，且不发生热分解，在保证油精制质量的前提下，操作温度尽量低为原则。白土精制温度一般在 200~280℃。

4. 吸附时间

吸附时间指在精制温度下白土与油品接触的时间。为达到一定精制深度，必须使油品与白土能充分接触，保证有一定的扩散和吸附时间。适宜的接触时间一般为 20~40min。时间太短达不到理想吸附效果；停留时间过长，会造成油品被氧化，颜色加深，比色号下降。

吸附温度、吸附时间、搅拌速度对色度的影响结果如表 5-23 所示。

表 5-23　吸附温度、吸附时间、搅拌速度对色度的影响

吸附温度/℃	色度[1]		吸附时间/min	色度（接触法）[2]	搅拌速度/（r/min）	色度[3]
	渗滤法	接触法				
40	1.5	<1.5	10	<1.5	0	1.5
50	1.5	<1.5	20	<1.5	100	<1.5
60	1.5	<1.5	30	<1.5	200	<1.5
70	<1.5	<1.5	40	<1.5	300	<1.5
80	<1.5	<1.5	50	<1.5	400	<1.5

① 在白土质量用量为 10%，吸附时间为 30min。
② 白土用量为 10%（质量），吸附温度为 60℃。
③ 白土用量 10%、吸附温度 60℃、停留时间为 30min。

从表 5-23 可见，温度高于 70℃后，吸附方法对色度的影响不大，低于 70℃时采用接触法的效果果远好于采用渗滤法的效果。当吸附温度超过 70℃后，两者差别缩小，因此若操作温度为 ≤60℃时，应选用接触法，若工艺允许在 70℃以上进行吸附操作，也可采用渗滤法。

吸附时间对油品的色度影响不大。原因是白土用量较大，能够在短时间内完成吸附，在超过 10 min 以后，已达到基本饱和。

还可以看出，不搅拌时润滑油的色度要高于经过搅拌的润滑油的色度。这说明，搅拌对吸附效果是有影响的，但搅拌速度大小对油品色度的影响不明显，这可能是当搅拌速度超过

某一值时(如100r/min),已经达到了相对稳定的吸附效果。

五、白土补充精制工艺流程

1. 接触法工艺流程

如图5-29,原料油经加热后进入混合器与白土搅拌混合约20~30min,然后用泵送入加热炉。加热以后进入真空蒸发塔,蒸出在加热炉中裂化产生的轻组分和残余溶剂,塔底悬浮液进入中间罐。从中间罐先打入史氏过滤器,滤掉绝大部分白土,然后再通过板框式过滤机脱除残余固体颗粒。经补充精制后得到符合质量要求的润滑油基础油。

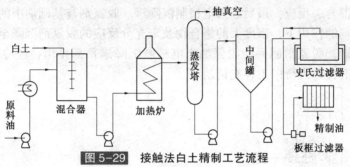

图 5-29 接触法白土精制工艺流程

2. 渗滤法工艺流程

渗滤法工艺是最早发展的白土精制工艺,目前在国外续继应用,一些主要石油公司在新建润滑油厂时,仍推荐此法用作特种润滑油的补充精制,并对变压器油、透平油、机械油等进行再生,以提高色度、抗乳化度,降低酸值和去掉异味。渗滤法的主要优点是操作费用较低,对环境污染少。

渗滤法又分为固定床和移动床两种工艺。

典型的固定床白土渗滤法工艺流程如图5-30所示。此方法是将原料油通过一个装有白土的容器中进行渗滤,待白土床层完全被原料油浸透一段时间后,先流出的油颜色最浅,当越来越多的油流经设备后,流出油的颜色就逐渐加深,直至不能生产出合格产品为止。油流停止后送入石脑油,以洗涤回收白土床层中的残余油,然后将白土送入再生炉中,烧去白土上的积炭和杂质使之再生,再生后的白土再送回过滤器,供下一循环使用。

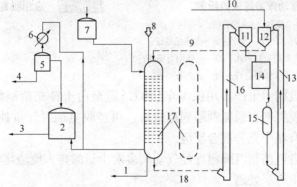

图 5-30 固定床渗滤法工艺流程图

1—精制油;2—石脑油罐;3—去再蒸馏塔;4—水;5—分离罐;6—冷凝器;7—清洗用石脑油;
8—原料油;9—再生白土输送带;10—输入新白土;11—中间罐;12—混合罐;13—再生白土提升机;
14—白土再生炉;15—冷却器;16—使用后白土提升机;17—过滤槽;18—使用后白土输送带

移动床的原理是使润滑油与粒状白土进行连续逆向接触，使用后的白土按一定比例抽出，以控制剂油比，整个装置连续操作，与固定床渗滤法相比较，其白土需要量仅为其 10%~35%。

移动床渗滤法工艺流程如图 5-31 所示。

3. 液相脱氮-白土联合工艺流程

液相脱氮系统装置工艺原则流程图见图 5-32。

原料油部分：原料油自上道工序进入白土装置原料罐区，原料油由原料泵从原料罐中抽出，先与成品油换热器换热到脱氮反应温度，再进入脱氮系统的静态混合器，与计量泵抽送来的脱氮剂充分混合、反应，最后进入电精制沉降罐。脱氮剂与基础油中的非理想组分形成络合物，在强电场的作用下，密度大的络合物及未充分反应的脱氮剂沉降至电精制沉降罐罐底，再排至废渣罐，脱氮精制后的脱氮油由电精制沉降罐顶部排出，经冷却器冷却至 60~85℃，送至白土混合罐进行白土补充精制。

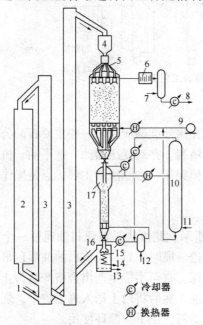

图 5-31　移动床渗滤法流程图

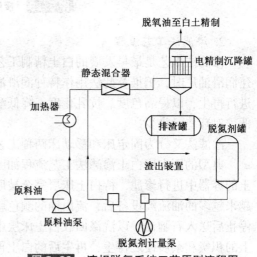

图 5-32　液相脱氮系统工艺原则流程图

1—补充干燥白土；2—焙烧器；3—提升机；4—料斗；
5—分配管；6—过滤器；7、11、15—蒸汽；8—去成品油罐；
9—原料油泵；10—石脑油汽提塔；12—水；13—搅拌用石脑油；
14—凝结水；16—白土干燥器；17—白土清洗塔

脱氮剂部分：脱氮剂由生产厂用保温车(70℃)运至白土补充精制装置，经装卸车泵抽送到脱氮剂罐储存。脱氮剂自脱氮剂罐到稳定罐，再经脱氮剂泵计量抽出，送至加料喷嘴，油与脱氮剂在静态混合器中充分混合反应。

废渣部分：废渣自电精制沉降罐底经气动阀多次少量的排入废渣罐储存，经螺杆泵抽出装入槽车运至脱氮剂生产厂处理。

六、工艺操作条件和原料、产品性质

表 5-24 总结了白土精制的功能和指标。

为达到这些功能，生产出符合考核指标的精制油品，典型的工艺操作条件见表 5-25。

表 5-26 给出了白土精制前后油品指标的变化情况。

表 5-24　润滑油白土精制的十项功能及考核项目和指标

润滑油白土精制的十项功能	考核项目及指标	润滑油白土精制的十项功能	考核项目及指标
脱除残留溶剂	溶剂含量：无	脱除皂化物	提高油品抗乳化度
脱除残留酸碱渣	氢氧化钠试验≥2 级	脱除残留环烷酸	抗乳化度 NaOH 试验
脱除异常气味	气味：无异味	脱除腐蚀性物质（活性硫等）	铜片腐蚀
脱除染色物质（胶质、沥青质）	比色：按各级油品要求	脱除水分	水分检验
脱除碱氮	提高油品氧化安定性	脱除杂质	杂质检验

表 5-25　白土补充精制工艺操作条件及精制油收率

油 品 名 称	150SN	500SN	650SN	150BS
白土加入量/%	2~4	2~5	3~5	10~20
白土与原料油混合温度/℃	70	80	80	80
蒸发塔底接触温度/℃	190	210	210	265
蒸发塔真空度/kPa	73.3	73.5	73.2	73.3
蒸发塔内停留时间/min	30~40	30~40	30~40	30~40
第一次过滤（粗滤）温度/℃	160	160	160	160
第二次过滤（细滤）温度/℃	110	120	120	130
精制油收率/%	97~98	96~97	96~97	81~90
废白土渣含油/%	20~25	25~30	25~30	25~30

表 5-26　原料油及精制油性质

项　目	原料油性质				精制油性质			
	150SN	500SN	650SN	150BS	150SN	500SN	650SN	150BS
比色/号	1.5	2.5	3.5	7.0	1.0	2.5	3.5	5.5
黏度(50℃)/(mm²/s)	19.63	60.02	77.7	277.9	19.77	60.04	77.86	261.9
(100℃)/(mm²/s)	5.03	11.01	13.24	35.0	6.09	10.91	13.36	33.56
闪点(开口)/℃	213	269	273	323	213	269	275	317
凝点/℃	-12	-12	-14	-12	-12	-12	-14	-12
酸值/(mgKOH/g)	0.014	0.017	0.014	0.008	0.006	0.011	0.009	0.022
康氏残炭/%	0.008	0.076	0.13	0.71	0.008	0.065	0.13	0.57
苯胺点/℃	100.5	110	113.5	129	100.0	109.5	114	129
硫含量/%	0.036	0.078	0.097	0.06	0.014	0.10	0.062	0.08
氮含量/(µg/g)	102	383	458		23	303	403	
黏度指数	98	91	97	103	101	96	97	104
碘值/(mgI/100g)	9.1	12.8	9.8	12.4	9.7	11.4	10.1	12.2

七、特殊设备

1. 过滤机

(1) 史氏过滤机

史氏过滤机(如图 5-33)的外形是一卧式圆筒，由上下两半圆部分组成，上半部用支柱固定于基础上，下半部用活动铰链悬挂于上半部，可以转动打开，两半部可用螺栓加以连接，用垫片加以密封。

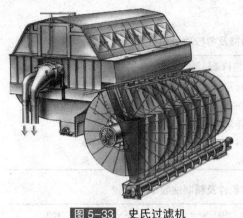

图 5-33 史氏过滤机

上半部固定有过滤元件——滤叶，滤叶主体是一圆环，环两侧先铺设粗金属网，然后铺细金属网，最后在面上铺贴金属滤布。白土和润滑油混合物打入筒体中，充满于滤叶之间，滤液自滤叶的内表面引出，并排入收集器中，滤渣留在滤叶外表面的金属滤布上形成滤饼，当滤饼的厚度达到一定时，即停止进料，再用空气吹扫，将剩余的油从排污口排出，进而打开转筒的下部，用铲将滤叶上的白土除净。然后，将过滤机的外壳重新关闭、压紧，并开始送入一批新的混合物，开始下一个操作周期。

史氏过滤机的过滤表面积可有 94m²、50m²、24m²、18m² 等规格。94m² 过滤表面积的滤机随所过滤油料的黏度及白土加入量的不同，其生产能力可达 100~400kg/（m²·h）。一个操作周期的时间一般是一个多小时，其中有效过滤时间约占一半。史氏过滤机的操作压力小于 0.44MPa。

史氏过滤机可用于悬浮液中含有大量固相的情况，尤其是接触法白土精制时，应用较多，但操作劳动强度大，自动化程度低，已处于被取代之势，或仅作为粗滤用，细滤则采用板框过滤机。

（2）板框式过滤机

板框式过滤机（如图 5-34）主要由交替排列的滤板和滤框构成一组滤室。滤板的表面有沟槽，其凸出部位用以支撑滤布。滤框和滤板的边角上有通孔，组装后构成完整的通道，能通入悬浮液、洗涤水和引出滤液。板、框两侧各有把手支托在横梁上，由压紧装置压紧板、框。板、框之间的滤布起密封垫片的作用。由供料泵将悬浮液压入滤室，在滤布上形成滤渣，直至充满滤室。滤液穿过滤布并沿滤板沟槽流至板框边角通道，集中排出。过滤完毕，可通入清洗涤水洗涤滤渣。洗涤后，有时还通入压缩空气，除去剩余的洗涤液。随后打开压滤机卸除滤渣，清洗滤布，重新压紧板、框，开始下一工作循环。

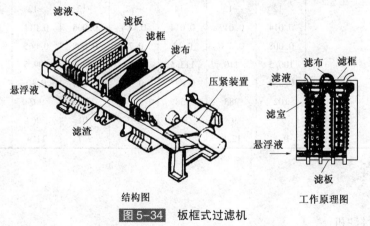

结构图   工作原理图

图 5-34 板框式过滤机

板框式过滤机的操作压强一般为 0.3~0.5MPa，板框的材料可用铸铁。板框过滤机结构简单，占地小，过滤面积大，过滤推动力大，制造方便，过滤效率高，可以过滤掉极小的固体颗粒，因此应用广泛。板框过滤机也存在不少缺点，如操作间歇，过滤后期过滤速率较低。其中比较突出的是，该机装卸时劳动强度大，劳动条件差，且又费时间。

（3）自动压滤机

史氏过滤机、板框式过滤机都需要人工卸料，这个缺点长期以来给人们形成了压滤机既笨重又落后的印象。为解决这一问题，近年来，国内外已开始生产使用自动板框压滤机。

自动压滤机的操作方式，按需要可以实现从机头夹紧到卸渣这一系列过程的全自动程序操作，也可以实现人工控制各项程序的单独动作，以利于压滤机的调整和维护。其自动控制系统已由开始的电气控制发展到目前的电子计算机控制。

自动压滤机的工作程序：机头夹紧→过滤保压（自动补压）→卸压→机头松开→逐片拉板卸渣，同时震打滤布（自动卸料）。

2. 白土混合罐

立式。内设搅拌装置，转数约 100r/min，操作温度 80℃。

3. 加热炉

圆筒式。由于炉管内流动介质为固液两相流体，要注意避免白土与油悬浮液堵塞问题，宜采用盘管式圆筒炉。同时也要考虑减少磨损，炉管内介质冷油流速宜采用 1~2m/s。

4. 换热器

介质为固液两相的悬浮液，一般宜采用套管式换热器。

5. 蒸发塔

塔底容量应能保证白土与油的接触时间 30~40min。

八、环保及污染治理

大量的白土粉尘对肌体一般不易引起毒害，对黏膜和上呼吸道有刺激作用，经呼吸道吸入其粉尘可引起肺部轻度纤维化，肺部和肺淋巴结有大量的铝沉积。

1. 环保卫生

① 要妥善解决含油废白土的处理问题，这是炼油厂的重要污染源之一。

② 注意改善过滤机操作间工作环境（如加强通风、降温等）。

③ 注意白土输送过程的除尘问题。

④ 从蒸发塔顶闪蒸出的油气、残余溶剂和水分，经冷凝后从分水罐排出的含油污水量不大，可定期排入工厂含油污水系统处理。

2. 废白土的利用

白土补充精制过程产生大量的废白土。废白土处理长期以来一直是困扰世界各国的难题，特别是随着社会的进步，人们环保意识的加强，国家环保立法日益严格，废白土的无害化处理愈来愈受到关注。

（1）废白土中油料的回收

废白土中含有 30% 以上的油料。废白土用作水泥料时，废白土成为水泥组分，其中的油料作为燃料烧掉，这确是处理废白土的一种简便方式。但废白土中的油料经回收后，可用于生产低档工业油如模具油、齿轮油等，或者用作炼油厂渣油调和组分及蒸馏强化剂。除油后的废白土再用作水泥料，可以充分利用废白土的资源，创造更大的经济效益。

回收废白土中油料的方法有两种：碱洗和机械挤压。机械挤压法是在一定的压力下，将油从白土中挤压出来。碱洗方法如下：将废白土放入处理池中，加水 5% 搅拌并加热，至温度升至 60~70℃ 时，加入浓度为 15% 的废碱液，加入量为废白土的 10%，继续搅拌，待温度升至120~160℃时，陆续加入80~90℃的热水(蒸汽)，废白土中的油料浮出水面，回收油料，直至收尽。

(2)废白土制水泥

在废白土的众多处理方法中，环保效果最好、经济效益最佳、处理最为彻底的方法就是将废白土用作砖、水泥的原料。

白土的种类很多，不同种类的组成不同，同类的组成也有所不同。但是白土的主要成分都是氧化硅，其次是氧化铝，还含有铁、镁、钛等的氧化物，见表5-21。白土的组成与典型水泥原料相似，通过与其他原料的复配可以满足水泥生产的要求。据有关文献报道，西方国家废白土的60%以上用于制砖和水泥工业。废白土用于水泥生产不仅可以解决废白土的污染问题，还可以减少水泥生产厂家的原材料消耗、降低生产成本。

本章习题

一、判断题

1. 糠醛是一种选择性较强且溶解能力较强的溶剂。(　　)

2. 糠醛能与水互溶。(　　)

3. 润滑油原料经糠醛精制后精制油凝点升高。(　　)

4. 根据溶液共沸物的特点用双塔回收溶剂的方法叫双塔回收法。(　　)

5. 控制好萃取塔的界面是保证萃取塔的物料平衡的关键。(　　)

6. 装置糠醛不平衡时，会造成萃取塔界面波动，使产品质量变差。(　　)

7. 脱气塔真空度过低时，会造成脱气效果变差。(　　)

8. 在正常操作中，萃取塔底温度升高，精制油收率增加。(　　)

9. 界面控制不好，会直接影响精制油的产品质量。(　　)

10. 界面过低时，精制段缩短，产品质量变差。(　　)

11. 在原料和萃取温度不变时，溶剂比变化与精制油质量无关。(　　)

12. 在原料和萃取温度不变时，溶剂比增加，精制油收率提高。(　　)

13. 控制好萃取塔的温度梯度是为了减少非理想组分的损失。(　　)

14. 精制液汽提塔汽提段直径小的目的是为了增加塔内汽提段的线速度，将精液中的糠醛汽提上去。(　　)

15. 糠醛干燥塔带水严重时，会造成糠醛干燥塔顶压力升高。(　　)

16. 氨与空气混合，只能燃烧不能发生爆炸。(　　)

17. 酮类分子量越大，对油的溶解能力越弱。(　　)

18. 含正构烷烃多的润滑油馏分，其熔点较低。(　　)

19. 石油蜡按结晶形状分为粗晶石蜡和微晶石蜡。(　　)

20. 同一种原油，馏分越轻，石蜡生成的片状结晶越大。(　　)

21. 从油或溶剂中结晶出的地蜡形状为细小的针状。(　　)

22. 中质、重质润滑油脱蜡时，加入溶剂稀释的目的是降低油的黏度，使蜡生成大颗粒和有规则的结晶。(　　)

23. 脱油稀释溶剂的作用是溶解蜡中油，经过滤得到含油较少的石蜡。(　　)

24. 酮苯脱蜡的目的是降低脱蜡油的倾点，以满足润滑油的低温流动性。(　　)

25. 酮苯脱油是利用蜡在溶剂中的溶解度随温度升高而增大的特性。(   )

26. 润滑油原料脱蜡的目的是降低油品的凝点。(   )

27. 冷冻系统的目的是为结晶系统提供冷量。(   )

28. 在正常生产中，冷却速度是一定值，与处理量变化无关。(   )

29. 对酮苯装置而言，结晶过程就是通过不断对润滑油物料降温，并且加入稀释溶剂使油蜡分离的过程。(   )

30. 结晶系统的目的是在低温下使蜡结晶析出。(   )

31. 在正常情况(气体循环总量不变)下，密闭压力和真空度呈反比关系。(   )

32. 在正常情况下，汽提塔顶回收溶剂可以直接加入到结晶系统。(   )

33. 为确保脱蜡温度下溶剂不致冻凝，造成输送阻力加大，脱蜡溶剂必须具有较低的熔点。(   )

34. 一般情况下，溶剂的选择性随温度的提高而变好。(   )

35. 冷冻系统吹扫结束可以直接排空。(   )

36. 酮苯装置中，进行脱油操作是为了降低精蜡含油，得到相应熔点的蜡。(   )

37. 去蜡油可制作润滑油的基础油。(   )

38. 蜡下油是制作润滑油基础油的原料。(   )

39. 脱油蜡是经过脱油结晶、蜡回收后得到的合格产品。(   )

40. 换热套管停车前，要用溶剂置换。(   )

41. 从节能角度讲，脱蜡生产中要求脱蜡温差越大越好，这样可以节约大量能量。(   )

42. 脱油过滤机进料温度称为脱蜡温度。(   )

43. 冷点原料温度通常比冷点溶剂温度低。(   )

44. 酮苯脱蜡生产中，酮比越高，越有利于油收率的提高。(   )

45. 溶剂中丁酮与甲苯的体积含量之比叫酮比。(   )

46. 过滤速度与冷却速度无关。(   )

47. 预稀释是加在原料–溶剂换热器前的一次溶剂。(   )

48. 温洗是指用蒸汽熔化堵塞滤布孔隙上的蜡颗粒。(   )

49. 在北方的炼油厂，在冬季蒸汽泵停车之前需要置换物料，否则会使泵凝死。(   )

50. 酮苯装置换热器停用时，要注意防止设备凝死，应立即抽净处理。(   )

51. 氨冷套管投用前，如果没检查氨气出口是否畅通，会造成安全阀跳。(   )

52. 冷洗溶剂可以起到溶解蜡饼中的油，降低蜡含油的作用。(   )

53. 滤机温洗的目的是提高过滤效果。(   )

54. 为防止蜡膏泵凝死，启动时烧毁电机，备用泵切换时要盘车3~5圈。(   )

55. 在一般情况下，润滑油所能正常工作的最低温度应比凝点低。(   )

56. 冷点稀释的作用是降低溶液黏度，使蜡的结晶松散。(   )

57. 溶剂回收采用三效蒸发，主要作用是提高回收溶剂的质量(纯度)。(   )

58. 氨冷套管停车时，必须将套管中的废油压出并蒸氨，以便于循环利用。(   )

59. 对同一种原料，若提高溶剂比，则脱蜡温差增大，油收率变小。(   )

60. 正常生产中，冷点温度选择的依据是原料的相对密度。(   )

61. 结晶系统的关键控制指标是溶剂冷点温度。(   )

62. 加工重质油料采用预稀释和热处理工艺。(   )

63. 溶剂比变大，脱蜡、脱油效果变好，利于生产。（　　）

64. 酮苯脱蜡工艺对于轻质原料采用较小的一次溶剂比和较大的二次溶剂比是合理的。（　　）

65. 酮苯脱蜡装置选用的是乙苯、苯混合物。（　　）

66. 经过溶剂精制和溶剂脱蜡的减压馏分油都可作为润滑油白土补充精制的原料。（　　）

67. 润滑油白土补充精制的产品只有减二线、减三线基础油。（　　）

68. 脱氮-白土精制工艺使用的主要化工原料是脱氮剂、白土、滤纸、滤布。（　　）

69. 白土的活性与其化学组成、物理特性、活化方法有密切关系。（　　）

70. 活性白土的主要成分为 SiO_2，其余的成分为 K_2O、Al_2O_3。（　　）

71. 活性度指标是用每 100g 白土试样与 0.1mol/L 氢氧化钠溶液中和时消耗的氢氧化钠溶液的毫升数表示。（　　）

72. 脱氮后的油品再用白土补充精制，可除去基础油中微量的"脱氮残渣"，并进一步脱除含氮化合物及其胶质，进一步提高基础油质量。（　　）

73. 原料和白土性质确定后，一般白土用量越大，产品质量越好；因此，可无限加大白土用量来提高油品质量。（　　）

74. 接触时间一般指在接触温度下白土与油品的接触时间，即白土与油在蒸发塔内的时间。（　　）

二、单选题

1. 润滑油的理想组分为（　　）。

A. 少环短侧链的烃类　　　　　　　　B. 少环长侧链的烃类

C. 多环短侧链的烃类　　　　　　　　D. 多环长侧链的烃类

2. 糠醛精制的目的是将润滑油馏分中的（　　）除去。

A. 烷烃

B. 环烷烃

C. 少环长侧链的烃类

D. 多环短侧链的芳烃和环烷烃、硫和氮的化合物

3. 蒸发是利用各组分的（　　）不同。

A. 临界溶解温度　　B. 溶解度　　　　　C. 组成　　　　　　D. 沸点

4. 溶剂精制中加热炉使用的燃料油是（　　）。

A. 汽油　　　　　　B. 柴油　　　　　　C. 重油　　　　　　D. 石脑油

5. 目前溶剂精制常用的溶剂有（　　）种。

A. 2　　　　　　　　B. 3　　　　　　　　C. 4　　　　　　　　D. 5

6. 糠醛的密度为（　　）。

A. $0.8×10^3kg/m^3$　　B. $1.0×10^3kg/m^3$　　C. $1.159×10^3kg/m^3$　　D. $1.65×10^3kg/m^3$

7. 糠醛装置打碱是为了（　　）。

A. 降低系统的酸度　　B. 提高系统的酸度　　C. 提高糠醛质量　　D. 降低装置能耗

8. 抽余油的外放条件是（　　）。

A. 精制油各项质量指标合格　　　　　　B. 精制油含醛定性无

C. 精制油比色合格　　　　　　　　　　D. 检查抽余油不含醛

9. 温度升高糠醛的选择性(　　)。

A. 提高　　　　　　　B. 变差　　　　　　　C. 不变　　　　　　　D. 无法确定

10. 温度升高糠醛的溶解能力(　　)。

A. 增大　　　　　　　B. 减弱　　　　　　　C. 不变　　　　　　　D. 无法确定

11. 糠醛精制过程中,要求糠醛的纯度应大于(　　)。

A. 95%　　　　　　　B. 96%　　　　　　　C. 98.5%　　　　　　D. 99%

12. 在常压下,糠醛与水的共沸物中含醛为(　　)。

A. 35%　　　　　　　B. 65%　　　　　　　C. 45%　　　　　　　D. 55%

13. 糠醛与水形成共沸物,在常压下的沸点为(　　)℃。

A. 94.45　　　　　　B. 95.45　　　　　　C. 96.45　　　　　　D. 97.45

14. 原料脱气塔顶抽真空,塔底吹蒸汽是为了在(　　)的温度下将油品中微量的氧除去。

A. 较低　　　　　　　B. 不变　　　　　　　C. 较高　　　　　　　D. 无关

15. 原料脱气塔脱气的目的是(　　)。

A. 防止糠醛带水　　　　　　　　　　B. 除去油品中的水分

C. 除去油品中微量的硫　　　　　　　D. 除去油品中微量的氧

16. 萃取塔顶的温度是根据(　　)来确定的。

A. 共沸物的沸点　　　　　　　　　　B. 原料的沸点

C. 糠醛的沸点　　　　　　　　　　　D. 油品的临界溶解温度

17. 萃取塔顶温度是用(　　)来控制的。

A. 原料进塔温度　　B. 糠醛进塔温度　　C. 糠醛进塔量　　　D. 原料进塔量

18. 萃取塔降低界面时,应(　　)。

A. 提高塔底抽出液量　　　　　　　　B. 降低精液炉两组进料流量

C. 提高精液炉两组进料流量　　　　　D. 降低塔底抽出液量

19. 萃取塔保持温度梯度的作用是(　　)。

A. 提高精制油质量　　　　　　　　　B. 保证精制油质量的同时提高收率

C. 提高抽出油收率　　　　　　　　　D. 提高塔底温度

20. 萃取塔底循环的作用是(　　)。

A. 提高精制油质量　　　　　　　　　B. 提高抽出液质量

C. 提高塔顶温度　　　　　　　　　　D. 提高萃取塔的分离效果

21. 萃取塔的溶剂比是根据(　　)来确定的。

A. 原料的性质　　　B. 加工量大小　　　C. 产品的收率　　　D. 装置能耗水一平

22. 在生产中(　　),溶剂比增加。

A. 同时提高原料、糠醛进塔量　　　　B. 提高进塔糠醛量

C. 提高进塔原料量　　　　　　　　　D. 同时降低原料、糠醛进塔量

23. 萃取塔的萃取方式为(　　)。

A. 一次萃取　　　　B. 二次萃取　　　　C. 多次顺流萃取　　D. 多次逆流萃取

24. 糠醛干燥塔顶温度是根据(　　)来确定的。

A. 糠醛的沸点　　　　　　　　　　　B. 油品的临界溶解温度

C. 共沸物的恒沸点　　　　　　　　　D. 水的沸点

25. 水溶液汽提塔顶温度是根据( )确定的。

A. 水的沸点　　　　B. 醛的沸点　　　　C. 共沸物的沸点　　D. 油品的沸点

三、填空题

1. _____是基础油生产的最后一道工序。

2. 在脱硫、脱氮、脱氧三个反应中，_____反应最难进行，反应条件也最为苛刻，而_____过程相对容易得多，这不利于油品抗氧化安定性的提高。

3. 白土吸附油中各组分的能力顺序依次为_____。

4. _____与白土补充精制的结合，既有效脱除了碱性氮化物，又大大降低了白土用量，精制油收率高。

5. 工业上常用的补充精制方法有_____和_____两种。

6. 液相脱氮_____是在液相脱氮过程中脱去大量碱性氮化物的基础上，利用一种高效吸附剂代替活性白土，在较低温度下(80~90℃)达到对油品精制的目的。

7. _____是一种物质的原子或分子依附于另一种物质表面上的现象。

8. 白土补充精制工艺中_____的主要作用是分离吸附后的白土与精制油。

9. 白土补充精制装置中用_____作为流化风，用_____法将白土送至白土罐内。

10. 基础油液相脱氮的作用，是通过向油品中加入具有高选择性的_____，使之与油品中的_____等极性组分反应，生成和脱氮剂的_____，再利用该络合物与油品间较大的密度差，通过_____的方法，使其从油品中分离，从而达到对油品进行脱氮精制、提高油品质量的目的。

第六章 加氢法生产基础油

第一节 概 述

传统的"老三套"工艺利用溶剂精制、溶剂脱蜡和白土补充精制，通过物理分离方式把油中的非理想组分(多环芳烃、极性物等)除去，不能改变油料中既有的烃化物结构，仅能生产Ⅰ类基础油。"老三套"工艺所产润滑油的质量、收率取决于原料中理想组分的含量和性质，只有在原料中含有较多的性质比较理想的烃类组分时，生产润滑油才是经济的。

在氢压和催化剂存在下，能够将润滑油中不理想的烃类结构通过化学反应转变为理想的烃类结构，这就是润滑油加氢技术。通过加氢与常规工艺相结合或全加氢可以生产Ⅱ、Ⅲ类基础油。

润滑油中的烃类在氢压和催化剂的存在下可以发生各种反应(例如多环芳烃加氢，继而开环变成少环化合物)，以及裂化反应、异构化反应，含硫、含氮、含氧化合物的脱硫、脱氮、脱氧反应等。

一、润滑油基础油生产形式

加氢过程在润滑油基础油生产中有下列几种形式。

1. 加氢补充精制

润滑油溶剂精制后的加氢补充精制的目的是除去经过溶剂精制的润滑油料中残存的溶剂，脱除 S、O 及烯烃，改善油品颜色及安定性，并不改变其烃类结构。为了避免发生裂化反应，所用的条件比较缓和，温度较低(210~300℃)、压力较低(2~4MPa)、空速较大(1.0~2.5h^{-1})、氢油比较小(50~150Nm^3/m^3)。与白土补充精制相比，此过程的收率高，且没有废渣。润滑油加氢补充精制的催化剂有 Fe-Mo、Co-Mo、Ni-Mo 等系列，载体均为 Al_2O_3。原料油和氢经加热后，通过固定床反应器，反应产物分离出气体，经汽提去掉轻组分，再滤去微量催化剂粉末，即得到成品基础油。

2. 加氢处理

一般来说，石蜡基原油的重馏分中含有较多的少环长侧链的烃类化合物，只需借助溶剂精制除去少量多环芳烃及胶质，即可得到黏度指数较高的润滑油料。但是对于环烷基原油及部分中间基原油，其重馏分中不仅含有较多的多环芳烃，而且还含有较多的多环环烷烃。对于这样的原料，如果用溶剂精制方法，为达到要求的黏度指数，则精制程度很深，精制油收率也很低；如果采用缓和的加氢补充精制也得不到高黏度指数的润滑油料，为此必须采用加氢处理的方法以改变其分子结构。

加氢处理又叫加氢改质、加氢裂化，是与溶剂精制相当的过程。加氢处理其实就是深度加氢精制，是在比加氢补充精制苛刻得多的条件下进行的精制过程。该过程压力一般在15~20MPa，温度接近400℃，采用较大的氢油比和较小的空速(例如 0.5h^{-1})。

在这种条件下，烃类结构发生很大的改变，其中所含的硫、氧、氮等非烃化合物转化成易于除去的硫化氢、水和氨，使不安定的烯烃和某些稠环芳香烃饱和，将金属杂质截留，从而改善油品的安定性能、腐蚀性能和燃烧性能以及其他使用性能。在加氢处理过程中，稠环芳烃经部分加氢饱和，进而开环为带有较长侧链的少环芳烃，稠环芳烃经加氢也会开环生成带有较长侧链的少环环烷烃或异构烷烃。这样，便能使产物的黏度指数显著提高，油品的黏度指数可以超过 130，而溶剂精制过程则很难超过 105。当然，在改质的同时还会产生少量分子量较小的产物，虽然润滑油收率有所下降，但可得到高质量的中质燃料油。

我国设计的加氢处理过程条件较为缓和，温度 300 ~ 400℃、压力 8MPa，空速 0.5 ~ 1.5s^{-1}，氢油比约 500∶1(体积)。

3. 润滑油加氢脱蜡

润滑油加氢脱蜡一般有两种途径，一是选择性催化加氢裂化，二是异构化。

① 催化脱蜡：选择性催化加氢裂化脱蜡简称催化脱蜡，是 20 世纪 70 年代发展起来的炼油技术。它是一种典型的择形催化裂化，采用有选择性能的择形分子筛催化剂，这种催化剂的微孔大小有一定范围，只允许直链烷烃和带甲基侧链的正构烷烃(这些烃类的凝点较高)进入孔内，在较高温度和压力以及 H$_2$ 存在的条件下，使进入孔道内的高凝点长直链烃发生裂化，变成低凝点烃分子(C$_3$、C$_4$、C$_5$、C$_6$)从进料中分离，从而降低油的凝点或倾点。

② 异构脱蜡：加氢异构脱蜡(简称异构脱蜡)的基本原理是在专用分子筛催化剂的作用下，将高倾点的正构烷烃转化为低倾点的异构烷烃，从而使油品的倾点降低，所发生的反应主要是烷烃的异构化反应。其产品不仅倾点低，黏度指数高，挥发性低，而且收率比其他生产工艺高。由于加氢异构脱蜡技术比其他脱蜡技术有明显的优势，因此在世界上应用发展很快。自雪佛龙公司在 1993 年将该技术工业化应用以来，全世界已有十多家炼油厂采用。目前我国也已引进该技术，并已投产生产出高品质润滑油基础油。

二、润滑油加氢工艺的发展历程

1. 国外润滑油加氢发展历程

20 世纪 60 年代以前，世界上生产润滑油大多采用溶剂精制、溶剂脱蜡、白土补充精制方法，统称"老三套"。

事实上，20 世纪 30 年代的润滑油基础油生产中已采用了加氢技术，但因当时制氢费用太高，经济上站不住脚而被溶剂精制法所取代，到 50 年代以后，由于制氢技术的发展，炼油厂有大量廉价副产氢，由于高质量润滑油原料逐渐减少以及对润滑油品质日益提出更高的要求等原因，它又被人们重视起来。

1954 年在加拿大首先实现了加氢补充精制技术的工业化。

1967 年在西班牙建成了世界上第一套用加氢裂化技术生产基础油的工业装置。

1981 年，美国 Mobil 公司开发出的催化脱蜡工艺(MLDW)在澳大利亚建成并投产。

1993 年，美国 Chevron 公司推出的异构脱蜡(IDW)工艺在美国里奇蒙炼油厂一次投产成功。

2. 国内润滑油加氢发展历程

20 世纪 70 年代，我国主要靠老三套生产润滑油基础油，集中力量搞添加剂合成工艺及配方成为提高成品油质量的主要途径。

80 年代，我国石油化工科学研究院(RIPP)开始进行润滑油加氢技术的研究开发工作，先后推出了自己的催化脱蜡工艺、润滑油加氢改质-溶剂精制组合工艺和催化剂，并已开始应用到工业装置上。近几年开发成功了异构脱蜡工艺及催化剂，有待工业应用。

90 年代国内引进了法国石油研究院(IFP)的润滑油加氢改质工艺和美国谢夫隆(Chevron)公司的润滑油异构脱蜡工艺(IDW)，都已经建成投产。不久利用国内技术相继建成并投产了克拉玛依炼油厂 300kt/a 润滑油高压加氢(催化脱蜡)装置和荆门 200kt/a 润滑油加氢改质装置。

第二节　润滑油加氢化学反应

润滑油的加氢反应比较复杂。原料中的多环芳香烃依次加氢成环烷，又开环成为链状化合物，同时还可以断裂成较小的分子。所以烃类的反应既有顺序进行的加氢反应，又有平行进行的裂化反应，还有异构化反应等。含氧、含氮、含硫化合物还进行脱氧、脱硫、脱氮等反应。烃类的加氢有以下几个主要反应。

1. 加氢补充精制

一般是基础油生产的最后步骤，在缓和条件下进行，其耗氢低，反应深度浅。

典型的化学反应如下：

(1) $R_1—CH=CH—R_2+H_2 \longrightarrow R_1—CH_2—CH_2—R_2$

(2) $+H_2 \longrightarrow R'H+H_2S$

(3) $R_1—S—R_2+H_2 \longrightarrow R_1H+R_2H+H_2S$

(4) $+H_2 \longrightarrow$ $+H_2S$

(5) $+H_2 \longrightarrow$ $+H_2O$

(6) $+H_2 \longrightarrow$ $+H_2O$

在加氢补充精制过程中烃类结构基本不变，主要进行的是烯烃饱和以及脱硫、脱氧的反应，基础油的组成变化不大，但是由于不饱和烃通过加氢饱和，并脱除了大部分非烃类组分，使得产物更安定，颜色更浅。

2. 加氢处理(加氢裂化)

以 VGO 馏分或经过浅度溶剂精制的 VGO 馏分和 DAO 馏分为原料生产润滑油基础油时，必须采用深度加氢处理，通常称之为润滑油加氢裂化，它的最突出的特点是将非理想组分变为理想的基础油组分，因而需要较苛刻的反应条件，使反应物发生脱硫、脱氮和芳烃饱和以及直链的裂化和异构化，达到提高基础油黏度指数(VI)和氧化性能，降低油品黏度和挥发性的目的。与常规溶剂脱蜡或与催化脱蜡技术相结合，生产满足 API Ⅱ类或Ⅲ类基础油质量要求。

润滑油加氢裂化有两方面的作用。

第一，提高润滑油黏度指数。

将芳香烃进行饱和，提高黏度指数，如：

$VI \approx -60$
凝点 $\geqslant 50°C$

$VI \approx 20$
凝点 $\geqslant 20°C$

将低黏度指数的分子进行裂化，提高黏度指数，如：

$VI \approx 20$
凝点 $\geqslant 20°C$

$VI \approx 110 \sim 140$
凝点 $\leqslant 0°C$

第二，除去原料的硫、氮等杂质元素。

$$含硫化合物 \xrightarrow{+H_2} H_2S + 烃$$

$$含氮化合物 \xrightarrow{+H_2} NH_3 + 烃$$

VI、黏度与加氢裂化苛刻度的关系为：黏度指数 VI 随加氢裂化苛刻度的增加而提高，黏度随加氢裂化苛刻度的增加而降低。不同的原料需要不同的加氢裂化苛刻度来生产高 VI 基础油。

加氢处理典型的化学反应：

（1）

$+H_2 \longrightarrow$

$+NH_3$

（2）

$+H_2 \longrightarrow$

$+NH_3$

（3）

$+H_2 \longrightarrow$

$\xrightarrow{+H_2}$ （4）

$\xrightarrow{+H_2}$ （5）

$+H_2 \downarrow$ （6）

$+H_2 \downarrow$ （7）

$+H_2 \downarrow$ （8）

196

(反应式 9)：三环结构 (含 R_1, R_2, R_3, R_4) $\xrightarrow{+H_2}$ 双环结构 (含 R_1, R_2, R_5, R_6)

(反应式 10)：双环结构 (含 R_1, R_2, R_5, R_6) $\xrightarrow{+H_2}$ 单环结构 (含 R_5, R_6, R_7, R_8)

(反应式 11)：苯环结构 (含 R_5, R_6, R_7, R_8) $\xrightarrow{+H_2}$ 苯环结构 (含 R_9, R_{10}, R_{11}, R_{12}) $+C_nH_{2n+2}$

(反应式 12)：环己烷结构 (含 R_5, R_6, R_7, R_8) $\xrightarrow{+H_2} C_nH_{2n+2}$

(反应式 13)：四氢萘 $\xrightarrow{+H_2}$ 茚满（带 CH_3 的五元环结构）

(14) $C-C-C-C-C-C-C-C-C+H_2 \longrightarrow C-C-C-C-C+C-C-C-C$

在(1)、(2)(脱氮反应)，(3)~(8)，(11)反应过程中，发生的是稠环芳烃的饱和、断键反应，(9)、(10)、(12)是多环环烷烃的加氢开环反应，(13)是异构化反应，(14)是裂化反应。

稠环芳烃饱和、断键反应特点如下：

① 芳烃的加氢反应平衡常数随反应温度的升高而降低，因而芳烃深度饱和加氢必须在较低温度下进行。

② 稠环芳烃完全加氢的反应平衡常数随芳烃环数增加而降低，这说明多环稠环芳烃完全加氢比少环稠环芳烃困难些。

③ 稠环芳烃各芳烃环加氢反应的反应平衡常数值为：第一环>第二环>第三环。这说明多环稠环芳烃完全加氢因受到热力学限制是不易进行的，因而需采用加氢性能更强的催化剂及高压低温的反应条件。

稠环环烷烃的加氢开环反应与稠环芳烃加氢饱和反应一样，是提高油品黏温特性、改善低温流动指标的主要反应。

类似(13)反应中环烷芳烃上的六元环异构为五元环时，裂化反应更易进行。

当加氢改质条件适当时，加氢裂化反应较轻微，而深度加氢改质时，则加氢裂化反应很显著。加氢改质时，加氢裂化反应是不希望的。要限制这类反应，除选用适宜的加氢催化剂外，根据实际可能，尽量降低反应温度。

脱除杂原子(氧、氮、硫)以及烯烃可提高基础油的色度及氧化安定性，所以烯烃饱和等非理想组分的转化反应都是希望促进的反应，而应避免的反应包括烷烃的加氢裂化、带长侧链的单环芳烃和单环环烷烃的加氢脱烷基反应等，这些反应将导致加氢油黏度下降，润滑油收率降低和氢耗量的增加。

3. 加氢脱蜡

催化脱蜡通过蜡烃组分选择性裂化，降低油品的倾点，但脱蜡油的收率下降，且黏度指数低于溶剂脱蜡油。

异构脱蜡主要通过蜡催化异构来降低倾点，从而比溶剂脱蜡或者传统的催化脱蜡提高了润滑油的总收率和黏度指数。异构脱蜡过程应用在基础油生产过程的中间步骤，代替溶剂脱蜡，其原料中杂质含量较低，主要的化学反应是正构烷烃或歧化程度很小的异构烷烃进行异构化或选择性裂化。

正构烷烃或低分支异构烷烃异构化为高分支异构烷烃性质变化类似以下反应：

$$C_{10}-C-C_{10} \longrightarrow C_{10}-C-C_{10}$$

$$C-C-C-C-C \qquad \qquad C-C-C$$

$$C-C$$

VI：125 　　　　　　　119

凝点：19℃ 　　　　　　 −40℃

本反应是改善低温流动指标的主要反应，但有可能使黏度指数有所降低。

反应机理如下：

$$n\text{-}C_nH_{2n+2} \xrightleftharpoons[+H_2]{-H_2} n\text{-}C_nH_{2n} \rightleftharpoons n\text{-}C_nH_{2n+1}^+ \longrightarrow 裂解产物$$

正构烷烃 　　　　　正构烯烃 　　　 正碳离子 　　　 裂解产物

(1) 　　　　　　　 (2) 　　　　　 (6)

∥ (3)

$$i\text{-}C_nH_{2n+2} \xrightleftharpoons[+H_2]{-H_2} i\text{-}C_nH_{2n} \rightleftharpoons i\text{-}C_nH_{2n+1}^+ \longrightarrow 裂解产物$$

异构烷烃 　　　 异构烯烃 　　　 正碳离子异构

(5) 　　　　　 (4) 　　　　　　 (7)

正构烷烃首先在催化剂的加氢−脱氢中心上脱氢生成相应的烯烃，然后这部分烯烃迅速转移到酸性中心，得到一个质子而生成正碳离子，接着将异构化为热力学更稳定的正碳离子（正碳离子稳定顺序如下：叔正碳离子>仲正碳离子>伯正碳离子）。

正碳离子异构后可能将质子还给催化剂酸性中心后在加氢中心加氢后生成异构烷烃，也可能遵循 β-键断裂原则，生成较小的烯烃（在氢压下迅速加氢生成烷烃）和新的正碳离子。

由上述可见，正构烷烃可通过异构化转化为与原料分子碳数相同的异构烷烃，也可通过裂化转化为较原料分子碳数少的异构及正构烷烃的系列混合物。如果适当地调整双功能催化剂中两功能的相对活性，即可得到所期望产品分布。当催化剂的加氢活性高于酸性活性时，原料分子加氢异构化起主导作用，裂化产物分子加氢裂化程度减少，产品将以与原料的分子碳数相同的异构烷烃为主。相反，当催化剂的加氢活性低于酸性活性时，原料分子的加氢异构化极少发生，一次裂化所得烯烃和正碳离子浓度相对增加，促进在酸性中心上发生二次裂化，结果产品主要是较原料分子碳数少的异构及正构烷烃混合物。

第三节　　润滑油加氢催化剂

一、润滑油加氢催化剂的组成与活性的关系

与其他催化过程一样，催化剂对生产过程常常起决定性的作用。润滑油加氢过程中催化剂也是首先研究的课题。

润滑油原料需要经过加氢、开环、异构化等一系列的步骤，才能把非理想组分转化为理想组分。这就要求催化剂既有加氢活性，又有裂化活性，并且两者必须相适应。对于加氢活

性和裂化活性相适应的催化剂叫做平衡的双功能催化剂。如果不是这样，例如裂化活性过强或不足，将导致润滑油产品收率下降或黏度指数不够理想。

润滑油加氢催化剂一般由主催化剂、助催化剂及载体组成。催化剂的加氢活性主要取决于主催化剂的活性能力，助催化剂则起改善催化剂选择性、稳定性或某方面功能的作用，载体提供裂解活性、大的比表面积及机械强度等。

1. 主催化剂

主催化剂也叫主活性组分，催化加氢催化剂中主活性满足加氢脱氢功能，一般由元素周期表中第VIB族和第Ⅷ族的几种金属的氧化物或硫化物提供。其中加氢活性最好的有第VIB族中的 W、Mo、Cr 和第Ⅷ族中的 Fe、Co、Ni。使用实践证明，两种或两种以上活性金属组分的混合型催化剂的性能比单组分的要好。

2. 助催化剂

在制备催化剂时，往往要添加一种或几种助催化剂。加入助催化剂后，催化剂在化学组成、化学结构、结晶构造、表面构造、孔结构、机械强度、分散状态以及酸性等各方面都可能发生变化，由此影响催化剂的活性、选择性以及寿命等。助催化剂可以是元素状态加入，也可以是化合物状态加入，大多数的助催化剂是金属或金属化合物，也有用非金属(如氯、氟、磷)的。

3. 载体

一般来说，载体本身并没有催化活性，但它具有较大的比表面积和较好的机械强度，因而能很好地将活性组分分散在其表面上，使之更有效地发挥作用，从而节省活性组分的用量，同时也提高了催化剂的稳定性和机械强度。有的载体直接参加催化作用，成为催化活性的基本组成部分。

催化剂常用载体有中性载体和酸性载体两大类。中性载体有活性 Al_2O_3、活性炭、硅藻土等。酸性载体有硅酸铝、活性白土、分子筛等。

中性载体本身的裂解活性不高。用它制成的加氢催化剂表现出较强的加氢活性和较弱的裂解活性，常用于加氢补充精制催化剂。润滑油加氢裂化反应需要催化剂引起正碳离子反应，因此加氢处理催化剂常用酸性载体，且酸性是否合适非常重要。

金属在最佳配比下，使用不同的载体，其加氢活性有很大不同，表 6-1 显示，当用 Al_2O_3 作为载体时，加氢活性比 SiO_2 高得多，这证明了载体对金属的加氢活性是有影响的。

表 6-1 载体对催化剂加氢活性的影响

载体	Ni-Mo	Co-Mo
Al_2O_3	14.5	12.2
SiO_2	0.6	0.75

注：活性以甲苯加氢分子转化%表示。

载体中 SiO_2/Al_2O_3 的数值对润滑油加氢精制催化剂活性有影响，表 6-2 中的数据表明 SiO_2/Al_2O_3 的比值在 75/25 时油品黏度指数最高。

表 6-2 SiO_2/Al_2O_3 对催化剂性能的影响

SiO_2/Al_2O_3	0/100	5/95	75/25	85/15
裂化指数	14.1	39.7	73	68.1
润滑油黏度指数	120	121	126	123

由于 Si、Al 类的物质是酸性催化剂,改变其酸性中心的数量和强弱,对催化剂活性有相当大的影响。例如,加入氟可以改变酸性中心的情况,当氟含量适宜时可以得到最大的裂化反应和异构化反应速度常数。表 6-3 给出了氟含量对催化剂活性的影响。

表 6-3 氟含量对 Ni-W/SiO$_2$/Al$_2$O$_3$ 催化剂活性的影响

反应温度/℃	润滑油性质	氟 含 量	
		2%	0
379	黏度指数	121	116
	碘值	1.5	8.9
388	黏度指数	129	126
	碘值	1.5	7.9
396	黏度指数	136	128
	碘值	1.5	

作为一个催化剂的整体来看,加氢活性和酸性必须相适应,这样使各种反应进行的程度相当才能使产品的收率高、质量好。

二、润滑油加氢催化剂类型

1. 加氢补充精制催化剂

到目前为止,国内外润滑油加氢补充精制催化剂的开发应用均是在燃料油加氢催化剂的基础上进行的,而且所使用的绝大部分催化剂都是由燃料油加氢催化剂直接或经过改型后转化过来的,专门的润滑油加氢补充精制催化剂的发展则较晚一些。

① 主催化剂:常用的加氢补充精制催化剂中主催化剂主要有 Co-Mo、Ni-Mo、Ni-W、Co-W 或 Mo-Co-Ni、Fe-Co-Mo 等。由于 W 的价格是 Mo 的 3 倍,考虑到成本等因素,W 很少应用。Co-Mo 型多用于含硫量较高的原料,Ni-Mo 型用于氮含量比较高的原料。早期是以 Co-Mo(钼酸钴)为主,近年则以 Ni-Mo(钼酸镍)型催化剂占主导地位。

Ni-Mo 型与 Co-Mo 型相比其优点:加氢活性较高,因此脱氮和脱稠环芳烃能力较强,生成油颜色较好,反应温度较低,可以减少裂解作用,寿命也很长,再生周期可达 2 年,通常可再生 1~3 次。

Fe-Co-Mo 型与 Co-Mo 型相比优点:加氢条件缓和,压力仅为 2MPa,氢耗小,催化剂寿命长,但精制深度浅,灵活性小。

上述各类催化剂其活性组分配比、含量可根据原料性质及目的产品的要求进行调整,因此就会出现一系列性能各异、牌号不同的催化剂产品。

② 助催化剂:对润滑油加氢补充精制催化剂来说,助催化剂并不是必须的,多数催化剂都没有助剂。

③ 载体:为了避免裂解作用的发生,加氢补充精制催化剂多采用中性载体,主要是 γ-Al$_2$O$_3$。

2. 加氢处理催化剂

用于生产高黏度指数润滑油的加氢处理催化剂,不仅应具有非烃组分的破坏加氢和芳烃加氢饱和的功能,而且还应具有多环环烷烃选择性加氢开环、直链烷烃和环烷烃的异构化等功能。因而加氢处理催化剂应是一种由加氢组分和具有裂化性能的酸性载体组成的双功能催化剂,而且这两种功能应尽量达到平衡,才能达到收率高、质量好和运转周期长的目的,即加氢处理催化剂的裂化活性不能比加氢活性大太多,否则在芳烃加氢前侧链大量断裂,形成低沸点产物，使基础油收率降低。但裂化活性也不能太低，否则不足以使加氢饱和的芳烃进行开环，因而黏度指数也不能提高。

（1）组成

① 主催化剂：加氢处理催化剂中主催化剂的作用主要是促进原料中的芳烃，尤其是多环芳烃进行加氢饱和反应，烯烃（主要是裂化反应生成的烯烃）加氢饱和反应。此外，加氢活性组分还应具有加速非烃破坏加氢反应速度的能力。

常用的加氢活性按其加氢饱和活性强弱对比排列如下：

$$Pt，Pd>Ni-W>Ni-Mo>Co-Mo>Co-W$$

铂和钯的加氢活性最高，但对硫的敏感性很强，因而目前工业加氢处理催化剂的加氢组分多采用抗毒性好的金属组分，主要由 Ni-W 或 Ni-Mo 等金属组成（使用前需在装置上进行硫化）。两者均具有较好的活性和选择性，且 Ni-W 效果较好，在相同收率下，Ni-W 型的反应温度比 Ni-Mo 型低；在相同黏度指数下，Ni-W 型的基础油收率比 Ni-Mo 型高。

有关研究结果表明，上述金属组合的加氢活性顺序：Ni-W>Ni-Mo>Co-Mo>Co-W。

对于加氢脱硫，其活性顺序为：Co-Mo>Ni-Mo>Ni-W。

② 助催化剂：如在 WS_2-Al_2O_3 加氢改质催化剂中加入 NiS，可以使催化剂的活性超过纯 WS_2，但 NiS 单独作加氢催化剂时，其加氢活性很差。用电子显微镜和 X 射线研究表明，WS_2 的结晶是致密的聚团，而 WS_2-Al_2O_3 的结晶比较松散，由此判断 NiS 的加入使正常的 WS_2 结构受到破坏，生成了松散的结晶结构，这样，加入 NiS 后使催化剂的有效表面积增加，从而提高了催化剂的加氢活性。

为了提高催化剂的脱硫、脱氮能力，一些催化剂中加有磷的组分。

催化剂上加磷的作用，目前有三种观点：一是认为用磷酸配制浸渍液时，磷酸能促进金属盐溶解，使浸渍液浓度高而不产生沉淀，从而得到高金属含量、高活性的催化剂；二是认为在制备载体时加磷酸或磷酸盐，可以控制孔分布，减少积炭；三是认为加磷可防止镍与 Al_2O_3 在催化剂焙烧过程中生成无活性的尖晶石（使 $NiAl_2O_4 \leqslant 0.1\%$，也就是说，使磷进入 Al_2O_3 的晶格中，抑制了尖晶石的生成，使镍更好地发挥作用）。据介绍，催化剂含磷量在 1%～5% 较好，其量适当，能提高催化剂的机械强度和稳定性。如果磷过量，反而会抑制金属活性组分的作用，并使机械强度下降。近几年来，还采用了铼、锰、钛、锗、镧和铈等作助催化剂，例如，美国环球油品公司 Mo-Ni-SiO_2-Al_2O_3 加氢催化剂中加入 0.2% 的铼，对催化裂化循环油进行加氢改质，脱硫率为 97.1%，脱氮率为 96.5%，而组成相同不加铼的催化剂脱硫率为 94.1%，脱氮率只有 82%。这些助催化剂的作用虽然不完全相同，但都有比较好的效果。

③ 酸性载体：加氢处理催化剂倾向于用中等强度酸性的载体。采用的酸性载体主要有两类：SiO_2-Al_2O_3（高裂化活性）及加氟的 Al_2O_3（低裂化活性）。生产润滑油的专用催化剂中的 SiO_2-Al_2O_3 载体与一般用于燃料油加氢裂化的催化剂不同，其 SiO_2 含量较低，一般<30%。

Al_2O_3 加氟后对催化剂的开环活性和加氢活性均有一定影响。与不加氟的 Ni-W 型催化剂的加氢处理效果相比，加氟后生成油的黏度指数提高，碘值降低，催化剂含氟量最好为 1%～4%。

（2）工业应用

在研究、开发润滑油加氢处理技术中，各公司都采用各自的专利工业催化剂。这些催化剂大体有两种情况。一种是采用一般生产燃料油的加氢裂化催化剂，另一种则是以生产润滑油为主的专用催化剂。前者主要通过改变加氢工艺参数或改变润滑油加工流程，以达到合理生产润滑油的目的，催化剂适应性较大；后者则由于针对性较强，有较好的基础油质量及收率以及对原料油变化的适应性。目前工业上使用的加氢处理催化剂以专用催化剂居多。

总之，国内外润滑油加氢处理催化剂的开发应用大都是在燃料油加氢催化剂的基础上改型后转用或直接用过来的。国外早期主要采用含助剂 F、P 等的 Si-Al 载体上载 Ni-W 或 Ni-Mo 活性组分。目前使用较为广泛的有以 Co-Mo、Ni-Mo 和 Ni-W 等为主要活性金属组分，加有不同助剂的催化剂。一般 Ni-Mo 系列催化剂用于氮含量比较高的原料，Co-Mo 催化剂多用于含硫量较高的原料。

3. 催化脱蜡催化剂

实现择形催化脱蜡工艺的关键是要有一个理想的催化剂。这种催化剂应具有良好的选择性，即能选择性地从润滑油馏分混合烃中，将高熔点石蜡（正构石蜡烃及少侧链异构烷烃）裂解生成低分子烷烃从原料中除去或异构成低凝点异构石蜡烃，而使凝点降低，同时尽量保留润滑油的理想组分不被破坏，以保证高的润滑油收率。为了达到此目的，催化脱蜡所采用的催化剂都是双功能催化剂。其中加氢组分除用贵金属铂、钯等以外，也有用镍、钼、锌等非贵金属的，而酸性组分大体上可分为两类，一类为含卤素的氧化铝，另一类为氢型沸石，异构脱蜡催化剂用前者做载体，催化脱蜡催化剂用后者做载体。

催化脱蜡催化剂以沸石为载体。因为沸石具有均匀而有规则的孔道，对正构石蜡烃具有较好的选择裂化性能。工业上脱蜡催化剂所用沸石主要有丝光沸石和 ZSM 沸石，在有些脱蜡工艺中也有用镁碱沸石的。丝光沸石与镁碱沸石在自然界中较为丰富，而且是天然沸石中含硅最高的（SiO_2：Al_2O_3 的比都是 10∶1），但作为载体，使用的常是具有特定性能的合成沸石。在催化脱蜡催化剂载体中最受重视的是 ZSM 型沸石（特别是 ZSM-5 沸石）。ZSM 型沸石系列是由莫比尔公司研制的一类新型合成高硅沸石，没有天然的对应物。

（1）高硅沸石结构

催化脱蜡催化剂常用的上述三种沸石，是一类具有特殊结构特征的开孔结晶铝硅酸盐。它们的晶体骨架结构中的最基本结构是硅氧四面体（SiO_4）和铝氧四面体（AlO_4）。这些四面体通过共用氧原子相互联结，形成首尾相接的多元氧环。多元氧环经三维联结形成中空的多面体后，再进一步排列即构成沸石晶体骨架结构。这些沸石都具有由五元氧环围成较大氧环所构成的交叉孔道，但孔道的形状和大小不尽相同。

合成沸石是由 $M_2O\text{-}Al_2O_3\text{-}SiO_2\text{-}H_2O$（M 为无机或有机阳离子、n 为离子价）的反应混合物体系经水热合成晶化后所得产物。在合成原料中，可用硅胶、硅溶胶、硅酸钠（水玻璃）等做硅源，可用氧化铝、氢氧化铝、铝酸钠及铝的无机盐等做铝源。无机碱常用氢氧化钠，有机碱常用季铵碱。也有用天然铝硅酸盐矿物做为原料，再补加适量含硅（或铝）原料和碱，进行水热合成的。影响晶化的因素有反应物本性、配料比及晶化条件（温度及时间）等。用有机碱合成时，可以制得硅铝分子比大于 10 的高硅沸石。合成高硅沸石的晶粒度一般小于 $0.1\mu m$，而天然沸石的大晶粒则大于 $1\mu m$。

① 丝光沸石：丝光沸石的晶体中含有大量成对联结的五元氧环。这些五元氧环通过四元氧环相联，再围成十二元氧环及八元氧环，如图 6-1（a）所示。丝光沸石晶体就是由许多这样的层重叠组成的。由于硅铝比高（天然沸石为一般为 10，合成沸石一般为 10~12，加入有机物可提高到 20~30），丝光沸石具有良好的抗热稳定性、抗水蒸气性能及抗酸性能等。

按沸石孔道体系分类，丝光沸石属双孔道体系沸石。在它的晶体结构中有两类内连孔道：一类是由十二元氧环开孔组成的平行直筒状椭圆主孔道（$0.67nm\times0.70nm$），另一类是由八元氧环短节椭圆孔道（$0.29nm\times0.57nm$）交替联构组成的孔道。主孔道两侧有侧孔（$0.29nm$）与八元氧环孔道相沟通形成交叉二维孔道空间体系，见图 6-1（b）。但由于八元氧环排列不规则,并且孔径较小,一般分子不易通行,所以分子主要在十二元氧环主孔道出入。因而对一般分子来说,丝光沸石实际表现为一维孔道体系。

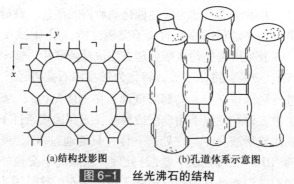

(a)结构投影图   (b)孔道体系示意图

图 6-1 丝光沸石的结构

② ZSM 沸石:ZSM 型沸石中常用的是 ZSM-5 沸石,也有用其同类结构的 ZSM-8 沸石的。根据不同合成条件,曾制得硅铝摩尔比在 20～8000 以上(甚至接近∞,即纯氧化硅)的 ZSM-5,故而其耐热及酸稳定性特高。

按沸石孔道体系分类,ZSM-5 沸石属十元氧环体系沸石。它有两类由十元氧环开孔组成的孔道。一类是具有椭圆形开孔(0.51nm×0.55nm)的正弦孔道,另一类是具有近似于圆形开孔(0.53nm×0.56nm)的直线孔道,这两类孔道交叉(交叉处晶穴为 0.9nm)形成一个三维孔道空间体系,见图 6-2。

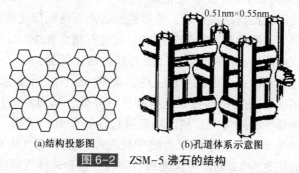

0.51nm×0.55nm

(a)结构投影图   (b)孔道体系示意图

图 6-2 ZSM-5 沸石的结构

③ 镁碱沸石:天然镁碱沸石的硅铝摩尔比通常在 12 左右。

镁碱沸石是由五元氧环通过十元氧环及六元氧环相联,再围成十元及八元氧环开孔的直筒形孔道,见图 6-3(a)。它属于双孔道体系沸石:由十元氧环椭圆开孔(0.43nm×0.55nm)组成的孔道和由八元氧环椭圆开孔(0.34nm×0.48nm)组成的孔道。两类孔道相互垂直,形成二维孔道空间体系,见图 6-3(b)。

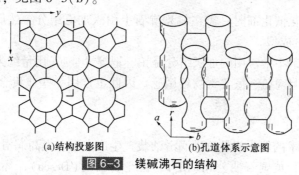

(a)结构投影图   (b)孔道体系示意图

图 6-3 镁碱沸石的结构

（2）高硅沸石改质

作为一般规律，沸石用于酸催化反应时需事先进行改质。将原型沸石转化为氢型沸石，才能降低沸石的钠含量，并赋予沸石作为酸性催化剂所需的酸性。高硅沸石也不例外，实现这种改质，从原则上讲，主要是利用沸石的离子交换性能，用 H^+ 离子与原型沸石中的 Na^+ 进行交换。在实践中，一般采用铵处理或酸处理方法或两法联用。

在铵处理法中用 NH_4^+ 交换，将原型沸石转化为铵型沸石，再经热分解脱氨即制成氢型沸石。可根据需要，进行局部铵交换，局部降低沸石中 NH_4^+ 含量，从而得到不同交换度的氢型沸石。在酸处理法中，可在室温下用弱酸或稀酸，或在回流条件下用强酸处理原型沸石来制成氢型沸石。用弱酸或稀酸时，与铵处理一样，只能通过 NH_4^+ 离子交换，降低沸石钠含量。但用高温及强酸（10%~20%硫酸、盐酸）处理，则除离子交换外，还会将沸石骨格结构上的铝溶解，进行脱铝。但酸处理脱铝仅适用于高硅沸石，这是因为在这些沸石中存在着特殊的五元氧环结构而且硅铝比高，使它们具有很好的结构稳定性，即使溶解掉一部分结构铝，也不会使沸石晶体结构遭到破坏，从而保持沸石的晶相强度、稳定性及结晶度不变或基本不变。

酸处理还能排除沸石孔道内无定形阻塞物，恢复孔道原结构尺寸，使孔道通畅。如出现脱骨架铝，则沸石孔结构将扩大。从而使孔道的有效直径增加，便于较大分子的扩散与吸附。例如，酸处理扩孔的氢型丝光沸石的孔径可达 0.8~1.0nm，能吸着异丙苯及 1,3,5-三乙基苯（临界直径分别约为 0.76nm 及 0.85nm）等。

沸石脱铝会使其硅铝比提高。据报道，适度脱铝的沸石所制催化剂的催化活性，甚至活性稳定性均有改善。例如，用两种经盐酸处理的丝光沸石制成含2%Pd 的催化剂对润滑油馏分进行催化脱蜡时，发现硅铝比高的（50：1）沸石催化剂比低的（10：1）沸石催化剂的降凝效果好，而且活性稳定性也很好。但也发现，脱铝太多，活性及活性稳定性都要变差。

沸石脱铝提高硅铝比后将导致其骨架电荷和极性降低，从而对极化分子作用的能力降低，使之对烃类呈现选择性吸附性能，利于用来进行烃类分离。例如，硅铝分子比为 93 的氢型丝光沸石能从 97%甲苯-3%正辛烷混合物中优先吸附正辛烷，从 96%苯-4%环己烷中优先吸附环己烷，但硅铝比为 12 的氢型丝光沸石则没有这种选择吸附性。

HZSM-5 也具有从烷烃、芳烃及环烷烃混合物中优先吸附正构烷烃，特别是高分子量正构烷烃的性能。甚至于在已吸附有对二甲苯的 HZSM-5 沸石中加入正壬烷时，正构烷烃会快速反扩散，将芳烃几乎全部置换出来，这些选择吸附性能在烃类分离及催化反应中将起重要作用。

（3）活性组分

制备择形加氢裂化催化剂时，需在氢型沸石上引入加氢组分，然后加黏合剂（如铝胶、氢氧化侣、硅铝胶等）成型。

在催化脱蜡催化剂中最常用的加氢组分是铂、钯等贵金属（用量约为 0.1%~5%），但由于贵余属价格昂贵，且对硫、氮等毒物较敏感。因此也常用一些非贵金属，如锌、镍、镍-锡、镍-钼、钴-钼等。

（4）工业应用

催化加氢脱蜡技术的催化剂是改进润滑油装置生产水平、提高润滑油基础油质量和降低生产成本的关键因素，英国石油公司（BP）、德士古公司（Desco）、环球油品公司（UOP）、莫比尔公司（Mobil）和雪弗龙公司（Chevron）均有专属的催化降凝技术及催化剂，几大公司采

204

用的催化剂载体以及应用效果见表6-4所示。

表6-4　加氢脱蜡催化剂的应用效果

公　司	加氢段数	催化剂载体	原　料		产　品	
			VI	凝点/℃	VI	凝点/℃
英国石油公司	1段	丝光沸石	85	30	78~98	-20~7
	2段	丝光沸石	75	35	64	-40
德士古公司	2段	丝光沸石	103	35	76	-15
环球公司	2段	结晶硅酸铝	81	35	110	-17.8
莫比尔公司	1段	十椭圆孔结晶硅酸铝	108.4	28	81	-29
雪弗龙公司	2段	氧化铝	86	-17.8	110~120	-50~-30
	2或3段	氧化铝	110	-17.8	114	-35

世界范围内催化脱蜡催化剂较成熟的生产商是 Mobil 公司。

为减轻对溶剂脱蜡的依赖，Mobil 公司在 20 世纪 70 年代中期开发了 MLDW（Mobil 润滑油催化脱蜡技术）工艺，MLDW 催化降凝技术的催化剂是采用直线形孔道（孔口为 0.51nm×0.55nm 的椭圆形孔）和之字形孔道（孔口 0.53nm×0.56nm 的椭圆形孔）组成的 ZSM-5 分子筛制备而成的，只有分子直径小于孔口尺寸的直链烷烃或带甲基侧链的异构烷烃进入孔内，进行正碳离子反应，遵循 β 位断链原则，因此最小分子以 C_3~C_4 烷烃和烯烃存在，C_1~C_2 气体烃产量很低。

MLDW 工艺 1981 年在 Mobil 澳大利亚 Adelaide 炼油厂实现工业化，能够对从锭子油到光亮油的整个黏度等级的基础油实现有效脱蜡，加工的原料范围较宽，通过裂化正构和略带支链的烷烃，还能生产高辛烷值汽油和 LPG。与溶剂脱蜡相比，尽管收率有所下降，但低倾点下黏温性能更好，对较轻的原料尤其如此。

MLDW 投资和公用工程费用是溶剂脱蜡的 80%~85%。

Mobil 开发了四种 MLDW 催化剂：MLDW-1、MLDW-2、MLDW-3 和 MLDW-4。每种催化剂都比前一种催化剂性能优越，产品质量往往更好，见表6-5。

表6-5　Mobil 公司 MLDW 四代催化剂的性能比较

催化剂	性能比较	推出时间	组　成
MLDW-1	运转周期 4~6 周就要进行氢活化。氢活化后运转周期缩短，当运转周期小于 2 周时，必须进行氧化再生	1981 年	Ni/ZSM-5+Al_2O_3 Si/Al>12
MLDW-2	更好的扩散性能和抗中毒能力，运转周期为第一代的 3 倍	1992 年	Ni/ZSM-5+SiO_2 Si/Al>12
MLDW-3	比 MLDW-2 的运转周期又延长了 2 倍，产物有更好的氧化安定性（相当于溶剂脱蜡油），有的厂运转 3 年也不需要氧化再生	1992 年	硅改性 H-ZSM-5/Al_2O_3 Si/Al>30
MLDW-4	降低了起始反应温度，提高了反应末期温度，因而运转周期比 MLDW-3 更长，至少运转 1 年才需要氢活化	1996 年	硅改性 H-ZSM-5/Al_2O_3 Si/Al>70

目前世界上大约有 14 套 MLDW 装置投产，由于新的异构脱蜡工艺的出现，现在国外已不再新建采用 MLDW 技术的装置。

4. 异构脱蜡催化剂

以选择性加氢裂化为主的催化脱蜡，采用裂解活性很强的 ZSM-5 分子筛为担体的催化剂，由于分子筛有规则的孔结构，所以在这种催化剂上的反应以正构烷烃的选择性加氢裂化为主，同时也能裂化进入分子筛孔道的环状烃类的长侧链以及侧链上碳数较少的异构烷烃。

催化脱蜡的缺点是其脱蜡油的黏度指数一般比溶剂脱蜡低，脱蜡油收率低。而异构脱蜡催化剂能使石蜡异构成为润滑油的理想组分异构烷烃，所以其脱蜡油收率及黏度指数都比催化脱蜡高。

润滑油基础油异构脱蜡的技术关键是需要有一种高选择性的异构脱蜡催化剂，通常在双功能催化剂上连续进行着异构化及加氢裂化反应，反应过程：ZSM-5 允许高倾点直链烷烃、带甲基支链的烷烃、长链单烷基苯进入孔道，将低倾点、高分支烷烃、多环环烷烃和芳烃拒之孔外。正构烷烃首先在催化剂的加氢-脱氢中心上生成相应的烯烃，此种烯烃迅速转移到酸性中心上得到一个质子生成正碳离子，生成的正碳离子极其活泼，马上异构化，异构的正碳离子可将质子还给酸性中心，加氢后生产异构烷烃，也可以在 β 键断裂，发生裂化反应。

三、润滑油加氢催化剂操作

1. 催化剂装填

（1）催化剂装填重要性

加氢催化剂的装填质量在发挥催化剂性能、提高装置处理量、保证装置安全平稳操作、延长装置操作周期等方面具有重要的作用。

催化剂装填质量主要是指在反应器内床层径向的均匀性和轴向的紧密性和级配性。

反应器内径向装填的均匀性不好，一方面会造成反应物料在催化剂床层内"沟流"、"贴壁"等"短路"现象的发生，甚至会导致部分床层的塌陷。从而造成气液相分离，使气液间的传质速率降低，反应效果变差。另一方面由于循环氢带热效果差，易造成床层高温"热点"的出现。既影响装置的操作安全，又缩短装置的操作周期。

反应器内轴向催化剂装填的紧密性会影响到催化剂的装填量，在反应器体积一定的情况下，催化剂的装填量与装置处理量有关，并影响到产品的质量和催化剂的寿命。

轴向的级配性是指不同催化剂种类之间，或者催化剂与瓷球之间的粒度的级配关系。在反应器入口部分，级配性的好坏直接影响到床层压降上升的速度，而在催化剂床层底部，级配性的好坏将决定催化剂床层是否会发生迁移。改善级配性的有效措施是采用形成床层孔隙率逐步变化的分级装填法。

所谓分级装填法是指采用一种或数种不同尺寸大小、不同形状、不同孔容、不同活性的高孔隙率活性和（或）惰性瓷球、保护剂系列装填于主催化剂床层上部，使床层从上到下颗粒逐渐变小、床层孔隙率逐步减低的分级过渡装填方法，见图6-4。对于床层底部，采用分级装填技术可有效地防止发生催化剂颗粒迁移，避免催化剂颗粒堵塞反应器出口收集器甚至后续的换热设备及管线，并同时消除由此引起的反应器内催化剂床层塌陷的可能。见图6-5。

（2）催化剂装填方法

加氢催化剂的装填方法可以分为两种，一种是普通装填，一种是密相装填。普通装填方法适用于目前各种外形的催化剂：球形、圆柱形、挤条形、环形等。由于普通装填方法简单易行，人员上几乎不需要特别的技术培训，设备上不需要专利技术，因此被国内许多炼油企业所采用。密相装填方法由 ARCO 技术公司、法国 TOTAL 公司、UOP 公司、Chevron 公司

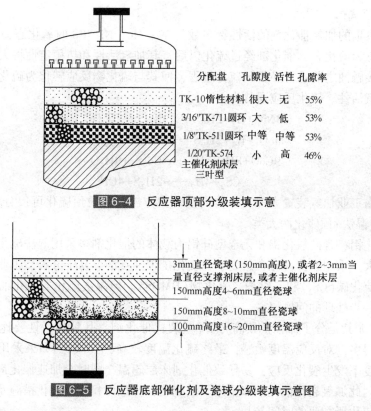

图 6-4　反应器顶部分级装填示意

	分配盘	孔隙度	活性	孔隙率
TK-10惰性材料		很大	无	55%
3/16″TK-711圆环		大	低	53%
1/8″TK-511圆环		中等	中等	53%
1/20″TK-574		小	高	46%
主催化剂床层 三叶型				

3mm直径瓷球(150mm高度)，或者2~3mm当
量直径支撑剂床层，或者主催化剂床层
150mm高度4~6mm直径瓷球
150mm高度8~10mm直径瓷球
100mm高度16~20mm直径瓷球

图 6-5　反应器底部催化剂及瓷球分级装填示意图

等发明。由于需要采用专利技术，购买专门的催化剂装填设备，聘请专业技术人员进行催化剂的装填，密相装填方法用于条状催化剂的装填才更显意义，因为采用密相装填方法，可以将条状催化剂在反应器内沿半径方向呈放射性规整地排列，从而减少催化剂颗粒间的孔隙，提高催化剂装填密度。例如，在同一体积内密相装填法比普通装填法多装填 10%～25% 的催化剂，不同形状催化剂的密相装填方法与普通装填方法的堆积密度比较可见表 6-6。密相装填除了可以多装催化剂以外，由于装填过程催化剂颗粒在反应器横截面上规整排列，因此其沿反应器纵向、径向的装填密度也非常均匀。

表 6-6　催化剂密相装填与普通装填的装填密度比较

催化剂形状	密相装填与出厂堆积密度比较	密相装填与布袋装填堆积密度比较
球状	增加 3%～5%	增加约 10%
挤条	增加 8%～10%	增加约 25%
片状	增加约 7%～9%	增加约 15%

2. 催化剂干燥

绝大多数加氢催化剂都以氧化铝或含硅氧化铝作为载体，属多孔物质，吸水性很强，一般吸水量可达 1%～3%，最高可达 5% 以上。催化剂含水至少有如下危害：当潮湿的催化剂与热的油气接触升温时，其中所含水分迅速汽化，导致催化剂孔道内水汽压力急剧上升，容易引起催化剂骨架结构被挤压崩塌。而且，这时反应器底部催化剂床层还是冷的，下行的水蒸气被催化剂冷凝吸收要放出大量的热，又极易导致下部床层催化剂机械强度受损，严重时发生催化剂颗粒粉化现象，从而导致床层压降增大。因此，有的催化剂供应商或者技术专利商推荐在催化剂进行预硫化前要进行氮气干燥脱水。

3. 催化剂预硫化

新出厂或再生的加氢催化剂的活性物多数为 W、Mo、Ni、Co 的氧化态，而加氢催化剂的高加氢活性态为硫化态，催化剂经过硫化以后，其加氢活性和热稳定性将大幅度提高，因此，催化剂在接触油之前进行必要预硫化过程，使其与硫化物反应转化为硫化态，充分发挥催化剂的高加氢活性。硫化反应通常为：

$$3NiO+H_2+2H_2S \longrightarrow Ni_3S_2+2H_2O$$
$$MoO_3+H_2+2H_2S \longrightarrow MoS_2+3H_2O$$
$$9CoO+8H_2S+H_2 \longrightarrow Co_9S_8+9H_2O$$
$$CS_2+4H_2 \longrightarrow 2H_2S+4CH_4$$

目前，国内工业加氢装置大都实行器内预硫化方法，器内预硫化可以分为气相（干法）预硫化和液相（湿法）预硫化两大类。

一般以氧化铝、含硅氧化铝和无定型硅铝为载体的催化剂多采用湿法硫化方法，湿法预硫化的硫化剂大多采用廉价、硫含量高、与硫化携带油互溶、易于分解、工业规模生产的硫化合物，如二硫化碳（CS_2）和二甲基二硫化物（DMDS）。但湿法硫化的硫化油用量较大，存在含硫污油进一步处理的问题。

含分子筛（尤其是分子筛含量较高）的加氢裂化催化剂，其裂化活性要比无定型硅铝催化剂的活性高得多，对反应温度敏感，最终硫化温度较高（370℃），如果采用湿法硫化，硫化油在较高温度下发生裂化反应，易导致催化剂床层超温，同时会加速催化剂积炭，影响催化剂的活性，因此加氢裂化催化剂多采用干法硫化，并配以相应的钝化措施及适宜的切换原料步骤；干法硫化所需要的时间较长。

润滑油加氢过程中催化脱蜡催化剂、加氢处理（加氢裂化）催化剂的预硫化大多采用干法硫化以外，加氢补充精制、异构脱蜡催化剂普遍采用湿法强化硫化方法。

4. 初活钝化和切换原料

刚经过预硫化的催化剂具有很高的活性，如果此时与劣质的原料接触，由于催化剂的高加氢活性和酸性，将发生剧烈的加氢反应，甚至是烃类的加氢裂化反应，短时间内产生大量的反应热，极易引起反应器超温。同时催化剂表面的积炭速度非常快，使催化剂快速失活，并影响催化剂活性稳定期的正常活性水平。为了避免催化剂初活性阶段发生超温和快速失活，通常需要用质量较好的直馏馏分油作为原料先行接触刚刚预硫化结束的催化剂，使催化剂在接触少量杂质的情况下缓慢结焦失活，直至催化剂的活性基本稳定下来。这一过程即所谓的催化剂初活稳定阶段。经过初活稳定后，再切换为正常生产原料。

但是对于反应器中装填有酸性功能较强的加氢裂化催化剂，用质量较好的直馏馏分油进行初活稳定就显得并不那么容易，这是因为越是质量好的原料越容易发生加氢裂化反应，从而越容易引起反应器超温。虽然采用低温进油可以避免进油时的剧烈反应，但要使裂化催化剂缓慢结焦并达到活性基本稳定的过程将非常长，通常需要半个月以上，因此这种方法并不可取。从催化加氢裂化反应机理可以知道，烃类化合物发生加氢裂化反应需要催化剂具有酸性功能，也就是说减少预硫化后加氢裂化催化剂的高活性需要对其酸性功能进行抑制。但是为了避免催化剂永久地失去酸性功能，这种抑制的方法只能采用可逆的形式，而不能采用诸如苛性钠等化合物去进行中和。因此在初活稳定油中添加碱性有机氮化物是可行的方法。但是，通常的碱性有机氮化物一是价格高，二是极性强。碱性氮化物极易强烈吸附在酸性中心，容易发生脱氢缩合结焦反应，控制不好的话很可能使催化剂过度地损失活性，影响催化剂的稳定期活性水平。因此，采用价廉、不结焦、易脱附的液氨作为催化剂酸性功能的抑制剂较为合适。根据上述分析，酸性功能强的催化剂在催化剂预硫化结束、切换原料油前通常采用性质较好的直馏馏分油，外加无水液氨进行催化剂初活运转过渡，此过程称为低氮油液氨钝化，简称初活钝化。

5. 催化剂再生

催化加氢催化剂在正常使用过程中由于结焦及原料中杂质的中毒反应，使催化剂活性逐渐减弱。当催化剂的性能不能满足生产需要时，必须对催化剂进行再生或更换新催化剂。

目前，工业上使用的催化剂再生方法有两种，一种为器内再生，即催化剂在加氢装置的反应器中不卸出，直接采用含氧气体介质再生，这是早期使用的一种催化剂再生方法，器内再生按再生时所用惰性气体（热载体）介质不同，可分为"水蒸气−空气"再生和"氮气−空气"循环再生两种方法。另一种为近期越来越普遍使用的器外再生方法，它是将待再生的失活催化剂从反应器中卸出，运送到专门的催化剂再生工厂进行再生。

多年器内再生的实践表明，器内再生有较多的缺点，例如，生产装置因再生所需要的停工时间较长；再生条件难以严格控制，容易发生再生温度超过限值的现象，造成催化剂受损，活性恢复不理想；再生时产生的有害气体（SO_2、SO_3、NO、NO_2）及含硫、含盐污水，若控制或处理不当，会严重腐蚀设备，污染所在社区的环境；加氢装置的操作运转周期长，操作人员多年才能遇到一次再生操作，技术熟练的程度远不及专业再生操作人员，某些操作上的失误或考虑不周、处理不当，不仅影响其再生效果，甚至可能会损伤催化剂和设备。

与器内再生技术相比，器外再生技术有很多可取之处，如再生效果好，节省时间，可免除催化剂床层上部结块、粉尘堵塞所引起的床层压降上升，有利于减少设备腐蚀、环境污染，技术经济效益好，质量有保证等。因此，从20世纪70年代中期开始，器外再生技术逐渐为炼油厂所接受。70年代中期以来，美国、法国、日本等国相继实现了催化剂器外再生。

第四节　润滑油加氢工艺

无论哪种润滑油加氢工艺过程，都由加氢反应部分、过剩氢与生成油的分离部分以及生成油的分馏这三部分组成。不同的工艺过程采用不同的催化剂和工艺条件，但要让催化剂发挥最佳性能，都须将反应原料（混氢油）加热到反应温度，因此进反应器前都要经过换热器换热，加热炉加热。有些加氢过程采用两段加氢，则需两个反应器串联，在每个反应器内采用不同的催化剂和反应条件，目的是促进不同类型的反应。加氢过程氢气作为反应物是远远过剩的，离开反应器的物料中含量最多的是过剩氢，其次才是加氢产物，把大量过剩的氢气与加氢产物进行分离，氢气重新打回反应器维持加氢反应需要的氢压，这部分氢即为过剩氢（又称循环氢）。为保证过剩氢的纯度以及加氢生成油的质量，氢油分离要经过多次不同温度、不同压力的分离过程，如高温高压分离器（热高分）、低温高压分离器（冷高分）、高温低压分离器（热低分）等。润滑油加氢的过程会产生 H_2S、NH_3、H_2O 等无机小分子，也会因为裂化产生部分比润滑油组分轻的燃料油，对于不同的加氢过程，产品分离部分可能需要经过汽提、脱水、常压蒸馏、减压蒸馏等不同方式，以达到除去杂质，分出轻组分，保证加氢基础油馏程合适的要求。

图6-6是润滑油加氢工艺的组成示意图。不同的加氢过程在工艺流程上有很多相似之

处但又各自不同，下面分别介绍各种润滑油加氢过程的工艺特点、工艺流程及主要的操作条件。

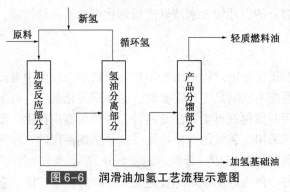

图 6-6 润滑油加氢工艺流程示意图

一、加氢补充精制

1. 工艺特点

与白土精制相比，加氢精制具有工艺过程简单、操作方便、油品收率高、没有白土污染等优点，在精制效果及产品质量方面各有千秋，可以主要归纳为：

① 两种工艺脱硫效果相差不多，加氢精制略优一些。

② 脱氮，尤其是脱碱性氮，加氢精制远不如白土精制。

③ 脱色能力，尤其是对于高黏度油的脱色能力加氢精制远优于白土精制。

④ 氧化安定性如旋转氧弹、紫外光照后及热老化后油品颜色的增长，加氢精制油都不如白土精制油。这点与脱氮效果有关。

⑤ 两种精制工艺都存在精制油凝点回升问题，相对而言加氢精制更为明显。

⑥ 加氢精制对产品酸值的降低幅度比白土精制大得多。

2. 工艺流程

润滑油加氢补充精制工艺流程见图 6-7。

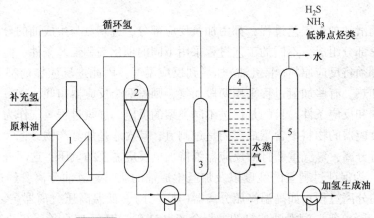

图 6-7 润滑油加氢补充精制工艺原则流程

1—加热炉；2—反应器；3—高压分离器；4—低压汽提塔；5—真空脱水器

原料油、循环氢和补充新氢混合，加热至一定温度，然后自上而下通过固定床反应器。反应产物经换热、冷却，在高压分离器中分离出循环氢，再减压进入低压汽提塔分离出硫化氢及低沸点烃类，最后在真空脱水器中除去残留水分，即得加氢生成油。有时在高压分离器和汽提塔之间还设有低压分离器，以分离气体产物，从而降低汽提塔的负荷。

为了调节生成油的闪点，有时可在汽提塔顶增加回流装置，以排除低沸组分，并在侧线引出产品，成品油在离开装置前需通过过滤分出携带的催化剂粉末。

加氢补充精制一般被用于润滑油生产过程的最终精制阶段，即作为溶剂精制后的补充精制。加氢精制也可用于溶剂精制之前，对原料进行预处理。在加氢处理、临氢降凝的全氢型润滑油生产中，加氢补充精制也是不可少的。

3. 操作条件

加氢精制的效果与原料性质、催化剂的性能及操作参数(包括反应温度、反应压力、空速和氢油比)有关。一般根据原料的特点，在合适催化剂存在下，通过反应温度、反应压力、空速、氢油比的优化选择来达到生产高质量产品的目的。

表6-7给出了加氢补充精制的主要参考操作条件。

表6-7　加氢补充精制工艺条件

油品	反应温度/℃	反应压力/MPa	氢油比/(m^3/m^3)	空速/h^{-1}	汽提塔进料温度/℃	干燥塔真空度(绝)/MPa
150SN	205	2.45	100	1.5	185	0.09
500SN	220	2.45	140	1.5	190	0.09
650SN	250	2.45	190	1.5	190	0.09
150BS	270	2.45	200	1.0	185	0.09

与白土精制相比，加氢补充精制能减少环境污染，提高基础油收率，对高S低N的基础油生产较合适。加氢补充精制生成油与白土补充精制生成油相比的数据列于表6-8。

表6-8　加氢精制原料油与产品性质

SAE级	10		40	
精制工艺	加氢	白土精制	加氢	白土精制
$\nu_{37.8}$/(mm^2/s)	35	38	182	200
VI	99	96	90	89
色度/D1500	0.2	0.6	1.3	2.7
氧化安定性/(酸值达2.0mg的时间/h)	4750	1800	1400	1000
S/%	0.002	0.15	0.11	0.33
N/($\mu g/g$)	3	2	130	80

由表6-8看出，加氢补充精制生成油的黏度较低，黏度指数较高，脱色、脱硫及氧化安定性的提高效果优越，但脱氮效果较差，这也是很多炼油厂尚未淘汰白土精制的主要原因。

二、加氢处理工艺

1. 工艺特点

与溶剂精制油相比，加氢处理油的主要特点：基础油收率高、质量好，副产品质量好，工艺灵活性大，但基础油存在光安定性劣化的问题。

(1) 基础油收率高

一方面由于加氢处理是将杂质以元素的形式除去；另一方面是将非理想组分通过加氢处

理转化为理想组分。因此产品中基础油收率高。

（2）加氢基础油的质量好

主要表现如下方面：

① 黏度指数高。用相同油料生产黏度指数相同的基础油时，加氢处理基础油的收率明显高于溶剂精制基础油。而加工相同油料在收率相同时，加氢处理基础油的黏度指数高于溶剂精制基础油，加氢处理工艺还能生产出特高黏度指数基础油（黏度指数大于120）。

加氢处理基础油由于有较高的黏度指数。在调配多级油时，可少用黏度指数改进剂。这样，不但可以大大降低所调油成本，而且有利于提高发动机油的性能。因为在发动机运转期间，聚合物黏度指数改进剂受到热剪切或氧化剪切的作用，会使剪切安定性降低，瞬时剪切黏度损失增大，并且还会生成发动机沉积物的前身物而导致沉积物的生成，从而使轴承在高温下出现故障。因而由于黏度指数改进剂用量较少，由高黏度指数加氢处理基础油调配的多级油将具有较好的抗机械剪切性能。

② 具有较低的挥发度。基础油的挥发度是影响发动机油耗的主要因素。目前在调配低黏度多级油时，十分重视采用低挥发度的基础油。加氢处理基础油的挥发性明显低于同等黏度溶剂精制基础油，而且不同黏度的加氢处理基础油蒸发损失相差不多。

加氢处理工艺能明显地改善基础油挥发度，尤其是高温挥发度。

加氢处理基础油蒸发损失小的原因是在相同黏度时，加氢处理油的沸点高于溶剂精制油；而在同级多级油基础油中，加氢处理基础油的分子量高于溶剂精制基础油。由于加氢处理基础油的挥发度较低，所以含有这种高黏度指数基础油的多级油的油耗量就比一般的多级油要低。

③ 对添加剂具有较好的感受性。加氢处理基础油对抗氧剂的感受性特别好。就加有 2,6-二叔丁基对甲酚抗氧剂（0.5%）的油品的旋转氧弹试验（ASTM D2227）而言，对650号中性油，加氢处理油与溶剂精制油的数值分别为>400min 及 197min；而对光亮油，则分别为>400min 及 230min。气轮机油氧化安定性试验（ASTM D943）的结果表明，达到总酸值 2.0mgKOH/g 所需氧化时间，加氢处理基础油很容易就达到≥4000h，而溶剂精制基础油一般只能达到 2000~3000h。加有二烷基二硫代磷酸锌（ZDDP）的基础油的氧化及轴瓦腐蚀试验（IP176-64 氧化试验；Peter W1 发动机试验）也说明加氢处理油的氧化安定性优于溶剂精制油，加氢油只需加入 0.5%ZDDP 均能通过试验。

调制各种 SAE 等级的多级油时，加氢处理油所需黏度指数改进剂用量低于溶剂精制油，但这两类基础油对黏度指数改进剂的感受性是相近的。

总之，加氢处理工艺所产基础油具有许多优异的性能，实践证明，可以调制出多种性能良好的商品润滑油。

（3）副产品的质量好

用加氢处理工艺生产优质基础油的同时，还得到一些低沸点的产品，例如，气态烃、石脑油和煤油、柴油中间馏分。

副产燃料由于经历脱硫、异构化等反应，其硫含量很低，可用做优质的低硫、低凝燃料，其烃类组成决定于进料油的质量。其中汽油馏分富含环烷烃，芳烃潜含量高，是优质的重整原料；煤油馏分芳烃含量很低，烟点很高，可用做灯用煤油及优质低冰点喷气燃料；柴油馏分是低硫、低凝柴油，而溶剂精制工艺的副产品却是价值较低的重芳烃抽出油。

（4）工艺更灵活

加氢处理工艺对原料的适应性较好，受原料质量的限制较小。更换原油对加氢处理的影响小于溶剂精制。

加氢处理工艺可以加工黏度更高、沥青质含量较高（以康氏残炭表示）的脱沥青油来生产合格的光亮油料。这意味着降低了脱沥青过程的要求，脱沥青油收率可提高，溶剂比可降低，同时润滑油收率高。

加氢处理工艺还能从那些在技术上或经济上不适于采用溶剂精制工艺的原油中生产基础油，可以从低质量的高芳烃、高硫、高残炭原料油生产黏度指数很高的基础油。一般来说，对溶剂精制工艺，原料油黏度指数低于 50，生产上就不经济了，但对加氢处理工艺，原料油的黏度指数可低至 0。对溶剂精制工艺即使处理优质原料，所得基础油的黏度指数最高也不超过 115，一般只在 95~105 之间，而对加氢处理工艺却可高达 130~140。

当用加氢裂化装置尾油生产润滑油基础油时，则同时还能生产汽油、煤油、粗柴油，并可通过调节操作条件来改变润滑油和燃料油的比例。因此，有报道将这种工艺称之为是一种打破燃料油和润滑油的生产界限的一种工艺。

（5）基础油的光安定性较差

如将加氢处理基础油储存于未加盖的半满玻璃瓶内，放在靠近窗口处，暴露于阳光下，油品很快变质，只要两天就产生大量沉淀。例如，我国新疆原油的加氢处理油用紫外光照射仅 2h 就变浑浊，而用溶剂精制工艺生产的基础油 64h 才变浑浊。这说明加氢处理基础油具有对日光、紫外线非常敏感的特性，其光安定性逊于溶剂精制油。

① 加氢处理基础油光安定性差的原因。加氢油光安定性劣化的主要原因是加氢处理过程生产的中间产物——加氢多环芳烃所致，部分加氢多环芳烃在加氢油中的含量虽小，但其性质极不安定，在日光或紫外线作用下，会导致油色变深甚至产生沉淀。因受热力学限制，稠环芳环要完全加氢饱和是很困难的，因而部分加氢多环芳烃作为加氢处理过程的中间产物出现是必然的。由于芳烃较多地集中在轻馏分中，因此轻质加氢处理中性油的紫外线定性比重质中性油还要差。

② 加氢处理基础油光安定性差的解决途径。解决加氢处理基础油光安定性差的主要方法：加氢后处理、糠醛后处理、与溶剂精制油调和及白土后处理等，而用得最多的是加氢后处理。经加氢后处理后，加氢油的光安定性得到显著的改善，甚至可达到或超过溶剂精制油的水平。

加氢后处理的实质是芳烃加氢饱和，将光安定性差的少量环烷芳烃混合环进一步加氢饱和生成对光安定性好的环烷环。加氢后处理与常规的低压加氢补充精制不同，是需在高压（常在 20MPa 以上）、较低温度（约 300℃）下进行，因不安定组分含量较小，所以氢耗量也较低（约 18~36m³/m³）。

2. 工艺流程

（1）一段加氢处理流程

某炼油厂润滑油一段加氢处理的工艺流程见图 6-8。

原料油和氢在炉前混合，先与反应器流出的产品换热，再经加热炉预热后，自上而下通过固定床催化反应器，固定床床层中通入冷氢取走反应放出的热量，以维持床层热平衡。产物与原料换热后经高压分离器放出大量氢气，为保证氢气纯度，再经吸收塔吸收除去其他杂质气体后作为循环氢重新参与反应，高压分离器底部加氢油自流入低压分离器，放出残余的氢气后进入常压分馏塔、减压分馏塔分离出轻重不同的多个产品。

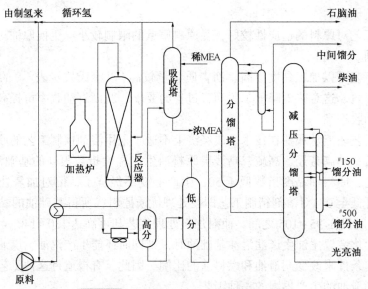

图 6-8 润滑油一段加氢处理工艺流程

该装置以科威特原油的中质、重质减压馏分油和丙烷脱沥青油的混合油作原料,按宽馏分进料来生产 150N、500N 中性油及光亮油等润滑油基础油。其脱蜡油黏度指数为 103～108,总收率按加氢处理进料计为 51%。原料油、加氢油及脱蜡基础油的性质列于表 6-9。

表 6-9 某炼油厂润滑油一段加氢处理原料、产品性质

项　　目	原料	粗汽油	煤油	粗柴油	含蜡油			脱蜡油		
					150N	500N	光亮油	150N	500N	光亮油
处理量/(kt/a)	410	30	40.1	55	64.2	153.5	44.7	56.5	121.8	31
收率(体)/%	100.0	9.0	11.0	14.6	16.9	40.2	11.6	13.7	29.7	7.6
相对密度(15℃/4℃)	0.9345	0.7596	0.8337	0.8615	0.8649	0.8701	0.8786	0.8655	0.8735	0.8820
闪点/℃			78	158	230	284	330	224	278	334
色度(ASTM D1500)	5.0				0.5⁻	1.0	2.0⁻	0.5	1.0⁻	2.5
黏度(37.8℃)/(mm²/s)								32.25	107.2	475.8
黏度(98.9℃)/(mm²/s)	23.52				5.22	10.90	28.35	5.255	11.63	32.56
黏度指数								103	105	108
倾点/℃					30	50	70	-22.5	-17.5	-12.5
康氏残炭/%	1.4				<0.01	<0.01	0.09			
馏程(初馏点)/℃	295	64	196	299						
50%	517	127	226	320						
干点(90%)	593	176	271	372						

（2）两段加氢处理流程

两段加氢流程中第一段进行加氢裂化反应,用以确定基础油的黏度指数水平及收率,第二段进行加氢饱和反应,用以调节基础油的总芳烃含量及各类芳烃的分布,从而提高基础油的安定性(特别是光安定性),但并不引起明显的黏度指数变化。通常在两段加氢之间进行溶剂脱蜡。

第一段加氢的进料可以是减压馏分油,也可以是脱沥青油,进料方式可以是两类进料混合,也可以是单独处理,可以是单独的窄馏分进料也可以是混合馏分进料,目前大部分炼油厂均采用单独窄馏分进料。有采用全量进二段加氢,也可采用仅将安定性最差的轻质中性油进二段加氢。

某石化厂润滑油两段加氢处理的工艺流程见图 6-9，主要反应条件见表 6-10，产品性质见表 6-11 所示。

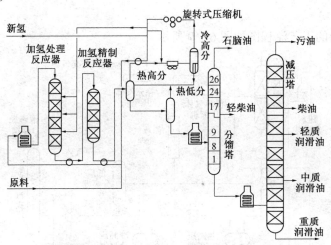

图 6-9　某石化厂润滑油两段加氢处理流程图

表 6-10　某石化厂润滑油两段加氢处理装置主要操作条件

主要操作条件	一段加氢处理工艺条件			二段加氢精制工艺条件		
	减三线糠醛精制油	减四线糠醛精制油	轻脱沥青糠醛精制油	减三线糠醛精制油	减四线糠醛精制油	轻脱沥青糠醛精制油
催化剂	RL-1	RL-1	RL-1	RJW-2	RJW-2	RJW-2
氢分压/MPa	10	10	10	~10	~10	~10
入口温度/℃						
初期	360	360	355	295	295	295
末期	392	392	387	336	336	336
空速/h⁻¹	0.5	0.5	0.5	1.0	1.0	1.0
氢油体积比	1000	1000	1000	1000	1000	1000

表 6-11　某石化厂润滑油两段加氢处理装置的原料及产品性质

性　　质	原料油		脱蜡油		产　品	
	减三线糠醛精制油	减四线糠醛精制油	减三线	减四线	VHVI 150（减三线）	HVI 500（减四线）
运动黏度(100℃)/(mm²/s)	7.31	10.23	9.73	13.09	6.27	9.27
运动黏度(40℃)/(mm²/s)			98.04	150.49	36.93	70.49
黏度指数			70	75	119	108
密度(20℃)/(g/cm³)	0.8727	0.8784			0.8499	0.8608
色度/号	3.0	5.5			<0.5	<0.5
凝点/℃	47	52				
倾点/℃			8	10	-12	-12
闪点(开)/℃	232	248			220	230
含硫量/%	0.34	0.56			<5μg/g	<5μg/g
碱氮/(μg/g)	47	52			<5	<5
折射率					1.4752	1.4736
馏程/℃						
初馏点	407	351				
50%	427	497				
90%	495					
98%	506					

三、加氢脱蜡

1. 工艺流程

典型催化脱蜡的工艺流程图如图 6-10 所示。

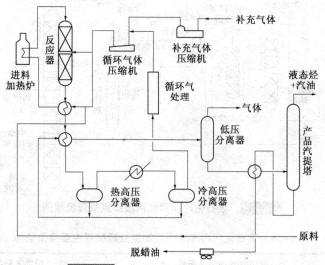

图 6-10　典型催化脱蜡工艺流程图

　　原料与氢气混合后经换热、加入循环氢，进入装有催化剂的固定床反应器进行择形催化脱蜡反应，产物与过剩氢一起经各分离器分离出气体后，液体产物经汽提塔汽提出副产的液态烃、汽油后，塔底得到脱蜡油。

　　异构脱蜡的工艺流程与之类似，只是反应器中装填的催化剂类型和反应条件不同。异构脱蜡催化剂在裂化性能方面，不像择形催化脱蜡催化剂那样仅通过裂解将蜡脱除，而是在将蜡裂解的同时，还能将较大量的蜡异构化，并兼有对低黏度指数组分进行改质以提高黏度指数的作用。

2. 操作条件

　　一般催化脱蜡的操作条件范围大致为：总压 3.5~21MPa、氢分压 2.1~10.6MPa、反应温度 288~399℃、体积空速 0.5~1.5h^{-1}、氢油比 356~890Nm^3/m^3、氢耗量 17.8~160Nm^3/m^3。具体条件视原料性质和对产品倾点要求(脱蜡深度)而定。

　　异构脱蜡的操作条件：氢分压 14.7MPa、氢纯度为 80%、反应温度 360~430℃、氢油体积比(800~1000):1、空速 1.0~2.0h^{-1}。

四、加氢联合工艺

1. 加氢处理-加氢异构脱蜡-加氢后精制联合工艺

　　加氢裂化-加氢异构脱蜡联合工艺中，加氢裂化的产品直接作为异构脱蜡/加氢后精制的进料。装置流程见图 6-11。

　　(1) 加氢裂化系统

　　① 反应部分：用原料增压泵抽装置外的原料油进入装置并升压，依次与加氢裂化分馏塔的中段回流油换热、加氢裂化分馏塔的塔底油换热，温度达到 200~250℃，流经自动反冲洗过滤器滤除>25μm 的固体颗粒和杂质后至进料缓冲罐。

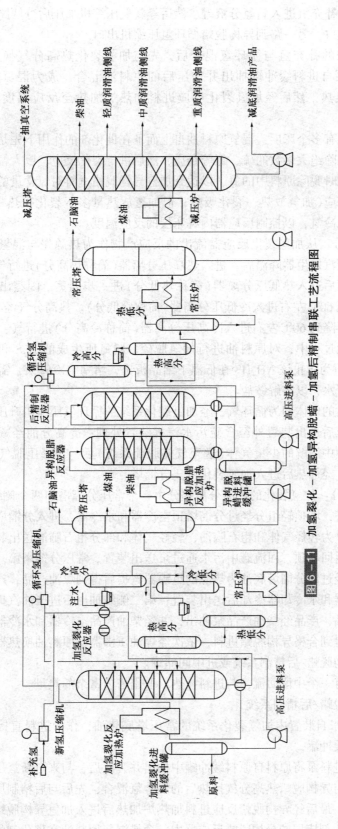

图 6—11 加氢裂化－加氢异构脱蜡－加氢后精制串联工艺流程图

减压塔

抽真空系统

柴油

轻质润滑油侧线

中质润滑油侧线

重质润滑油侧线

减底润滑油产品

石脑油

煤油

减压炉

常压塔

常压炉

热低分

循环氢压缩机

冷高分

热高分

后精制反应器

高压进料泵

异构脱蜡反应器

石脑油

常压塔

煤油

柴油

异构脱蜡反应加热炉

异构脱蜡进料缓冲罐

循环氢压缩机

冷高分

注水

加氢裂化反应器

热高分

冷低分

常压炉

热低分

高压进料泵

补充氢

新氢压缩机

加氢裂化反应加热炉

加氢裂化料缓冲罐

原料

217

从制氢装置来的补充氢进入新氢分液罐，然后经新氢压缩机加压后分两路，一路到加氢裂化循环氢压缩机出口，另一路到异构脱蜡循环氢压缩机出口。

从新氢压缩机来的补充氢与循环氢混合后，先与加氢裂化热高分气换热，然后与由加氢裂化反应进料泵自进料缓冲罐抽出并加压后的原料油混合，成为混氢原料油，再与加氢裂化反应产物换热，然后经加氢裂化反应进料加热炉加热至反应温度后，进入加氢裂化反应器。

加氢裂化反应器有多个床层，混氢原料油自上而下在催化剂的作用下先是饱和部分烯烃和芳烃组分，继而脱除绝大多数的硫、氮等杂质，然后进行裂化反应，以大幅度提高润滑油组分的黏度指数，同时脱除原料中的氮，以达到加氢异构脱蜡进料对氮含量的要求，由于加氢裂化总体为放热反应(加氢放热、裂化吸热，但加氢放热量多于裂化吸热量)，因此在反应器床层之间注入急冷氢，以控制反应器内各床层的反应温度。

② 氢油分离部分：从加氢裂化反应器流出的反应产物作为热源先与混氢原料换热，再进一步经反应产物蒸汽发生器降温后，进入热高压分离器(简称热高分)进行气液分离。

热高分内油减压后进入热低压分离器(简称热低分)进一步闪蒸，闪蒸出热低分气经热低分气空冷器冷却至 60℃左右进入冷低压分离器(简称冷低分)。热高分气经与混合氢换热，再经热高分气空冷器降到 60℃左右进入冷高压分离器(简称冷高分)进行气、油、水三相分离。由于在加氢裂化过程中，对原料油进行加氢脱硫、脱氮所生成的 H_2S 和 NH_3，在热高分浓缩生成 NH_4HS，为防止该 NH_4HS 在低温下结晶析出，堵塞空冷管束，需在热高分气进入空冷器前注入除氧水，以溶解铵盐。

由冷高分分离出的气体即为循环氢，经加氢裂化系统的循环氢压缩机升压后返回加氢裂化反应器；水经降压后送出装置外至含硫污水汽提装置处理；冷高分油经减压后进入冷低分，以闪蒸分离出油中溶解的少量气体(送至气体脱硫系统)后，与降压脱气后的热低分油一道，进入加热炉，经加热后进入加氢裂化常压分馏塔。

③ 产品分离部分：加氢裂化的产品分离部分由一个常压分馏塔和两个侧线汽提塔组成。油料进入常压分馏塔，塔顶轻组分经过分馏塔顶空冷器和水冷器，进入分馏塔顶回流罐，塔顶产物在回流罐中分为轻烃气体和粗石脑油，轻烃气体和部分粗石脑油送出装置，另一部分粗石脑油作为回流返回塔顶，回流罐中污水通过泵送出装置。常压分馏塔第一侧线抽出后进喷气燃料汽提塔，经过以分馏塔底油为热源的重沸器汽提后得到煤油产品，产品经煤油泵抽出，并经煤油空冷器和水冷却器冷却后送出装置；第二侧线抽出后进柴油汽提塔，经水蒸气汽提后得到柴油产品，产品经柴油产品泵抽出，并经柴油产品空冷器和水冷器冷却后送出装置；常压分馏塔底得到合格异构脱蜡进料，依次经煤油重沸器、原料油换热器冷却后，作为热进料直接送到异构脱蜡/后精制系统或进中间储罐。

常压分馏塔设有一个中段回流，与进料换热以取出塔内富余的热量。

(2) 加氢异构脱蜡/后精制系统

① 反应部分：来自装置内加氢裂化系统的常压塔底热油，作为进料直接或间接进入加氢异构脱蜡的原料缓冲罐。

异构脱蜡反应进料泵将原料自原料缓冲罐中抽出并升压后，与来自新氢压缩机和异构脱蜡循环氢压缩机并与异构脱蜡热高分气换热后的混合氢混合，先后与后精制反应产物、异构脱蜡反应产物换热，最后经异构脱蜡反应进料加热炉加热后进入加氢异构脱蜡反应器。

在设有多个催化剂床层的异构脱蜡反应器中，含蜡混氢原料油在催化剂的作用下，发生分子异构放热反应，因而分别在催化剂床层间注入冷氢以控制床层温度和反应速率。异构脱蜡反应产物经与含蜡混氢原料换热降温，达到后精制需要的反应温度后，进入后精制反应器。后精制反应器进行深度加氢脱芳烃，保证润滑油产品的氧化稳定性和颜色合格。后精制反应产物经换热降温后进入异构脱蜡热高分进行气液分离。

② 氢油分离部分：从热高分分离出的热高分气先与混氢换热回收热量，再经空冷器冷却至60℃左右进入冷高分进行气、油、水三相分离。因异构脱蜡催化剂和后精制催化剂都含有贵金属，NH_3 会使其失活，为防止循环氢中所含的氨影响催化剂性能，热高分气在进入空冷前注水以洗涤除掉加氢反应过程中生成的 NH_3，热高分油减压后进入热低分闪蒸，闪蒸出的热低分气去常压分馏塔。

在异构脱蜡冷高分分离出的气即为循环氢，经异构脱蜡循环氢压缩机升压后返回加氢异构脱蜡反应器。冷高分分离出的水经降压后返回注水罐回用，高分油经降压后与降压脱气后的热低分油一起，进异构脱蜡常压塔进料加热炉加热，再进入常压分馏塔。

③ 产品分离部分：异构脱蜡系统的产品分离部分由常压分馏系统和减压分馏系统组成。

常压分馏系统由一个常压分馏塔和一个煤油侧线汽提塔组成。油料进入常压分馏塔，塔顶轻组分经分馏塔顶空冷器和水冷器，然后进入分馏塔顶回流罐，并分出轻烃气体和粗石脑油。轻烃气体和部分粗石脑油送出装置，另一部分粗石脑油作为回流返回塔顶。抽出的煤油馏分进煤油侧线汽提塔，经以减压塔中段回流油为热源的重沸器汽提后得到煤油产品，由煤油产品泵抽出，经煤油产品空冷器和水冷器冷却后送出装置。主分馏塔塔底油被泵抽出并与减压塔底油换热升温，经减压塔进料加热炉加热后进入减压塔。

减压分馏系统由一个装有多层填料的减压塔和若干润滑油侧线汽提塔（可设 2~3 个侧线汽提塔）组成。这里介绍设计侧线数最多的 3 个汽提塔的情况，分别生产轻、中、重质润滑油。减压塔由塔顶三级抽真空系统建立真空环境，减压塔第一侧线抽出柴油，不经汽提，一路作为塔顶回流，另一路作为产品出装置。第二侧线抽出到轻质润滑油汽提塔，经汽提后，塔顶气回到减压塔，塔底产品经泵后分两路，一路作为紧急流量线进减压塔加热炉，另一路作为轻质润滑油基础油送出装置。第三侧线抽出到中质润滑油汽提塔，经汽提后，塔顶气回到减压塔，塔底产品作为中质润滑油基础油送出装置。第四侧线抽出到重质润滑油汽提塔，经汽提后，塔顶气回到减压塔，塔底产品作为重质润滑油基础油送出装置。减压塔塔底是目的润滑油产品，塔底产品经泵后分两路，一路作为紧急流量线进减压塔加热炉，另一路作为 Ⅱ/Ⅲ 类润滑油基础油送出装置。

减压塔一般采用多个中段循环回流，常常是在每两个侧线之间设有中段循环回流，以利于回收减压塔过剩的热量。

2. 加氢前精制–异构脱蜡–加氢后精制联合工艺

为了脱除混合原料中的氮化物，某石化厂润滑油临氢降凝工艺于临氢降凝反应器前，增设前精制反应器，供混入直馏减压馏分油时作预精制用；又为了改善润滑油的色度，于临氢降凝反应器后，增设后精制反应器作为油品的后精制之用，工艺流程示意图见图 6-12。

3. 溶剂精制–催化脱蜡–补充精制联合工艺

某厂以环烷基原油润滑油馏分的糠醛精制油为原料，在较低压下，采用专用的降凝催化剂，生产低凝点的环烷基润滑油基础油。

该低压临氢降凝技术示意流程图见图 6-13 所示。该技术的主要操作条件：氢分压 2.5MPa、反应温度 250~290℃（生产光亮油约 310℃），可将基础油凝点降低 30~40℃。

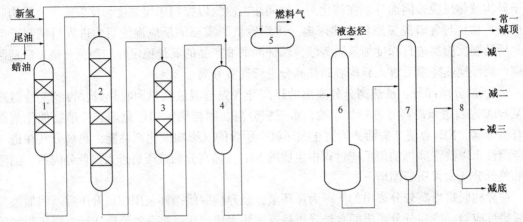

图 6-12　某石化厂临氢降凝工艺流程示意图

1—前加氢反应器；2—临氢降凝反应器；3—后加氢反应器；4—高分器；
5—低分器；6—稳定塔；7—常压塔；8—减压塔

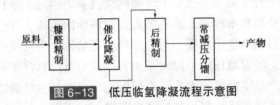

图 6-13　低压临氢降凝流程示意图

第五节　润滑油加氢操作因素分析

与燃料油生产中的加氢裂化过程一样，润滑油的加氢过程是重质油在临氢条件下，在一定的温度、压力和特定的催化剂上进行的化学变化过程，影响润滑油加氢效果的因素主要有原料、氢气、操作温度、空速、氢油比和反应压力等。

一、原料油及其影响

1. 原料油组成

（1）馏程

原料的组成取决于原油及上游装置的操作条件，如果原料的馏程较高，需加氢的原料分子较大，欲达到所需的黏度指数和氮含量，反应压力要提高。

另外，原料馏程较高，原料中的其他性质如干点、沥青质、金属含量和氮含量也随之升高，这对催化剂是有害的。要达到反应目标，除需要较高的催化剂平均温度之外，H_2 消耗量也随之升高。

因此，提高原料馏程，会在两方面缩短催化剂寿命。首先，必须提高催化剂平均温度，才能在加工大分子含量较高的原料时，使产品中的氮含量达到目标值。其次，原料中氮含量、沥青质和金属含量的升高，将会加快催化剂的失活速率。

（2）原料油中的硫

应限制进料中的含硫量，以免对金属材料的过量腐蚀。加氢装置的选材和腐蚀裕量是根据进料的硫含量而确定的。若进料中的含硫量高于设计值时，将会缩短装置内反应器和其他设备的使用寿命。

高的硫含量对产品收率影响较小，如果循环氢中硫含量过高，对加氢脱氮和芳烃饱和有影响；当原料中硫含量变化大时需注意。

（3）原料油中的氮

进料中的氮是以碱性化合物的形式存在，而催化剂起裂解作用的活性区是酸性的，因此碱性氮被吸附在酸性的活性区时，就使之中和。未被中和的酸性区就要承担更多的裂解反应来补偿。这样，进料中氮含量越高，催化剂平衡温度就需越高才能取得所需的转化率，碱性氮含量高的油易使催化剂迅速失活。

（4）原料油中的沥青质和金属

高沥青质含量对基础油颜色有很大的影响。沥青质作为结焦前驱物，极易引起催化剂中的微孔堵塞，导致迅速失活。即使是微量地增加沥青质含量，也会使催化剂失活速率大幅度增加，使得反应温度需要快速提高，缩短运转周期。因此，必须严格控制原料油中的沥青质含量，要求小于0.01%。

重金属（特别是镍和钒）对催化剂有强烈的亲和力，并会使催化剂失活。重金属含量即使低至$1\mu g/g$，对加氢裂化催化剂也是有害的。Ni、V、Cu、Pb等金属极易引起催化剂中毒。此类金属的存在会导致催化剂永久失活，缩短装置的运转周期。必须提高反应温度以补偿催化剂的失活。高的金属含量也会导致一部分催化剂不能通过再生恢复活性。与沥青质一样，随进料至催化剂的金属是上游装置操作欠佳所带来的。

砷（As）和硅（Si）是加氢催化剂的毒物，催化剂上即使沉积少量的砷和硅，也会造成活性的大幅度下降。虽然到目前为止，对于进料中砷含量指标到底应控制在什么范围一直有所争议，但人们普遍认为催化剂上0.2%~0.3%的砷可以引起活性下降20%~30%。硅主要由上游装置进入加氢原料油中，如焦化装置注消泡剂引起焦化汽油、焦化柴油和焦化蜡油中含硅。加氢原料中的硅不容易完全脱除，但即使是少量的硅沉积在催化剂上，也可以使催化剂表面孔口堵塞，催化剂活性下降，床层压降上升，装置运转周期缩短，并使得催化剂无法再生使用。

进料中所含的铁是一种麻烦的污染物，它不但会使催化剂失活，而且会堵塞催化剂之间的空隙形成过大的床层压力降。随进料而来的铁可大部分通过过滤去掉。为了避免催化剂微孔被硫化铁堵塞，除了操作好原料过滤器外，需要增加保护剂的体积。与此相类似，高的Ca和Mg金属含量也会导致催化剂表面的金属沉积。

注：保护剂有较高的容纳垢物和减少压降的能力，其作用在于改善加氢进料质量，抑制杂质对主催化剂孔道的堵塞与活性中心被覆盖，保护主催化剂活性和稳定性，延长催化剂运行周期。

（5）原料油中的烯烃

烯烃含量的高低对催化剂加氢脱硫、加氢脱氮、芳烃饱和的活性影响较小。但是，烯烃作为结焦前驱物，极易引起催化剂表面的结焦，同时使反应器催化剂床层压降迅速增加，缩短装置的运转周期。此外，烯烃的加氢饱和反应是强放热反应，原料油中高的烯烃含量引起催化剂床层更高的温升以及更大的化学氢耗。

（6）原料油中的芳烃

原料油中的芳烃含量主要和原油种类及上游加工工艺有关。

在通常加氢处理条件下，由于竞争吸附作用，芳烃对硫化物的加氢脱硫反应有一定的抑制作用，而对氮化物的加氢脱氮反应抑制作用很小。但原料油中存在大量芳烃时，可能增加催化剂积炭量，降低其活性，从而影响脱硫和脱氮效果。

芳烃化合物由于其共轭双键的稳定作用使得加氢饱和非常困难，存在逆反应。芳烃加氢饱和反应是强放热反应，提高反应温度对加氢饱和反应不利，化学平衡向逆反应方向转移，因此芳烃的加氢饱和反应受到热力学平衡限制。

（7）原料油中的残炭

原料油中的残炭含量增加对产品收率影响较小，基础油的残炭含量也只是少量增加。但是高的原料油残炭含量会导致催化剂迅速结焦，必须提高反应温度以弥补催化剂的活性下降。

（8）原料油中的氯离子

原料油中一般也会含有微量的有机氯化物，氯化物在加氢反应器中生成氯化氢。同时如果新氢是重整装置所产氢气，也容易带来氯化氢。氯化氢一方面对加氢催化剂的加氢-酸性功能进行调变，影响催化剂的选择性，另一方面氯化氢和加氢反应中产生的氨化合生成氯化铵，这些物质容易在进料/反应馏出物换热器沉积，降低换热效率，堵塞、冲蚀管道，因此要对进料和新氢中的氯含量经常分析，保证氯含量不超过设计值。

2. 原料油处置

（1）原料油保护

原料接触空气时会吸收氧，受热时其中的芳香硫醇氧化产生的磺酸与吡咯发生缩合反应而产生沉渣。烯烃与氧可以发生反应形成氧化产物，氧化产物又可以与含硫、氧、氮的活性杂原子化合物发生聚合反应而形成沉渣。因此当含有芳香硫醇、烯烃、硫、氮等杂质的原料油与空气接触时，空气中的氧将加速油中的不安定组分的缩合反应，生成大分子的聚合物及胶质等结焦前驱物，甚至沉渣。结焦前驱物很容易在温度较高的部位（如生成油/原料油换热器及反应器顶部）进一步缩合结焦。

原料油保护主要是防止原料在储存时接触空气，是防止换热器和催化剂床层顶部结焦十分必要的措施。

原料油的保护主要有两种方法：

一种是惰性气体保护，另一种是采用内浮顶罐。

惰性气体保护是用不含氧气的气体充满油面以上空间，使原料油与氧气隔绝。

一般用氮气作保护气，也可用炼油厂的瓦斯气作为保护气。装置运转期间应对原料油保护气进行定期采样，分析氧含量。为达到较好地保护原料油不被氧化的目的，要求惰性气体的氧含量低于 $5\mu L/L$。

内浮顶储罐内由特殊轻质材料制作的内浮盘浮于液面上，可以随内部液体的增多或减少而上下移动。浮盘阻隔了空气与储液的直接接触，可以减少蒸发损失以及油品的氧化倾向。

（2）原料油过滤

原料中含有各种杂质、焦粉及系统管线腐蚀的铁锈，进到装置后一方面会使换热器或其他设备结垢或堵塞，增大设备的压力降及降低换热器的换热效果；另一方面也会污染催化剂，使床层压降增大，降低催化剂活性。由此可见，原料油中的杂质会缩短装置运转周期，在进装置前必须经过滤。

装置设计一般都设有原料油反冲洗过滤装置，操作时应定期检查过滤装置，确保进反应器前原料油杂质脱除干净。

（3）注阻垢剂

随着生产周期的延长，原料油与反应产物换热器管束内壁易生成一层结垢物，主要成分是稠环芳烃，而且难溶于水、油、酸、碱等溶液，影响了长周期运行。为了解决这个问题，在换热器前注入一种阻垢剂，它能在空冷管束内壁形成一层保护膜，通常把它注到反应进料泵入口，从而防止结垢。

使用阻垢剂因具有不改变工艺流程、不影响正常操作、加注方便、资金投入少等优点，使其成为最经济、有效的解决加氢原料油换热器结焦问题的方法。

在操作中，根据原料油性质，按原料油的 $50 \sim 100 \mu g/g$ 注入，在注入使用的前 $10 \sim 15$ 天，推荐注入量为 $200 \mu g/g$，以后根据装置工艺参数维持正常注入量。但要特别注意的是阻垢剂中不能含有氯离子。

（4）原料油脱水

水对催化剂的活性和强度有影响，严重时影响催化剂的微孔结构，危及其使用寿命。水在炉管内汽化吸收大量热量，增加加热炉的负荷；水汽化后，增加装置系统的压力，引起压力波动。

加氢原料在进装置前要脱除掉明水。原料油的脱水主要应在原料罐区进行，加氢催化剂的设计一般要求原料油中含水低于 $300 \mu g/g$。

二、氢气及其影响

氢气在润滑油加氢反应中起以下作用：①在加氢反应中，氢气作为反应物参加反应。②大量的氢气通过反应器，带走反应热，防止原料油结焦、催化剂积炭，起到保护催化剂的作用。③大量氢气存在，使油品形成良好的分散系，与催化剂的接触更均匀，反应更完全。④大量氢气存在，能维持加氢精制反应所需的氢分压。

氢气的纯度、加入量、加入方式对润滑油加氢过程有着重要的影响。

1. 氢气纯度

润滑油加氢基本上是一个耗氢的过程，因此需要不断向系统补充新氢。

新氢的组成主要决定于其生产方法。新氢纯度不但对氢分压有直接影响，而且对循环氢纯度和氢耗量有重大影响。

加氢工艺和催化剂性质不同对新氢纯度的要求也不同。一般加氢精制可直接使用重整氢气作为新氢补充，非贵金属加氢处理催化剂允许使用纯度较低的新氢。有的加氢过程对氢气纯度要求较高，特别是对 CO 和 CO_2 总量有较严格的要求。贵金属催化剂和渣油加氢过程也要求使用较高纯度的新氢。

（1）氢气中的 CO 和 CO_2 来源

加氢装置循环氢中 CO 和 CO_2 的可能来源有四个：

① 制氢过程的最后步骤甲烷化转化不完全。

② 原料油中的水和催化剂表面上的积炭反应产生 CO 和 CO_2。

③ 用作加氢装置原料罐惰性保护气中 CO 和 CO_2 含量高。

④ 原料油中焦化馏分油将焦化装置中的 CO 和 CO_2 带入加氢装置。

（2）CO 和 CO_2 的影响

加氢反应系统中含有 CO 和 CO_2 时，有如下影响：

① CO_2 加氢转化为 CO，该反应为吸热反应，在加氢反应条件下有利于平衡正向进行，

223

从而造成循环氢中的 CO 浓度比 CO_2 浓度高。

② 在含镍或钴催化剂作用下，CO 和 CO_2 与氢气在 200～350℃条件下反应生成甲烷，同时放出大量的热，使催化剂床层温度温升过高，温度分布不均，恶化装置操作。

③ CO、CO_2 和氢气在催化剂活性中心会发生竞争吸附，影响加氢活性中心的利用。CO 可能与催化剂上的金属组分形成有毒的易挥发羰基化合物而造成催化剂腐蚀，降低催化剂的活性。

非贵金属催化剂一般要求新氢中 CO 和 CO_2 含量不应超过 $20\mu L/L$。

2. 氢气加入方式

润滑油加氢过程是耗氢过程，氢气消耗在以下几个方面：①化学反应耗氢。②排放废氢耗氢。③溶解损失耗氢。④机械泄漏耗氢。

加氢过程中氢气是过量的，在实际生产中未消耗的氢采用循环操作，由于加氢过程耗氢，所以必须不断补充新氢，因此实际进入反应器的氢气包括新氢和循环氢两部分。

(1) 补充氢(新氢)

进入反应系统的氢气要消耗于化学反应，溶解于反应产品以及漏损使系统氢分压下降。因此，须根据上述消耗的氢气量往反应系统送入补充氢，维持系统所要求的氢分压，以保证进料能在反应器内反应，生产出合格产品。一旦催化剂脏污时化学氢耗就会减少，这是由于提高催化剂平均温度改变了饱和平衡。在运转末期化学耗氢减少。

(2) 循环氢

循环氢的主要作用：

① 在反应器内维持高的氢分压。

② 带走反应过程所释放的大量反应热。

③ 将反应物流分布于催化剂上。

④ 在反应产物未再次裂解之前把产品汽化带走，尽可能减少产品再裂解变为低值产品。

循环氢中氢浓度用以确定反应器的氢分压。循环氢中氢浓度与补充氢中氢浓度、排放废气流率和高压分离器操作温度有关。

用排废气量来控制循环氢中的轻烃量(如甲烷)。这些轻烃会降低循环氢中氢浓度，使反应器氢分压降低。排放的废气与低压分离器闪蒸出来的气体经脱硫后返回氢提浓(PSA)部分回收氢气，送回反应系统。

(3) 冷氢

从冷高压分离器分出的循环氢一部分换热后与原料混合，经加热炉加热再进入反应器，另一部分不经换热直接注入反应器的各个床层，称为冷氢。注入冷氢的目的是消除过高的温度点，使反应器内的温度分布更为合理，更加有效地利用催化剂，同时可防止因过度加氢反应而导致的床层温度失控，为装置的安全提供保障。加氢反应是放热反应，随着反应物流的流动，催化剂床层温度逐渐升高，冷氢的注入可以调节平均反应温度。

三、反应器压力

1. 氢分压

加氢装置反应系统的总压力是靠控制高压分离器的压力实现的。

在加氢过程中，有效的压力不是总压，而是氢分压。氢分压的大小取决于补充新氢的纯度、循环氢流量、系统总压力、高压分离器温度、循环氢排放量、原料油的汽化率以及反应气体流率等因素。通常为便于计算，反应系统的氢分压仅指系统高压分离器压力和循环氢纯度的乘积。

由于加氢反应是体积缩小的反应，提高压力有利于加氢反应的进行，因此，氢分压增加将增加催化剂的加氢脱硫、加氢脱氧、加氢脱芳烃和加氢裂化活性，改善产品性质，如硫含量下降、氮含量和密度下降。反应压力对加氢脱氮反应影响最大，提高氢分压还有利于减少缩合和叠合反应的发生，并改善碳平衡向着有利于减少积炭方向进行。高的氢分压也可以使装置在末期时允许在更高的反应温度下运转，而气体产率并不急剧增加，延长装置的运转周期。

氢分压对催化剂失活速率具有重要的影响。提高氢分压能抑制催化剂的生焦失活，因此，应在反应系统和机械设备允许范围内尽可能提高氢分压，以取得最长的运转周期。此外，提高氢分压还可使芳烃分子转化为环烷分子，改善油品的黏温性质。

提高氢分压的方法：①提高总的系统压力；②提高补充氢纯度；③增加循环氢流率；④增加排放废气流率；⑤降低冷高压分离器操作温度。

2. 系统压差

随着运转周期的延长，催化剂床层也会有结焦、积炭、结垢及杂质堵塞的现象。为了随时知道床层内的结焦、结垢及堵塞的程度，需要监测反应器床层的进出口及上下床层内的压差，这样便能合理地分析原因，采取措施控制及掌握装置的开工周期。

如果压差过大，会带来一系列的问题，压缩机的负荷加大，反应器或管道的物流会变得混乱，影响加氢效果或换热效果。

压差变小则有可能是因为换热器泄漏或物流短路造成的。

压差变大的因素主要有以下几点：①氢气纯度下降；②循环氢流量增加；③原料油处理量增大或带水等；④催化剂局部粉碎或结焦；⑤反应器入口分配器堵塞；⑥注水量减少，冷却器铵盐堵塞；⑦换热器结垢或压缩机入口堵；⑧循环压缩机及新氢压缩机启动不正常，或经常开停；⑨紧急泄压引起床层压降超过催化剂强度值，使催化剂粉碎。

压差变化的监测及调整方法：

①每班定时观察记录系统压差，特别是要分别记录每个反应器进出口压差、换热器进出口压差等较容易发生压差的地方，以便在需要处理压差时，能准确判断压差形成的位置、形成原因及解决办法。

②选择合适的催化剂形状、种类、大小、装填方案及合适的温度、压力、空速和氢油比。

③调整操作要勤，每次调整的幅度要小，正常操作要平稳。

④原料油性质分析要定时，不合格的原料油不能进装置，因为原料油是引起催化剂床层压差的主要原因；同时要对原料油进行过滤，脱除机械杂质，防止堵塞催化剂空隙。

⑤保证注水量正常、连续。

⑥认真检查各种设备的运行情况，发生异常及时报告，联系处理。

3. 反应器升、降压限制

第一次开工时，在任何阶段，如气密、干燥、硫化、正常运转等的升压过程中，反应器器壁最低温度达到50℃以前，操作压力不得超过设计压力的1/4，器壁最低温度在达到50℃以后，操作压力才允许逐渐地升高到正常操作压力，升压速率不宜大于2.8MPa/h。

一个周期后再开工，升压过程中，器壁最低温度在达到93℃以前，其操作压力不得超过设计压力的1/4，当器壁最低温度在到93℃以后，其操作压力才允许逐渐地升高到正常操作压力，升压速率不宜大于2.8MPa/h。

反应器在尚未经历高温高压生产操作的情况下进行降压操作时，反应器器壁最低温度（由表面热电偶测出）在降到50℃以前，其操作压力必须降到设计压力的1/4以下。经历一个操作周期后再停工，反应器器壁最低温度（由表面热电偶测出）在降到93℃以前，其操作压力必须降到设计压力的1/4以下。

四、反应器温度

1. 反应温度

增加反应温度将增加脱硫率、脱氮率和转化率，改善产品质量。但是，高的反应温度不利于芳烃加氢饱和反应，因为芳烃的加氢饱和反应受热力学限制。总之，在一定温度范围内，提高温度可以加快反应速度。同时，随着运转时间的延长，催化剂活性下降，也需要提高反应温度予以补偿。反应温度随时间延长而升高的速率定义为"失活速率"，催化剂"失活速率"是一个因变量，受到进料性质、进料流率、加氢苛刻程度和氢分压的影响，并确定着催化剂的寿命。

为使总的催化剂"失活速率"最小，不但需要反应器平均温度的精密控制，而且也需要各个床层平均温度的精密控制。通过调整反应器入口温度和床层间的冷氢量来控制催化剂床层温度。异常高的反应温度不仅会影响产品的质量，还会导致大量气体的产生，并增加催化剂的"失活速率"。

加氢过程为强放热反应，随着反应的深入，反应释放出的热量越来越大，引起催化剂床层温度上升。

（1）温度升高过大的后果

当反应温升过高而不加以控制时，对加氢反应过程会带来许多不良影响甚至操作事故，主要有以下几个方面：

①由于温升高而不加以控制情况下，反应器内极易形成高温反应区，反应物流在高温区迅速、激烈反应，甚至发生二次、三次裂解反应，导致更多的反应热产生，又引发更大的催化剂床层温升，反应温度更高，如此恶性循环，可能导致催化剂床层温度超过催化剂允许的最高使用温度，损坏催化剂，更有甚者可能引起催化剂床层"飞温"。在加氢裂化反应器中，过高的床层温升极易引起"飞温"现象，引发操作事故。

②随着运转时间的推移，催化剂逐渐失活，需要提高反应温度加以弥补。但在催化剂床层温升过高而不加以控制的情况下，这种反应温度的提高将使得靠近反应器下部的一部分高温区的催化剂过早达到设计最高操作温度，需要停工再生，缩短了装置的运转周期。而处于反应器上部低温区的催化剂则尚有很大的活性潜力，但由于下部催化剂需要停工再生，而只能被迫过早地进入再生，反应器内低温区催化剂没有得到较好的利用，增加了操作费用。

③过高的催化剂床层温升对产品质量和选择性不利。在加氢精制反应中，加氢脱氮和芳烃加氢饱和反应过程是可逆的放热反应，因此随着反应温度的提高，其热力学平衡转化率是下降的。也就是说，随着反应温度的上升，一开始加氢反应的动力学速度加快，转化率增加，当达到某一反应温度时，转化率升高到热力学平衡值，再升高温度，转化率反而下降。

因此，当催化剂床层温升过高的情况下，反应器下部催化剂床层温度很有可能超过最佳反应温度，受到加氢脱氮反应和芳烃加氢饱和反应的热力学平衡限制，使脱氮率、芳烃饱和率下降，产品质量下降。在加氢裂化反应中，高的反应温度会加速二次裂解反应，导致中馏分选择性下降，气体产量增加。

通过调节进料加热炉出口温度，继而调节反应器入口温度。通过调节催化剂床层冷氢注入量，控制催化剂床层温升在合理的范围内。在操作过程中，必须严格遵守"先提量后提温和先降温后降量"的操作原则。加氢过程系强放热反应，一般说来，加氢的反应热和反应物流从催化剂床层上所携带走的热量，两者是平衡的，即在正常情况下，加氢催化剂床层的温度是稳定的。如果由于某些原因导致反应物流从催化剂床层携带出的热量少于加氢的反应热时，这种不平衡一旦出现，若发现不及时或处理不妥当，就可能会发生温度升高→急剧放热→温度飞升的连锁反应，其后果轻则损坏催化剂或反应器内部构件，重则导致器壁损坏，甚至有破裂爆炸的危险，是加氢过程重点防范的事故之一。

（2）防止反应超温的措施

防止反应器超温的具体措施：

①保证反应器各催化剂床层间注入的急冷氢量。

②严格控制反应器入口原料的温度。

③反应器入口设置温度高报警和温度超高联锁。

④催化剂床层的入口和出口要设置温度高报警。

⑤可靠的压力控制和紧急情况下的泄压措施。为满足类似这种特殊紧急情况的要求，加氢精制装置的反应系统设有 0.7MPa/min 的紧急泄压系统，必要时装置必须启动紧急泄压系统，通过快速放空，带走大量热量并终止反应，达到温度降低的目的。

2. 催化剂床层径向温差

径向温差反映了反应物流在催化剂床层里分布均匀性的好坏。

反应器内件设计不好、催化剂部分床层塌陷、床层支撑结构损坏等情况，直接引发催化剂床层径向温差。

催化剂装填不均匀、分配盘上结垢、床层顶部"结盖"、催化剂经过长时间运转、装置紧急停工后重新投运、有大的工艺条件变动（如进料量、循环氢量大幅度变化）等情况，都可能使催化剂床层出现径向温差。

一旦催化剂床层出现较大的径向温差，其对催化剂的影响几乎与轴向温升相同，而对产品质量、选择性方面所造成的影响则远大于轴向温升。

可接受的径向温差取决于反应器直径的大小和反应器类型。直径越大，容许的径向温差越大。

3. 反应器升、降温限制

从工艺上说，温度升得太快，不仅对催化剂活性有影响，而且易引起催化剂床层超温，对催化剂不利，同时，也不利于加热炉的平稳操作。从设备材质上说，因加氢系统均为厚壁设备，为了避免设备壁内外形成过大的温度梯度和应力梯度，缓慢升温和降温可使热量有充足时间从金属内壁内扩散出来，同时也可避免热胀冷缩引起的设备法兰面的泄漏，所以升温和降温速度不能太快。

规定升温速度≯30℃/h，200℃以上时降温速度≯30℃/h。

五、空速与氢油比

1. 空速

空速反映了催化剂的处理能力，也就是装置的操作能力。空速是时间的倒数，所以，空速的倒数即是反应物料在催化剂上的假反应时间。空速越大，反应时间越短，反应物料与催化剂接触反应的时间短，反应不完全，深度较低，反之亦然。空速的大小受到了催化剂性能的制约，根据催化剂的活性，原料油的性质和反应速度的不同，空速在较大范围内波动。提高空速，加大了装置的处理能力，但加氢反应深度下降，对脱氮、脱硫均有影响，特别是对脱氮率影响很大，可导致产品质量不合格。降低空速，固然可以取得质量较高的产品，但降低了装置的处理能力。另外，空速与反应温度这两个因素是相辅相成的，提高空速相当于降低反应温度，提高反应温度也相当于降低空速，正常生产中，在保证产品质量的前提下，尽可能地提高空速，以增加装置的处理能力。

空速大小的调节是通过提高或降低原料油进反应器的流量来实现的。

2. 氢油比

反应器入口循环氢流量与新鲜进料的体积比称为氢油比。

在加氢系统中，氢分压高对加氢反应在热力学上有利，同时也能抑制生成积炭的缩合反应。维持较高的氢分压是通过大量氢气循环来实现的。提高氢油比可以提高氢分压，有利于传质和加氢反应的进行。因此，加氢过程所用的氢油比大大超过化学反应所需的数值。另外，大量的氢气还可以把加氢过程放出的热量从反应器内带走，有利于床层温度的平稳。但是氢油比的提高也有一个限度，超过了这个限度，使原料在反应器内停留时间缩短（解释：与压力的概念相同，氢油比高，即反应器内的油气分压低，系统内的油气藏量少，停留时间短，故反应时间缩短），加氢深度下降，同时增加了动力消耗，使操作费用增大。氢油比也不能过小，太小的氢油比会使加氢深度下降，催化剂积炭率增加。同时，换热器、加热炉管内的气体和液体流动变得不稳定，会造成系统内的压力、温度波动。因此，要根据具体操作条件选择适宜的氢油比。氢油比在正常生产中一般不作较大的调节。如由于客观原因循环量达不到要求，那么，只能通过降低进反应器的原料油量来满足氢油比的需要。

六、高压分离器操作

1. 热高压分离器注水

进料的硫化物和氮化物在加氢过程中分别生成硫化氢和氨，硫化氢和氨在热高压分离器气空冷器的温度下化合生成硫氢化铵（NH_4HS），硫氢化铵约在100℃以下结晶成为固体。为防止硫氢化铵固体堵塞和腐蚀热高压分离器气空冷器，要在空冷器上游的热高压分离器气管线中注入除盐水（或净化污水），硫氢化铵溶于水中并从高压分离器底部排出。

除盐水不能注在热高压分离器气温度高得足以使水相全部汽化的部位，否则会使非挥发物沉积于热高压分离器的气管线内。如注水之前热高压分离器气温度太低，硫氢化铵就会成固体沉积下来。这样，除盐水注入点的热高压分离器气温度必须在100℃和水的露点之间。注入的水量应是尽可能大且不能少于设计值，可使在注入点处硫氢化铵都能溶解在水溶液中。

在注水系统中，有往水中注入多硫化钠的措施，操作人员可视操作情况决定是否注入多硫化钠。往水中注入多硫化钠目的有二：

①防止氰化物的腐蚀。②多硫化钠在空冷器管子内表面生成一层坚硬的硫化铁，足以阻

止进一步的腐蚀。

由于空气会使热高压分离器气中的硫化氢和多硫化钠氧化而生成游离硫，这些游离硫会沉淀下来堵塞、腐蚀换热器并使其结垢，所以注水中应是无空气的。

氯化铵的结晶温度高，一旦氯化铵结晶析出，若不加以控制，会加快和加重设备的腐蚀，并堵塞管路和设备。因此除了要求多硫化钠（缓蚀剂）和除盐水（或净化污水）不含有氯离子外，在相对温度较高的换热器前的管路上设有间断注水点，以防氯化铵结晶析出堵塞和腐蚀管路及设备。建议在间断注水点每个月注一次，每次3~4h。

2. 冷高压分离器操作

（1）冷高压分离器的压力

冷高压分离器的压力是一重要的操作参数，这是因为反应系统的压力是通过高压分离器压力来控制的。因此，在操作过程中须密切注意冷高压分离器的压力，以免超压。另外高压系统的安全阀是设在冷高压分离器处。冷高压分离器应在尽可能高的压力下操作，以使任何反应器能有最大的氢分压，但高压分离器的操作压力不能超过安全阀定压值的93%。这个限制的目的是使安全阀弹簧能恒定有一些裕度，同时也使操作人员在一旦压力开始超高时，能有时间做出处理对策。因为一旦安全阀起跳，就不可能完全复位，且所泄放的气体会导致火炬系统承受巨大的负荷，这是不希望出现的。

（2）冷高压分离器的温度

冷高压分离器的温度可以通过开关高压空冷器的风扇来调节，高压空冷器一般设计50%的变频调速电机，因此可以根据需要设定冷高压分离器温度。温度降低，会有较多的轻烃冷凝溶解于液相中，因而提高了循环氢的氢纯度。总之，冷高压分离器的温度在操作允许下应尽可能保持低些。

（3）冷高压分离器的液面

在操作过程中应密切注意冷高压分离器的液面，因为在冷高压分离器处设有与液面有关的联锁控制。这对防止串压或引起循环氢压缩机停机是非常重要的。因此无论是液面还是界位都设有双套仪表，在实际操作中应密切注意两套仪表的一致性，若偏离较大应及时查找原因，及时校正。无论是有计划，还是无计划进行降压或紧急放空，都应将冷高压分离器的液面尽量降低，以防止发生液面高高联锁。

七、催化剂效应

装置设计根据原料油性质和产品要求，在保证催化剂寿命较长的前提下，选择合适的催化剂及匹配方式，以发挥催化剂的最大效应。当变动如下操作参数时，对催化剂的寿命影响见表6-12。

表6-12　操作参数变化对催化剂寿命的影响

操作参数	变动情况	对催化剂寿命的影响
进料流率	增加	降低
转化率	增加	降低
氢分压	增加	增加
补充氢纯度	增加	增加
反应压力	增加	增加
循环氢流率	增加	增加
循环氢纯度	增加	增加

第六节　润滑油加氢设备

加氢处理、催化脱蜡、加氢精制过程所用主要设备基本相同，设备种类及数量均较多，有反应器、加热炉、氢压机、高压进料泵、高压水泵、高压空冷、高压容器、高压换热器、机泵、塔器、容器、换热器和空冷器等。

一、反应器

反应器是加氢裂化装置的核心设备，它操作于高温、高压、临氢(含 H_2S)环境下，且进入到反应器内的物料中往往含有硫和氮等杂质。由于加氢反应器使用条件苛刻，在反应器的发展历史上主要考虑的是提高反应器使用的安全性。为确保加氢裂化反应器的安全运行，有必要了解反应器的分类、结构、损伤形式和对策。

1. 反应器分类

反应器可以分为固定床反应器、沸腾床反应器、浆液床反应器(或悬浮床反应器)和移动床反应器，这四种反应器应用于不同的加氢工艺，操作条件有很大不同。固定床反应器是指在反应过程中，气体和液体反应物流经反应器中的催化剂床层时，催化剂床层保持静止不动的反应器。

固定床反应器按反应物料流动状态又分为鼓泡床、滴流床和径向床反应器。①鼓泡床反应器适用于少量气体和大量液体的反应，有很高的液-气比，气体以气泡形式运动，气体与液体混合充分，温度分布均匀，适合温度敏感的反应；②滴流床反应器适用于多种气-液-固三相反应，在石油加氢装置中大量应用；③径向床反应器适用于气-固反应过程，在催化重整、异构化等装置应用较多。

沸腾床反应器是石油加氢工业中除固定床以外应用最多的反应器形式，可以加工杂质含量高、性质劣质的原料，可以根据情况从底部排出旧催化剂，从顶部补充新鲜催化剂，保持器内催化剂稳定的活性，主要用于劣质渣油加氢过程。浆液床反应器(悬浮床反应器)中催化剂是细小颗粒，均匀悬浮在油、氢混合物中，形成气-固-液三相浆液态反应体系，反应后催化剂同反应产物一同流出反应器，不再重复利用，应用于渣油加氢或煤液化装置。移动床反应器是在固定床反应器基础上开发应用的反应器，可以实现催化剂的在线更新，从而保证反应器内催化剂的活性，应用于渣油加氢装置。

从反应器器壁形式可分为冷壁式和热壁式。冷壁式反应器制造成本较低，但在介质冲刷、腐蚀和温度波动中易损坏，维修费用高；热壁反应器制造费用较大，长周期运行安全性高。现在设计的加氢装置均为热壁式反应器。

从反应器制造上可以分为煅焊式和板焊式。板焊式反应器比煅焊式反应器制造难度小，工艺简单，制造成本低。一般板焊式只能制造壁厚小于 140mm 的反应器，壁厚大于 140mm 反应器利用煅焊的方法制造。

2. 结构与内件

反应器壳体本身是属于第三类压力容器，由获得制造许可证的厂商在严格的质量监控下加工制造。热壁加氢反应器是炼油工业的核心设备，它长期在高温、高压、临氢、硫化氢介质条件下工作，设计、工艺、选材、加工制造等都有着极为严格的要求。过去，世界上只有少数工业发达国家能够制造。我国的炼油工业所采用设备，也基本从国外进口，价格十分昂贵。随着炼油规模的不断增大，加氢反应器制造重量也逐渐加大，超过400t的大型加氢反应器已实现国产化。

对加氢反应过程起重大影响的是其内件。最重要的内件为气液分布器、急冷氢分布器及混合箱、锈垢捕集篮、反应物收集器、热电偶、催化剂支撑栅等。如图6-14所示。

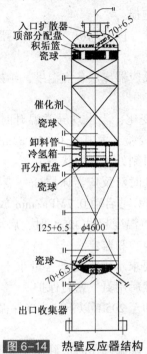

图 6-14　热壁反应器结构

反应器内部结构以达到气液均匀分布为主要目标。典型的反应器内构件包括：入口扩散器、气液分配盘、集垢篮、催化剂支持盘、急冷氢箱及再分配盘、出口集合器等。

各内构件的作用如下：

①入口扩散器——其作用是把物料初步进行扩散，防止直接冲击分配盘。

②上分配盘——它由塔盘板、下降管和帽罩等组成，其形状似泡帽塔盘，其作用主要是把进料充分地混合，然后均匀地分布到催化剂床层的顶部，保证物料与催化剂充分接触，提高反应效果。

③防垢吊篮——它是用不锈钢丝网做的圆筒状的篮筐，装在反应器的第一床层的顶部，三个一组，呈三角形排列，用链条连在一起，栓于分配盘的支梁下面，防垢篮一部分埋在催化剂里，周围填充瓷球。其作用一方面可捕集进料带进来的机械杂物（如铁锈等）防止污染催化剂，另一方面扩大反应物的流通面积。即使床层表面聚集较多的沉积物，也能保证反应物料有更多的流通面积，避免过分增加压降，从而可保证较长的开工周期。目前新制造的反应器逐步取消防垢吊篮。

④催化剂支承栅——它是由扁钢和元钢焊成的格栅和倒"T"形支架梁组成，上梁有不锈钢丝网和瓷球，它的作用是支承上催化床层。其支梁做成倒"T"形，截面呈锥形，主要是最大限度地提高因支梁所减少的催化床层的流通面积。

⑤急冷箱和分配盘——它在急冷管正下方，由三块受液板组成，第一受液板的作用主要是汇集上一床层下来的反应物料，并在此与冷氢混合，再通过两个圆孔流入第二受液板，反

应物料与冷氢在第二受液板的急冷箱中进一步混合，然后通过第二受液板上的筛孔喷洒到第三受液板上，第三受液板又称再分配盘，它上面有许多下降管和帽罩。作用和上分配盘一样，把物料均匀分布到第二床层。

⑥出口收集器——它是用不锈钢板卷制的圆形罩，侧面有许多条形开孔，顶部有圆形开孔，周围和顶部用钢丝网包住，固定在反应器出口处。其作用是支承下催化剂床层和导出反应物料，并阻止瓷球及催化剂的跑损。

⑦冷氢管——是一根不锈钢管，内有隔板、冷氢分两路从开口排出，它的作用是导入冷氢，取走反应热，控制反应温度。

⑧热电偶——其作用是测量反应器床层各点温度，给操作和控制提供依据。

3. 反应器操作注意事项

①要严密监视反应器的温度变化，当出现异常温升时，应尽力用多种手段把温度控制住。要定期对安全联锁装置进行校验，尤其是 0.7MPa/min 和 2.1MPa/min 紧急放空系统，每次开工前必须试验灵活好用，时刻处于良好状态。

②为保护反应器及催化剂，随时对反应器床层任一点温度超过正常状态15℃时做停油处理。床层任何一点温度超过415℃时启动 0.7MPa/min 放空系统；当床层任何一点温度超过正常状态28℃，或床层任何一点温度超过425℃时，启动 2.1MPa/min 放空系统。

③定期进行无损探伤及理化检验和监定。

④反应器进行水压试验时，要求水中氯离子含量小于 20μg/g。水压试验合格后，应立即用空气吹干，不得残存积水，然后用氮气密封保护。

⑤停工降温时，当反应器冷却至205℃以下，应确保循环氢中 CO 含量不得超过30μg/g，目的是避免产生有毒的羰基镍。

⑥反应器正常或紧急停车后，降温降压时应确保反应器内保持正压，以防空气进入。

⑦反应器停工后，应以 0.1~0.22MPa 压力充氮气密封。

二、加热炉

加热炉（图6-15）是加氢过程中的明火设备，而且工况的温度、压力都相当高；介质中的氢和硫化物含量高。这些因素可使加热炉的炉管结焦从而导致局部过热，因此对加氢加热炉型的选择、炉管表面热强度和管内流速的确定都会对其安全运行有重大的影响。

重质原料的加热炉宜采用受辐射面较大、热强度较为适中的炉型，单排卧管双面辐射炉是一种较好的可供选择的炉型。

为了保证炉管受热均匀，选择适宜发热量的扁平焰气体燃烧器，均匀布置在炉管两侧。

为了监测操作过程中炉管金属温度的变化，保证装置的长周期运转，在炉管上还设置适当数量的炉管表面热电偶。

加热炉出口温度应设置联锁系统，以便在紧急情况下可以迅速切断火源。

加氢装置加热炉有以下特点：

①操作弹性大：由于水平管比垂直管更容易得到环状流或雾状流流型，因此加热炉更容易适合多种工况条件下的操作。

②压降小：由于单排管双面辐射的平均热强度是单面辐射的平均热强度的 1.5 倍，其炉管水力长度只有单面辐射的 0.66 倍，即在管内流速相同的条件下，其压降仅为单面辐射的66%。

③设备投资小：加氢反应进料加热炉的炉管均采用 TP321 或 TP347 材质，炉管占全炉总投资的比例一般在 40% 以上。由于双面辐射炉炉管金属重量比单面辐射炉减少近 33%，因此可大大减少加热炉总投资。

辐射管

燃烧器

图 6-15　加氢反应进料加热炉

三、高压换热器

加氢反应器生成油温度较高，具有很高热焓，应尽可能回收这部分热量，因此润滑油加氢装置都设有高压换热器，用于反应物与原料及低分油换热。

高压换热器的操作条件为高温高压、临氢，密封点较多，易出现泄漏，是装置的重要设备。高压换热器的结构形式有两种：一种是与普通低压换热器相似的大法兰式，另一种是螺纹锁紧环式。

大法兰式高压换热器存在易漏的缺点，特别是在开工、停工或温度变化的阶段，更加容易泄漏，而且带温带压时无法紧固大螺栓以排除泄漏。

螺纹锁紧环式高压换热器解决了大法兰的笨重、密封困难两大难题，在操作过程中，可以随时通过拧紧内圈压紧螺栓来调整内密封垫片，排除泄漏。其缺点是结构复杂，机加工件多，各部件间配合精度要求高，给制造和装配带来很大不便。

目前，加氢装置分为单壳程和双壳程两种结构型式。双壳程与单壳程的区别就是它有一个纵向隔板以及隔板两侧的密封结构。

双壳程换热器与单壳程换热器相比有着较大的优越性。在同样情况下，双壳程的换热面积可比单壳程大约节省 20% 以上。

现在的高压换热器多为 U 形管式双壳程换热器，该种换热器可以实现纯逆流换热，提高换热效率，减小高压换热器的面积。管箱多为螺纹锁紧式端盖，其优点是结构紧凑、密封性好、便于拆装(图 6-16)。

四、高压分离器

高压分离器的工艺作用是进行气-油-水三相分离，高压分离器的操作条件为高压、临氢，操作温度不高，在水和硫化氢存在的条件下，物料的腐蚀性增强，在使用时应引起足够重视。另外，加氢装置高压分离器的液位非常重要，如控制不好将产生严重后果，液位过高，液体易带进循环氢压缩机，损坏压缩机，液位过低，易发生高压窜低压事故，大量循环

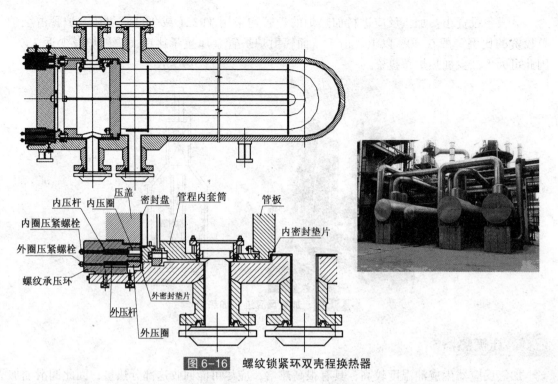

内圈压紧螺栓　内压杆　内压圈　压盖　密封盘　管程内套筒　管板
外圈压紧螺栓　　　　　　　　　　　　　　　　　　　　内密封垫片
螺纹承压环
外密封垫片
外压杆
外压圈

图 6-16　螺纹锁紧环双壳程换热器

氢迅速进入低压分离器，此时，如果低压分离器的安全阀打不开或泄放量不够，将发生严重事故。因此，从安全角度讲高压分离器是很重要的设备。

控制高压分离器液面的措施：①设置高低液面报警系统及联锁系统。②设置紧急泄压排放系统。③压力排放装置的设置。

润滑油加氢装置的高压分离器（高分）有热高分和冷高分，热高分的操作温度一般高于300℃，在装置紧急泄压时，器内的介质温度短时间内可达420℃。在这个工况下，高温含氢和 H_2S 介质会对器壁产生氢腐蚀和 H_2S 腐蚀。根据要求，母材可选用 2.25Cr-1Mo 钢，内部堆焊 E309L+E347 双层不锈钢防腐层。

冷高分的操作温度一般在 120℃ 以下。在这一温度下，H_2 不会对器壁造成氢腐蚀，因此不必考虑采用抗氢蚀材料。在低温下，介质中的水汽会凝结成水，H_2S 溶入水中，形成湿 H_2S。低温湿 H_2S 对器壁的腐蚀包含均匀腐蚀和局部应力腐蚀两种形式。可以选用 16MnR（HIC）钢抗湿 H_2S 应力腐蚀开裂的材料，这种材料的硫、磷含量非常低，综合机械性能比较好，抗湿 H_2S 应力腐蚀性能好。

使用高压分离器应注意其安全附件必须齐全、灵活好用，要维护保养好，校验准确。玻璃液面计要清晰、指示准确，当液面指示仪表指示值与玻璃液面计指示值不相符时，要调校好。为防止循环氢带液或高压窜低压，其液面必须严格控制在 50%~60% 范围内。

五、高压空冷器

高压空冷的操作条件为高压、临氢，是加氢装置的重要设备，目前，在加氢装置中采用丝堵式双金属轧制翅片管高压空冷器。

我国华北地区某炼油厂中压加氢裂化装置，高压空冷器两次出现泄漏，装置被迫停工处理，因此，高压空冷器的设计、制造及使用也应引起重视。

高压空冷器的设置与防腐措施：

①高压空冷器不应布置在操作温度等于或高于物料自燃点和输送、储存液化烃设备的上方，否则，应采用非燃烧材料的隔板隔离保护。

②为了防止在反应过程中生成的硫化氢和氨在空冷器中形成铵盐结晶，导致管束的结垢和堵塞，注水溶解铵盐。

六、加氢压缩机

压缩机是加氢装置的心脏，它不间断地向反应系统供氢，使反应能够进行下去，若出现问题不能运转，装置只能停工，同时还可能因为压缩机的突然停机，造成氢气突然中断，使反应器床层温度超高从而影响加氢催化剂的使用寿命。

压缩机有新氢机和循环氢机两部分。

新氢压缩机的作用就是将新鲜氢气增压送入反应系统，压缩机出入口压差较大，一般采用二级或三级压缩，且均采用往复式压缩机。

往复式压缩机的每级压缩比一般为2~3.5，根据氢气气源压力及反应系统压力，一般采用2~3级压缩。

往复式压缩机的多数部件为往复运动部件，气流流动有脉冲性，因此往复式压缩机不能长周期运行，多设有备机。往复式压缩机一般用电动机驱动，通过刚性联轴器连接，电动机的功率较大、转速较低，多采用同步电机。

循环氢压缩机的作用为压缩高压分离器或膜分离来的循环氢，再次打入反应系统进行反应，同时保证反应器床层的冷氢供给，是加氢装置的"心脏"。如果循环氢压缩机停运，加氢装置只能紧急泄压停工。

循环氢压缩机在系统中循环做功，其出入口压差一般不大，流量相对较大，一般使用离心式压缩机。由于循环氢的分子量较小，单级叶轮的能量头较小，所以循环氢压缩机一般转速较高(8000~10000r/min)，级数较多(6~8级)。

循环氢压缩机除轴承和轴端密封外，几乎无相对摩擦部件，而且压缩机的密封多采用干气式密封和浮环密封，再加上完善的仪表监测、诊断系统，所以，循环氢压缩机一般能长周期运行，无需使用备机。

循环氢压缩机多采用汽轮机驱动，这是因为蒸汽汽轮机的转速较高，而且其转速具有可调节性。

七、其他设备

1. 高压泵

加氢装置的高压泵主要是反应进料泵和高压注水泵。

反应进料泵是将原料由低压加压输送到反应系统，属于关键设备，一旦出现故障也必将造成部分或全部停工。

润滑油加氢处理装置的进料泵功率大(1000kW左右)、转速高(5000~6000r/min)、扬程高(出口压力可达20MPa)，一般选用流率平稳的多级(9级左右)离心泵，其工作排量比较恒定，工作温度低，一般可长期运行。

加氢补充精制装置由于操作条件缓和，进料泵采用3~4级的普通离心油泵即可满足需要。高压进料泵多由防爆型异步电动机驱动。

高压注水泵是将低压系统的水加压注入反应高压空冷前，以溶解反应油中的无机盐，严防无机盐在无溶解水时冷却结晶析出，堵塞高压空气冷却器管道，严重时可能造成管路爆裂，发生事故，如 2002 年底西北某炼油厂就是因为高压空冷管路堵塞而发生了爆裂着火事故。因此，高压注水系统也是关键部位。

2. 自动反冲洗过滤器

加氢反应器催化剂床层如果被原料中携带的机械杂质所污染并形成垢堆积，就会引起床层压力降的急剧上升而使正常操作遭到破坏。原料杂质过高还会堵塞高压分离器底酸性水外送减压阀，造成酸性水外送不畅，同样影响装置的正常运行。

反冲洗过滤器是将罐区来原料油经过过滤，除去原料中的机械杂质，事实证明，在生产平稳运行时，投用反冲洗过滤后，反应器压降比较平稳。

现在多采用自动反冲洗过滤器，其内设有约翰逊过滤网，过滤网可以过滤掉 ≥16μm 的固体杂质颗粒。该过滤器一般由 8~14 个单元集合成一组，可设 2~3 组，由差压进行自动程序控制过滤-冲洗操作，当过滤器进出口压差大于设定值（200kPa）时，启动反冲洗机构，进行反冲洗，冲洗掉过滤器上的杂质。反冲洗油一般为自身滤液。每个单元的反冲洗时间仅为数秒。

3. 废热锅炉

回收加热炉烟道气热量，产生 3.5MPa 过热中压蒸汽供循环氢压缩机用。若汽包液位控制仪表、低液位报警联锁装置失灵，容易造成汽包液位过高而使蒸汽带水，或液面过低造成干锅爆炸事故。安全阀失灵也容易引起爆炸事故。

4. 特殊阀门

润滑油加氢装置的特殊阀门是反应系统的紧急放空阀。在装置遇到突发事故时，反应系统的紧急放空阀将自动打开，它的作用主要是在单位时间内通过卸压将反应系统的大量热量携带出去，保证反应器床层不超温或"飞温"，保证催化剂不结焦。紧急放空阀既可以自动操作，也可以手动操作，视反应器床层的温度而定，但在正常情况下是自动状态。在加氢裂化装置中，由于其加氢裂化反应产生的热量大，反应温升高，紧急放空尤为重要。

第七节　润滑油加氢装置工业卫生与安全

一、加氢过程的工业卫生

润滑油加氢装置加工的烃类属于低毒性物质，主要有麻醉和刺激作用，对呼吸道黏膜和皮肤有一定刺激作用。加氢过程在职业性接触毒物危害程度分级中虽然不属于高度危害的场所，但由于存在致命的高浓度硫化氢且有泄漏的可能性，硫化氢中毒事故在加氢装置以及其他情况类似的炼油装置时有发生，所以防止硫化氢中毒是加氢装置工业卫生的重点。在加氢过程中还有一些特殊的作业，例如，催化剂的装卸、撇头、催化剂的预硫化，这些作业有的是在条件恶劣、有一定的危险性的环境中工作，有的要用到 CS_2 这类毒性属高度危害又极易燃的物质。这类作业都必须有可靠的安全防护措施来防止事故的发生。

二、润滑油加氢装置的主要危险物

1. 氢气

加氢过程处在高温、高压下的临氢状态，氢气一旦从系统逸出，扩散的速度很快，并迅速与空气混合形成蔓延范围很广的爆炸性气体。这时只需很低能量的火源(例如明火、静电火花等)就能引起燃烧甚至爆炸。所以对高温、高压的氢气泄漏燃烧必须迅速扑灭，否则，烈焰的烧烤会引起毁灭性的二次爆炸。做好氢气的防火灭火工作对加氢过程的安全至关重要。

(1)氢气燃烧的特点

①燃烧速度快。最大传播速度可达 167.7m/s。

②燃烧温度高，爆炸范围宽。H_2 在纯净状态燃烧时呈带浅蓝色的白色火焰(几乎看不见)，温度非常高，可达 2000℃。氢氧混合燃烧的火焰温度为 2100~2500℃；爆炸范围宽，其爆炸的上、下限范围为 4.1%~74.2%；爆炸威力大，最大爆炸压力为 0.74MPa。

③膨胀时放热。大多数气体膨胀时或排放时吸热，H_2 与此不同，膨胀时放热，所以将 H_2 从管线或压缩机排放至大气时要格外小心，要注意许多泄漏 H_2 会自燃而且不易发现。由于氢分子体积很小，用空气或 N_2 或水试压不一定能保证 H_2 不泄漏。

(2)氢气泄漏的防护

H_2 的任何泄漏都应该立即用蒸汽覆盖以防可能产生的火焰。

反应器进出口法兰的防泄漏措施：安装低压蒸汽环形保护圈管，管上钻有 1~2mm 的小孔。一旦发生泄漏，可打开蒸汽，喷出的蒸汽成雾状覆盖泄漏处，既可隔绝空气，又可降低漏出气体的温度和稀释氢气的浓度。

其他部位的防泄漏设施：对临氢管线的易泄漏部位，应加强安全巡视检测和安装自动监测系统。在其上方设置强吸固定式可燃性气体检测探头，并可在控制室和现场监测、报警。如用人工测定时，要站在上风向，最好用长杆探头，当泄漏增大时要立即停止检测工作，以防氢气突然着火而被烧伤。

(3)氢气着火的扑灭

氢气一旦着火，立即启动紧急泄压系统，使压力迅速下降，以减少氢气的泄漏量。同时降温、降量并视火情而决定是否需要紧急停工。

消防车在现场就位，准备好干粉灭火机和灭火器。一旦氢气泄漏量减少，火势减弱，即可对火源处喷射灭火剂灭火。

确认火被扑灭后，根据损坏程度进行堵漏和修复工作。临氢系统按升压试漏要求确认合格后方可再次恢复生产。

不能使用二氧化碳和高压水等具有冷却作用的灭火剂来扑救高温、高压临氢设备、管道泄漏引起的火灾。因为高温部位的一些密封面可能会因不同的材质在急剧降温时收缩程度不同而引发泄漏，使火情加重，甚至酿成灾难性后果。高压水在救火过程中仅限于用来保护其他冷态的设备，以减少火源产生的热辐射对它们的影响。

(4)氢气压缩机、临氢设备停工检修时气体置换及氮保护

利用氢气气提撤出进料油、利用氢气置换降温撤压、氮气取代氢气或用蒸汽吹扫进行冲洗排污都是防止氢气着火的有效办法。

（5）氢气的毒副作用

氢气本身虽无毒性，但却是一种窒息剂，如果人跌倒并一直呆在高浓度氢气中会造成昏迷甚至死亡。

2. 硫化氢

加氢过程会伴生硫化氢、二氧化硫和氨，在催化剂硫化时可能会用到毒性很大的二硫化碳，硫化氢和二硫化碳属 II 级高度危害毒物，氨、汽油属 IV 级轻度危害毒物。

在加氢装置中，硫化氢中毒事故较为常见。硫化氢是毒性气体，吸入硫化氢气体，即使浓度非常低也会导致硫化氢中毒。润滑油加氢装置所有的气相物料中均含有高比例的硫化氢，几乎所有液相物料中也含有大量硫化氢。

吸入含量低达（600~1000）μL/L 体积的硫化氢的空气或气体 1min 就可以导致急性中毒或死亡。连续地或间断地吸入含（100~600）μL/L 体积硫化氢的空气或气体 1h 或 1h 以上，可以导致慢性硫化氢中毒

3. 羰基镍

羰基镍是毒性很强的挥发性物质，人暴露在低浓度之下就会引起严重的疾病或死亡。容许接触的极限浓度为 $0.001\mu g/g$ 或 $0.007mg/m^3$。

当 CO 中存在分散的镍（硫化镍以及单质镍），就会形成羰基镍。温度对羰基镍的形成有很大的影响，随着系统温度从正常操作条件降低，会大大提高羰基镍形成的可能性。在正常操作中，由于高温的原因不大可能形成羰基镍。但在停工期间，羰基镍形成的可能性很大，因为反应器的温度很低，镍以硫化物的形式存在于催化剂中。如果空气进入反应器，氧气会在催化剂中与炭燃烧产生一氧化碳，所以在催化剂卸料过程中，也有可能形成羰基镍。为了防止羰基镍的形成，必须采取下列措施：①只要有一氧化碳存在，反应器的温度就不能低于 204℃。②补充氢中一氧化碳的含量限定在 $<10\mu g/g$。在停工期间监测补充氢中一氧化碳含量特别重要，因为在这期间，羰基镍形成的可能性最大。③在催化剂卸料过程中，通过氮气彻底吹扫，防止空气进入反应器，维持氮气正压直到完成催化剂卸料。

4. 硫化剂

加氢装置常用的硫化剂有二硫化碳、二甲基二硫醚（DMDS）。

实验室用的纯二硫化碳为无色液体，有类似氯仿的芳香甜味，但是通常不纯的工业品因为混有其他硫化物（如羰基硫等）而变为微黄色，并且有令人不愉快的烂萝卜味。

二硫化碳是损害神经和血管的毒物，属高毒物质。轻度中毒有头晕、头痛、眼及鼻黏膜刺激症状，中度中毒尚有酒醉表现，重度中毒可呈短时间的兴奋状态，继之出现谵妄、昏迷、意识丧失，伴有强直性及阵挛性抽搐。可因呼吸中枢麻痹而死亡。

二硫化碳极度易燃，并且在高温下爆炸杀伤性加倍，高度危险。

二甲基二硫醚（DMDS）是淡黄色透明液体，有恶臭。不溶于水，可与乙醇、乙醚、醋酸混溶，相对密度 1.0625，沸点 109.7℃，熔点 -85℃，折射率 1.5250。具有硫含量高、容易分解、毒性较低等特点，仅为乙硫醇毒性的 0.1。

本章习题

一、填空题

1. 传统的"老三套"工艺利用＿＿＿＿＿、＿＿＿＿＿和＿＿＿＿＿，通过＿＿＿＿＿分离

方式把油中的_____（多环芳烃、极性物等）除去，_____ 改变油中既有的烃化物结构，仅能生产_____ 类基础油。

2. 通过_____ 或_____ 可以生产Ⅱ、Ⅲ类基础油。

3. 加氢过程在润滑油制造中有下列几种形式：_____ 、_____ 、_____ 和_____ 。

4._____ 采用有选择性能的择形分子筛催化剂，这种催化剂的微孔大小有一定范围，只允许直链烷烃和带甲基侧链的正构烷烃（这些烃类的凝点较高）进入孔内，在较高温度和压力以及 H_2 存在的条件下，使进入孔道内的高凝点长直链烃发生裂化，变成低凝点烃分子（C_3、C_4、C_5、C_6）从进料中分离，从而降低油的凝点或倾点。

5._____ 的基本原理是在专用分子筛催化剂的作用下，将高倾点的正构烷烃转化为低倾点的异构烷烃，从而使油品的倾点降低，所发生的反应主要是烷烃的异构化反应。

6._____ 能将非理想组分变为理想的基础油组分，需要较苛刻的反应条件，使反应物发生脱硫、脱氮和芳烃饱和以及直链的裂化和异构化，达到提高基础油黏度指数和氧化性能，降低油品黏度和挥发性的目的。

7. Co-Mo 型加氢催化剂多用于_____ 较高的原料，Ni-Mo 型加氢催化剂用于_____ 比较高的原料。

8. 铂和钯的加氢活性最高，但对_____ 的敏感性很强，因而目前工业加氢处理催化剂的加氢组分多采用抗毒性好的金属组分，主要由 Ni-W 或 Ni-Mo 等金属组成。

9. 加氢处理催化剂倾向于用中等强度_____ 的载体。

10. HZSM-5 具有从烷烃、芳烃及环烷烃混合物中优先吸附_____ 的性能。

11. MLDW、MSDW 均是 Mobil 公司开发的工艺，其中 MLDW 是_____ ，MSDW 是_____ 。

12. 润滑油催化脱蜡技术与异构脱蜡工艺相比其酸性中心的酸性较____ 。

13. 两段加氢处理流程中第一段进行_____ 反应，用以确定基础油的黏度指数水平及收率，第二段进行_____ 反应，用以调节基础油的总芳烃含量及各类芳烃的分布，从而提高基础油的安定性（特别是光安定性），但并不引起明显的黏度指数变化。

14. 原料油的保护主要有两种方法：一种是_____ 保护；另一种是采用_____ 。

15. 为除去原料油中的机械杂质，加氢装置一般都设有原料油_____ 过滤装置。

16. 进料中的氮是以_____ 的形式存在。

17._____ 可能与催化剂上的金属组分形成有毒的易挥发羰基化合物而造成催化剂腐蚀，降低催化剂的活性。

18. 用_____ 来控制循环氢中的轻烃量（如甲烷）。

19. 加氢反应是放热反应，随着反应物流的流动，催化剂床层温度逐渐升高，_____ 的注入可以调节精制催化剂和裂化催化剂的平均反应温度。

20. 反应器停工后，应以 0.1~0.22MPa 压力充_____ 密封。

21. 反应器水压试验合格后，应立即用____ 吹干，不得残存积水，然后用氮气密封保护。

22. 高压分离器的操作压力不能超过安全阀定压值的_____ 。

23. 润滑油加氢反应中，_____ 相为连续相，_____ 为分散相，固相催化制为固定床层，所以，加氢固定床反应器也属于滴流床反应器。

24. 润滑油加氢反应器内部结构以达到_____ 为主要目标。

25. 加氢装置同时有热高压分离器和冷高压分离器，热高压分离器的操作温度一般高于_____℃，冷高压分离器的操作温度一般在_____℃以下。

二、判断题

1. 加氢精制的脱氮效果(尤其是脱碱性氮)远不如白土精制。( )

2. 加氢精制油的氧化安定性如旋转氧弹、紫外光照后及热老化后油品颜色的增长，加氢精制油都不如白土精制油。( )

3. 加氢精制的脱色能力，尤其是对于高黏度油的脱色能力远优于白土精制。( )

4. 加氢精制对产品酸值的降低效果比白土精制好。( )

5. 通常采用在加氢原料中加入一定量不同类型的阻垢剂来抑制、延缓焦垢在原料换热器中形成。( )

6. 加氢装置的选材和腐蚀裕量是根据进料的有机酸量而确定的。( )

7. 芳烃加氢饱和反应是强放热反应，提高反应温度对加氢饱和反应不利，化学平衡向逆反应方向转移。( )

8. 贵金属加氢处理催化剂允许使用纯度较低的新氢。( )

9. 在加氢过程中，有效的压力是总压。( )

10. 通过调整反应器入口温度和床层间的冷氢量来控制催化剂床层温度。( )

11. 加氢过程为强放热反应，随着反应的深入，反应释放出的热量越来越大，引起催化剂床层温度上升。( )

12. 反应器正常或紧急停车后，降温降压时应确保反应器内保持正压，以防空气进入。( )

13. 加氢装置循环氢中的硫化氢和氨对加氢脱氮反应有明显的抑制作用。( )

14. 加氢反应系统的压力是通过高分压力来控制的。( )

15. 润滑油加氢反应器多采用冷壁反应器。( )

16. 加氢装置的氢压机一般采用轴流式或回转式类型的压缩机。( )

17. 加氢装置的高压进料泵是多级泵。( )

18. 加氢装置极易产生火灾爆炸，一旦引起火灾，应立即用高压水枪、CO_2灭火器灭火。( )

19. 加氢过程在职业性接触毒物危害程度分级中属于高度危害的场所。( )

三、论述题

1. 叙述润滑油加氢裂化的作用。

2. 叙述润滑油异构脱蜡的作用。

3. 叙述润滑油加氢精制的作用。

4. 加氢处理油的主要特点是什么？

5. 简要叙述利用"老三套"工艺加工润滑油基础油的全过程。

6. 简要叙述利用全加氢工艺加工润滑油基础油的全过程。

7. 叙述加氢过程中循环氢的作用。

8. 反应温升过高对加氢反应过程会带来哪些不良影响甚至操作事故？

9. 如何控制加氢反应器内温度平稳？

10. 为什么要在空冷器上游的热高压分离器气管线中注入除盐水？

第七章 润滑油调和、包装与储存

第一节 润滑油调和工艺

中国润滑油市场的开放始于 1992 年。当时我国润滑油总体供不应求，利润又较高，因而不仅原有的一些炼油企业兴建或扩建润滑油生产装置，地方也纷纷建厂，同时国外石油公司开始大举进入。经过 10 多年的发展，中国石油、中国石化两大集团共有 20 多个润滑油生产基地，各地也建成了 3000 多家大大小小的调和厂，国外石油公司则先后建立了 20 多家较大规模的调和厂。

目前，润滑油市场竞争日趋激烈，也促使润滑油产品朝着精、细、廉的方向发展。故此，润滑油产品的调和技术是受众人重视和竞相研究开发的一个课题。

前面的章节详细介绍了润滑油基础油的加工工艺，基础油加入合适的添加剂才能调制出合格的商品润滑油。润滑油调和是将一种或多种基础油作为组分油，与各种添加剂进行混合，生产出不同规格、满足不同需要的各种牌号的润滑油产品的过程。基础油调和的主要目的是为了调整黏度、黏度指数和颜色等质量指标；添加剂是为了提高油品的抗氧化安定性、防锈性和抗磨性等油品使用性能指标。

油品在调和过程中要求各组分基础油、添加剂混合均匀，而且计量要准确。

一、调和机理

润滑油调和大部分为液-液相互相溶解的均相混合，混合后形成液-液分散体；当润滑油添加剂是固体时，则为液-固相的非均相混合或溶解。固态的添加剂为数并不多，而且最终互溶、形成均相。

液-液相均相混合普遍遵循以下三种扩散机理。

1. 分子扩散

由分子的相对运动引起的物质传递。这种扩散是在分子尺度的空间内进行的。

2. 涡流扩散

当机械能传递给液体物料时，在高速流体和低速流体界面上的流体，受到强烈的剪切作用，形成大量的涡旋，由涡旋分裂运动所引起的物质传递。这种混合过程是在涡旋尺度的空间内进行的。

3. 主体对流扩散

包括一切不属于分子运动或涡旋运动的而使大范围的全部液体循环流动所引起的物质传递，如搅拌槽内对流循环所引起的传质过程，这种混合过程是在大尺度空间内进行的。

主体对流扩散把不同的物料"剪切"成较大的"团块"而混合到一起，主体内的物料并没有达到均质。通过"团块"界面间的涡流扩散，才能进一步把物料的不均匀程度缩小到涡流本身的大小，此时虽没有达到均质混合，但是"团块"已经变得很小，而数量很多，使"团块"间的接触面积大大增加，为分子扩散的加速创造了条件。均质混合最终由分子扩散完成。

二、调和工艺

目前，常用的油品调和工艺可分为两种方式：油罐调和和管道调和。油罐调和有时称为间歇调和、离线调和。管道调和有时称为连续调和、在线调和。这两种不同的调和工艺由于都有各自独有的特点和不同的适用场合，所以目前两种调和工艺共存。有时也将油品调和工艺分为三种方式：罐式调和、罐式-管道调和(部分在线调和)、管道自动调和。罐式-管道调和是根据生产需要介于两者之间的一种复合型工艺(过渡型工艺)。

1. 油罐调和

油罐调和是把待调和的组分油、添加剂等，按所规定的调和比例，分别送入调和罐内，再用泵循环、电动搅拌等方法将它们均匀混合成为一种产品。这种调和方法操作简单，不受装置馏出口组分油质量波动影响，目前大部分炼油厂采用此调和方法；缺点是需要数量较多的组分罐，调和时间长、易氧化、调和过程复杂、油品损耗大、能源消耗多、调和作业必须分批进行，调和比不精确。在具体操作中有以下两种方案：

①组分罐与成品油调和罐分开，各装置生产的组分油先单独进组分油罐，确定调和的目的产品，然后采样分析组分油的质量指标，通过计算公式或经验确定调和量进成品调和油罐。

②不分组分罐和成品油调和罐，各装置生产的组分油合流进罐，采样分析罐中油品质量指标，符合调和的产品质量指标即可出厂，不符合调和产品质量指标，将其他组分油通过计算或经验确定调和量进调和油罐，并循环。

根据罐内搅拌方式的不同，油罐调和可分为泵循环调和和机械搅拌调和两种。以前还有使用压缩空气调和，但易使油品氧化变质，并造成油品蒸发损耗及环境污染等缺点，一般已不采用。

(1)机械搅拌调和

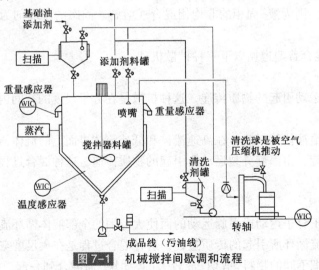

图 7-1　机械搅拌间歇调和流程

使用机械搅拌也是油罐调和的常用方法，适用于批量不大的成品油的调和，特别是润滑油。被调和物料是在搅拌器的作用下，形成主体对流和涡流扩散传质、分子扩散传质，使全部物料性质达到均一。搅拌调和的效率，取决于搅拌器的设计及其安装。搅拌器主要有罐壁伸入及罐顶中央伸入两类(图 7-1)。

(2)泵循环调和

先将各种组分油和可能有的添加剂送入罐内，用泵不断地将罐内物料从罐底部抽出，再循环回调和罐，在泵的作用下形成主体对流扩散和涡流扩散，从而逐渐使油品调和均匀。为了提高调和效率，降低能耗，在生产实践中不断对泵循环调和的方法进行改进，主要有以下两种方法。

①泵循环喷嘴搅拌调和：该工艺就是在调和油罐内增设喷嘴，被调和物料通过装在罐内的喷嘴射流混合(图 7-2)。高速射流穿过罐内静止的物料时，一方面可以推动其前方的液体流动形成主体对流运动；另一方面在高速射流作用下，在射流边界上存在的高剪切速率造成大量旋涡把周围液体卷入射流中，这样把动量传给低速流体，同时使两部分流体很好混合。这一方法适用于调和比例变化范围较大、批量较大和中、低黏度油品的调和，设备简单，效率高，管理方便。

喷嘴有单喷嘴和多喷嘴两种，单喷嘴本身是一个流线型锥形体，安装在罐内靠近罐底的罐壁上，倾斜向上。多喷嘴一般由 5 个或 7 个喷嘴组合而成，整套喷嘴安装在罐底部中心，并垂直向上，四周喷嘴围绕中心喷嘴略显倾斜。

②静态混合器调和：该工艺就是在循环泵出口、物料进调和罐之前增加一个合适的静态混合器，用静态混合器强化混合，可大大提高调和效率，据文献报道，可比机械搅拌缩短一半以上的调和时间，而调和的油品质量也优于机械搅拌。

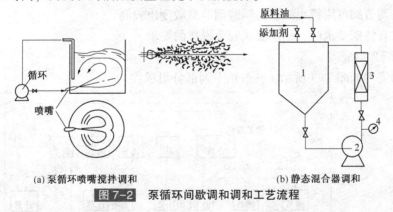

(a) 泵循环喷嘴搅拌调和　　　　　　(b) 静态混合器调和

图 7-2　泵循环间歇调和调和工艺流程

2. 管道调和

管道调和(包括油罐-管道调和)是利用自动化仪表控制各个被调和组分流量，并将各组分油与添加剂等按预定比例送入总管和管道混合器，使各组分油在其中混流均匀，调和成为合乎质量指标的成品油。或采用先进的在线成分分析仪表连续控制调和成品油的质量指标，各组分油在管线中经管道混合器混流均匀达到自动调和目的。经过均匀混合的油品从管道另一端出来，其理化指标和使用性能达到预定要求，油品可直接灌装或进入成品油罐储存。管道混合器(常用的是静态混合器)的作用在于流体逐次流过混合器每一混合元件前缘时，即被分割一次并交替变换，最后由分子扩散达到均匀混合状态。

管道调和具有下列优点：

①可使基础油组分储存罐减少并可取消调和罐，成品油可随用随调，这样可节省成品油的非生产性储存，减少油罐容量。

②组分油能合理利用，尤其对批量较大的油品，添加剂能准确加入，避免质量"过头"，可以提高一次调和合格率，成品油质量可一次达到指标。

③减少中间分析，节省人力，取消多次油泵转送和混合搅拌，从而节约时间，降低能耗。

④由于全部过程密闭操作，减少油品氧化蒸发，降低损耗。管道调和适用于大批量的调和，既可在计算机控制下，实现自动操作，也可使用常规自控仪表、人工给定调和比例的手动操作管道调和，还可用微机监测、监控的半自动调和系统。这三种管道调和方法我国都有实际使用。

调和系统需要保持两种或两种以上物料的一定比值关系。在设计调和系统时要选择某一种物料作为主要物料，这种物料称之为主物料，表征该物料的参数称为主动量。而其他物料则按主物料来进行配比，在调节过程中跟随主物料而变化，因此称它们为从物料，表征它们特征的参数称为从动量。在炼油厂中，被调和的物料往往是不同组分的油品。人们常把主物料称为主组分油品，而从物料则称为分组分油品。与此相应把表征其特征参数的"主动量"和"从动量"分别称为"主流量"和"从流量"或"分组分流量"。

（1）主流量选择原则

在设计调和系统时，究竟选择哪个流量作为主流量，一般来讲，应遵循下述原则：

①选择调和油品中的主要油品。

②选择可测量而不可控的物料，如装置馏出口外送的油品。

③选择调和物料中最大的组分流量为主流量，而把流量较小的油品或添加剂则作为从动量。其优点是调节阀可用得小一些，同时调节灵敏度也较高。

④若工艺有特殊要求时，则应服从安全操作的要求。

（2）管道调和组成

管道调和流程如图 7-3 所示，一般由下列部分组成：

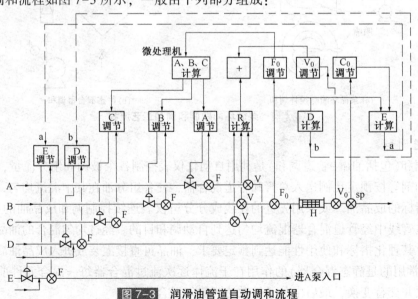

图 7-3　润滑油管道自动调和流程

A、B、C、D、E—组分油或添加剂；F—分路流量计；Fo—总流全计；V—各路黏度计；

V₀—总黏度计；sp—凝点在线分析仪，H—混合器，R—目标调和比

①储罐。组分油(基础油)、添加剂组分罐和成品油罐。

244

②组分通道。每一个通道应包括配料泵、计量表、过滤器、排气罐、控制阀、温度传感器、止回阀、压力调节阀等；组分通道的多少视调和油品的组分数而定，一般 5~7 个通道，也可再多一些，通道的口径和泵的排量，由装置的调和能力和组分比例的大小而定，各组分通道的口径和泵的排量是不相同的。

③总管、混合器和脱水器。各组分通道出口均与总管相连，各组分按预定的准确比例汇集到总管；混合器又叫均质器，物料在此被混合均匀，该设备可为静态的，亦可是电动型的；脱水器是将油品中的微量水脱除，一般为真空脱水器。

④在线质量仪表。主要是黏度表、倾点表、闪点表和比色表，尤其在采用质量闭环控制或优化控制调和时，必须设置在线质量仪表。

⑤自动控制和管理系统。根据控制管理水平的要求，可选用不同的计算机及辅助设备。

3. 两种调和工艺的比较

油罐调和是把定量的各调和组分依次或同时加入到调和罐中，加料过程中不需要度量或控制组分的流量，只需确定最后的数量。当所有的组分配齐后，调和罐便可开始搅拌，使其混合均匀。调和过程中可随时采样化验分析油品的性质，也可随时补加某种不足的组分，直至产品完全符合规格标准。这种调和方法工艺和设备均比较简单，不需要精密的流量计和高度可靠的自动控制手段，也不需要在线的质量检测手段。因此，建设此种调和装置所需投资少，易于实现。此种调和装置的生产能力受调和罐大小的限制，只要选择合适的调和罐，就可以满足一定生产能力的要求，但劳动强度大。

管道调和是把全部调和组分以正确的比例同时送入调和器进行调和，从管道的出口即得到质量符合规格要求的最终产品。这种调和方法需要有满足混合要求的连续混合器，需要有能够精确计量、控制各组分流量的计量器和控制手段，还要有在线质量分析仪表和计算机控制系统。由于该调和方法具备上述这些先进的设备和手段，所以管道调和可以实现优化控制，合理利用资源，减少不必要的质量过剩，从而降低成本。管道调和是连续进行的，其生产能力取决于组分罐和成品罐容量的大小。

综上述，油罐调和适合批量小、组分多的油品调和。在产品品种多、缺少计算机技术装备的条件下更能发挥其作用。而生产规模大、品种和组分数较少，又有足够的吞吐储罐容量和资金能力时，管道调和则更有优势。一般情况下油罐批量调和设备简单，投资较少；管道连续调和相对投资较大。具体调和厂的建设取何种调和方法，需作具体的可行性研究，进行技术经济分析再最后确定。

4. 其他调和工艺

(1)压缩空气调和

压缩空气调和又称空气搅拌或"风搅拌"。先计算好配比的两种基础油，分别送入调和油罐内，然后通入压缩空气，搅拌 0.5~2h，取样分析，合格后即成为成品油。若加润滑油添加剂，则在基础油调和好以后再加润滑油添加剂调和，不能基础油和添加剂同时调和。

压缩空气的压力一般为 0.2~0.3MPa(表压)，压缩空气可与进油管线相接，但要求装单向阀，防止油品窜入空气内。

压缩空气也可从调和罐顶或罐底接入罐内，罐底安装了许多气管，管子上部有无数个小孔，系统源源不断地通进压缩空气，产生无数个小气泡。小气泡动力低，往往会在油品中停留较长的时间，小气泡源源不断地与油品接触，造成油品被严重污染氧化。

用压缩空气调和润滑油时，应使用净化过的空气。压缩空气调和不适用于低闪点或易氧化的基础油，也不适用于易生泡沫或有干粉状添加剂的油品调和。

这种调和方式减少了机械维修保养问题，安装容易，并能节约能耗，但突出的缺点是调和油氧化严重，在润滑油的调和工艺中基本被淘汰使用。

（2）气脉冲调和

气脉冲调和也是以压缩空气作为动力源，按物料物理特性（如黏度、密度、流动性等）和容器的几何参数（如形式、容量等）不同，设定好脉冲频率、延时和压力，通过现场控制装置和安装在调和罐内的集气盘，从集气盘下被以脉冲方式挤压出来的压缩空气冲刷刮扫釜底或罐底，使较重的组分被挤出，离开集气盘。当较重的液剂急速返回填补空位时，脉冲式释放的空气迅速包围集气盘的四周，并在集气盘上直接形成椭圆形的大气流，朝着液面上升。上升过程中，大气泡把它上面承载的重组分向上推送，也带动周围的组分上行。由于气体是以一定的脉冲频率方式有规律地产生，则前面带有原动力的大气流又受到后面大气流的助推力。根据重力动力学原理，这种惯性很快地形成了整个反应釜或调和罐内部大气泡自下而上地垂直运动。运行到达液面的大气流很自然地在液面爆破，产生的爆破力把从釜底或罐底推出来的较重的组分推向四周，在重力作用下，这些较重的组分很快地沿着四周向下运动，运动过程中也冲刷和刮扫釜壁和罐壁。这样，周而复始地惯性运动形成了整个调和罐内的液剂垂直循环运动。气脉冲搅拌调和达到均匀一致的速度极其快，比以往机械搅拌生产时间缩短将近75%左右，同时搅拌调和效果则更均匀，精度更高。

与"风搅拌"相比，气脉冲调和系统安装在罐底的是少数几个大的集气盘，每个集气盘只产生单个大气泡。由于大气泡是以脉冲的方式间隔地产生，每次产生大气泡的给气量又非常少，所以气脉冲的耗气量只是"风搅拌"的 $1/(40\sim50)$，且大气泡的表面积与相同体积的小气泡表面积相比，只占几千分之一。又由于大气泡的产生是一个能量充分积聚和顺势释放的过程，它托起重组分迅速上升，到液面爆破后就离开了油品，与油品接触时间很短。所以，气脉冲调和时油品的氧化程度不仅远低于"风搅拌"系统，也低于机械搅拌和泵循环系统的氧化程度。

三、调和计算方法

油品的各项理化参数，按调和过程的变化情况可以分为两类：一是可加性参数，包括胶质、硫含量、酸值、残炭、灰分、密度、馏程（初馏点、干点除外）；二是非可加参数，包括闪点、黏度、凝点、初馏点、干点等。

1. 可加性参数计算

可加性参数计算可用下式计算：$M = \sum M_i P_i$

式中 M——调和油理化参数；

    M_i——各调和基础油理化参数；

    P_i——各调和组分的体积（或质量）分数。

2. 非可加性参数计算

非可加性参数计算比较复杂，虽然调和油参数值必然介于两调和组分参数之间，但不可能像可加性参数那样，采用简单加成计算方法。有关这方面的经验公式或图表相当多，请参阅相关资料。

四、润滑油调和工艺的组成要素

润滑油调和工艺的组成要素包括：

①润滑油配方。

②润滑油计量要求。

③润滑油调和过程中工艺条件的要求：如搅拌方式、调和温度、调和时间等。

调和要求将会在生产工艺卡上体现，工程师需要指导工人操作，并且进行有效监控，以免因为操作失误造成产品质量问题。

1. 润滑油配方

按特定的方法推算和确定好配方后，在工艺卡上的规范写法要求很严格，如果表达不明确，或者计量单位不标明，会引起操作工人误解，造成工作失误，见表7-1。

所有配方的比例是按照质量来计算的。

表7-1　工艺卡上配方的写法

类别	名称	配比/%	设计投料量/(kg 或 L)	实际投料量/(kg 或 L)
基础油				
添加剂				
总计				

工程师需要将投料量换算成工人能够操作的计量单位和计量数据，如基础油使用流量计计算的，将它换算成 L。添加剂是按照质量计算的，写明是 kg。

生产配方如何确定比例这里就不详细讲述了。

2. 调和计量方法

润滑油调和前需要进行流量计计量(图7-4)、罐体体积计量(图7-5)和添加剂计量。

图7-4　流量计计量

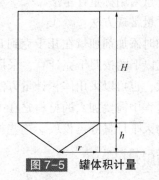

图7-5　罐体积计量

(1)流量计计量

生产调和的时候工艺配方是按照质量比例来加料的，而流量计一般按照升(L)计量，基础油需要将质量换算成体积，然后才可以用流量计计量加料量。

流量计需要在使用前校正，并且需要一年一次校正，确定其准确的计量。

如果进料管道上安装了流量计，可以将配方工艺卡上投料量，换算为基础油的体积进行计量。如果进料管道上没有安装流量计，可以根据罐体的形状，粗算体积进行计量。

（2）罐体计量

调和罐大部分都是一个圆柱体和一个圆锥体组成，我们可以看作是圆柱体和圆锥体的体积总和。

①先计算锥体的体积，按照圆锥体的体积计算公式，每一个调和釜的圆锥体的体积都是固定的，每次加入基础油的时候，首先充盈的是圆锥体，因此可以将它作为固有体积来看。

$$V_1 = 1/3\pi r^2 h$$

②再计算圆柱体的体积，根据圆柱体的体积计算公式，以及需要加入的基础油的量（体积），反算出达到这个体积的罐体高度，在加料的时候以这个标志来确定加料的进罐量。

如需要调和的时候，假设圆锥体的体积是 76L，那么某配方需要总体加入的基础油 150SN 的体积是 2366L，那么它首先先充盈圆锥体，体现在圆柱体上的基础油量是 2366L−76L＝2290L。

根据圆柱体的体积计算公式 $V_2 = \pi r^2 H = 2290L$。

从而计算出需要达到的罐体高度 H。

生产时在罐体标注需要达到的高度，可以让工人执行操作。

（3）添加剂的计量（图 7-6）

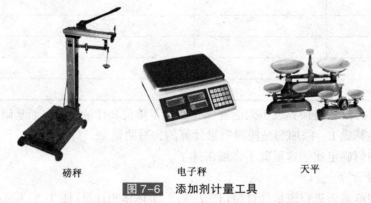

磅秤　　　　　　　电子秤　　　　　　　天平

图 7-6　添加剂计量工具

添加剂的计量采用称重计量法。

添加剂的计量常规方法：

小批量调和时添加剂加量在几千克到几十千克之间，如降凝剂、复合剂等。

在 200 千克以下的按照千克计算，采用磅秤计量，直接称重加入调和的油品中。如果是增黏剂且加量大，也可以采用体积计量方法，一般都是采用称重计量。

如果生产过程中需要加入的材料是在 1kg 以下，属于微量材料，那么使用电子秤或者在实验室使用药物天平计量好再投放。这些材料包括：抗泡剂、染料、防腐剂等。

五、影响调和质量的因素

影响油品调和质量的因素很多，调和设备的调和效率、调和组分的质量等都直接影响调和后的油品质量。这里主要分析工艺和操作因素对调和后油品质量的影响。

1. 组分的精确计量

无论是油罐间歇调和还是管道连续调和，精确的计量都是非常重要的。精确的计量是各组分投料时正确比例的保证。批量调和虽然不要求投料时流量的精确计量，但要保证投料最终的精确数量。组分流量的精确计量对连续调和是至关重要的，流量计量的不准，将导致组分比例的失调，进而影响调和产品的质量。连续调和设备的优劣，除混合器外，就在于该系统的计量及其控制的可靠性和精确的程度，它应该确保在调和总管的任何部位取样，其物料的配比是正确的。

2. 组分中的水含量

组分中含水会直接影响调和产品的浑浊度和油品的外观，有时还会引起某些添加剂的水解而降低添加剂的使用效果，因此应该防止组分中混入水分。但在实际生产中系统有水是难免的，为了保证油品质量，管道调和器负压操作，以脱除水分，或采用在线脱水器。

脱水原理是水分的沸点比基础油低很多，在真空泵的作用下，油中的水分接近真空的低压，在调和温度之下，水分达到沸点而形成水蒸气，从油层脱离出来，被真空泵抽出去，从而达到从油中清除的目的。

真空脱水工艺在调和实现时，要求调和釜密封良好，能耐负压。

真空脱水实施时，注意根据油品中含水的量控制真空脱水的时间，时间过短脱水不干净；如果原材料中添加剂已经水解或者内含结晶水，难以通过这个工艺处理掉，真空脱水只能够脱除微量游离水分。

3. 组分中的空气

组分中和系统内混有空气是不可避免的，对调和非常有害。

空气的存在不仅可能促进添加剂的反应和油品的变质，而且也会因气泡的存在导致组分计量的不准确，影响组分的正确配比，因为计量器一般使用容积式的。为了消除空气的不良影响，在管道连续调和装置中不仅混合器负压操作，还在辅助泵和配料泵之间安装自动空气分离罐，当组分通道内有气体时配料泵自动停机，直到气体从排气罐排完，配料泵才自动开启，从而保证计量的准确。

4. 调和组分的温度

按照不同的油品和不同的添加剂量选择不同的调和温度。一般按照添加剂制造商建议的混合温度是 55~65℃，但是考虑到生产实际问题，还有是否有利于脱水的问题，大部分工艺趋向于采用 65~75℃的温度来调和。

油料加热的手法有电加热和热置换两种。电加热直接用加热棒加热，热置换方式有导热油加热和水蒸气加热。

在调和釜体安装一个温度观察表，来观察釜内油料的温度变化情况。

一般加热到 70℃左右就撤去热源，让油品在该温度之下搅拌均匀。

5. 调和时间

应按照不同的调和量以及调和产品来选择调和时间。这个需要一定的经验数据，在不同调和量的调和时间是不同的，大概调整的原则如下：

①调和量大的需要的搅拌时间长一些，调和量小的需要的搅拌时间短一些，一般 10t 原料调和时间为 30~40min 左右。

②如果加入难以混溶的添加剂量大，需要搅拌时间适当长一些。

③如果没有什么难溶的材料，如液压油的调和，时间适当可以短一些。

6. 投料的顺序

如果没有什么特别的情况，一般遵从以下的投料原则：

先加入难以混溶的材料，如增黏剂；再加入添加量特别少的材料，如降凝剂、抗泡剂等；再加入其他容易混溶的材料。

7. 投料方法

如果遇到难以混溶或者难以分散的材料，那么会采用其他的投料方式来解决。

(1)抗泡剂硅油的添加方法

硅油(T901)的抗泡性能非常好，但是难以溶解在油中，必须经过溶解介质辅助添加在油中。一般的方法是以1 9的比例与煤油混合，硅油可以溶解在煤油中，煤油可以溶解在润滑油中，利用煤油作为介质，将硅油分散在润滑油中起作用。

将硅油稀释之后，使用喷雾器加入，分散的效果更加好。避免硅油直接加入润滑油中，它的相对密度比润滑油大，只会沉析在釜底变成沉析物。

(2)染料的添加

染料由于添加的量少，一般添加几十克左右，如果直接投放，很难搅拌均匀，需要搅拌很长的时间，为了加快其分散的效果，可以将染料先在稀的基础油中稀释，然后再投放，这样加大染料与釜中原料的混合面积，达到充分混合的目的。

(3)香精的添加

某些润滑油产品需要投入香精，以达到味道统一，或者掩盖某种不愉快味道的目的。

香精是酯类化合物，与矿物型的润滑油是不兼容的，需要通过介质来助溶投放。

香精添加量很少，一般添加几十克左右，可以将香精通过煤油等溶解介质先稀释，然后投放在调和釜中。投放时最好采用喷雾器投放，达到搅拌均匀的目的。

(4)添加剂的稀释

有些添加剂非常黏稠，使用前必须熔融、稀释，调制成合适浓度的添加剂母液，否则既可能影响调和的均匀程度，又可能影响计量的精确度。但添加剂母液不应加入太多的稀释剂，以免影响润滑油产品的质量。

8. 调和系统的洁净度

调和系统内存在的固体杂质和非调和组分的基础油和添加剂等，都是对系统的污染，都可能造成调和产品质量的不合格，因此润滑油调和系统要保持清洁。从经济性考虑，无论是油罐调和还是管道调和，一个系统只调一个产品的可能性是极小的，因此非调和组分对系统的污染不可避免，管道连续调和采用氮气反吹处理系统，油罐间歇调和在必要时则必须彻底清扫。实际生产中一方面尽量清理污染物，另一方面则应尽量安排质量、品种相近的油在一个系统调和，以保证调和产品质量。

第二节　润滑油包装与储存

一、润滑油包装

随着我国市场经济架构的迅速建立及消费市场的迅猛扩大，润滑油已不再是计划经济时代单纯的工业品，它已成为人们一种必不可少的消费品。所以润滑油的包装已成为产品本身的一部分，它不仅承载产品本身的信息，而且要赋予产品更多的促销功能、使用功能，另外它还要提升产品的档次与品位，使产品利润实现最大化。

润滑油对包装的要求，一是不发生质量的变化，即不因包装物的材料、包装物的污染、包装物的密封性能而影响到润滑油的质量；二是要方便用户、方便运输，即包装物的容量大小要合适，强度要满足运输和搬运的要求。

我国润滑油产品包装，有铁路槽车、油槽汽车散装运输，以及 1L、4L、6L、18L、20L、200L 等桶装形式。

20 世纪 80 年代后期至 90 年代初期，润滑油首先是一种高科技的工业品，包装基本以铁桶大包装为主，小包装所占比例较小，包装设计以厚重、冷峻为主。随着车辆保有量的稳步上升，私人轿车的迅猛发展，使润滑油成为一种大众消费品。润滑油一般用量较少，为方便用户，以桶装为宜。随着设计水平、制作技术、印刷工艺、加工工艺的进步，润滑油的包装桶型、包装设计变得多姿多彩起来。

目前市场常见的润滑油包装，按包装形态分，可分为内包装和外包装，内包装为铁桶及塑料桶包装，外包装为瓦楞纸箱包装。内包装按使用的包装材料分，主要可分为铁桶(马口铁，即普通钢镀锡)和塑料包装(塑料桶、塑料软包装)两大类；按包装容积分，可分为小包装、中包装和大包装，小包装为 10L 以下塑料桶、铁桶及其他软包装，中包装为 10~20L 塑料桶及铁桶，大包装一般为 200L 铁桶。

汽车厂、汽车配件厂、金属加工厂、机械制造厂等所用的润滑油脂，以铁桶包装为主。常用者为 55 加仑(200L)大桶与 18L 提桶(听)两种，且以前者为多。

200L 油桶大小尺寸都已标准化，直径多为 610mm，高度 880mm，装入 208L 或 55 加仑油品之后，尚有 2%之空间，供油料膨胀及伸缩。

从近十年来钢桶包装的发展情况来看，质量已有了很大的改善。但由于设备及工艺方法没有得到彻底的更新和发展，质量也难以再上档次。

钢桶最严重的质量问题就是泄漏，钢桶的泄漏主要是由钢桶的桶身焊缝和与桶底顶的卷封结合质量问题所引起的。为了解决这个问题，我国钢桶结构由原来的五层矩形卷边改进为七层圆弧卷边，有的也将缝焊机由手工半自动改为全自动，从而提高了钢桶的质量，减少了泄漏，而且对产品全面的气压检验也大大地杜绝了渗漏钢桶的出厂。但由于原料质量问题和设备的落后及不稳定性，以及工艺方法的限制，使钢桶泄漏仍难以杜绝，尤其在使用中经过碰撞或跌摔，质量事故就发生得更多。

目前，许多发达国家为了杜绝钢桶的泄漏，把钢桶的接缝全部用激光焊接等新技术来生产，用新工艺生产出的钢桶，其抗跌落强度和抗渗漏能力比原工艺提高 2 倍以上，这将是钢桶走向绿色包装的发展方向。

目前，在中国市场，中低档油仍以铁桶包装居多，而高档油基本上使用塑料桶包装。塑料桶包装以其良好的密封性、抗碰抗跌性、环保性以及现代高科技带来的工艺上的可行性、多变性而备受消费者青睐，尤其是塑料桶可回收、可降解的特点，在环保方面的优势明显大于铁桶，符合时代对环保的要求。

通过技术改造，塑料桶材质向着细腻、光滑、柔韧等高质量、特色性等方向发展。通过加入各种辅助材料，提高了塑料桶的光洁度、柔韧度；通过加带珠光的色母粒，使塑料桶表面带金属光泽，提高了塑料桶的档次。

随着塑料桶包装在中国市场主导地位的逐步形成，塑料桶包装设计尤其 4L 小包装设计，已成为评判包装设计水平的重要标志。

二、润滑油的储存

润滑油商品以及润滑油生产过程中的各馏分和添加剂对储存的要求，最基本的有两点：一是在储存过程中不应发生影响使用性能或造成不能满足技术规格要求的质量变化；二是容易输转，不因难以输转影响生产和装运的正常运行。当然满足上述两个基本要求的费用应该最低。为了满足基本要求，储存温度的选择和控制以及储存过程污染的防止，是两项最重要的工作。

1. 储存条件

（1）储存温度

储存温度有双重影响，在常温下，润滑油可以保存5年以上而不发生明显的质量变化。但在100℃以上，油很快氧化。高温储存加速了油品的氧化过程，但油品的黏度较小，有好的输转性能。相反，低温储存对稳定油品质量有利，但黏度较大，给输转造成困难。根据实际经验，商品润滑油储存温度不应高于50℃，基础油储存温度为50~70℃，润滑油馏分储存温度为50~80℃，滑油添加剂储存温度不应高于70℃。

（2）避免储存污染

润滑油脂储存过程中的污染源包括：水、尘埃、光、某些金属、其他油品的串入等，这些污染都可能导致油品变质，因此在储存过程中要尽量防止这些污染的产生。主要措施：

①储罐要有好的密封性能，防尘、避光；

②采用铁（钢）制容器储存，避免与铜、黄铜等金属接触，这些金属比铁有更强的催化氧化的作用；

③加强管理，防止串油、串水、防止加热器漏水；

④在必要时储罐需加氮气保护措施，隔绝油品与氧、空气的接触等。

2. 室内储存

小桶小听装油料必须储存室内，大桶装油桶最好存放于室内，免受气候影响。

已开用的润滑油桶必需存储在仓库内。闪点低于45℃的易燃油品（如电器用油品、汽轮机油、听装油品和润滑脂）不宜露天存放，要存放在仓库，至少是简易敞蓬内。含有清净剂的车用机油，吸水后容易乳化，或变浑浊不能再用，以储存室内为宜，需要露天储存时，应防水分吸入。

各种溶水油经微量水分侵入后，易引起乳化，应避免室外露储。

图7-7　润滑油桶的横放

室内储存的要求如下：

①油桶存放场地要坚实平整，高出周围地面0.2m，有0.005的排水坡度。

②存放场地四周有排水和水封隔油设施。

③油桶存放场地的垛长不能超过25m，宽度不超过15m，垛与垛之间的净距不小于3m，每个围堤内最多4垛，垛与围堤的净距不小于5m，这样有利于火灾扑救和人员疏散。垛内

油桶要排列整齐，两行一排，排与排之间留出1m通道，便于检查处理。

④200L大桶包装产品最好横放（图7-7），堆放高度不要超过四层。每排桶的两端用木楔楔紧，以制止其滚动。因条件所限在室外放置时，要向桶口处倾斜一定角度，以免外界水分淤积在桶口渗入油中。18L等中等桶包装产品在堆放时，码放高度不要超过四层。如果外包装物为铁桶，更应注意轻取轻放，以免引起碰撞变形。4L、1L等小包装产品在堆放时，码放高度不要超过六层，长期存放时地面要铺上油毡或用木架隔开地板，以免地板水汽上升，潮湿纸箱。

图 7-8　润滑油桶的竖放

⑤室内储存油桶可竖立放置（图7-8），竖立放置的油桶最好放在盛漏托盘上，这样即使油桶有泄漏或渗漏，漏油全部被控制在盛漏托盘里的盛漏槽里，不会流到地面产生危险。可以用铲车、叉车搬动盛漏托盘。也可以把油桶放在盛漏平台上，防止泄漏。

⑥如果需要把润滑油、金属加工液油桶放在货架上，可以选择高度合适的盛漏托盘、盛漏平台或盛漏衬垫。用普通的木托盘或塑料托盘，配上这些防泄漏的低高度的盛漏衬垫、经济型盛漏托盘，油桶就很容易放在货架上。选择合适尺寸的上述盛漏品，可最大程度地利用货架空间。

⑦油品应远离明火，存放于干燥、阴凉、通风处。油桶绝不应储存于靠近蒸汽管道或加热的区域。发动机清洗剂、油路清洗剂或燃油添加剂类产品以及摩托车2T油为易燃品，存放及使用时一定要注意避免火源。温度对润滑脂的影响比对润滑油的大，长期暴露于高温下可使润滑脂中的油分分离，太低或太高的温度皆对润滑油有不良影响，因而不宜将润滑油长久储存于过热或过冷的地方。

⑧拧紧封口盖，保持油桶密封。保持油桶口干净，不受水分、杂质影响。

⑨保持桶身、桶面清洁，标识清晰。应经常检查油桶有无泄漏及查看桶面上的标志是否清晰。

⑩保持地面清洁，便于漏油时及时发现并处理。

⑪做好入库登记，遵循先到先用的原则。

⑫新油与废油分开放置，并做好警告标志。

⑬装过废油的容器不可装新油，以防污染的储存。

⑭储油仓库最好远离污染来源，譬如煤屑、泥尘、毛纱、烟尘等。仓库及所有配油器材应保持清洁。

⑮避免使用镀锌的铁桶盛载润滑油，因为有些润滑油中的添加剂可与锌发生作用，产生皂类物质，阻塞油管。

3. 油桶的户外储存

将润滑油或其他油品储存于户外是不良的做法。但若基于空间的原因必须存放于室外时，就应采取一些预防措施，将不良的后果降至最低(图7-9)。

①临时架起的帐篷或防水的帆布可保护油桶免受雨水的侵蚀。在揭开桶盖前，必须将桶头清洁及抹干，以防污染物质进入润滑油中。

②可以将油桶放在盛漏箱、防泄漏卷帘式油桶柜、油桶工作柜、油桶储存屋中，防水，防泄漏，耐候，有锁，防火，防杂质侵入，安全可靠。

③油桶应该横放在油桶架上，使其桶盖上的两个桶塞在同一水平线上。将油桶横放，桶盖应放在最低点，但不可被任何水面覆盖。桶内的油品压力可增进桶盖的密封性。每行底部两边的桶应用木块卡着，防止其滚动。为了达到最佳的保护效果，可以将油桶倒竖，将有桶塞那一端朝下放在排水良好的地面上。如油桶身有桶塞，则可以将油桶横放或竖立，但桶塞必须朝下。

图7-9 润滑油桶室外存放

④若油桶以桶塞朝上的方向垂直摆放，水可能经由桶塞间隙涌入污染或损坏润滑油。同时，雨水或凝结的水气会积聚在桶面。尽量勿让油桶受到阳光直接照射，以减低桶内白天和晚上的温度变化。当气温升降时，热胀冷缩的作用会使水分经由桶塞进入桶内。水分除了污染桶内的润滑油，还会造成油桶内部生锈，产生另外不必要的污染。

当油桶必须桶塞朝上的方向摆放时，应该用木条撑着油桶的一边底部使其倾斜，而且连接两个桶塞的直线要与木条平行，使得积水远离桶塞的开口处，这样水分不会积聚在桶盖周围。

油桶不可直立露储室外，否则桶面积水，于油桶温度受四周温度变化时，因桶内压力降低而由口盖微隙吸入水分。尤其油桶长期露储室外时，桶盖的人造橡皮垫圈因日晒雨淋而发生裂缝时，更易吸入大量水分(图7-10)。

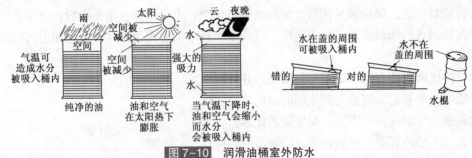

图7-10 润滑油桶室外防水

4. 油桶的装卸和搬运

55加仑桶(200L大桶)是工业上最普遍使用和最经常需要搬运的油品容器。在装卸和搬运时应做到：

254

①必须小心谨慎处理，盛满润滑油的油桶，约重170kg，若不小心搬移，则很容易碰伤人或损坏工厂设备。

②卸货时不允许将油桶从卡车或火车上推下来，因为碰着地面时油桶的接缝可能破裂或爆开，润滑油漏出造成路滑的危险和浪费。如无铲车搬运，可将铁桶沿滑板滑下。

③油桶卸下后，必须及时移往储存区，最佳的运送方法是利用铲车，将油桶堆放在木架上，或用铲车机械臂卡紧油桶，也可用两轮手推车，将油桶搬运。不准拖运。

④若卸货区与储存区之间的路面平坦，也可用滚动的方式将油桶送到储存的地方。油桶的突缘可保护它免受损坏，但必须小心以避免碰到硬物而使桶壁破穿，所以最好由两名工人滚动油桶以控制其速度(图7-11)。

图7-11　油桶的装卸与搬运

⑤铁罐装18L润滑油及16L润滑脂通常是个别运送，而较小的润滑油罐则以硬纸箱装，对这些小包装也仍须使用与大油桶一样的搬运方法小心处理，硬纸箱应待送到储存区才开启，以免卸货时箱内的油罐有散落的危险。

⑥油桶搬运车最好要防泄漏、溢漏和溅漏，防止油品抛洒、泄漏。

5. 油桶的取油和分装

①油桶罐注和分装最好采用防溢溅圆桶漏斗，高边墙设计，可以有效防止溢溅(图7-12)。防溢溅分装油桶盘可以有效防止飞溅，并将飞溅液体重新导回桶内。还有配套的漏斗盖保持漏斗洁净。

图7-12　取油方式

②建议使用油桶垫(图7-13)，保持桶盖清洁。油桶垫由吸油棉制成，可以有效吸收油品，保证桶口清洁。

图7-13　润滑油桶垫

255

③易燃油品的分装，应采用防溢溅安全分装漏斗(图7-14)。内置黄铜消焰器可以保证分装安全。

图 7-14　防溢溅安全分装漏斗

④频繁抽取的油品，建议放置在油桶架上并安装龙头控制，并在龙头下方放置一容器，以防滴溅(图7-15)。最好采用油桶架，在油桶上安装油桶漏斗，这样分装容易，所有飞溅都能够控制。

图 7-15　龙头控制取油

⑤也可将油桶直放，以手摇泵自大桶栓插入油桶取油(图7-16)。每次用油不多者，可用手摇油泵插入油桶，抽油分装小听使用，一种油限用一个油泵，以防止污染。取完油后，最好用油桶盖盖住油桶。

图 7-16　用手摇泵取油

本章习题

1. 什么是润滑油的调和，其目的是什么？
2. 叙述罐式调和与管道调和的优缺点。
3. 分析影响调和质量的因素。
4. 对润滑油包装有什么要求？
5. 对润滑油储存有什么要求？

第八章　润滑油的环保与再生

第一节　绿色润滑油生产技术

一、绿色润滑油概述

当前五大全球性环境问题：温室气体排放引起的全球增暖、平流层臭氧耗损、淡水资源短缺、土地荒漠化、森林锐减和物种灭绝。其中与润滑油相关性较大的有温室气体排放引起的全球增暖、平流层臭氧耗损、对生态环境造成危害等几方面。

目前世界所需能源和有机化工原料大多来自石油、煤和天然气，它们对社会进步和发展作出了巨大贡献，但从长远来看，并非是人类所能长期依赖的理想资源。传统的润滑油大部分以矿物油为基础油，矿物油最大的缺点是生物降解性差，含多环芳烃等物质，这些润滑油排放到环境中，对环境(尤其是森林、水源、农田、矿山等)造成污染，对地下水的污染可达 100 年，并且对水生系统危害极大。水中含有 $10\mu g/g$ 润滑油时，可致海洋植物群死亡，含量为 $0.1\mu g/g$ 时，可降低小虾寿命 20%。

未来人类能够长期依赖的资源和能源应是储量丰富、可再生的、对环境无污染的绿色能源。适合我国国情的绿色润滑油的使用法规及评价体系，对保护我国的生态环境将起到积极作用。

绿色润滑油又称为环境友好型或环境兼容型润滑油，它主要是指润滑油必须满足机器工况的要求(即拥有良好的使用性能)，且润滑油及其耗损产物对生态不造成危害，或在一定程度上为环境所兼容(即符合生态效应的要求)。按照德国的"Blue Angel"(蓝色天使)对可生物降解润滑剂的定义，生态效应包括以下几个部分：

生物降解性：是指物质在较短时间内能被活性有机体通过生化作用分解为简单化合物 CO_2 和 H_2O 的能力。

生物积累性：是指降解后的物质在生物体内的积累能力。

毒性和生态毒性：即化学物质对环境(人、动物、细菌、水和植物等)的有害影响。

耗损产物：降解后生成的物质不会产生新的污染。

可再生性资源：最好为可再生资源。

其中，生物降解性能是其生态效应最主要的指标。

总之，研究开发绿色润滑油的目的在于保护环境，满足可持续发展的要求，不仅使其具有普通矿物基润滑剂的性能，而且具有易生物降解性和无生物毒性或对环境毒性最小。

开发与使用绿色润滑油最早的是一些欧洲国家。德国与英国自 20 世纪 70 年代初就开始研究开发绿色润滑油，70 年代末，在欧洲市场上就出现了绿色润滑油(即环境友好润滑剂)，80 年代早期研制出了与环境兼容的舷外二冲程发动机油，1968 年，用于森林开采的可生物降解链锯油进入市场，现在年使用量已达 30kt。1988 年，可生物降解液压油投入使用，它最初采用价廉的菜籽油作为基础油，后来逐渐被性能更佳的合成酯替代。

近十多年来，可生物降解润滑剂的发展更为迅速，到目前为止，已有大量成熟的商业化产品问世，其类型以合成酯、植物油等基础油为主，其主要品种和牌号见表8-1。我国对绿色润滑油的研究是从20世纪90年代末开始的，上海交通大学、清华大学、中国科学院兰州物理化学研究所、北京石油化工科学研究院、中国石油兰州润滑油研发中心、重庆后勤工程学院、长安大学等都相继开展了绿色润滑油的研究工作。但因起步较晚，目前尚无商业化产品问世。

表8-1 国外主要可生物降解润滑剂的商品牌号

产品	生产公司	商品牌号	主要性能
二冲程发动机油	Total	Neptuna	合成润滑油，黏度指数142，40℃黏度为$55mm^2/s$，倾点-36℃，生物降解能力大于90%，产品性能超过TC-W3
液压油	Mobil	Mobil EAL 24H	菜籽油基础油，黏度指数216，40℃黏度为$38\ mm^2/s$，生物降解能力大于90%
	Funchs	PlantohyD40N	菜籽油基础油，黏度指数210，40℃黏度为$40\ mm^2/s$，适用于液压油
链据油	Funchs	Plantotac	菜籽油基础油，含有抗氧及改进抗磨性能的生物降解性的添加剂，黏度指数228，40℃黏度为$60mm^2/s$
齿轮油	Cstrol	Careluble GTG	三甘油酯基础油，黏度指数级别有150和220
润滑脂	Bechem	Biostar LFB	优质高性能酯基润滑脂
金属加工液	Binol	Filium 102	植物油沥青乳液

二、绿色润滑油的基础油

现代润滑剂大都由90%以上的基础油，再加上各种添加剂组成，基础油无疑是润滑剂影响环境或生态的决定性因素。可以作为绿色润滑剂的基础油主要有聚醚、合成酯和天然植物油等，它们的理化性能各有特点。目前广泛应用的基础油主要是合成酯和植物油，它们均有很好的生物降解能力。

1. 合成酯

合成酯的知识前面已经述及，与环保相关的是其具有较好的生物降解功能：酯基（—COOR）的存在为微生物攻击酯分子提供了活化点，使得酯分子具有可生物降解性，有学者对不同结构的酯类化合物的生物降解性进行了研究，发现支链和芳环的引入会降低合成酯的生物降解性。适合用作绿色润滑剂的合成酯一般是双酯和多元位阻醇酯。

2. 植物油

早在公元前1650年，橄榄油、菜籽油、蓖麻油和棕榈油等植物油已经被简单用作润滑剂，但是由于这些天然油脂有氧化安定性差等缺点，导致使用过程中发生腐败和变质，一部分会转化成酸性物质，对金属表面造成腐蚀。因此，18世纪到19世纪的工业革命，使人们开始依赖石油基矿物油来满足对廉价、耐热、抗氧化润滑剂的需求。1920年以来发展起来的汽车工业更进一步推动了石油基润滑剂的发展。近年来由于环保的需求，将植物油用作可生物降解润滑剂的基础油又逐渐引起人们的重视。

现在市场上有许多品牌的可生物降解润滑剂采用植物油作基础油，植物油用作绿色润滑剂基础油的主要特性：具有优良的润滑性能，黏度指数高，无毒且易生物降解（生物降解率在90%以上），资源丰富且可再生，价格比合成酯低廉。但它的热氧化稳定性、水解稳定性和低温流动性差。能用作可生物降解润滑剂基础油的植物油有菜籽油、葵花籽油、大豆油、棕榈油、蓖麻油、花生油等种类。菜籽油、葵花籽油在欧洲应用最多，这主要是因为其热氧化稳定性在某些应用领域是可以接受的，且其流动性能优于其他植物油。植物油的主要成分是三脂肪酸甘油酯，分子结构如下：

$$
\begin{array}{l}
CH_2-O-C \overset{\displaystyle O}{} R_1 \\
\quad\;\; | \\
CH-O-C \overset{\displaystyle O}{} R_2 \\
\quad\;\; | \\
CH_2-O-C \overset{\displaystyle O}{} R_3
\end{array}
$$

植物油是由甘油与脂肪酸组成，其结构中含有大量不饱和双键，这就决定其热氧化安定性、水解安定性和低温流动性均较差。植物油的氧化机理主要表现在活泼的烯基反应，尤其是含2~3个双键的脂肪酸分子，在氧化初期就被迅速氧化，并引发整体氧化反应。另一方面由于双键的存在，使植物油具有良好的黏温特性。所以应将植物油中含2~3个双键的亚麻酸和亚油酸进行氢化，以提高氧化稳定性。

现以大豆油为例说明植物油的化学改性过程。

大豆油脂中富含不饱和双键，亚麻酸和亚油酸的含量在50%~60%以上，所以大豆油不能直接用作润滑油基础油，需要经过进一步加工处理。主要方法是对精炼后的大豆油进行化学改性，以重金属为催化剂，向大豆油中通入氢气，使氢加到甘油三酸酯的不饱和脂肪酸的双键上，这个化学反应也叫油脂的氢化反应。

影响氢化反应的因素有温度、压力、搅拌速度、氢气流量、反应时间、催化剂活性及添加量和原料质量等。根据需要可以控制反应的氢化程度，使其更适应润滑油工况的要求。氢化后的大豆油脂中由于油酸的含量增加，使其更有利于生物降解。在大豆油中加入抗氧化剂和利用现代农业技术提高大豆中油酸的含量等方法，也可增强大豆油的氧化稳定性。

三、绿色润滑油的添加剂

为了满足实际工况的要求，润滑油中必须添加各类添加剂。对绿色润滑油来讲，添加剂在基础油中的性能和其对生态环境的影响是必须考虑的因素。由于可生物降解润滑剂的基础油和传统的矿物油在化学结构上及界面性质上有很大的差别，并且要考虑到添加剂自身的生物降解性能，所以传统上使用的润滑油添加剂绝大部分不能直接用于可生物降解润滑剂。具体来说，主要有以下几个因素：

①传统的润滑油添加剂都是针对矿物基础油而设计的，而绿色润滑油一般采用生物降解性比较好的酯类结构的基础油，它与烃类结构的矿物油在化学结构、物理性质方面存在很大的不同，所以在添加剂的响应性上会有很大的差异，而且作用机理也有所不同。

②绿色润滑油要求添加剂具有低毒性、低污染、可生物降解的特点，而传统的添加剂分子设计主要从满足润滑油的使用性能的角度出发，很少考虑到环保和健康的因素。

③添加剂的加入对基础油本身的生物降解性能会有所影响，尤其有些添加剂会对基础油降解过程中的活性微生物或酶有危害作用，从而影响基础油的生物降解率。

基于以上几条原因，可以看出对适用于绿色润滑油的添加剂的研究，是绿色润滑油课题中一个必不可少的组成部分，而这一工作在世界范围内还刚刚起步。德国的"Blue Angel"（蓝色天使）标准对绿色润滑油的添加剂作了以下规定：

无致癌物、无致基因诱变、畸变物；

不含氯和亚硝酸盐；

不含金属（除了钙）；

最大允许使用7%的具有潜在可生物降解性的添加剂。除了以上7%的添加剂，还可添加2%不可生物降解的添加剂，但必须是低毒性的。对可完全生物降解的添加剂的使用无限制。

目前国外对绿色润滑油添加剂的研究，主要集中在抗氧化剂、防锈剂和极压抗磨剂几个方面。研究表明，只有很少一部分的传统添加剂适用于可生物降解润滑剂，一般含有过渡金属元素的添加剂和某些影响微生物活动和营养成分的清净分散剂，会降低润滑剂的可生物降解性，而含氮和磷元素的添加剂因为能提供有利于微生物的成长的营养组分，可提高润滑剂的生物降解性。表8-2是一些现在使用的生物降解液压油、润滑脂所用添加剂类型。

抗氧剂的选择对绿色润滑油来讲是最为重要的，尤其对于植物油。这是因为基础油本身含有大量的双键结构，容易被氧化，而且容易水解生成酸性物质，对氧化过程有催化作用。现有的研究结果表明，在较低温度下，酚型抗氧剂比胺型的感受性要好，而胺型抗氧剂在高温下抗氧效果较为突出，但是胺型抗氧剂有一定的毒性，而且色泽比较深。同时，还应当重视抗氧助剂的协同效应，大量研究发现，乙二胺四乙酸部分碱金属盐、含卤羧酸碱金属盐、有机酸的碱金属盐、酚和磺酸的碱金属盐以及乙酰丙酮碱金属盐等多种碱金属盐与苯基-α苯胺、二异辛基二苯胺等有良好的协同效应；有机胺可以提高酯类油的水解安定性，从而改善其氧化安定性。在抗氧剂的筛选研究中还可以选择一些天然抗氧剂，如分别从绿茶、生姜、大蒜等中提取的茶多酚、维生素E、单宁等物质，天然抗氧剂具有无毒、高效、生态效应好、来源丰富等优点，在食用油中已被广泛应用，但其缺点是有效使用温度低，而且油溶性有待提高。

表8-2　绿色润滑油使用的添加剂类型

添加剂种类	主要的代表化合物
抗氧化剂	胺型、酚型（如BHT）、维生素E
抗磨/极压剂	硫化脂肪
抗腐蚀剂	胺类、咪唑啉、间二氮杂环戊烯、三唑
消泡剂	硅酮、硅氧烷、丙烯酸脂
增黏剂	聚丙烯酸酯、聚异丁烯、天然树脂/聚合物

对防锈剂来说，由于植物油和合成酯易水解生成酸性物质，同样由于竞争吸附的原因，要达到良好的效果，必须增加防锈剂的用量。

极压抗磨剂的研究，主要集中在硫化脂肪类的添加剂，这类添加剂在实际应用中获得了很好的效果。但是由于植物油或合成酯的酯类结构具有比较强的极性，与添加剂在摩擦表面形成竞争吸附，所以相对添加的浓度要比较大。而对于其他类型的极压抗磨剂，现在的研究还很不深入，仅有少量文献对个别化合物的摩擦学性能和机理进行了考察。

第二节 废润滑油再生技术

一、废润滑油回收、再生概述

1. 废润滑油再生的意义

绿色润滑油的前景虽然很好，但目前多处于研究阶段。在世界能源日趋紧张的形势下，废润滑油的回收和再生成为更需迫切解决的问题。润滑油在使用过程中随着时间的推移会逐渐失去减摩耐磨能力，一旦不能满足工况要求时就丧失了应用价值而变成了废润滑油。在欧洲，每年大约就有 5Mt 废弃润滑油，其中 40%~50% 未作任何处理就扩散到环境中，而我国以往的润滑油回收量还不到废润滑油总量的 20%。2005 年的我国废油量就达 3.36Mt，此量相当于十几个炼油厂或一个中等以上石油基地的年生产量。对如此巨量的废润滑油资源的回收再利用问题不容忽视。

据估计，一大桶(200L)废油流入湖海，能污染近 3.5km^2 的水面。被污染的水域，由于油膜覆盖水面，阻止了水中的溶解气体与大气的交换，水中的溶解氧被生物及污染物消耗后得不到补充，使水中的含氧量明显下降，油膜覆盖在水生植物的叶子上、鱼类贝类等水生动物的呼吸器官上，阻碍水生动植物的呼吸，使整个食物链都受到损害。

废润滑油以量少但扩散面宽的方式，每时每刻都对环境(大气、土壤和水)造成污染，因此，无论从保护资源，还是从节能、环保角度来考虑，开展废润滑油的再利用研究是利在当代，功在千秋的大事。

目前，我国废润滑油的主要去向：①焚烧或直接废弃，流入下水道、河流、荒地；②废润滑油经脱重金属后直接利用，作为燃料(高温炉、水泥制造业)或者用作沥青稀释剂、高硫燃料的掺和原料等；③简单再生、简单清洁处理后(过滤)继续替代使用，这是假冒伪劣润滑油的主要来源之一；④再生(再精炼)。

综合考虑废润滑油的处理方式，其中将废润滑油脱重金属后作为燃料使用以及将其再生为润滑油这两种措施不失为废油利用的有效手段，从而缓解节能和环保的压力。而废润滑油再生利用更具有经济价值和社会效应。

2. 废润滑油的杂质组成

从 20 世纪 80 年代开始，世界各国逐渐提高了对废油再生意义的认识，不但通过立法明确了废油再生利用的必要性，同时制定了相应的政策予以鼓励，并且投入了相当的资金对废油再生的技术进行了深入研究。研究表明，废润滑油中杂质成分仅占 1%~2.5%，其主体仍为基础油，废油其实并不废。

废油总的杂质成分较复杂，大体可分为 11 大类：①使用过程中无意引入的机械杂质，如灰尘、泥沙、纤维、金属粉末等；②发动机润滑油中的残燃油，如汽油、煤油、柴油等轻质油；③水分；④碳粒；⑤碳青质，油焦质；⑥氧化产生的胶质及沥青质；⑦酸类：主要是油溶性有机酸，有时也含有水溶性酸(包括无机酸和低分子量有机酸)；⑧过氧化物和氢过氧化物；⑨中性含氧化合物，包括脂类、醚类和某些羰基化合物；⑩皂类；⑪添加剂消耗后产生的化合物。因此要想一一除掉以上杂质使废润滑油达到基础油的使用性能，再生工艺相对较复杂，投资较大。

废润滑油回收普遍采用再精炼法，其工艺过程：①沉降法去除较大固体杂质与大部分水分；②常压蒸馏将挥发性成分分离；③采用酸精制法、溶剂（丙烷）萃取法、减压蒸馏法或部分地采用加氢法，将化学添加剂和老化副产物分离出来；④采用加氢精制法，并使用吸收剂如白土，或溶剂（如糠醛）萃取法，最后分离残留化学添加剂、老化副产物和精炼反应产物。

3. 废润滑油再生的历程

将废润滑油再精炼成润滑油基础油的工艺始于 1935 年。美国是世界上废润滑油再生最早的国家，也曾是生产再生润滑油最多、再生率（再生油和新油量之比）最高的国家。欧洲国家石油资源较少，并且缺少润滑油馏分，他们把废润滑油视为珍贵资源。20 世纪 80 年代初各成员国在废润滑油再生方面取得了较大的发展。由于与直馏油相比，再精炼的润滑油价格较高，且未充分脱除致癌性稠环芳香烃，因此其市场形象不佳，再精炼工艺曾一度没有得到很好的发展。在 90 年代之前，再精炼产品仅满足基础油需求量的 7%。近 20 余年，由于各国对环境的重视和废油立法的规范，许多国家的再精炼废润滑油得到补贴，开发出众多的再精炼工业技术，其中许多还被授予了专利权。

我国废油再生始于 20 世纪 30 年代，70 年代进入鼎盛时期。当时商业部制定的"交旧供新"制度保证了废油再生行业的发展。80 年代以后润滑油销售市场放开，一方面大部分大型厂矿都自办废油再生车间，不再将废油卖给石油公司所属再生厂，另一方面新增加的许多小的集体和乡镇废油再生厂以灵活的收购方式大量争夺废油资源，使各地的石油公司专业再生厂的废油量回收不到预计数，迫使它们纷纷转向润滑油的调和。90 年代后，废油再生厂分散化的倾向还在继续，专业再生厂大部分为百吨级，千吨级已不多见。最大的上海润滑油厂处理规模也只有 6000 t/a。而许多个体、乡镇所有的再生厂大多为每年数十吨的处理量。

二、废润滑油回收方法

润滑油丧失减摩耐磨功能的原因：化学添加剂量减少或耗尽、磨屑量增多、出现老化副产物（润滑油在摩擦压力和热作用下部分碳键变化，$C_{19} \sim C_{25}$ 以及 $C_{26} \sim C_{35}$ 增多）。化学添加量减少，导致边界润滑的减摩耐磨功能下降；磨屑增加导致边界润滑转变为磨料润滑；老化副产物增加导致化学添加剂功能下降。这三者的共同作用导致摩擦磨损显著增大，润滑油的润滑功能丧失，弃之为废润滑油。

老化副产物是润滑油在使用过程中氧化形成的，由于受到摩擦表面高温、高压的作用，润滑油中烃类发生氧化变质，形成羧酸、羟基酸、环烷酸及酚类，并溶于润滑油中。继续深度氧化使得氧化产物重叠形成不溶于润滑油中的树脂、胶质及沥青质，结果使润滑油的酸值增加，不溶物增多，色泽变黑。但是，润滑油中发生氧化变质的仅仅是部分烃类（1% ~ 25%），其余大部分烃类（75% ~ 99%）仍然是润滑油的良好组分。因此，废润滑油再生只要通过物理的方法去除树脂、胶质及沥青质等不溶性物质，采用化学处理去除溶于润滑油中的羧酸、羟基酸、环烷酸及酚类，就有可能使之恢复到基础油的性能。

废油再生比较核心的工艺有酸-白土工艺法、蒸馏-白土工艺法以及蒸馏加氢工艺法。

1. 酸-白土工艺法

传统的废油再生工艺以德国 Meinken 公司开发的酸精制工艺为主，其工艺流程示意图如图 8-1。该工艺采用一种专利强力搅拌混合器，可降低硫酸消耗，进而减少酸渣生成。此法得到的再生润滑油质量令人满意，原料中的添加剂几乎全部从再生油中除去。与以前的酸精制法相比，各工艺步骤减少了酸性淤浆量和废白土再生量，并提高了润滑油产率。

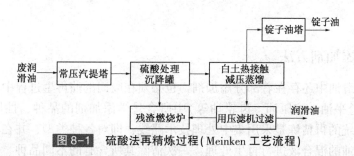

图 8-1 硫酸法再精炼过程（Meinken 工艺流程）

该工艺明显的不足是产生比较严重的二次污染，如产生大量的酸性气体二氧化硫及大量的难以处理的酸渣、酸水、白土渣等，危害操作人员健康，腐蚀设备污染环境。法国石油研究院（IFP）对该种废油酸精制再生工艺做了进一步的改进，它首先开发了丙烷萃取-硫酸-白土工艺，使硫酸和白土耗量明显减少，再生收率提高了 10%，该工艺在世界范围内得到了广泛的应用。

2. 蒸馏-白土工艺法

与酸-白土工艺相比，蒸馏-白土工艺属于一种无污染废油再炼制工艺，图 8-2 为此工艺的全流程图。

3. 蒸馏-加氢工艺法

减压蒸馏是很有效的脱杂方法，而加氢是天然润滑油加工中的重要工艺过程，近年来在废油再生中得到了广泛的应用，通过加氢可以对废润滑油中的非理想组分进行脱除。

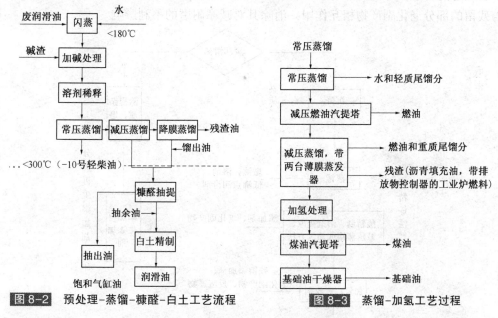

图 8-2 预处理-蒸馏-糠醛-白土工艺流程   图 8-3 蒸馏-加氢工艺过程

工艺过程如下：废油经常压脱水、脱轻油后，在第一薄膜蒸发器中脱柴油，然后在第二薄膜蒸发器中蒸出基础油馏分，经热处理后，进行加氢补充精制，获得再生基础油。工艺过程的关键是温度适度（不超过 250℃），薄膜减压蒸馏使热应力降至最低程度。

综合比较各种废润滑油再生工艺，废油再生本身要注意环境污染问题，发展新的无污染的再生工艺，推广绿色的废油循环利用技术，以取代硫酸精制。例如，采取高真空低温度下的薄膜蒸发，将基础油馏分蒸出来而不发生任何裂化，然后再经过加氢精制，成为质量良好的再生基础油，既提高了废润滑油的附加值，也有效地避免了在治废过程中对环境所产生的二次污染。

三、分类再生添加剂方法

由于商品润滑油中还存在着部分添加剂，也必须在废润滑油再生过程中予以考虑。不同类型润滑油（如透平油、液压油、齿轮油等）中所含化学添加剂的品种、性质和添加量是不同的。国内外传统的再精炼是采用集中处理技术路线，即对各种类型，并在各种系统条件下应用后的废润滑油的混合液进行再生处理，一次清除其所含有的不同品种、不同性质和不同含量的残留化学添加剂以及老化副产物，使其恢复到基础油的性能水平和状态，因此，需要清除残留的化学添加剂品种非常之多，性能非常之杂，处理量相对较大，而且最后还得清除精炼反应产物，从而导致清除反应过程十分复杂、周期长、费用高、性能质量不高。

基于对废润滑油状态和功能的认识，可以确定废润滑油再生的有效措施：清除磨屑和老化副产物，补充恢复化学添加剂，从而恢复其减摩耐磨功能。废润滑油分类再生的基本原则：针对不同类型的废润滑油，采用沉降溶剂提取、离心、过滤法，按类型清除磨屑、水、杂质、胶质和沥青质等，按类型补加再生添加剂，以降低总酸值，恢复废润滑油的减摩、耐磨和承载功能。图 8-4 是废油再生的再精炼法与分类再生添加剂方法的对比图。

新技术路线的核心是以分类取代集中，以再生添加剂取代再精炼，而其技术关键是开发新概念的再生添加剂以恢复废润滑油的减摩、耐磨和承载功能。分类再生添加剂法涉及的一个全新概念是再生添加剂既能与废油中残留添加剂协调，共同发挥减摩耐磨效应，同时它又能与残留的部分老化副产物相互作用，消除其对减摩耐磨的不利影响。

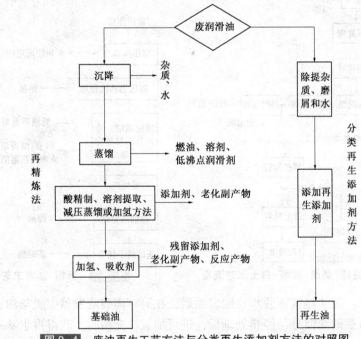

图 8-4 废油再生工艺方法与分类再生添加剂方法的对照图

新技术路线的优点：①再生润滑油具有优异的减摩耐磨性能，而不是其基础油的性能；②再生工序和反应过程简单，费用低；③废润滑油再生过程无环境污染；④无需大型专用处理设备，用户可自行再生废润滑油。

基于分类再生添加剂的理念，武汉材料保护研究所研究人员针对某钢厂 1250t 钢剪切机液压系统的废润滑油，研制出废润滑油再生添加剂 ZF，在实验室对添加质量分数为 1.5%再生添加剂 ZF 的再生润滑油和废、新润滑油的减摩、耐磨和承载能力进行了对比评价实验。四球机试验结果表明：对于钢/钢摩擦副，添加再生添加剂后的废润滑油的摩擦学性能都显著优于废润滑油，甚至明显好于新润滑油。

本章习题

1. 什么是绿色润滑油？
2. 植物油用作绿色润滑剂基础油的主要优缺点是什么？
3. 传统润滑油添加剂不能直接用于可生物降解润滑剂的原因有哪些？
4. 绿色润滑油添加剂应满足什么要求？
5. 我国废润滑油的主要去向是什么？
6. 阐述废润滑油再生利用的意义。
7. 废润滑油再生的有效措施是什么？
8. 废润滑油分类再生的基本原则是什么？

附　　录

附录1　润滑油检验项目以及国内国际标准

序号	检验项目名称	检验标准	国际标准	最少样品量/mL
1	水分	GB/T 260	ASTM D95	200
2	闪点(闭口)	GB/T 261	ASTM D93	100
3	苯胺点	GB/T 262	ASTM D611	50
4	酸值	GB/T 264		20
5	运动黏度	GB/T 265	ASTM D445	60
6	闪点(开口)	GB/T 267	ASTM D92	100
7	残炭	GB/T 268	ASTM D189	10
8	硫含量	GB/T 387, GB/T 17040	ASTM D4294	50
9	灰分	GB/T 508	ASTM D482	100
10	凝点	GB/T 510		20
11	机械杂质	GB/T 511		100
12	密度	GB/T 1884 和 GB/T 1885	ASTM D1298	600
13	黏度指数	GB/T 1995	ASTM D2270	120
14	硫酸盐灰分	GB/T 2433	ASTM D874	100
15	密度	GB/T 2540		600
16	黏度指数	GB/T 2541		120
17	倾点	GB/T 3535	ASTM D97	50
18	闪点(开口)	GB/T 3536	ASTM D92	100
19	色度	GB/T 3555	ASTM D1500	20
20	中和值	GB/T 4945	ASTM D974	50
21	铜片腐蚀(100℃,3h)	GB/T 5096	ASTM D130	50
22	低温表观动力黏度	GB/T 6538	ASTM D5293	120
23	色度	GB/T 6540	ASTM D156	20
24	界面张力	GB/T 6541—86		40
25	中和值	GB/T 7304	ASTM D664	50
26	水分离性	GB/T 7305 或 GB/T 7605	ASTM D1401	100
27	微量水(卡尔费休法)	GB/T 7600	ASTM D6304	5
28	润滑油抗乳化性(D2711法)	GB/T 8022—87	ASTM D2711	450
29	边界泵送温度	GB/T 9171	ASTM D3829	60
30	运动黏度	GB/T 11137	ASTM D445	60
31	液相锈蚀	GB/T 11143	ASTM D665	600

序号	检验项目名称	检验标准	国际标准	最少样品量/mL
32	极压性能(梯姆肯法 OK 值)	GB/T 11144	ASTM D2782	5000
33	泡沫性	GB/T 12579	ASTM D892	200
34	极压性能(四球法 测 PB 值)	GB/T 12583		100
35	极压性能(四球法 测 PD 值)	GB/T 12583		100
36	极压性能(四球法测 LWI 值)	GB/T 12583		100
37	硫含量	GB/T 17040	ASTM D4294	50
38	抗磨损性能(四球机法)	SH/T 0189	ASTM D2272	100
39	极压性能(梯姆肯法 OK 值)	SH/T 0203		5000
40	液压油热稳定性	SH/T 0209		250
41	液压油过滤性	SH/T 0210		250
42	分离安定性	SH/T 0214		500
43	液压油水解安定	SH/T 0301		100
44	石油产品密封适应性指数	SH/T 0305		120
45	承载能力(CL-100 齿轮机法)	SH/T 0306		4000
46	润滑油空气释放值	SH/T 0308		200
47	铁谱分析	SH/T 0573		10
48	Fe、Ni、V、Cr、Pb、Al、Cu、Zn、Na、Ca、Mg、P、Si 等元素	ASTM D6595	ASTM D6595	50
49	红外光谱分析	ASTM D2982、ASTM E2412	ASTM D2982、ASTM E2412	10
50	污染度	NAS 1638 和 ISO 4406	NAS 1638 & ISO 4406	100
51	高温高剪切黏度	SH/T 0751	ASTM D4741	200
52	高温沉积物	SH/T 0750	ASTM D6335b, ASTM D7097	20
53	凝胶指数	SH/T 0732	ASTM D5133	40
54	蒸发损失	SH/T 0058	ASTM D5800	100
55	滴点	GB/T 4929		65
56	工作锥入度	GB/T 269	ASTM D217/ ASTM D1403	1560
57	钢网分油	SH/T 0324		40
58	蒸发量	GB/T 7325		30
59	铜片腐蚀	GB/T 7326 乙法		160
60	水淋流失量	SH/T 0109		30
61	抗磨性能	SH/T 0204		130
62	防腐蚀性	GB/T 5018		260
63	延长工作锥入度	GB/T 269	ASTM D217/ ASTM D1403	1600

附录2 基础油技术要求

附表 2-1 MVI 基础油技术要求

项 目		150	300	400	500	600	750	90BS	120BS	150BS	试验方法
运动黏度/(mm²/s)	40℃	28.0~<34.0	50.0~<62.0	74.0~<90.0	90.0~<110	110~<120	135~<160	报告	报告	报告	GB/T 265
	100℃	报告	报告	报告	报告	报告	报告	17.0~<22.0	22.0~<28.0	28.0~<34.0	GB/T 265
外观		透明	透明	透明	透明	透明	透明	透明	透明	透明	目测
色度/号	不大于	1.0	2.0	2.5	3.0	3.5	4.0	5.5	5.5	6.0	GB/T 6540
黏度指数	不小于	80	80	80	80	80	80	80	80	80	GB/T 1995
闪点(开口)/℃	不低于	170	200	210	215	220	225	240	255	270	GB/T 3536
倾点/℃	不高于	-12	-9	-9	-5	-5	-5	-5	-5	-5	GB/T 3535
酸值/(mg KOH/g)	不大于	0.05	0.05	0.05	0.05	0.05	0.05	0.10	0.10	0.10	GB/T 4945①,GB/T 7304
残炭/%	不大于	—	0.02	0.03	0.03	0.035	0.04	0.50	0.50	0.50	GB/T 268,GB/T 17144①
密度(20℃)/(kg/m³)		报告	报告	报告	报告	报告	报告	报告	报告	报告	GB/T 1884,GB/T 1885,SH/T 0604
苯胺点/℃		报告	报告	报告	报告	报告	报告	报告	报告	报告	GB/T 262
硫含量/%		报告	报告	报告	报告	报告	报告	报告	报告	报告	GB/T 387,GB/T 17040,SH/T 0689,SH/T 0253
氮含量/%		报告	报告	报告	报告	报告	报告	报告	报告	报告	GB/T 9170,SH/T 0657
碱性氮含量/%		报告	报告	报告	报告	报告	报告	报告	报告	报告	SH/T 0162
抗乳化度/min	54℃(40-40-0) 不大于	10	15	15	—	—	—	—	—	—	GB/T 7305
	82℃(40-37-3) 不大于	—	—	—	10	10	15	15	15	15	
蒸发损失(Noack法,250℃,1h)/%	不大于	23	—	—	—	—	—	—	—	—	SH/T 0059①,SH/T 0731
氧化安定性(旋转氧弹法)150℃/min	不小于	200	200	200	200	200	200	200	130	130	SH/T 0193

① 为有争议的仲裁方法。

附表 2-2 HVI 基础油技术要求

项 目			HVI							试验方法
			150	200	400	500	650	90BS	120BS	
运动黏度/(mm²/s)	40℃		28.0~<34.0	35.0~<42.0	74~<90.0	90.0~<110	120~<135	报告	报告	GB/T 265
	100℃							17.0~<22.0	22.0~<28.0	
外观			透明	透明	透明	透明	透明	透明	透明	目测
色度/号		不大于	1.5	2.0	3.0	3.5	4.5	4.5	4.5	GB/T 6540
黏度指数		不小于	100	98	95	95	95	95	95	GB/T 1995
闪点(开口)/℃		不低于	200	210	225	235	255	260	265	GB/T 3536
倾点/℃		不高于	-12	-9	-7	-7	-5	-5	-5	GB/T 3535
酸值/(mg KOH/g)		不大于	0.02	0.02	0.03	0.03	0.03	0.03	0.03	GB/T 4945①,GB/T 7304
饱和烃/%			报告	报告	报告	报告	报告	报告	报告	SH/T 0607,SH/T 0753
残炭%		不大于	—	—	0.10	0.15	0.25	0.30	0.60	GB/T 268,GB/T 17144①
密度(20℃)/(kg/m³)			报告	报告	报告	报告	报告	报告	报告	GB/T 1884,GB/T 1885,SH/T 0604
苯胺点/℃			报告	报告	报告	报告	报告	报告	报告	GB/T 262
硫含量/%			报告	报告	报告	报告	报告	报告	报告	GB/T 387,GB/T 17040,SH/T 0689,SH/T 0253
氮含量/%			报告	报告	报告	报告	报告	报告	报告	GB/T 9170,SH/T 0657
减性氮含量/%			报告	报告	报告	报告	报告	报告	报告	SH/T 0162
蒸发损失(Noack法,250℃,1h)/%		不大于	20	15	—	—	—	—	—	SH/T0059①,SH/T 0731
氧化安定性(旋转氧弹法,150℃)/min		不小于	200	200	190	170	150	150	150	SH/T 0193
低温动力黏度(-15℃)/mPa·s			报告	—	—	—	—	—	—	GB/T 6538

① 为有争议的仲裁方法。

269

附表 2-3 **HVIS 基础油技术要求**

项目			HVIS							试验方法
			150	200	400	500	650	120BS	150BS	
运动黏度/(mm²/s)	40℃		28.0~<34.0	35.0~<42.0	74~<90.0	90.0~<110	120~<135	报告	报告	GB/T 265
	100℃		报告	报告	报告	报告	报告	22.0~<28.0	28.0~<34.0	
外观			透明	透明	透明	透明	透明	透明	透明	目测
色度号		不大于	1.0	1.5	2.0	2.5	3.5	4.5	5.0	GB/T 6540
黏度指数		不小于	100	98	95	95	95	95	95	GB/T 1995
闪点(开口)/℃		不低于	200	210	225	235	255	290	300	GB/T 3536
倾点/℃		不高于	-15	-9	-9	-9	-7	-5	-5	GB/T 3535
酸值/(mg KOH/g)		不大于	0.02	0.02	0.03	0.03	0.03	0.03	0.03	GB/T 4945①,GB/T 7304
饱和烃/%			报告	报告	报告	报告	报告	报告	报告	SH/T 0607,SH/T 0735
残炭/%		不大于	—	—	0.10	0.15	0.25	0.50	0.60	GB/T 268,GB/T 17144①
密度(20℃)/(kg/m³)			报告	报告	报告	报告	报告	报告	报告	GB/T 1884,GB/T 1885,SH/T 0604
苯胺点/℃			报告	报告	报告	报告	报告	报告	报告	GB/T 262
硫含量/%			报告	报告	报告	报告	报告	报告	报告	GB/T 387,GB/T 17040,SH/T 0689,SH/T 0253
氮含量/%			报告	报告	报告	报告	报告	报告	报告	GB/T 9170,SH/T 0657
碱性氮含量/%			报告	报告	报告	报告	报告	报告	报告	SH/T 0162
抗乳化度/min	54℃(40-40-0)	不大于	10	10	15	—	—	—	—	GB/T 7305
	82℃(40-37-3)	不大于	—	—	—	15	15	25	25	
蒸发损失(Noack 法,250℃,1h)/%		不大于	20	15	—	—	—	—	—	SH/T 0059①,SH/T 0731
氧化安定性(旋转氧弹法,150℃)/min		不小于	200	200	200	200	200	180	180	SH/T 0193

①为有争议的仲裁方法。

附表 2 - 4　HVIW 基础油技术要求

项　目			150	200	400	500	650	120BS	试验方法
运动黏度/ (mm²/s)	40℃		28.0～<34.0	35.0～<42.0	74～<90.0	90.0～<110	120～<135	报告	GB/T 265
	100℃		报告	报告	报告	报告	报告	22.0～<28.0	
外观			透明	透明	透明	透明	透明	透明	目测
色度号	不大于		1.5	2.0	2.5	3.0	4.50	4.5	GB/T 6540
黏度指数	不小于		100	98	95	95	95	95	GB/T 1995
闪点 (开口)/℃	不低于		200	210	225	235	255	290	GB/T 3536
倾点/℃	不高于		-16	-16	-12	-12	-12	-12	GB/T 3535
酸值 (mgKOH/g)	不大于		0.02	0.02	0.03	0.03	0.03	0.03	GB/T 4945①,GB/T 7304
饱和烃/%	不小于		报告	报告	报告	报告	报告	报告	SH/T 0607, SH/T 0753
残炭%	不大于		—	—	0.10	0.15	0.25	0.60	GB/T 268,GB/T 17144①
密度 (20℃)/(kg/m³)			报告	报告	报告	报告	报告	报告	GB/T 1884,GB/T 1885, SH/T 0604
苯胺点/℃			报告	报告	报告	报告	报告	报告	GB/T 262
硫含量/%			报告	报告	报告	报告	报告	报告	GB/T 387,GB/T 17040, SH/T 0253,SH/T 0689
氮含量/%			报告	报告	报告	报告	报告	报告	GB/T 9170, SH/T 0657
碱性氮含量/%			报告	报告	报告	报告	报告	报告	SH/T 0162
蒸发损失 (Noack 法,250℃,1h)/%	不大于		17	13	—	—	—	—	SH/T 0059①,SH/T 0731
氧化安定性 (旋转氧弹法,150℃)/min	不小于		200	200	200	180	180	150	SH/T 0193
低温动力黏度 (-15℃)/mPa·s	不大于		报告	报告	—	—	—	—	GB/T 6538

①为有争议的仲裁方法。

附表 2-5　HVIH 基础油技术要求

项　目	2	4	5	6	8	10	12	14	120BS (26)	150BS (30)	150BSM (30)	试验方法
运动黏度/(mm²/s)　40℃	报告	报告	报告	报告	报告	报告	报告	报告	报告	报告	报告	GB/T 265
运动黏度　100℃	1.50~<2.50	3.50~<4.50	4.50~<5.50	5.50~<6.50	7.50~<9.00	9.00~<11.0	11.0~<13.0	13.0~<15.0	22.0~<28.0	28.0~<34.0	28.0~<34.0	GB/T 265
外观	透明	透明	透明	透明	透明	透明	透明	透明	透明	透明	透明	目测
色度号　不大于	0.5	0.5	0.5	0.5	0.5	0.5	0.5	0.5	1.0	1.0	1.0	GB/T 6540
黏度指数　不小于	90	100	95	95	95	95	95	95	90	90	80	GB/T 1995
闪点(开口)/℃　不低于	140	180	200	210	220	220	235	255	260	270	270	GB/T 3536
倾点/℃　不高于	-25	-15	-15	-12	-12	-12	-12	-12	-9	-9	-9	GB/T 3535
酸值/(mg KOH/g)　不大于	0.01	0.01	0.01	0.01	0.01	0.01	0.01	0.01	0.02	0.02	0.02	GB/T 4945, GB/T 7304
浊点/℃　不高于	-15	-10	-10	-10	-5	-5	-5	-5	报告	报告	报告	GB/T 6986
饱和烃/%　不小于	90	90	90	90	90	90	90	90	90	90	90	SH/T 0607, SH/T 0753①
密度(20℃)/(kg/m³)	报告	报告	报告	报告	报告	报告	报告	报告	报告	报告	报告	GB/T 1884, GB/T 1885, SH/T 0604
硫含量/%　不大于	50	50	50	50	50	50	50	50	50	50	50	GB/T 17040, SH/T 0689①, SH/T 0253
氧化安定性(旋转氧弹法)150℃/min　不小于	250	250	250	250	250	250	250	250	250	250	250	SH/T 0193
蒸发损失(Noack法,250℃,1h)/%　不大于	—	18	15	13	10	—	—	—	—	—	—	SH/T 0059①, SH/T 0731
抗乳化度/min　54℃(40-40-0)　不大于	10	10	10	10	10	—	—	—	—	—	—	GB/T 7305
82℃(40-37-3)　不大于	—	—	—	—	—	15	15	25	25	25	25	GB/T 7305
低温动力　-25℃	—	报告	—	—	—	—	—	—	—	—	—	GB/T 6538
黏度/mPa·s　-20℃	—	—	报告	报告	—	—	—	—	—	—	—	GB/T 6538

① 为有争议的仲裁方法。

272

附表 2-6　HVIP 基础油技术要求

项目			HVIP								试验方法
			2	4	5	6	8	10	12	14	
运动黏度/(mm²/s)	40℃		报告	报告	报告	报告	报告	报告	报告	报告	GB/T 265
	100℃		1.50~<2.50	3.50~<4.50	4.50~<5.50	5.50~<6.50	7.50~<9.00	9.00~<11.0	11.0~<13.0	13.0~<15.0	
外观			透明	透明	透明	透明	透明	透明	透明	透明	目测
色度/号		不大于	0.5	0.5	0.5	0.5	0.5	0.5	0.5	0.5	GB/T 6540
黏度指数		不小于	110	110	110	110	110	110	110	110	GB/T 1995
闪点(开口)/℃		不低于	140	200	205	210	220	230	230	240	GB/T 3536
倾点/℃		不高于	-30	-18	-18	-18	-15	-15	-15	-15	GB/T 3535
酸值/(mg KOH/g)		不大于	0.01	0.01	0.01	0.01	0.01	0.01	0.01	0.01	GB/T 4945①,GB/T 7304
浊点/℃		不高于	-20	-10	-10	-10	-5	-5	-5	-5	GB/T 6938
饱和烃/%		不小于	90	90	90	90	90	90	90	90	SH/T 0607,SH/T 0753
密度(20℃)/(kg/m³)			报告	报告	报告	报告	报告	报告	报告	报告	GB/T 1884,GB/T 1885,SH/T 0604
硫含量/%		不大于	10	10	10	10	10	10	10	10	GB/T 17040,SH/T 0689①,SH/T 0253
氧化安定性(旋转氧弹法)150℃/min		不小于	300	300	300	300	300	300	300	300	SH/T 0193
蒸发损失(Noack法,250℃,1h)/%		不大于	—	15	13	9	10	—	—	—	SH/T 0059①,SH/T 073
抗乳化度/min	54℃(40-40-0)	不大于	10	10	10	10	—	—	—	—	GB/T 7305
	82℃(40-37-3)	不大于	—	—	—	—	—	15	15	25	
低温动力黏度/mPa·s	-25℃		报告	—	—	—	—	—	—	—	GB/T 6538
	-20℃		—	报告	报告	报告	—	—	—	—	

①为有争议的仲裁方法。

273

附表 2-7 VHVI 基础油技术要求

项 目		VHVI 2	VHVI 4	VHVI 5	VHVI 6	VHVI 8	VHVI 10	VHVI 12	VHVI 14	VHVI 20 (90BS)	试验方法
运动黏度/(mm²/s)	40℃	报告	报告	报告	报告	报告	报告	报告	报告	报告	GB/T 265
	100℃	1.50~<2.50	3.50~<4.50	4.50~<5.50	5.50~<6.50	7.50~<9.00	9.00~<11.0	11.0~<13.0	13.0~<15.0	17.0~<22.0	
外观		透明	透明	透明	透明	透明	透明	透明	透明	透明	目测
色度/号	不大于	0.5	0.5	0.5	0.5	0.5	0.5	0.5	0.5	1.0	GB/T 6540
黏度指数	不小于	120	120	120	120	120	120	120	120	120	GB/T 1995
闪点(开口)/℃	不低于	140	200	205	210	220	230	230	240	265	GB/T 3536
倾点/℃	不高于	-30	-18	-18	-18	-18	-18	-18	-18	-18	GB/T 3535
酸值/(mg KOH/g)	不大于	0.01	0.01	0.01	0.01	0.01	0.01	0.01	0.01	0.02	GB/T 4945,GB/T 7304
浊点/℃	不高于	-20	-10	-10	-10	-5	-5	-5	-5	报告	GB/T 6986
饱和径/%	不小于	90	90	90	90	90	90	90	90	90	SH/T 0607, SH/T 0753①
密度(20℃)/(kg/m³)		报告	报告	报告	报告	报告	报告	报告	报告	报告	GB/T 1884,GB/T 1885, SH/T 0604
硫含量/%	不大于	10	10	10	10	10	10	10	10	10	GB/T 17040,SH/T 0689①, SH/T 0253
氧化安定性(旋转氧弹法)150℃/min	不小于	300	300	300	300	300	300	300	300	300	SH/T 0193
蒸发损失(Noack 法,250℃,1h)/%	不大于	—	15	13	9	—	—	—	—	—	SH/T 0059①, SH/T 0731
抗乳化度/min	54℃(40-40-0) 不大于	10	10	10	10	10	—	—	—	—	GB/T 7305
	82℃(40-37-3) 不大于	—	—	—	—	—	15	15	15	25	
低温动力黏度/mPa·s	-25℃	—	报告	报告	—	—	—	—	—	—	GB/T 6538
	-20℃	—	—	—	报告	—	—	—	—	—	

①为有争议的仲裁方法。

附录3 汽油机油使用要求(GB 11121—2006)

附表 3-1 汽油机油黏温性能要求(GB 11121—2006)

项 目		低温动力黏度/ mPa·s(℃) 不大于	边界泵送 温度/℃ 不大于	运动黏度 (100℃)/ (mm²/s)	黏度指数 不小于	倾点/℃ 不高于
试验方法		GB/T 6538	GB/T 9171	GB/T 265	GB/T 1995、 GB/T 2541	GB/T 3535
质量等级	黏度等级	—	—		—	—
SE、SF	0W/20	3250(−30)	−35	5.6~<9.3	—	−40
	0W/30	3250(−30)	−35	9.3~<12.5	—	
	5W/20	3500(−25)	−30	5.6~<9.3	—	−35
	5W/30	3500(−25)	−35	9.3~<12.5	—	
	5W/40	3500(−25)	−30	12.5~<16.3	—	
	5W/50	3500(−25)	−30	16.3~<21.9	—	
	10W/30	3500(−20)	−25	9.3~<12.5	—	−30
	10W/40	3500(−20)	−25	12.5~<16.3	—	
	10W/50	3500(−20)	−25	16.3~<21.9	—	
	15W/30	3500(−15)	−20	9.3~<12.5	—	−23
	15W/40	3500(−15)	−20	12.5~<16.3	—	
	15W/50	3500(−15)	−20	16.3~<21.9	—	
	20W/40	4500(−10)	−15	12.5~<16.3	—	−18
	20W/50	4500(−10)	−15	16.3~<21.9	—	
	30	—	—	9.3~<12.5	75	−15
	40	—	—	12.5~<16.3	80	−10
	50	—	—	16.3~<21.9	80	−5

项目		低温动力黏度/mPa·s(℃) 不大于	低温泵送黏度/mPs·s(℃) 在无屈服应力时，不大于	运动黏度(100℃)/(mm²/s)	高温高剪切黏度(150℃, 10^6 s^{-1})/mPa·s 不小于	黏度指数 不小于	倾点/℃ 不高于
试验方法		GB/T 6538 ASTM D5293[3]	SH/T 0562	GB/T 265	SH/T 0618[4] SH/T 0703 SH/T 0751	GB/T 1995 GB/T 2541	GB/T 3535
质量等级	黏度等级	—	—	—	—	—	—
SG、SH、GF-1[1]、SJ、GF-2[2]、SL、CF-3	0W/20	6200(-35)	60000(-40)	5.6~<9.3	2.6	—	-40
	0W/30	6200(-35)	60000(-40)	9.3~<12.5	2.9	—	-40
	5W/20	6600(-30)	60000(-35)	5.6~<9.3	2.6	—	-35
	5W/30	6600(-30)	60000(-35)	9.3~<12.5	2.9	—	-35
	5W/40	6600(-30)	60000(-35)	12.5~<16.3	2.9	—	-35
	5W/50	6600(-30)	60000(-35)	16.3~<21.9	3.7	—	-35
	10W/30	7000(-25)	60000(-30)	9.3~<12.5	2.9	—	-30
	10W/40	7000(-25)	60000(-30)	12.5~<16.3	2.9	—	-30
	10W/50	7000(-25)	60000(-30)	16.3~<21.9	3.7	—	-30
	15W/30	7000(-20)	60000(-25)	9.3~<12.5	2.9	—	-25
	15W/40	7000(-20)	60000(-25)	12.5~<16.3	3.7	—	-25
	15W/50	7000(-20)	60000(-25)	16.3~<21.9	3.7	—	-25
	20W/40	9500(-15)	60000(-20)	12.5~<16.3	3.7	—	-20
	20W/50	9500(-15)	60000(-20)	16.3~<21.9	3.7	—	-20
	30	—	—	9.3~<12.5	—	75	-15
	40	—	—	12.5~<16.3	—	80	-10
	50	—	—	16.3~<21.9	—	80	-5

①10W 黏度等级低温动力黏度和低温泵送黏度的试验温度均升高5℃，指标分别为：不大于3500mPa·s 和不大于3000mPa·s。

②10W 黏度等级低温动力黏度的试验温度升高5℃，指标为：不大于3500mPa·s。

③GB/T 6538—2000 正在修订中，在新标准正式发布前0W 油使用 ASTM D5293—04 方法测定。

④为仲裁方法。

附表3-2　汽油机油模拟性能和理化性能要求(GB 11121—2006)

项　目		质量指标							试验方法
		SE	SF	SG	SH	GF-1	SJ	GF	SL、GF-3	
水分(体)/% 不大于		痕迹								GB/T 206
泡沫性(泡沫倾向/泡沫稳定性)　mL /mL										
24℃	不大于	25/0			10/0		10/0		10/0	GB/T 12579①
93.5℃	不大于	150/0			50/0		50/0		50/0	
后24℃	不大于	25/0			10/0		10/0		10/0	
150℃	不大于	—			报告		200/50		100/0	SH/T 0722②

项目	质量指标									试验方法
	SE	SF	SG	SH	GF-1		SJ		GF	SL、GF-3	
蒸发损失/%　不大于		5W/30	10W/30	15W/40	0W 和 5W	所有其他多级油	0W/20 5W/20 5W/30 10W/30	所有其他多级油			
诺亚克法(250℃，1h)或气相色谱法(371℃馏出量)	—	25	20	18	25	20	22	20	22	15	SH/T 0059
方法1	—	20	17	15	20	17					SH/T 0558
方法2	—	—	—	—	—	—	17	15	17	—	SH/T 0695
方法3	—	—	—	—	—	—	17	15	17	10	ASTM D6417
过滤性/%　不大于			5W/30 10W/30	15W/40							
EOFT 流量减少	—	50		无要求	50		50		50	50	ASTM D6795
EOWTT 流量减少											
用0.6%H₂O	—	—	—	—	—		报告		—	50	ASTM D6794
用1.0%H₂O	—	—	—	—	—		报告		—	50	
用2.0%H₂O	—	—	—	—	—		报告		—	50	
用3.0%H₂O	—	—	—	—	—		报告		—	50	
均匀性和混合性	—	与SAE参比油混合均匀									ASTM D6922
高温沉积物/mg　不大于											
TEOST	—	—	—	—	—		60		60	—	SH/T 0750
TEOST MHT	—	—	—	—	—		—		—	45	ASTM D7097
凝胶指数　不大于	—	—	—	—	—		12 无要求		12④	12④	SH/T 0732
机械杂质　不大于	0.01										GB/T 511
闪点(开口)/℃(黏度等级)　不低于	200(0W5W 多级油)；205(10W 多级油)；215(15W、20W 多级油)；220(30)；225(40)；230(50)										GB/T 3536
磷/%　不大于	报告		0.12⑤		0.12		0.10⑥		0.10	0.10g	GB/T 17476⑧ SH/T 0296 SH/T 0631 SH/T 0749

①对于 SG、SH、GF-1、SJ、GF-2、SL 和 GF-3，需首先进行步骤 A 试验。

②为 1 min 后测定稳定体积。对于 SL 和 GF-3，可根据需要确定是否首先进行步骤 A 试验。

③对于 SF、SG 和 SH，除规定了指标的 5W/30、10W/30 和 15W/40 之外的所有其他多级油均为"报告"。

④对于 GF-2 和 GF-3，凝胶指数试验是从-5℃开始降温指导黏度直到 40000(40Pa·s)时的温度或温度达到-40℃时试验结束，任何一个结果先出现即视为试验结束。

⑤仅适用于 5W/30 和 10 W/30 黏度等级。

⑥仅适用于 0W/20、5W/20、5W/30 和 10W/30 黏度等级。

⑦仅适用于 0W/20、5W/20、0W/30、5W/30 和 10W/30 黏度等级。

⑧仲裁方法。

附表 3-3　汽油机油理化性能要求（GB 11121—2006）

项目	质量指标		试验方法
	SE、SF	SG、SH、GF-1、SI、GF-2、SL、GF-3	
碱值[①]/（mgKOH/g）	报告		SH/T0251
硫酸盐灰分[①]/%	报告		GB/T 2433
硫[①]/%	报告		GB/T 387、GB/T 388、GB/T 11140、GB/T 17040、GB/T 17476、SH/T 0172、SH/T 0631、SH/T 0749
磷[①]/%	报告	见附表 3-2	GB/T 17476、SH/T 0296、SH/T 0631、SH/T 0749
氮[①]/%	报告		GB /T 9170、SH/T 0656、SH/T 0704

①生产者在每批产品出厂时要向使用者或经销者报告该项目的实测值，有争议时以发动机台架试验结果为准。

附表 3-4　SE 级汽油机油的技术要求（GB 11121—2006）

质量等级	项目		质量指标	试验方法
SE	L-38 发动机试验			SH/T 0265
	轴瓦失重[①]/mg	不大于	40	
	剪切安定性[②]			SH/T 0265
	100℃ 运动黏度		在本等级油黏度范围之内（适用于多级油）	GB/T 265
	程序 ⅡD 发动机试验			SH/T 0512
	发动机锈蚀平均评分	不小于	8.5	
	挺杆黏结数		—	
	程序 ⅢD 发动机试验			SH/T 0513
	黏度增长(40℃，40h)/%	不大于	375	SH/T 0783
	发动机平均评分(64h)			
	发动机油泥平均评分	不小于	9.2	
	活塞裙部漆膜平均评分	不小于	9.1	
	油环台沉积物平均评分	不小于	4.0	
	环黏结		—	
	挺杆黏结		—	
	擦伤和磨损(64h)			
	凸轮或挺杆擦伤		—	
	凸轮加挺杆磨损/mm			
	平均值	不大于	0.102	
	最大值	不大于	0.254	
	程序 ⅤD 发动机试验			SH/T 0514
	发动机油泥平均评分	不小于	9.2	SH/T 0672
	活塞裙部漆膜平均评分	不小于	6.4	
	发动机漆膜平均评分	不小于	6.3	
	机油滤网堵塞/%	不大于	10.0	
	油环堵塞/%	不大于	10.0	
	压缩环黏结		—	
	凸轮磨损/mm			
	平均值		报告	
	最大值		报告	

附表 3-5　SF 级汽油机油的技术要求（GB 11121—2006）

质量等级	项目		质量指标	试验方法
SF	L-38 发动机试验			SH/T 0265
	轴瓦失重[①]/mg	不大于	40	
	剪切安定性[②]			SH/T 0265
	100℃运动黏度		在本等级油黏度范围之内（适用于多级油）	GB/T 265
	程序ⅡD 发动机试验			SH/T 0512
	发动机锈蚀平均评分	不小于	8.5	
	挺杆黏结数		—	
	程序ⅢD 发动机试验（64h）			SH/T 0513
	黏度增长（40℃）/%	不大于	375	SH/T 0783
	发动机平均评分			
	发动机油泥平均评分	不小于	9.2	
	活塞裙部漆膜平均评分	不小于	9.2	
	油环台沉积物平均评分	不小于	4.8	
	环黏结		—	
	挺杆黏结		—	
	擦伤和磨损			
	凸轮或挺杆擦伤		—	
	凸轮加挺杆磨损/mm			
	平均值	不大于	0.102	
	最大值	不大于	0.203	
	程序ⅤD 发动机试验			SH/T 0514
	发动机油泥平均评分	不小于	9.4	SH/T 0672
	活塞裙部漆膜平均评分	不小于	6.7	
	发动机漆膜平均评分	不小于	6.6	
	机油滤网堵塞/%	不大于	7.5	
	油环堵塞/%	不大于	10.0	
	压缩环黏结		—	
	凸轮磨损/mm			
	平均值	不大于	0.025	
	最大值	不大于	0.064	

附表 3-6　SG 级汽油机油的技术要求（GB 11121—2006）

质量等级	项目		质量指标	试验方法
SG	L-38 发动机试验			SH/T 0265
	轴瓦失重/mg　不大于		40	
	活塞裙部漆膜评分　不小于		9.0	
	剪切安定性，运转 10h 后的运动黏度		在本等级油黏度范围之内（适用于多级油）	SH/T 0265 GB/T 265
	程序ⅡD 发动机试验			SH/T 0512
	发动机锈蚀平均评分　　不小于		8.5	
	挺杆黏结数		—	
	程序ⅢE 发动机试验			SH/T 0758
	黏度增长(40℃，375%)/h　不小于		64	
	发动机油泥平均评分　　不小于		9.2	
	活塞裙部漆膜平均评分　不小于		8.9	
	油环台沉积物平均评分　不小于		3.5	
	环黏结(与油相关)		—	
	挺杆黏结		—	
	擦伤和磨损(64h)			
	凸轮或挺杆擦伤		—	
	凸轮加挺杆磨损/mm			
	平均值	不大于	0.030	
	最大值	不大于	0.064	
	程序ⅤE 发动机试验			SH/T 0759
	发动机油泥平均评分　　不小于		9.0	
	摇臂罩油泥评分　　　　不小于		7.0	
	活塞裙部漆膜平均评分　不小于		6.5	
	发动机漆膜平均评分　　不小于		5.0	
	机油滤网堵塞/%　　　　不大于		20.0	
	油环堵塞/%		报告	
	压缩环黏结(热黏结)		—	
	凸轮磨损/mm			
	平均值	不大于	0.130	
	最大值	不大于	0.380	

附表 3-7　SH 级汽油机油的技术要求(GB 11121—2006)

质量等级	项目		质量指标	试验方法
	L-38 发动机试验			SH/T 0265
	轴瓦失重/mg	不大于	40	
	剪切安定性,运转 10h 后的运动黏度		在本等级油黏度范围之内(适用于多级油)	SH/T 0265、GB/T 265
	或			
	程序 Ⅷ 发动机试验			ASTM D6709
	轴瓦失重/mg	不大于	26.4	
	剪切安定性,运转 10h 后的运动黏度		在本等级油黏度范围之内(适用于多级油)	
	程序 ⅡD 发动机试验			SH/T 0512
	发动机锈蚀平均评分	不小于	8.5	
	挺杆黏结数		—	
	或			
	球锈蚀试验			GB/T 0763
	平均灰度值/分	不小于	100	
	程序 ⅢE 发动机试验			SH/T 0758
	黏度增长(40℃,375%)/h	不小于	64	
	发动机油泥平均评分	不小于	9.2	
	活塞裙部漆膜平均评分	不小于	8.9	
	油环台沉积物平均评分	不小于	3.5	
	环黏结(与油相关)		—	
	挺杆黏结		—	
	擦伤和磨损(64h)			
	凸轮或挺杆擦伤		—	
	凸轮加挺杆磨损/mm			
	平均值	不大于	0.030	
	最大值	不大于	0.064	
	或			
SH	程序 ⅢF 发动机试验			ASTM D6984
	运动黏度增长(40℃,80h)/%	不大于	325	
	活塞裙部漆膜平均评分	不小于	8.5	
	活塞沉积物评分	不小于	3.2	
	凸轮加挺杆磨损/mm	不大于	0.020	
	热黏环		—	
	程序 ⅤE 发动机试验			SH/T 0759
	发动机油泥平均评分	不小于	9.0	
	摇臂罩油泥评分	不小于	7.0	
	活塞裙部漆膜平均评分	不小于	6.5	
	发动机漆膜平均评分	不小于	5.0	
	机油滤网堵塞/%	不大于	20.0	
	油环堵塞/%		报告	
	压缩环热黏结(热黏结)		—	
	凸轮磨损/mm			
	平均值	不大于	0.127	
	最大值	不大于	0.380	
	或			
	程序 ⅣA 阀系磨损试验			ASTM D6891
	平均凸轮磨损/mm	不大于	0.120	
	加			
	程序 ⅤG 发动机试验			ASTM D6593
	发动机油泥平均评分	不小于	7.8	
	摇臂罩油泥评分	不小于	3.0	
	活塞裙部漆膜平均评分	不小于	7.5	
	发动机漆膜平均评分	不小于	8.9	
	机油滤网堵塞/%	不大于	20.0	
	压缩环黏结		—	

附表 3-8 GF-1 级汽油机油的技术要求（GB 11121—2006）

质量等级	项目		质量指标	试验方法
	L-38 发动机试验			SH/T 265
	轴瓦失重/mg	不大于	40	
	活塞裙部漆膜评分	不小于	9.0	
	剪切安定性，运转 10h 后的运动黏度		在本等级油黏度范围之内（适用于多级油）	SH/T 0265 GB/T 265
	程序ⅡD 发动机试验			SH/T 0512
	发动机锈蚀平均评分	不小于	8.5	
	挺杆黏结数		—	
	程序ⅢE 发动机试验			SH/T 0758
	黏度增长(40℃，64h)/%	不大于	375	
	发动机油泥平均评分	不小于	9.2	
	活塞裙部漆膜平均评分	不小于	8.9	
	油环台沉积物平均评分	不小于	3.5	
	环黏结（与油相关）		—	
	挺杆黏结			
	擦伤和磨损			
GF-1	凸轮或挺杆擦伤		—	
	凸轮加挺杆磨损/mm			
	平均值	不大于	0.030	
	最大值	不大于	0.064	
	油耗/L	不大于	5.1	
	程序ⅤE 发动机试验			SH/T 0759
	发动机油泥平均评分	不小于	9.0	
	摇臂罩油泥评分	不小于	7.0	
	活塞裙部漆膜平均评分	不小于	6.5	
	发动机漆膜平均评分	不小于	5.0	
	机油滤网堵塞/%	不大于	20.0	
	油环堵塞/%		报告	
	压缩环黏结（热黏结）		—	
	凸轮磨损 mm			
	平均值	不大于	0.130	
	最大值	不大于	0.380	
	程序Ⅵ发动机试验			SH/T 0757
	燃料经济性改进评价/%	不小于	2.7	

282

附表 3-9 SJ 级汽油机油的技术要求（GB 11121—2006）

质量等级	项目		质量指标	试验方法
	L-38 发动机试验			SH/T 0265
	轴瓦失重/mg	不大于	40	
	剪切安定性，运转 10h 后的运动黏度		在本等级油黏度范围之内（适用于多级油）	SH/T 0265、GB/T 265
	或			
	程序ⅤⅢ发动机试验			ASTM D6709
	轴瓦失重/mg	不大于	26.4	
	剪切安定性，运转 10h 后的运动黏度		在本等级油黏度范围之内（适用于多级油）	
	程序ⅡD 发动机试验			SH/T 0512
	发动机锈蚀平均评分	不小于	8.5	
	挺杆黏结数		—	
	或			
	球锈蚀试验			SH/T 0763
	平均灰度值/分	不小于	100	
	程序ⅢE 发动机试验			SH/T 0758
	黏度增长（40℃，375%）/h	不小于	64	
	发动机油泥平均评分	不小于	9.2	
	活塞裙部漆膜平均评分	不小于	8.9	
	油环台沉积物平均评分	不小于	3.5	
	环黏结（与油相关）			
	挺杆黏结			
	擦伤和磨损（64h）			
	凸轮或挺杆擦伤			
	凸轮加挺杆磨损/mm			
	平均值	不大于	0.030	
	最大值	不大于	0.064	
	或			
SJ	程序ⅢF 发动机试验			ASTM D6984
	运动黏度增长（40℃，60h）/%	不大于	325	
	活塞裙部漆膜平均评分	不小于	8.5	
	活塞沉积物评分	不小于	3.2	
	凸轮加挺杆磨损/mm	不大于	0.020	
	热黏环		—	
	程序ⅤE 发动机试验			SH/T 0795
	发动机油泥平均评分	不小于	9.0	
	臂罩油泥评分	不小于	7.0	
	活塞裙部漆膜平均评分	不小于	6.5	
	发动机漆膜平均评分	不小于	5.0	
	机油滤网堵塞/%	不大于	20.00	
	油环堵塞/%		报告	
	压缩环黏结（热黏结）		—	
	凸轮磨损/mm			
	平均值	不大于	0.0127	
	最大值	不大于	0.380	
	或			
	程序ⅣA 阀系磨损试验			ASTM D6891
	平均凸轮磨损/mm	不大于	0.120	
	加			
	程序ⅤG 发动机试验			ASTM D6593
	发动机油泥平均评分	不小于	7.8	
	摇臂罩油泥评分	不小于	8.0	
	活塞裙部漆膜平均评分	不小于	7.5	
	发动机漆膜平均评分	不小于	8.9	
	机油滤网堵塞/%	不大于	20.0	
	压缩环热黏结		—	

附表 3-10 GF-2 级汽油机油的技术要求(GB 11121—2006)

质量等级	项目		质量指标	试验方法
GF-2	L-38 发动机试验			SH/T 0265
	轴瓦失重/mg	不大于	40	
	剪切安定性，运转 10h 后的运动黏度		在本等级油黏度范围之内（适用于多级油）	SH/T 0625 GB/T 265
	程序ⅡD 发动机试验			SH/T 0512
	发动机锈蚀平均评分	不小于	8.5	
	挺杆黏结数		—	
	程序ⅢE 发动机试验			SH/T 0758
	黏度增长(40℃，375%)/h	不小于	64	
	发动机油泥平均评分	不小于	9.2	
	活塞裙部漆膜平均评分	不小于	8.9	
	油环台沉积物平均评分	不小于	3.5	
	环黏结(与油相关)			
	凸轮加挺杆磨损/mm			
	平均值	不大于	0.030	
	最大值	不大于	0.064	
	油耗/L	不大于	5.1	
	程序ⅤE 发动机试验			SH/T 0759
	发动机油泥平均评分	不小于	9.0	
	摇臂罩油泥评分	不小于	7.0	
	活塞裙部漆膜平均评分	不小于	6.5	
	发动机漆膜平均评分	不小于	5.0	
	机油滤网堵塞/%	不大于	20.0	
	油环堵塞/%		报告	
	压缩环黏结(热黏结)		—	
	凸轮磨损/mm			
	平均值	不大于	0.127	
	最大值	不大于	0.380	
	活塞内腔顶郊沉积物		报告	
	环台沉积物		报告	
	汽缸筒磨损		报告	
	程序ⅥA 发动机试验			ASTM D6202
	燃料经济性改进评价/%	不小于		
	0W-20 和 5W-20		1.4	
	其他 0W-XX 和 5W-XX		1.1	
	10W-XX		0.5	

附表 3-11　SL 级汽油机油的技术要求 (GB 11121—2006)

质量等级	项目		质量指标	试验方法
SL	程序ⅤⅢ发动机试验			ASTM D6709
	轴瓦失重/mg	不大于	26.4	
	剪切安定性，运转 10h 后的运动黏度		在本等级油黏度范围之内 （适用于多级油）	
	球锈蚀试验			SH/T 0763
	平均灰度值/分	不小于	100	
	程序ⅢF 发动机试验			ASTM D6984
	运动黏度增长(40℃，80h)/%	不大于	275	
	活塞裙部漆膜平均评分	不小于	9.0	
	活塞沉积物评分	不小于	4.0	
	凸轮加挺杆磨损/mm	不大于	0.020	
	热黏环		—	
	低温黏度性能⑤		报告	GB/T 6538、SH/T 0562
	程序ⅤE 发动机试验			SH/T 0759
	平均凸轮磨损/mm	不大于	0.127	
	最大凸轮磨损/mm	不大于	0.380	
	程序ⅣA 阀系磨损试验			ASTM D6891
	平均凸轮磨损/mm	不大于	0.120	
	程序ⅤG 发动机试验			ASTM D6593
	发动机油泥平均评分	不小于	7.8	
	摇臂罩油泥评分	不小于	8.0	
	活塞裙部漆膜平均评分	不小于	7.5	
	发动机漆膜平均评分	不小于	8.9	
	机油滤网堵塞/%	不大于	20.0	
	压缩环热黏结		—	
	环的冷黏结		报告	
	机油滤网残渣/%		报告	
	油环堵塞/%		报告	

附表 3-12　GF-3 级汽油机油的技术要求（GB 11121—2006）

质量等级	项目		质量指标			试验方法
GF-3	程序ⅤⅢ发动机试验					ASTM D6709
	轴瓦失重/mg　　不大于		26.4			
	剪切安定性，运转 10h 后的运动黏度		在本等级油黏度范围之内 （适用于多级油）			
	球锈蚀试验					SH/T 0763
	平均灰度值/分	不小于	100			
	程序ⅢF发动机试验					ASTM D6984
	运动黏度增长(40℃，80h)/%	不大于	275			
	活塞裙部漆膜平均评分	不小于	9.0			
	活塞沉积物评分	不小于	4.0			
	凸轮加挺杆磨损/mm	不大于	0.020			
	热黏环		不允许			
	油耗/L	不大于	5.2			GB/T 6538
	低温黏度性能ᶜ		报告			SH/T 0562
	程序ⅤE发动机试验					SH/T 0759
	平均凸轮磨损/mm	不大于	0.127			
	最大凸轮磨损/mm	不大于	0.380			
	程序ⅣA阀系磨损试验					ASTM D6891
	平均凸轮磨损/mm	不大于	0.120			
	程序ⅤG发动机试验					ASTM D6593
	发动机油泥平均评分	不小于	7.8			
	摇臂罩油泥评分	不小于	8.0			
	活塞裙部漆膜平均评分	不小于	7.5			
	发动机漆膜平均评分	不小于	8.9			
	机油滤网堵塞/%	不大于	20.0			
	压缩环黏结					
	环的冷黏结		报告			
	机油滤网残渣/%		报告			
	油环堵塞/%		报告			
	程序ⅥB发动机试验		0W-20 5W-20	0W-30 5W-30	10W-30 和其他 多级油	ASTM D6837
	16h 老化后燃料经济性改进评价，FEI 1/%	不小于	2.0	1.6	0.9	
	96h 老化后燃料经济性改进评价，FEI 2/%	不小于	1.7	1.3	0.6	
	FEI 1+FEI 2/%	不小于		3.0	1.6	

注 1. 对于一个确定的汽油机油配方，不可随意更换基础油，也不可随意进行黏度等级的延伸。在基础油必须变更时，应按照 API 1509 附录 E"轿车发动机油和柴油机油 API 基础油互换准则"进行相关的试验并保留试验结果备查；在进行黏度等级延伸时，应按照 API 1509 附录 F "SAE 黏度等级发动机试验的 API 导则"进行相关的试验并保留试验结果备查。

　2. 发动机台架试验的相关说明参见 ASTM D4485"S 发动机油类别"中的脚注。

　a 亦可用 SH/T Q254 方法评定，指标为轴瓦失重不大于 25 mg。

　b 按 SH/T 0265 方法运转 10h 后取样，采用 GB/T 265 方法测定 100℃运动瀚度，在用 SH/T 0264 方法评定轴瓦腐蚀时，剪切安定性用 SH/T 0505 方法测定，指标不变。如有争议以 SH/T 0265 和 GB/T 265 方法为准。

　c 根据油品低温等级所指定的温度，使用试验方法 GB/T 6538 和 SH/T 0562 测定 80h 试验后的油样。

附录4 柴油机油技术要求和试验方法(GB 11122—2006)

附表 4-1 柴油机油黏温性能要求(GB 11122—2006)

项目		低温动力黏度/ mPa·s(℃) 不大于	边界泵送 温度/℃ 不高于	运动黏度 (100℃)/ (mm²/s)	高温高剪切黏度 (150℃,10⁶s⁻¹)/ mPa·s 不小于	黏度指数 不小于	倾点/℃ 不高于
试验方法		GB/T 6538	GB/T 9171	GB/T 265	SH/T 0618②、 SH/T 0703、 SH/T 0751	GB/T 1995 GB/T 2541	GB/T 3535
质量等级	黏度等级	—	—	—	—	—	—
CC①、CD	0W/20	3250(-30)	-35	5.6~<9.3	2.6		—
	0W/30	3250(-30)	-35	9.3~<12.5	2.9		-40
	0W/40	3250(-30)	-35	12.5~<16.3	2.9		
	5W/20	3500(-25)	-30	5.6~<9.3	2.6		
	5W/30	3500(-25)	-30	9.3~<12.5	2.9		
	5W/40	3500(-25)	-30	12.5~<16.3	2.9		-35
	5W/50	3500(-25)	-30	16.3~<21.9	3.7		
	10W/30	3500(-20)	-25	9.3~<12.5	2.9		
	10W/40	3500(-20)	-25	12.5~<16.3	2.9		-30
	10W/50	3500(-20)	-25	16.3~<21.9	3.7		
	15W/30	3500(-15)	-20	9.3~<12.5	2.9		
	15W/40	3500(-15)	-20	12.5~<16.3	3.7		-23
	15W/50	3500(-15)	-20	16.3~<21.9	3.7		
	20W/40	4500(-10)	-15	12.5~<16.3	3.7		
	20W/50	4500(-10)	-15	16.3~<21.9	3.7		-18
	20W/60	4500(-10)	-15	21.9~<26.1	3.7		
	30	—	—	9.3~<12.5	—	75	-15
	40	—	—	12.5~<16.3	—	80	-10
	50	—	—	16.3~<21.9	—	80	-5
	60	—	—	21.9~<26.1	—	80	-5

①CC 不要求测定高温高剪切黏度。

②为仲裁方法。

287

项目		低温动力黏度/mPa·s(℃)不大于	低温泵送黏度/mPa·s(℃)在无屈服应力时,不大于	运动黏度(100℃)/(mm²/s)	高温高剪切黏度(150℃,10⁶s⁻¹)/mPa·s 不小于	黏度指数不小于	倾点/℃不高于
试验方法		GB/T 6538、ASTM D5293[2]	SH/T 0562	GB/T 265	SH/T 0618[3]、SH/T 0703、SH/T 0751	GB/T 1995 GB/T 2541	GB/T 3535
质量等级	黏度等级	—	—	—	—	—	—
CF CF-4 CH-4 CI-4[1]	0W/20	6200(-35)	60000(-40)	5.6~<9.3	2.6	—	-40
	0W/30	6200(-35)	60000(-40)	9.3~<12.5	2.9	—	
	0W/40	6200(-35)	60000(-40)	12.5~<16.3	2.9	—	
	5W/20	6600(-30)	60000(-35)	5.6~<9.3	2.6	—	-35
	5W/30	6600(-30)	60000(-35)	9.3~<12.5	2.9	—	
	5W/40	6600(-30)	60000(-35)	12.5~<16.3	2.9	—	
	5W/50	6600(-30)	60000(-35)	16.3~<21.9	3.7	—	
	10W/30	7000(-25)	60000(-30)	9.3~<12.5	2.9	—	-30
	10W/40	7000(-25)	60000(-30)	12.5~<16.3	2.9	—	
	10W/50	7000(-25)	60000(-30)	16.3~<21.9	3.7	—	
	15W/30	7000(-20)	60000(-25)	9.3~<12.5	2.9	—	-25
	15W/40	7000(-20)	60000(-25)	12.5~<16.3	3.7	—	
	15W/50	7000(-20)	60000(-25)	16.3~<21.9	3.7	—	
	20W/40	9500(-15)	60000(-20)	12.5~<16.3	3.7	—	-20
	20W/50	9500(-15)	60000(-20)	16.3~<21.9	3.7	—	
	20W/60	9500(-15)	60000(-20)	21.9~<26.1	3.7	—	
	30	—	—	9.3~<12.5	—	75	-15
	40	—	—	12.5~<16.3	—	80	-10
	50	—	—	16.3~<21.9	—	80	-5
	60	—	—	21.9~<26.1	—	80	-5

①CI-4 所有黏度等级的高温高剪切黏度均为不小于 3.5mPa·s,但当 SAE J300 指标高于 3.5mPa·s 时,允许以 SAE J300 为准。

②GB/T 6538—2000 正在修订中,在新标准正式发布前 0W 油使用 ASTM D5293—04 方法测定。

③为仲裁方法。

附表 4-2 柴油机油理化性能要求(GB 11122—2006)

项目		质量指标					试验方法
		CC CD	CF CF-4	CH-4		CI-4	
水分(体)/%	不大于	痕迹	痕迹	痕迹		痕迹	GB/T 260
泡沫性(泡沫倾向/泡沫稳定性)/ (mL/mL)							GB/T12579[①]
24℃	不大于	25/0	20/0	10/0		10/0	
93.5℃	不大于	150/0	50/0	20/0		20/0	
后24℃	不大于	25/0	20/0	10/0		10/0	
蒸发损失/%	不大于			10W-30	15W-40		
诺亚克法(250℃,1h)		—	—	20	18	15	SH/T 0059
或气相色谱法(371℃馏出量)		—	—	17	15		ASTMD6417
机械杂质/%	不大于	0.01					GB/T 511
闪点(开口)/℃(黏度等级)	不低于	200(0W、5W 多级油);205(10W 多级油);215(15W、 20W 多级油);220(30);225(40);230(50);240(60)					GB/T 3536

项目	质量指标		试验方法
	CC、CD、CF、CF-4、CH-4、CI-4		
碱值[②]/(mgKOH/g)	报告		SH/T 0251
硫酸盐灰分[②]/%	报告		GB/T 2433
硫[②]/%	报告		GB/T 387、GB/T 388、GB/T 1140、 GB/T 17040、GB/T 17476、SH/T 0172、 SH/T 0631、SH/T 0749
磷[②]/%	报告		GB/T 17476、SH/T 0296、SH/T 0631、SH/ T 0749
氮[②]/%	报告		GB/T 9170、SH/T 0656、SH/T 0704

①CH-4、CI-4 不允许使用步骤 A。

②生产者在每批产品出厂时要向使用者或经销者报告该项目的实测值,有争议时以发动机台架试验结果为准。

附表 4-3 CC、CD、CF 级柴油机油使用性能要求(GB 11122—2006)

品种代号	项目		质量指标	试验方法
CC	L-38 发动机试验			SH/T 0265
	轴瓦失重[①]/mg	不大于	50	
	活塞裙部漆膜评分	不大于	9.0	
	剪切安定性[②]		在本等级油黏度范围之内	SH/T 0265
	100℃运动黏度/(mm²/s)		(适用于多级油)	GB/T 265
	高温清净性和抗磨试验(开特皮勒 1H2 法)			GB/T 9932
	顶环槽积炭填充体积(体)/%	不大于	45	
	总缺点加权评分	不大于	140	
	活塞环侧间隙损失/mm	不大于	0.013	

品种代号	项目		质量指标			试验方法
CD	L-38 发动机试验					SH/T 0265
	轴瓦失重[①]/mg	不大于	50			
	活塞裙部漆膜评分	不小于	9.0			
	剪切安定性[②]		在本等级油黏度范围之内			SH/T 0265
	100℃运动黏度/(mm²/s)		（适用于多级油）			GB/T 265
	高温清净性和抗磨试验（开特皮勒 1G2 法）					GB/T 9933
	顶环槽积炭填充体积/%（体积）	不大于	80			
	总缺点加权评分	不大于	300			
	活塞环侧间隙损失/mm	不大于	0.013			
CF	L-38 发动机试验		一次试验	二次试验平均	三次试验平均[③]	SH/T 0265
	轴瓦失重/mg	不大于	43.7	48.1	50.0	
	剪切安定性		在本等级油黏度范围之内			SH/T 0265
	100℃运动黏度/(mm²/s)		（适用于多级油）			GB/T 265
	或					
	程序Ⅷ发动机试验					ASTM D6709
	轴瓦失重/mg	不大于	29.3	31.9	33.0	
	剪切安定性		在本等级油黏度范围之内			
	100℃运动黏度/(mm²/s)		（适用于多级油）			
	开特皮勒 1M-PC 试验		二次试验平均	三次试验平均	四次试验平均	ASTM D6618
	总缺点加权评分（WTD）	不大于	240			
	顶环槽充炭率（TGF）（体）/%	不大于	70[⑤]	MTAC[④]	MTAC	
	环侧间隙损失/mm	不大于	0.013			
	活塞环黏结		无			
	活塞、环和缸套擦伤		无			

①亦可用 SH/T 0264 方法评定，指标为轴瓦失重不大于 25mg。

②按 SH/T 0265 方法运转 10h 后取样，采用 GB/T 265 方法测定 100℃运动黏度。在用 SH/T 0264 评定轴瓦腐蚀时，剪切安定性用 SH/T 0505 和 GB/T 265 方法测定，指标不变。如有争议时，以 SH/T 0265 和 GB/T 265 方法为准。

③如进行三次试验，允许有一次试验结果偏离。确定试验结果是否偏离的依据是 ASTM E178。

④MTAC 为"多次试验通过准则"的英文缩写。

⑤如进行三次或三次以上试验，一次完整的试验结果可以被舍弃。

品种代号	项目			质量指标			试验方法
	L-38 发动机试验						SH/T 0265
	轴瓦失重/mg	不大于		50			SH/T 0265
	剪切定定性			在本等级油黏度范围之内			SH/T 0265
	100℃运动黏度/(mm²/s)			（适用于多级油）			GB/T 265
	或						
	程序Ⅷ发动机试验						ASTM D6709
	轴瓦失重/mg	不大于		33.0			
	剪切定定性			在本等级油黏度范围之内			
	100℃运动黏度/(mm²/s)			（适用于多级油）			
	开特皮勒 1K 试验①			二次试验平均	三次试验平均	四次试验平均	SH/T 0782
	缺点加权评分(WDK)	不大于		332	339	342	
	顶环槽充炭率(TCF)/%(体积)	不大于		24	26	27	
	顶环台重炭率(TLHC)/%	不大于		4	4	5	
	平均油耗(0~252h)/(g·kW/h)	不大于		0.5	0.5	0.5	
	最终油耗(228~252h)/(g·kW/h)			0.27	0.27	0.27	
	活塞环黏结			无	无	无	
	活塞环和缸套擦伤			无	无	无	
CF-4	MackT-6 试验						ASTM RR:
	优点评分	不小于		90			D-2-1219
	或						或
	MackT-9 试验						SH/T 0761
	平均顶环失重/mg	不大于		150			
	缺套磨损/mm	不大于		0.040			
	MackT-7 试验						ASTM RR:
	后 50h 运动黏度平均增长率(100℃)/(mm²/s·h)			0.040			D-2-1220
		不大于					
	或						或
	MackT-8 试验(T8-A)						SH/T 0760
	100-150h 运动黏度平均增长率(100℃)/(mm²/s·h)			0.20			
		不大于					
	腐蚀试验						SH/T 0723
	铜浓度增加/(mg/kg)	不大于		20			
	铅浓度增加/(mg/kg)	不大于		60			
	锡浓度增加/(mg/kg)			报告			
	铜片腐蚀/级	不大于		3			GB/T 5096

　　①由于缺乏关键性试验部件，康明斯 NTC 400 不能再作为一个标定试验，在这一等级上需要使用一个两次的 1K 试验和模拟腐蚀试验取代康明斯 NTC 400。按照 ASTM D4485—94 的规定，在过去标定的试验台架上运行康明斯 NTC 400 试验所获得的数据也可用以支持这一等级。原始的康明斯 NTC 400 的限值为：

　　凸轮轴滚轮随动件销磨损：不大于 0.051mm；

　　顶环台(台)沉积物，重炭覆盖率，平均值(%)：不大于 15；

　　油耗，g/s：试验油耗第二回归曲线应完全落在公布的平均值加上参考油标准偏差之内。

附表 4-5　CH-4 级柴油机油使用性能要求（GB 11122—2006）

品种代号	项目		质量指标			试验方法
	柴油喷嘴剪切试验		XW-30①	XW-40①		ASTM D6278
	剪切定后的100℃运动黏度/(mm²/s)	不小于	9.3	12.5		GB/T 265
	开特皮勒 1K 试验		一次试验平均	二次试验平均	三次试验平均	SH/T 0782
	缺点加权评分（WDK）	不大于	332	347	353	
	顶环槽充炭率（TGF）（体）/%	不大于	24	27	29	
	顶环台重炭率（TLHC）/%	不大于	4	5	5	
	油耗(0~252h)/(g·kW/h)	不大于	0.5	0.5	0.5	
	活塞、环和缸套擦伤		无	无	无	
	开特皮勒 1P 试验		一次试验平均	二次试验平均	三次试验平均	ASTM D6681
	缺点加权评分（WDP）	不大于	350	378	390	
	顶环槽炭（TGC）缺点评分	不大于	36	39	41	
	顶环台炭（TLC）缺点评分	不大于	40	46	49	
	平均油耗(0~360h)/(g/h)	不大于	12.4	12.4	12.4	
	最终油耗(312~360h)/(g/h)	不大于	14.6	14.6	14.6	
	活塞、环和缸套擦伤		无	无	无	
	Mack T-9 试验		一次试验平均	二次试验平均	三次试验平均	SH/T 0761
	修正到 1.75% 烟炱量的平均缸套磨损/mm	不大于	0.0254	0.0266	0.0271	
	平均顶环失重/mg	不大于	120	136	144	
	用过油铅变化量/(mg/kg)	不大于	25	32	36	
CH-4	Mack T-8 试验（T-8E）		一次试验平均	二次试验平均	三次试验平均	SH/T 0760
	4.8% 烟炱量的相对黏度（RV）②	不大于	2.1	2.2	2.3	
	3.8% 烟炱量的黏度增长/(mm²/s)	不大于	11.5	12.5	13.0	
	滚轮随动件磨损试验（RFWT）		一次试验平均	二次试验平均	三次试验平均	ASTM D5966
	液压滚轮挺杆销平均磨损/mm	不大于	0.0076	0.0084	0.0091	
	康明斯 M11（HST）试验		一次试验平均	二次试验平均	三次试验平均	ASTM D6838
	修正到 4.5% 烟炱量的摇臂垫平均失重/mg	不大于	6.5	7.5	8.0	
	机油滤清器压差/kPa	不大于	79	93	100	
	平均发动机油泥，CRC 优点评分	不小于	8.7	8.6	8.5	
	程序ⅢE 发动机试验		一次试验平均	二次试验平均	三次试验平均	SH/T 0758
	黏度增长(40℃，64h)/%	不大于	200	200(MTAC)	200(MTAC)	
	或程序ⅢF 发动机试验					ASTM D6984
	黏度增长(40℃，64h)/%	不大于	295	295(MTAC)	295(MTAC)	
	发动机油充气试验		一次试验平均	二次试验平均	三次试验平均	ASTM D6894
	空气卷入（体积）	不大于	8.0	8.0(MTAC)	8.0(MTAC)	
	高温腐蚀试验					SH/T 0754
	试后油铜浓度增加/(mg/kg)	不大于		20		
	试后油铅浓度增加/(mg/kg)	不大于		120		
	试后油锡浓度增加/(mg/kg)	不大于		50		
	试后油铜片腐蚀/级	不大于		3		GB/T 5096

①XW 代表附表 4-1 中规定的低温黏度等级。

②相对黏度（RV）为达到 4.8% 烟炱量的黏度与新油采用 ASTM D6278 剪切后的黏度之比。

附表 4-6　CI-4 级柴油机油使用性能要求（GB 11122—2006）

品种代号	项目		质量指标			试验方法
	柴油喷嘴剪切试验		XW-30　XW-40			ASTM D6278
	剪切定后的 100℃运动黏度（mm²/s）	不小于	9.3　　12.5			GB/T 265
	开特皮勒 1K 试验		一次试验平均	二次试验平均	三次试验平均	SH/T 0782
	缺点加权评分（WDP）	不大于	332	347	353	
	顶环槽充炭率（TGF）（体）/%	不大于	24	27	29	
	顶环台重炭率（TLHC）/%	不大于	4	5	5	
	平均油耗（0~252h）/（g·kW/h）	不大于	0.5	0.5	0.5	
	活塞、环和缸套擦伤		无	无	无	
	开特皮勒 1R 试验		一次试验平均	二次试验平均	三次试验平均	ASTM D6923
	缺点加权评分（WDP）	不大于	382	396	402	
	顶环槽炭（TGC）缺点评分	不大于	52	57	59	
	顶环台炭（TLC）缺点评分	不大于	31	35	36	
	最初油耗（IOC）（0~252h）/（g/h）平均值	不大于	13.1	13.1	13.1	
	最终油耗（432~504h）/（g/h）平均值	不大于	IOC+1.8	IOC+1.8	IOC+1.8	
	活塞、环和缸套擦伤		无	无	无	
CI-4	环黏结		无	无	无	
	Mack T-10 试验		一次试验平均	二次试验平均	三次试验平均	ASTM D6987
	优点评分	不小于	1000	1000	1000	
	Mack T-8 试验（T-8E）		一次试验平均	二次试验平均	三次试验平均	SH/T 0760
	4.8%烟炱量的相对黏度（RV）	不大于	1.8	1.9	2.0	
	滚轮随动件磨损试验（RFWT）		一次试验平均	二次试验平均	三次试验平均	ASTM D5966
	液压滚轮挺杆销平均磨损/mm	不大于	0.0076	0.0084	0.0091	
	康明斯 M11（EGR）试验		一次试验平均	二次试验平均	三次试验平均	ASTM D6975
	气门搭桥平均失重/mg	不大于	20.0	21.8	22.6	
	顶环平均失重/mg	不大于	175	186	191	
	机油滤清器压差（250h）/kPa	不大于	275	320	341	
	平均发动机油泥，CRC 优点评分	不小于	7.8	7.6	7.5	
	程序ⅢF 发动机试验		一次试验平均	二次试验平均	三次试验平均	ASTM D6984
	黏度增长（40℃，80h）/%	不大于	200	200（MTAC）	200（MTAC）	

品种代号	项目		质量指标			试验方法
	发动机油充气试验		一次试验平均	二次试验平均	三次试验平均	ASTM D6894
	空气卷入(体积)	不大于	8.0	8.0(MTAC)	8.0(MTAC)	
	高温腐蚀试验		0W、5W、10W、15W			SH/T 0754
	试后油铜浓度增加/(mg/kg)	不大于	20			
	试后油铅浓度增加/(mg/kg)	不大于	120			
	试后油锡浓度增加/(mg/kg)	不大于	50			
	试后油铜片腐蚀/级	不大于	3			GB/T 5096
	低温泵送黏度		0W、5W、10W、15W			
	(Mack T-10 或 Mack T-10A 试验,75h 后试验油,-20℃)/mPa·s	不大于	25000			SH/T 0562
	如检测到屈服应力					ASTM D6896
	低温泵送黏度/mPa·s	不大于	25000			
	屈服应力/Pa	不大于	35(不含 35)			
CI-4	橡胶相容性					ASTM D11.15
	体积变化/%					
	丁腈橡胶		+5/-3			
	硅橡胶		+TMC1006①/-3			
	聚丙烯酸酯		+5/-3			
	氟橡胶		+5/-2			
	硬度限值					
	丁腈橡胶		+7/-5			
	硅橡胶		+5/-TMC1006			
	聚丙烯酸酯		+8/-5			
	氟橡胶		+7/-5			
	拉伸强度/%					
	丁腈橡胶		+10/-TMC 1006			
	硅橡胶		+10/-45			
	聚丙烯酸酯		+18/-15			
	氟橡胶		+10/-TMC 1006			
	延伸率/%					
	丁腈橡胶		+10/-TMC 1006			
	硅橡胶		+20/-30			
	聚丙烯酸酯		+10/-35			
	氟橡胶		+10/-TMC 1006			

注:1. 对于一个确定的柴油机油配方,不可随意更换基础油,也不可随意进行黏度等级的延伸。在基础油必须变更时,应按照 API 1509 附录 E"轿车发动机油和柴油机油 API 基础油互换准则"进行相关的试验并保留试验结果备查;在进行黏度等级延伸时,应按照 API 1509 附录 F"SAE 黏度等级发动机试验的 API 导则"进行相关的试验并保留试验结果备查。

2. 发动机台架试验的相关说明参见 ASTM D4485"C 发动机油类别"中的脚注。

①TMC 1006 为一种标准油的代号。

参 考 文 献

[1]胡邦喜. 设备润滑基础[M]. 北京：冶金工业出版社，2002.

[2]唐沙沙. 中国经济增长质量和效益分析研究 [D]. 南京信息工程大学，2011

[3]励燕飞，徐建. 润滑油包装设计现状及发展趋势[J]. 润滑油，2001，(10)

[4]屈智煜，张庆兵. 我国国营润滑油企业取胜高端市场探析[J]. 现代商贸工业，2009(1)

[5]高辉，周惠娟，杨俊杰. 2008 年中国润滑油行业报告[J]. 润滑油，2009，(6)

[6]杨俊杰，高辉. 中国润滑油现状及发展趋势[J]润滑油，2009，(2)

[7]王月. 破解中国润滑油的经济密码[N]. 中国高新技术产业导报，2010-6-14(008).

[8]孔劲媛，韦健，刘锐. 2009 年中国润滑油市场回顾与 2010 年展望[J]. 国际石油经济，2010(2)

[9]Q/SY 44-2009，通用润滑油基础油[S]. 北京：石油工业出版社，2009

[10]宋宁宁，康茵. 润滑油基础油的特点及生产工艺[J]. 齐鲁石油化工，2010(1)

[11]夏青虹，武志强. 基础油组成对油品清净性的影响研究[J]. 润滑与密封，2005(3)

[12]何光里. 汽车运用工程师手册[M]. 北京：人民交通出版社，1991

[13]王先会. 新编润滑油品选用手册[M]. 北京：机械工业出版社，2001

[14]黄文轩. 润滑剂添加剂应用指南[M]. 北京：中国石化出版社，2004

[15]梁治齐. 润滑剂的生产及应用[M]. 北京：化学工业出版社，2001.

[16]王毓民，王恒. 润滑材料与润滑技术[M]. 北京：化学工业出版社，2005

[17]胡性禄. 内燃机油的知识营销[J]. 润滑视界，2002(2)

[18]谢泉，顾军慧. 润滑油品研究与应用指南[M]. 北京：中国石化出版社，2007

[19]唐孟海，胡兆灵. 原油蒸馏[M]. 北京：中国石化出版社，2007

[20]王兵，胡佳，高会杰. 常减压蒸馏装置操作指南[M]. 北京：中国石化出版社，2006

[21]中国石油化工集团公司人事部. 常减压蒸馏装置操作工[M]. 北京：中国石化出版社，2008

[22]中国石油化工集团公司人事部. 溶剂脱沥青装置操作工[M]. 北京：中国石化出版社，2008

[23]中国石油化工集团公司职业技能鉴定指导中心. 溶剂脱沥青装置操作工[M]. 北京：中国石化出版社，2006

[24]林世雄. 石油炼制工程[M]. 北京：石油工业出版社，2000

[25]中国石油化工集团公司人事部. 溶剂精制装置操作工[M]. 北京：中国石化出版社，2009

[26]中国石油化工集团公司职业技能鉴定指导中心. 溶剂精制装置操作工[M]. 北京：中国石化出版社，2006

[27]中国石油化工集团公司人事部. 溶剂脱蜡装置操作工[M]. 北京：中国石化出版社，2009

[28]中国石油化工集团公司职业技能鉴定指导中心. 酮苯脱蜡装置操作工[M]. 北京：中国石化出版社，2006

[29]中国石油化工集团公司人事部. 白土补充精制装置操作工[M]. 北京：中国石化出版社，2007.

[30]中国石油化工集团公司职业技能鉴定指导中心. 白土补充精制装置操作工[M]. 北京：中国石化出版社，2006

[31]中国石油化工集团公司人事部. 润滑油加氢装置操作工[M]. 北京：中国石化出版社，2008

[32]徐先盛. 润滑油白土精制工艺探讨[J]. 辽宁化工，1984，(4)

[33]郑灌生. 润滑油生产装置技术问答[M]. 北京：中国石化出版社，1998

[34]水天德. 现代润滑油生产工艺[M]. 北京：中国石化出版社，1997

[35]李淑培. 石油加工工艺学(下)[M]. 北京：中国石化出版社，1992

[36]刘庆国，张建国. 三种润滑油后精制工艺对油品质量的影响[J]. 润滑油，2000(4)

[37]张莉，杨国柱. 兰州石化炼油厂润滑油生产工艺升级[N]. 中国石油报，2010-4-6(003)

[38]秦立新. 白土精制矿物油的功能及对活性白土的质量要求[J]. 沈阳化工，1992(5)

[39]刘丽艳，张志恒，谭蔚．润滑油白土补充精制吸附过程[J]．化工进展，2008(12)

[40]王红，沈辉，杨建军．润滑油基础油白土精制及废物处理[J]．石化技术，1998(5)

[41]李大东．加氢处理工艺与工程[M]．北京：中国石化出版社，2004

[42]韩鸿，祖德光，石亚华，李大东．国内外润滑油异构脱蜡技术[J]．润滑油，2003(6)

[43]安军信，王凤娥，吴键．润滑油加氢催化剂的现状及进展[J]．润滑油，2007(8)

[44]陈孙艺，梁小龙，曹恒，郑星．润滑油脱蜡工艺及其设备发展[J]．润滑油，2007(6)

[45]桑玉丰．催化脱蜡法润滑油工艺的开发及工业应用[J]．炼油设计，1996(5)

[46]孙丽丽．荆门润滑油加氢改质装置的工程设计及工业应用[J]．石油炼制与化工，2003(8)

[47]赵德强，牛文军，黎德晟．润滑油加氢处理装置生产分析及建议[J]．润滑油，2002(4)

[48]姜来，卫建军．湿法硫化在加氢裂化装置的首次应用[J]．炼油技术与工程，2011(2)

[49]蔡智，维秋，李伟民，徐燕平．油品调合技术[M]．北京：中国石化出版社，2006

[50]侯祥麟等．中国炼油技术[M]．北京：中国石化出版社，1998

[51]王先会．润滑油脂生产技术[M]．北京：中国石化出版社，2005

[52]申宝武．新一代基础油——GTL基础油[J]．国际石油经济，2005(8)

[53]王永刚，白晓华，李久盛．绿色润滑油及绿色添加剂的应用进展[J]．石油化工应用，2010(6)

[54]陈惠卿．润滑油资源与环境[J]．合成润滑材料，2007(3)

[55]杨宏伟，费逸伟，胡建强．国内外废润滑油的再生[J]．润滑油，2006(12)

[56]刘建芳，赵源，顾卡丽，李健．废润滑油再生技术与研究进展[J]．武汉工业学院学报，2010(9)

[57]邵弘．大豆油脂制备绿色润滑油前景分析[J]．大豆通报，2008(5)

[58]戴钧梁，戴立新．废润滑油再生[M]．北京：中国石化出版社，2007

[59]颜志光，杨正宇．合成润滑剂[M]．北京：中国石化出版社，1996